JN429089

뇌가 들려주는
신비로운 정서이야기

느끼는 뇌

Joseph LeDoux 지음

최준식 옮김

THE EMOTIONAL BRAIN

학지사

The Emotional Brain
by Joseph LeDoux

Korean Translation Copyright © 2006 by Hakjisa Publisher
The Korean translation rights arranged with Joseph LeDoux c/o
Brockman, Inc.

All rights reserved.

Copyright © 1998 by Joseph LeDoux
Published by arrangement with Joseph LeDoux c/o
Brockman, Inc.

본 저작물의 한국어판 저작권은
Joseph Ledoux와의 독점계약으로 학지사가 소유합니다.
신 저작권법에 의해 한국 내에서 보호를 받는 저작물이므로
무단전재와 무단복제를 금합니다.

･･･한국 독자들을 위한 저자서문

오랫동안 뇌과학에서 정서는 인기 있는 주제가 아니었다. 연구자들은 우리가 뇌를 통해 세상을 어떻게 지각하고 사고하는지를 밝히는 데에만 초점을 맞추었고 우리가 어떻게 해서 느낌을 경험하게 되는가에 대해서는 관심이 없다시피 해 온 것이 사실이다. 하지만 정서의 중요성을 생각할 때 그러한 무관심이 바람직한 경향은 아니었고 실제로 정서에 관한 연구는 계속해서 증가하기 시작했다. 1990년대에 이르러 정서의 브레인 메커니즘에 관한 연구가 꽤 많이 축적되었고 이는 내가 책을 쓰기로 결심한 이유 중의 하나가 되었다. 과학자가 아닌 일반인들에게 이 분야에서 이루어지고 있는 일들을 알리고 싶었다.

『느끼는 뇌』는 1996년에 미국과 영국에서 출판된 이후로 다양한 언어로 번역되어 나왔다. 가능하면 많은 이들이 내 책을 읽기를 바랐기에 실제로 이 책이 지구 곳곳의 수많은 독자들을 만나게 된 것이 너무도 놀랍고 행복하다. 새로운 번역이 하나씩 나올 때마다 나의 기쁨도 하나씩 더 늘어나는 느낌이다.

1980년 이후부터 정서 그중에서도 특히 공포에 관해 연구해 왔다.

공포가 중요한 정서인 이유는 수많은 정신 질환들과 어떤 식으로든 연관되어 있기 때문이다. 불행히도 현재 지구촌 곳곳에서 일어나는 많은 사건들을 지배하는 정서도 역시 공포인 것 같다. 따라서 병적인 공포로 인해 생기는 다양한 문제들을 해결할 수 있다면 이 세상은 훨씬 더 나은 곳이 되리라 믿는다.

지금까지 내 책의 번역은 대부분 나와는 개인적인 교류가 없는 번역가들에 의해 이루어졌다. 그래서 매번 내가 할 수 있는 일은 내가 조심스럽게 엮어 낸 이론과 설명들을 그들이 잘 해석해 주기를 바라는 것뿐이었다. 전문적이고 과학적인 내용을 번역한다는 것은 쉽지 않은 일인 데다가 언어와 문화의 차이에서 오는 어려움도 클 것이기 때문이다. 하지만 이번만은 안심이다. 내가 잘 아는 최준식 교수가 번역한 덕분이다.

2004년에 최교수가 고국으로 떠나기 직전까지 내 실험실에서 연구자로 함께 일했다. 함께 일하는 동안 과학자로서 또 한 사람의 인간으로서 그에 대해 많은 존경심을 품게 되었다. 흠잡을 데 없는 영어실력을 포함해서 내가 최교수에 대해 가지고 있는 기억은 전부 좋은 것들뿐이다. 그는 내 실험실에 있으면서 단순히 연구에 관련된 지식을 넘어서 내가 가지고 있는 이론과 주장들에 대해서도 깊은 이해를 발전시켰다. 장담하건대 여러분이 읽게 될 책은 정서와 뇌에 관한 내 생각의 정수를 조금도 잃어버리지 않은, 과학적 정보의 정확성과 어학적인 뉘앙스 모두를 그대로 간직한, 완벽한 번역일 것이다. 여러분 모두가 책을 즐기시길 바란다.

2006년 7월 뉴욕에서 조셉 르두

••• 머리말

내가 처음으로 정서의 뇌 기제에 관해 연구하기 시작한 것은 1970년대였다. 그 당시에는 정서에 관심 있는 뇌과학자는 드물었다. 그 이후로 특히 최근 들어 이 주제는 심도 깊게 연구되기 시작하였고, 많은 진전이 있었다. 이제는 그동안의 연구에서 얻어진 정보들을 여러 일반인들과 공유할 때가 되었다고 생각한다.

이 책은 정서가 뇌에서 어떻게 비롯되는지에 관한 내 생각을 대강 정리해 본 것이다. 결코 이 주제에 대한 모든 연구를 논의하려는 의도가 아니다. 이 책은 내가 가장 관심 있어 하는 주제들, 즉 뇌가 정서 자극을 어떻게 분간하고 그에 반응하며 정서에 대한 기억이 어떻게 생성되고 이러한 무의식적 처리과정에서 어떻게 의식적인 정서감정이 생겨나는지에 관한 고찰이다.

이 책을 쓰는 데 있어서 나는 가능한 한 이 분야의 전문가가 아닌 이들도 읽을 수 있도록 노력했다. 동시에 과학서적으로서의 충실성도 잃지 않으려 했다. 따라서 일반인들과 과학자들 모두가 만족할 수 있는 책이 되었기를 바랄 뿐이다.

이 책을 쓰는 동안 나를 지원해 준 가족들에게 너무나 감사하다. 아내 낸시 프린슨탈은 끝없이 이어졌던 초고들을 읽고 교정해 주었고 많은 조언을 해 주었다. 내 두 아들 제이콥과 밀로는 내『느끼는 뇌』를 언제나 행복한 상태에 있게 해 준 공로자들이다.

과거와 현재 나와 일했던 많은 학생들과 포스트닥들에 감사한다. 아키라 사카구치, 지로 이와타, 피에라 치케티, 리즈 로만스키, 앤디 자고라기스, 크리스틴 클루그넷, 마이크 탐슨, 러스 필립스, 마리아 모르간, 피터스팍스, 케피 라바, 리즈 펠프스, 키쓰 코로디마스, 케이트 멜리아, 징팡 리, 마이클 로간, 조지 아모니, 그렉 쿼크, 크리스 리파, 니옷 도론, 진 고, 가브리엘 후이, 미안 후, 베스 스터츠만, 월터 우드슨과 나와 함께 연구했던 학자들, 코넬 의과대학의 돈 라이스, 데이비드 루기에로, 션 모리슨, 코스탄티노 아이디콜라, 테리 밀너, 피츠버그대학의 데이비드 슈라이버와 존 코헨, 그리고 핀란드의 아슬라 피트카넨과 뉴욕대학의 치에 아오키에게 감사한다. 그리고 언제나 우리 실험실에 정신적 물질적으로 큰 힘이 되어 주는 클라우디아 파브에게 항상 감사한다. 이들은 책을 쓰는 동안 나타나지도 않은 나를 대신해서 연구를 책임진 사람들이다. 자주 나타나지 못한 점 이 기회를 빌려 사과드린다. 정말 마지막 몇 달 동안은 도저히 이 책을 완성할 수 있을 것 같지가 않았다. 이리나 커즈너만과 아넷 올리베로는 책의 완성을 도와주었다. 조지 아모니와 미안 후는 책에 있는 삽화를 그리는 데 많은 도움을 주었다.

나의 박사학위 지도교수이신 마이크 가자니가 교수께 감사드린다. 나에게 과학을 즐겁게 하는 법을 가르쳐 주셨고, 어떻게 마음에 대해서 연구할 것인지를 인도해 주셨다. 몇 년 전부터 정서에 관한 책을 쓰라고 말씀하셨는데 이제야 실행에 옮기게 되었다. 또한 내 포스트닥 시절의 지도교수인 돈 라이스 교수께도 감사드린다. 그분의 실험실에서 비로소 나는 신경생물학을 배웠고 정서의 뇌 기제에 관한 연구를 본격적으로 시작할 수 있었다.

국립정신건강연구소의 신경과학 연구부에서 나의 연구를 지원해 주었다. 그러한 지원이 없었다면 이 책에 소개된 연구들은 불가능했을 것이다. 뉴욕대학의 예술과학대학의 지원에도 감사드린다. 무엇보다도 뉴욕대학의 신경과학센터의 교수들, 그들과 같은 동료를 가지게 된 것은 나에게 큰 행운이다.

존 브록크만 주식회사의 카틴카 맛슨과 존 브록크만은 훌륭한 에이전트들이다. 이들 덕에 사이먼 앤 슈스터 출판사와 좋은 계약을 맺을 수 있었고 결과적으로 밥 아사히나와 같은 훌륭한 편집자를 만난 덕에 좋을 책을 쓸 수 있었다. 밥은 최근에 새로운 직장을 찾았는데 좋은 일만 있기를 바란다. 그 뒤를 이은 다른 편집자들 밥 벤더와 조앤 리도 역시 많은 도움을 주었다.

이제 안식년이 시작된다. 어떤 사람들은 안식년 동안 책을 쓴다든데… 나는 안식년 동안 책 쓴 후유증에서 회복해야 할 것 같다.

• 차 례 •

01 사랑은 무슨 놈의 사랑?[1)]

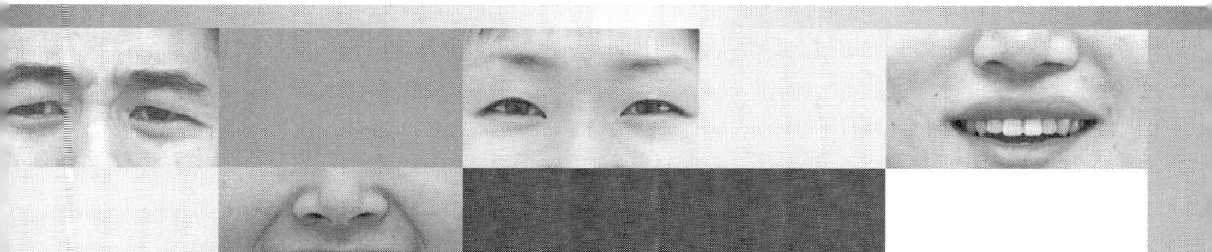

"우리의 문명은 아직도 어중간한 단계에 있다.
본능에 의존하는 짐승의 수준은 벗어나 있지만
그렇다고 이성으로만 판단하는 인간의 경지에 이르지도 못한……."
- 테오도어 드라이서의 '시스터 캐리' 중에서

푸줏간 주인이었던 아버지 덕에 어린 시절 나는 고깃덩어리들에 둘러싸여 지냈다. 아주 어린 나이에 소의 구석구석을 속속들이 알게 되었다. 여러 가지 소의 부위들 가운데 가장 내 관심을 끈 것은 미끈거리고 구불구불하고 쭈글쭈글한 덩어리, 소의 뇌였다. 그로부터 오랜 세월이 흐른 후에 나는 뇌가 어떻게 기능하는지 밝혀내기 위해서 밤낮없이 일하는 위치에 있게 되었다. 그중에서도 내가 가장 알고 싶었던 것은 뇌에서 감정이 어떻게 생성되는가 하는 것이었다.

여러분들은 혹시 정서에 관한 연구가 많은 연구자들로 붐비는 분야라고 생각할지 모르겠다. 정서란 결국 정신적 삶의 여러 조각들을 하나로 이어주는 실과 같은 것이 아닌가? 정서를 통해 우리는 자신의 마음속에 비친 나를 정의하고 다른 사람들의 눈에 내가 어떻게 비치는가를 결정짓는다. 결국 뇌를 이해하는 데 있어 우리가 느끼는 행복, 슬픔, 공포, 거부감, 기쁨 등이 어떻게 생겨나는가라는 질문보다 더 중요한 것은 없을 것이다.

그렇지만 꽤 오랜 기간 동안 정서는 뇌과학 분야에서 그리 인기 있는 주제가 아니었다.[2] 그 이유 중 하나가 뇌에서 정서와 관련된 회로를 찾는 것은 너무 복잡하다는 것이다. 그러나 나를 포함한 몇몇의 과학자들에게는 별로 흥미 없는 주제에 대한 모든 것을 알게 되는 것보다 조금밖에 알지 못하더라도 정서처럼 재미있는 주제에 대해 연구하는 것이 훨씬 신나는 일이다. 나는 이 책을 통해 여러분께 우리가 정서라는 주제에 대해 얼마만큼 밝혀냈는지 이야기하려 한다. 정서의 과학적인 연구는 불가능하다고 주장하는 회의론자들도 있긴 하지만 그들이 생각하는 것보다 훨씬 많이 정서에 관한 사실들이 밝혀져 있다.

물론 우리 모두 일반적인 수준에서 정서란 무엇인지 잘 알고 있고, 굳이 과학자들을 동원해 설명을 들을 필요는 없다고 생각할 수도 있다. 사랑과 증오, 공포와 분노, 기쁨과 같은 감정은 우리 모두가 늘 경험하는 것들이 아닌가? 하지만 이러한 정신적 상태들을 통합하여 우리가 흔히 '정서' 라고 부르는 집합체에 이르게 하는 과정은 어떤 것인가? '정서' 라는 용어가 사용되지 않는 다른 종류의 정신적 집합체들과 정서를 구분하게 하는 것은 무엇인가? 정서는 어떤 식으로 우리의 정신적 삶의 여러 측면에 영향을 미치며 우리의 지각과 기억과 사고와 꿈을 좌우하는가? 왜 우리는 때때로 자신의 정서를 이해할 수 없는 것처럼 느끼는가? 우리가 정서를 조정하는가 아니면 정서가 우리를 좌우하는가? 정서는 유전자에 의해 우리의 뇌 속에 이미 프로그램된 행동인가 아니면 환경으로부터 학습되어진 것인가? (인간을 제외한) 동물에게도 정서라는 것이 있는가? 있다면 모든 종의 동물들에게 있는 것인가? 우리는 무의식적인 정서반응을 가지는가? 무의식적인 정서 기억을 가지는가? 정서가 저장되는 기억의 칠판은 깨끗이 지우고 다시 쓸 수 있는 종류의 것인가 아니면 한번 기록되면 영원히 보존되는 것인가?

위에 나열한 질문들에 대해 여러분 나름대로의 의견을 가지고 있을 테지만 그 의견이 과학적으로 정확한지에 대해서는 직관적인 판단이 불가능하다. 종종 과학자들은 우리가 일반적으로 믿고 있는 일들을 사실로 확정하거나 직관적으로 뻔한 일들을 실험을 통해 증명하곤 한다. 그러나 우주가 어떻게 작동하는가에 관한 사실들, 그중에서도 우리의 머릿속에 들어 있는 우주에 관한 것들을 모두 직관적으로 분명히 알 수 있는 것은 아니다. 때로 우리의 직관이란 것은 완전히 오해인 경우도 있다. 지구가 평평한 것처럼 느껴지지만 그렇지 않은 것과 같다. 과학의 역할 중 하나는 이러한 상식적인 사고를 부정하는 증거들을 내놓음으로써 우리가 믿고 있는 논리가 할머니가 해 주시던 '옛

날이야기' 만큼이나 근거가 없다는 것을 밝혀내는 것이다. 한편으로 우리는 과학자들이 발견한 사실에 대해 아예 어떤 직관적인 의견조차 갖고 있지 않은 경우가 종종 있다. 우주에 블랙홀이 있는지 없는지에 관해 확고한 의견을 가질 이유는 없으며, 이는 뇌를 구성하는 세포들에 나트륨, 칼륨, 칼슘 등이 얼마나 중요한가에 대해서도 마찬가지이다. 뻔하다고 생각하는 사실들이 반드시 옳은 것은 아니며 또한 옳은 사실들 중 다수는 한눈에 뻔해 보이지 않는 것들이다.

나는 정서를 신경계의 생물학적 기능으로 보려 한다. 그래서 정서가 뇌에서 어떻게 표상되는지를 밝혀내는 것이 정서에 대한 이해를 돕는 방법이라고 믿는다. 이러한 접근법은 정서가 뇌 메커니즘과는 상관없는 심리학적 상태라고 보고 연구하는 일반적인 접근법과는 분명히 다르다. 심리학적인 연구는 더할 수 없이 중요한 것이지만 정서가 뇌기능의 하나로서 연구된다면 훨씬 더 효과적일 수 있다.

과학은 실험에 의해 발전하며 실험의 정의는 일부 변인만을 조작하고 나머지 변인들은 고정시키는 과정으로 이루어진다. 뇌라는 연구주제는 조작이 가능한 무수히 많은 변인들을 제공한다. 뇌를 통해 정서를 연구함으로써 심리학적 실험만으로 가능한 범위를 넘어 새로운 발견의 가능성을 한층 높일 수 있다. 뿐만 아니라 심리학적인 가설 두 개가 맞부딪힐 때 어느 가설이 옳은지를 판단하는 기준이 된다. 정서가 어떤 식으로 작용하는지에 관해서는 여러 가지 설명이 가능하지만 우리가 진정으로 알고 싶어 하는 것은 진화에 의해 선택되어 우리 뇌 속에 자리 잡은 정서의 메커니즘이다.

내가 정서라는 주제에 관심을 갖게 된 것은 미국 동부 뉴잉글랜드지역에서의 어느 날로 거슬러 올라간다. 1970년대 중반 나는 스토니 브룩에 있는 뉴욕주립대의 박사과정에 있는 학생이었다. 내 지도교수인 가자니가(Gazzaniga, M.) 교수는 노벨상 수상자로도 유명한 캘리포니아 공과대학(Caltech)의 고 로저 스페리(Roger Sperry) 교수와 함께 분리뇌 수술(split-brain surgery)이 환자들의 심리학적 행동에 미치는 영향을 연구하여 1960년대 중반 학계에 큰 반향을 일으켰던 사람이다.

분리뇌 수술은 주로 심한 간질 발작을 보이는 환자들을 대상으로 대뇌의 양쪽 반구를 연결하는 신경다발(뇌량: corpus callosum)을 끊음으로써 증상을 완화시키기 위해 이루어졌다. 그 당시 다트머스대학에서 일군의 환자들에게 이 수술을 행하려던 상황이었고 수술을 맡은 외과의사가 가자니가에게 그 환자들을 대상으로 연구를 해보지 않겠느냐는 제안을 했다. 그 당시 우리는 호박색 포드 밴에 연결되어 있는 캠핑용 레저차 안에 실험실을 차리고 그 차를 몰고 우리가 있던 롱아일랜드에서 환자들이 있는 버몬트와 뉴햄프셔를 오가곤 했다.

가자니가의 초기 연구는 뇌량 절단으로 인해 뇌가 분리되면 양반구 사이의 통신이 끊어져 버린다는 사실을 보여 주는 데 주력했다. 언어와 관련된 기능이 주로 왼쪽에 있기 때문에 환자들은 오직 왼쪽 반구가 인식하고 있는 내용에 한해서만 언어적인 표현이 가능했다. 오른쪽 반구만 인식할 수 있게끔 자극이 주어졌을 때 분리뇌 환자들은 그 자극이 무엇인지 말하지 못했다. 하지만 우반구가 언어적 방법 이외의 수단을 써서 반응할 수 있는 기회를 주었을 때 그 자극이 접수되었다는 것을 확인할 수 있었다. 예를 들어, 뇌의 우반구로만 전달되도록 그림을 제시하고, 왼손(왼손의 촉각과 관련된 입력은 우반구로 투사된다)으로 자루 안에 든 여러 가지 물건들을 만지게 하면 그 그림에 있었던 것과 같은 물건을 찾아낼 수가 있었다. 즉, 우반구는 조금 전에 본 물건을 기억했다가 그 물건이 주는 느낌과 비교함으로써 일치하는 물건을 찾아낼 수 있었던 것이다. 반면에 오른손으로 물건을 만지게 했을 때는 일치하는 물건을 찾는 데 실패했는데, 오른손의 촉각 정보는 전적으로 좌반구로 올라가며 좌반구는 이 물건을 본 적이 없었기 때문이다. 분리뇌 환자에게서는 한쪽 반구로 전달된 정보는 그 반구 내에만 머물 뿐 반대편으로 넘어가지 못하는 것이다. 가자니가는 초기 논문 중 하나인 「하나의 뇌-두 개의 마음」에서 이 놀라운 상황을 잘 기술하고 있다.

내 연구의 중요한 방향을 결정한 분리뇌 실험은 정서적인 의미를 함유하는 자극들을 P.S.라고 불렀던 한 특별한 환자의 왼쪽과 오른쪽 반구에 제시하는 절차를 포함하고 있었다. P.S.가 특별했던 이유는 다른 분리뇌 환자들과는 달리 양반구를 이용해서 단어를 읽을 수 있었기 때문이었다. 물론 다른 환자들과 마찬가지로 말하기는 좌반구를 통해서만 가능했다. 따라서 P.S.는 정서적인 단어가 좌반구로 제시됐을 때만 그 단어가 무엇인지 또 자신이 단어에 대해 어떤 느낌을 갖는지 말할 수 있었다. 자극이 우반구로 제시되었을 때, 말하는 기능을 가진 좌반구는 그 자극이 무엇인지 이름을 대지 못했다. 그럼에도 불구하고 좌반구는 방금 전에 우반구가 본 자극이 좋은 것인지 나쁜 것인지를 정확하게 판단할 수 있었다. 예를 들어, 우반구가 '엄마' 라는 단어를 보았다면 좌반구는 그 단어를 '좋은 것' 으로 평했고, 우반구가 '악마' 라는 단어를 보았다면 좌반구는 '나쁜 것' 으로 평했다.

좌반구는 우반구에 제시된 단어 자극에 대해 전혀 알지 못했다. 우리가 어떤 식으로 강조한다 해도 환자들은 우반구로 제시된 자극의 이름을 대지 못했다. 그럼에도 불구하고 좌반구는 자극에 대한 정서적인 평가에서 실수 없는 정답을 내놓았다. 이 결과에 의하면 자극의 정확한 정체에 관한 정보가 막혀 있을지라도 자극의 정서적인 중요성에 관한 정보는 어떤 식으로든 반대편 반구로 새어 나간다는 결론이 나온다. 이렇게 해서 좌반구가 경험하는 의식적인 정서는 실질적으로 환자가 한 번도 본적이 없다고 주장하는 자극에 대해 좋다 혹은 나쁘다라고 결론을 내리게 되는 것이다.

어떻게 해서 이런 현상이 일어날 수 있었을까? 가장 가능성이 높은 것은 우반구로 들어간 정보가 두 갈래로 나뉘었을 가능성이다. 한쪽 길은 우반구로 들어가서 자극의 정체를 파악하는 경로이다. 보통은 이렇게 우반구에 의해 자극의 정체가 밝혀지면 그 정보가 좌반구로 전달되지만 분리뇌 환자에게서는 이 정보가 좌반구에 도달하지 못한다. 또 다른 길은 자극의 정서적인 의미 파악을 담당하는 우반구의 어떤 영역으로 이르는 경로이다. 분리뇌 수술도 이 경로를 차단하지는 못했다.

다시 말해서 좌반구는 자극의 정체도 모르는 상태에서 정서적인 판단을 내리고 있었던 것이다. 좌반구는 정서의 결과물에 대해서는 알고 있었으나 그런 정서적인 결정에 이르는 과정에 대해서는 의식적인 접근을 할 수가 없었다. 좌반구의 입장에서 정서과정은 의식의 영역 바깥에서(무의식적으로) 이루어지는 것이다.

분리뇌 수술의 결과는 사고와 감정 사이 혹은 인지와 정서 사이에 존재하는 근본적인 심리학적 이원론을 드러내는 것처럼 보인다. 우반구는 자극의 정체에 대한 생각을 좌반구와 공유하지 못했지만 자극의 정서적 의미에 관해서는 양반구 간의 소통이 가능했다.

어쨌든 이 연구의 목적은 정서처리에 있어서 반구 간의 차이를 알고자 하는 데 있는 것이 아니었다. 우리는 그저 분리뇌 환자의 양반구 사이에서 어떤 종류의 정보가 이동이 가능하고 어떤 정보가 불가능한지를 알아보고자 한 것뿐이었다.

물론 프로이트 같은 이는 이미 오래 전에 무의식이야말로 정서의 근원임을 주장한 바 있다. 하지만 구체적으로 그 과정이 어떻게 일어나는지는 수십 년이 지난 지금도 알려지지 않았고, 심지어는 그와 같은 주장이 사실인지조차 의심받고 있는 실정이다. 가자니가와 함께한 연구들 이후로 나는 뇌가 어떻게 자극의 정서적 의미를 처리하는지 밝혀내는 것을 목표로 삼았으며 지금껏 그 작업을 해 오고 있다.

박사과정을 마친 후 나는 인간을 대상으로 뇌 연구를 할 수 있는 방법들이 너무나 제한되어 있고 따라서 인간을 연구함으로써 정서의 신경학적 메커니즘을 이해하는 것이 불가능하다는 결론을 내렸다. 자연스럽게 나의 관심은 실험실에서 사용할 수 있는 동물, 그중에서도 쥐[3]야말로 정서가 뇌 속에서 처리되는 과정에 얽힌 비밀을 푸는 열쇠를 제공하리라고 믿게 되었다. 분리뇌에 대한 관찰이 처음에 나를 이 주제로 끌어들였다고 한다면 동물연구는 정서의 뇌에 관한 현재의 내 시각을 확립시켜 주었다고 하겠다.

이 책은 여러분에게 정서의 뇌 메커니즘에 대해 내가 연구하고 생각한 것들을 이야기하고자 한다. 그러면서 정서란 무엇인가와 어떻게 뇌에 작용하고 어떻게 우리 삶에 그트록 많은 영향을 미치는가에 관한 과학적 설명을 제공할 것이다.

정서의 본질에 관한 몇 가지 주제가 여러 번 반복되어 제시될 것이다. 이들 중 일부는 여러분이 상식적으로 알고 있는 정서에 관한 직감적인 이해와 별로 다르지 않겠지만 일부는 전혀 다르거나 때로는 이상하게까지 느껴질 것이다. 하지만 이들 모두는 뇌에 관한 사실들에 뿌리를 둔 매우 정확한 사실이며 적어도 그러한 사실에 고무되어 나타난 가설들이다. 나는 여러분이 이 모두를 알게 되기를 바란다.

• 첫째, 심리학적 기능에 대한 적절한 분석 수준은 뇌에서 기능이 표상되는 단계이다. 이로부터 얻어지는 결론은 언뜻 듣기에 기이하게 여겨지는 개념인데, '정서' 라는 단어가 일컫는 그 무엇이 마음이나 뇌가 실제로 소유하거나 실행하는 것이 아니라는 주장이다. '정서' 라고 하는 것은 꼬리표에 불과하며 뇌와 마음의 한 측면을 묘사하는 손쉽고 편리한 수단일 뿐이다. 심리학 교과서들은 종종 마음을 기능적인 단위들로 쪼개어 보는데 지각, 기억, 정서 등이 그것이다. 이렇게 하는 것은 정보들을 조직하여 일반적인 연구영역으로 대상화하는 데 유용하지만 실제 기능을 설명하지는 못한다. 예를 들어, 뇌에는 지각이라고 하는 기능이 없다. '지각' 이라는 단어는 여러 가지의 신경계에서 행해지는 공통적인 기능을 설명한다. 시각계, 청각계, 미각계를 통해 세상을 보고, 듣고, 냄새 맡고 하는 것이 그 예이다. 각 신경계는 개체가 맞닥뜨리는 서로 다른 문제점들을 해결하기 위해 진화해 왔다. 같은 맥락에서 다른 종류의 정서들 역시 서로 다른 이유에서 진화해 왔고 서로 다른 신경계에 의해 매개된다. 우리가 위험으로부터 자신을 보호하기 위해 사용하는 시스템은 우리가 번식을 위해 사용하는 시스템과 다르고 이렇듯 다른 시스템에서 유래하는 감정들, 예를 들어 공포와 쾌락은 서로 다른 기원을 갖는다. '정서' 라고 하는 기능이 따로 있는 것이 아니며 따라서 이런 유령 기능을 담당하는 뇌 구조물 또한 존재하지 않는다. '정서' 라는 하나의 이름 아래 존재하는 여러 가지의 현상들을 이해하고 싶다면 먼저 특정한 종류의 정서에단 집중할 필요가 있다. 각기 다른 종류의 정서 연구에서 밝혀진 결과를 전부 섞어 놓고 보아서는 안 된다. 불행히도 여태껏 많은 심리학과 뇌과학의 연구자들이 이런 실수를 범해 왔다.
• 둘째, 정서반응을 일으키는 뇌기능은 여러 단계에 걸친 진화의 역사 속에서 고도로 보존된 기능이다. 인간을 포함한 모든 동물들은 세상에서 살아남아 자신들의 유전자를 자손에게 물려줘야 한다는 생물학

적 의무를 실현하기 위해 일정한 조건들을 충족시켜야만 한다. 최소한 그들은 음식과 보금자리를 확보해야 하고 신체에 위협을 가하는 대상으로부터 자신을 보호해야 하며, 자손을 낳아야 한다. 이것은 곤충과 벌레에서 물고기, 개구리, 쥐, 사람에 이르기까지 모두에게 해당되는 사실이다. 다양한 동물들은 이런 행동 목표들을 달성하기 위한 신경계를 갖추고 있다. 그중에서도 척추와 뇌를 가지고 있는 동물들(어류, 양서류, 파충류, 조류, 인간을 포함한 포유류) 간, 특정한 정서행동 시스템(공포, 성행동, 먹이 구하기를 담당하는 시스템 등)을 위한 신경구조는 매우 유사하다. 그렇다고 해서 모든 뇌가 비슷하다는 의미는 아니다. 인간을 이해하기 위해서는 다른 동물과 비교해 무엇이 다른가뿐만 아니라 무엇이 같은가에 대한 깊은 이해가 있어야 한다는 의미이다.

- 셋째, 의식적인 자각이 있는 동물들에서 정서행동 시스템이 작동하면 의식적인 정서감정(conscious emotional feeling)[4)]이 발생한다. 인간에게는 이러한 현상이 확실히 일어나지만 과연 동물들이 의식적으로 감정을 경험할 능력이 있는지에 대해서는 아무도 모른다. 어떤 동물이 의식이 있고 어떤 동물이 의식이 없는지 나로서도 알 방법이 없다. 나는 다만 이들과 같이 진화적으로 오래된 시스템들(위험을 감지했을 때 일어나는 방어적 행동을 담당하는 시스템 등) 중 하나가 의식을 갖고 있는 뇌 안에서 작동하면 정서적 감정(두려움을 느끼는 것과 같은)이 결과로서 나타난다고 주장하고 싶다. 물론 구체적인 의식이 없는 상태에서도 뇌는 행동적 목표를 달성할 수 있다. 이는 동물계 전체에 걸쳐 정신적 삶의 일반적인 법칙이다. 의식적인 감정이라는 개념 없이도 어떤 동물들에게서 정서행동이라고 부를 만한 행동들을 설명할 수 있다면 인간에게도 같은 설명이 가능하다. 정서반응들은 거의 대부분 무의식적으로 나타난다. 프로이트가 의식을 정신이라는 빙산의 일각에 비유한 것은 참으로 정확한 통찰이었던 것이다.

- 넷째, 셋째에 이어지는 개념으로 우리가 자신의 정서를 자각하고 사랑하거나 혹은 미워하는 주체라고 느끼는 의식적인 감정이 정서의 과학적 연구에 있어 차라리 방해가 될 뿐이라는 개념이다. 처음에는 이 사실을 받아들이기가 어려울 것이다. 도대체 의식적으로 느끼지 못하는 정서란 무엇인가? 공포의 경우 공포경험의 주관적인 면을 제외하면 위험과 관련된 경험에서 남는 것이 별로 없지 않은가? 하지만 여기서 나는 이 생각이 틀렸다는 것을 보여 주려 한다. 즉, 정서경험은 우리가 마음의 눈으로 볼 수 있는 것 이상의 그 무엇을 포함한다. 예를 들어, 의식적으로 두려움을 느낀다고 하는 것은 위험상황에서 일어나는 전반적인 대응반응의 하나일 뿐이며 덜덜 떨거나 달아나거나 땀을 흘리거나 심장을 뛰게 하는 것과 같은 생리적인 반응과 비교해서 더 중요하지도 덜 중요하지도 않다. 우리가 밝혀내야 할 것들은 의식적인 공포상태나 그에 동반되는 반응이 아니라 처음 위험신호를 감지하는 시스템에 관한 것이다. 공포를 느끼는 의식적인 감정도 쿵쾅거리는 심장도 결국은 이 시스템에 의해 초래된 결과이며, 이 시스템은 무의식 중에 과제를 수행한다. 문자 그대로 무의식적으로 우리가 정말 위험에 처해 있는지를 파악하기도 전에 일어나는 것이다. 위험을 감지하는 이 시스템이 공포의 기초적인 메커니즘이며 행동적, 생리적, 의식적 표현들은 이 시스템의 지휘를 따르는 표면적인 반응들에 불과한 것이다. 이 말은 감정이 중요하지 않다고 주장하는 것이 아니다. 우리가 감정을 이해하고자 한다면 좀 더 심층적인 면을 연구해야 한다는 말이다.
- 다섯째, 정말로 정서적 감정과 정서적 행동이 하나의 공통된 시스템에 의해 야기되는 두 가지의 결과에 불과하다면, 객관적으로 측정 가능한 정서적 반응을 대상으로 그 메커니즘을 연구할 수 있을 것이고 동시에 의식적인 감정경험을 야기하는 시스템을 밝히게 될 것이다. 동물이든 인간이든 정서적 반응을 생산하는 시스템은 유사하므로 동

물에서 정서반응의 뇌 메커니즘을 연구하는 것이 결국 인간에게 감정경험을 일으키는 메커니즘을 이해하는 데 필수적인 단계일 것이다. 인간에게서 정서의 신경생물학적 기초를 연구하는 작업은 윤리적, 현실적 이유에서 거의 불가능한 일이다. 따라서 인간의 뇌에 정서가 어떻게 작용하는지 알기 위해 동물연구는 유용하고도 불가피한 것이다. 대부분의 정신질환들이 정서와 관련되어 있는 만큼 인간 뇌에서 정서를 이해하는 것은 분명 중요한 임무이다.

• 여섯째, 의식적인 감정경험, 즉 무서워하거나 화내거나 행복해 하거나 사랑에 빠지거나 혐오스러워 하거나 하는 것들은, 내 앞에 놓인 둥그렇고 빨간 물체가 사과라는 것을 인식하거나 조금 전에 들은 외국어 문장이 어느 나라 말이었는지 분별하거나 혹은 조금 전에 못 풀었던 수학 문제를 풀었다든지 할 때 경험하게 되는 의식의 상태들과 어떤 의미에서는 전혀 다를 바가 없는 것이다. 의식의 상태들은 자각과 관련된 시스템이 무의식적인 처리과정에서 일어나는 활동에 관여할 때 일어난다. 무서워하는 상태와 빨간색을 지각하는 상태 사이의 차이는 의식의 내용(두려움 혹은 빨간색)이 아니라 의식을 담당하는 시스템으로 정보를 입력하는 시스템에 의한 것이다. 의식의 메커니즘은 오직 하나이며 이는 일상의 자질구레한 일에 점령될 수도 강렬한 감정에 의해 점령될 수도 있는 것이다. 차이점은 정서가 일상의 사건들을 쉽게 의식 바깥으로 쫓아낼 수 있는 반면, 비정서적인 사건(생각하기와 같은)들은 정서를 의식으로부터 그렇게 쉽게 밀어내지 못한다는 것이다. 그저 불안이나 우울이 없어지기를 바라는 생각만으로 그렇게 되지는 않는다.

• 일곱째, 정서란 우리에게 일어나는 사건이지 우리가 일부러 일으키는 사건이 아니다. 물론 사람들은 상황을 변화시켜서 정서를 조절하는 방식을 늘 사용한다. 영화를 보러 가고, 놀이동산에 가고, 맛있는 음식을 먹고, 술을 마시거나 심지어는 마약을 복용하기까지 한다. 이러

한 상황들에서 외부적인 사건들은 단순히 자동적으로 어떤 정서를 불러일으키는 자극의 역할을 할 뿐, 우리가 정서를 직접적으로 통제할 수 있는 것은 아니다. 가짜로 감정을 만들어 보려는 경험이 있거나 다른 이의 거짓 감정을 경험한 적이 있는 사람이라면 감정을 억지로 통제하려는 시도가 얼마나 무의미한 것인지 알 수 있을 것이다. 정서에 대한 의식적인 통제는 미약하지만 반대로 정서가 의식을 통제하는 정도는 엄청나다. 뇌의 신경회로가 진화해 온 역사 속에서 볼 때 정서에서 인지에 이르는 연결이 그 반대의 연결보다 훨씬 강력하도록 설계되어 있기 때문이다.

- 마지막으로, 일단 생성된 정서는 미래의 행동에 관한 강력한 예언자의 역할을 한다. 정서는 다음 순간에 어떤 행동을 취할 것인가를 계획할 뿐 아니라 장기적인 목표를 달성하기 위한 방향을 결정하기까지 한다. 하지만 정서는 때에 따라 우리를 곤경에 빠뜨리기도 한다. 공포가 불안이 될 때, 분노가 미움이 될 때, 우정이 숭배가 될 때, 사랑이 집착이 될 때, 쾌락이 중독이 될 때, 정서는 우리를 방해하기 시작한다. 정신건강은 정서적 건전함에 의해 유지되는 것이고 정신적 문제들은 넓은 의미에서 정서적인 질서가 무너졌음을 반영한다. 정서는 유용한 결과를 낳을 수도, 병적인 결과를 초래할 수도 있다.

정서적인 존재로서의 우리들은 정서를 의식적인 경험으로만 간주하는 경향이 있다. 하지만 뇌에서 정서의 실체를 추적하는 연구를 시작하면서, 우리는 의식적인 정서경험이 정서생성 시스템에서 만들어낸 중추적인 기능이 아니라 단지 하나의 부분에 지나지 않는다고 보기 시작하였다. 이 말은 의식적으로 경험하는 사랑이나 공포와 같은 감정들이 진짜가 아니라거나 중요하지 않다고 주장하는 것이 아니다. 그저 우리가 경험하는 정서가 어디서 비롯되는지를 알기 위해서는 지금까지 우리가 추구해 온 방향을 다시 설정할 필요가 있다는 것이다.

사랑에 빠진 이의 입장에서 본다면 사랑이라는 행동에서 유일하게 중요한 것은 의식적인 감정일 것이다. 그러나 감정이란 무엇이며 왜 일어나고 어디서 시작되는가, 또 왜 어떤 이들은 다른 사람보다 감정에 쉽게 좌우되는가를 이해하려는 관점에서 본다면 사랑이라는 정서경험은(이 장의 제목처럼) 어떤 숭고한 감정과는 별 상관이 없는지도 모른다.

정서의 뇌를 이해하고자 하는 우리의 여정은 지금부터 우리를 여러 가지 색다른 길로 인도하게 될 것이다. 우리는 우선 오늘날 인간 마음의 본질을 이해하고자 했던 인지과학이 왜 오랫동안 정서에 관한 연구를 무시해 왔는지에 대한 궁금증을 푸는 것으로부터(2장 참조) 시작할 것이다. 인지과학은 인간의 마음을 컴퓨터로 취급하며, 전통적으로 우리가 어떤 경우에 행복하고 어떤 경우에 슬퍼지는가와 같은 주제보다는 인간과 기계가 어떻게 논리적인 문제들을 해결하고 체스와 같은 게임을 풀어 나가는가에 중점을 둔다. 그 다음으로 인지과학이 그동안의 소홀함을 만회하려 했지만 불행히도 정서의 열정적인 본질은 몽땅 빼버리고 차가운 인지과정으로 재정의된 실수에 대해서 알아볼 것이다(3장 참조). 그러나 한편으로 볼 때 인지과학은 매우 성공적이었고 제대로 응용되기만 한다면 인지적인 마음뿐 아니라 정서적 마음을 연구하는 데 무한한 가치를 지닌 연구의 틀을 제공할 수 있다. 이러한 접근방법을 통하여 인지와 정서에 대해 내린 중대한 결론은 인지와 정서 둘 다 무의식적으로 작동하며, 그중 일부 경우에만 인지과정이나 정서과정의 결과가 의식의 영역으로 들어가서 우리의 의식적인 마음을 차지하게 된다는 것이다.

정서경험을 일으키는 시스템을 찾고자 하는 노력의 다음 과정은 바로 우리의 뇌이다(4장 참조). 4장에서 우리는 모든 정서를 담당하는 하나의 시스템은 없다는 것을 알게 될 것이다. 대신 여러 개의 정서 시스템이 있고, 각각은 서로 다른 기능적 목적을 위해 진화하였으며, 각기 다른 종류의 정서를 일으킨다는 것을 보게 될 것이다(5장 참조). 이러한 서로 다른 정서 시스템들은 의식의 영역 밖에서 작용하여 정서적인 무의식을 이룬다.

다음으로 우리는 그동안 많은 연구가 있었던 한 가지 정서 시스템, 뇌의 공포와 관련된 정서 시스템이 어떻게 조직되어 있는지를 집중적으로 다룰 것이다(6장 참조). 다음은 무의식적인 정서기억(emotional memory)과 의식적인 정서경험에 대한 기억(memories of emotional experience)의 차이를 논의할 것이다(7장 참조). 정서 시스템, 특히 공포 시스템을 자세히 나누어 살펴볼 것이다(8장 참조). 불안, 공포증, 공황장애, 외상 후 스트레스 증후군 등이 어떻게 무의식적으로 작동하는 공포 시스템으로부터 발전되어 나오는지 알아볼 것이다. 그리고 진화적으로 오래된 정서 시스템을 신피질이 통제할 수 있도록 학습하는 과정으로써 심리치료를 묘사할 것이다. 마지막으로 정서적인 의식상태, 그리고 마음의 기타 다른 영역과 정서 사이의 관계를 탐색해 볼 것이다(9장 참조). 뇌 진화의 경향에 비추어 이성과 감정 간의 갈등은 언젠가는 해결될 것이며 그 해결 방식은 단순히 신피질적인 인지과정이 정서 시스템을 억누르는 것이 아니라 이성과 열정 사이의 조화로운 통합에 의해 이루어질 것이라는 가설을 결론으로서 제시할 것이다. 이러한 이성과 열정의 조화야말로 미래의 인류가 자신들의 진정한 감정을 더 잘 이해하고 일상생활에서 더 효율적으로 사용하도록 하는 발전을 의미할 것이다.

1) 열정적인 무대로 유명한 미국의 여가수 티나 터너의 노래제목 (What's love got to do with it). 여기서 사랑이라는 말은 인간이 느끼는 감정 전체를 대표하는 비유적인 의미로 쓰였는데 노래 가사 중에 도대체 남녀간에 육체적으로 끌리는 것이 사랑이라는 숭고한 감정과 무슨 상관이 있느냐고 주장하는 부분이 나온다. 이 책 전반에 걸쳐 저자가 이야기하고자 하는 주제 즉, '신체 반응을 포함한 일차적인 정서반응과 그에 대한 해석의 결과로 경험되는 의식적인 감정과의 관련성'을 암시하는 가사가 아닌가 한다. 우리가 사랑이라고 이름 붙인 그럴듯한 감정은 육체적인 정서반응의 부수적인 결과일 뿐이라는 것이 저자의 결론이다. 역주

2) 뇌과학 분야에서 정서의 연구는 몇 번의 주기를 겪었다. 이런 역사적인 측면은 4장에서 고찰할 것이다. 지금으로서는 단지 신경과학자들이 지난 수십 년간은 정서보다는 마음의 인지적 측면에 더 관심을 가져왔다는 사실만을 지적하고자 한다. 이런 추세는 이제 변화되고 있다. 아직까지 정서를 자신의 연구주제로 삼는 신경과학자들은 몇 안되지만 뇌의 정서기능에 관한 연구는 점점 더 인기를 더해 가고 있다. 이런 변화에는 몇 가지 이유가 있다. 첫째로 인간의 마음은 인지기능 하나로는 이해가 불가능하며 따라서 신경과학자들이 인지과정에만 초점을 맞추는 것은 마음을 부분적으로 이해하게 될 뿐이다. 또 하나는 정서에 동반하는 주관적 의식상태가 전체 정서과정의 일부에 불과하다는 사실에 대한 자각이다. 따라서 뇌가 자극을 어떻게 처리하고 객관적으로 관찰 가능한 반응들을 어떻게 통제하는가를 연구하는 것이 정서에 대해 많은 것을 알 수 있는 방법임을 깨닫기 시작했다. 자극의 처리와 반응의 통제는 동물에서도 연구가 가능하지만 주관적인 의식상태는 그렇지 못하다는 사실 또한 자극과 반응의 과정에 연구가 집중하게 된 원인일 수 있다. 이런 이유들은 2장과 3장에서 더 자세히 설명될 것이다.

3) 영어로는 rat이다. 생쥐 (mouse)와는 구분해야 한다. 역주

4) 저자인 르두 박사는 이 책 전체에 걸쳐서 emotion과 feeling을 구분하고 있다. 전자는 의식과 무의식 및 신체변화를 모두 합친 정서경험을 일컫고 후자는 오직 의식적으로 느껴지는 주관적인 정서경험을 일컫는다. 우리말에서는 두 가지 구분에 해당하는 단어가 없으므로 이 책에서는 다소 어색하지만 emotion은 '정서'로 feeling은 '감정' 혹은 '느낌'으로 번역하기로 한다. 따라서 우리가 일상생활에서 기쁘거나 슬프다고 보고하는 것은 이 책의 분류에 따르면 감정상태를 지칭하는 것이고 언어적으로 보고하지 않더라도 그러한 감정의 기저에 존재하는 신체적 심리적 변화를 정서상태라고 할 수 있다. 역주

02 얼어붙은 영혼

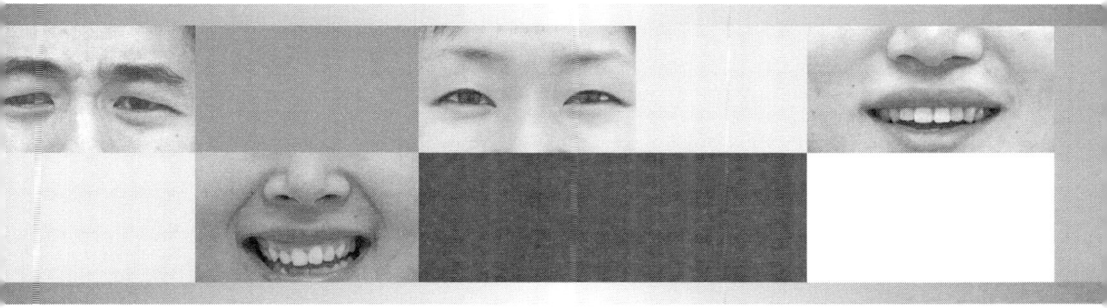

"생각, 생각해. 생각하라구."

-위니 더 푸[1]

"에이허브 선장은 생각 같은 거 안 해. 그분은 그저 느끼고 또 느끼고 느낄 뿐이야".

-허먼 멜빌의 '모비 딕' 중에서

인간의 뇌는 약 100억 개의 뉴런과 그 뉴런들 사이의 복잡한 연결들로 이루어진 구조물이다. 뉴런 안에서 발생하는 전기적인 신호들과 뉴런들 사이의 화학물질 교환에 의해 놀랍고 믿기 어려운 일들이 생겨나지만, 그중에서도 감정의 생성은 다른 무엇보다도 가장 경이롭고 조화로운 일이다.

마음의 눈을 우리의 정서로 돌리면 정서라는 것은 명백하면서도 동시에 불가사의하다는 것을 발견하게 된다. 뇌가 가질 수 있는 상태들 중에 우리가 가장 잘 알고 있고 가장 뚜렷하게 기억하는 것이 정서이다. 그럼에도 우리는 때로 정서가 도대체 어디서 비롯되었는지조차 모른다. 천천히 변하기도 하고 때로는 갑자기 변하기도 하며 그 이유 또한 분명할 때도 있고 그렇지 않을 때도 있다. 무엇 때문에 밤새 뒤척이다 잠을 깼는지 우리가 항상 알 수 있는 것은 아니다. 또 사람들에게 친절하게 또는 짓궂게 대하는 이유가 우리가 믿고 있는 이유와 다를 수도 있다. 위험에 처해 반응하는 것은 우리가 의식적으로 위험을 '알기' 도 전에 일어난다. 어떤 그림의 심미적인 매력에 끌리는 것은 구체적으로 그 그림의 무엇이 마음에 드는지 의식적으로 이해하지 않고서도 일어날 수 있다. 정서는 우리가 어떤 사람인지를 결정하는 가장 중요한 요소지만 때로는 우리의 의지가 끼어들 여지도 주지 않고 자신의 임무를 수행해 나간다.

정서가 없는 삶은 상상할 수조차 없다. 우리는 쾌락과 기쁨의 순간을 누리고 실망이나 슬픔, 고통은 피하도록 주변 환경을 변화시키면서 정서를 추구하는 삶을 살고 있다. 락 음악 비평가인 뱅스(Bangs, L.)는 "오늘날 우리 인류에게 가장 중요한 질문은 '다가오는 미래에 조금이라도 정서가 남아있을 것인가' 라는 질문이고, 그에 대한 답이 '아니오' 라면 정서가 없는 인류에게 삶의 가치는 무엇이 될 것인가

하는 질문이다." 라고 한 적이 있다.

과학자들은 '정서란 무엇인가' 라는 질문에 관해 여러 가지 답변을 해 왔다. 어떤 이들은 정서를 생존을 위한 하나의 방편으로써 진화해온 신체적 반응이라고 정의한다. 또 다른 관점은 정서란 뇌가 신체반응을 '느낄 때' 얻게 되는 정신적 상태라고 보는 견해이다. 신체반응은 정서반응에 비해 상대적으로 중요성이 낮으며, 중요한 정서반응은 모두 뇌 안에서 일어난다는 견해도 있다. 또한 어떤 특정한 방식으로 행동하거나 말하는 것이 정서의 중요한 부분이라고 보는 관점도 있다. 무의식적 충동들을 강조하는 이론도 있고 의식적인 판단의 중요성을 강조하는 이론도 있다. 오늘날 인기 있는 관점은 정서란 사람들이 스스로 처해 있는 상황에 부여하는 생각들이라는 관점이다. 그 밖에 다른 관점으로 정서란 사회적인 구성요소를 포함하며, 개인의 내부보다는 다른 개인과의 상호작용을 통해 생성된다는 견해도 있다.

정서를 과학적으로 이해할 수 있게 된다면 정말 좋을 것이다. 그렇게 되면 우리의 마음 중 가장 은밀하고 신비스러운 부분이 어떻게 작용하는지에 대한 통찰을 얻을 수 있을 것이고, 만약 정서기능이 붕괴되면 그에 따라 어떤 일들이 잘못될 수 있을까 추측하는 것이 가능해질 것이다. 그렇지만 앞서 살펴본 것처럼 과학은 지금까지 정서의 본질에 대해 일치된 의견을 찾아내지 못하고 있다. 많은 과학자들은 정서를 설명하는 일에 엄청난 열정을 쏟아 왔지만, 정서에 관해 많은 사람들이 한 말 중 가장 의미 있는 말은 불행히도 다음과 같은 인용구일 것이다. "모든 사람들이 정서가 무엇인지 잘 안다고 생각한다. 누군가 그것의 정확한 정의가 무엇인지 물어오기 전까지는."

정서 연구의 이런 현실은 정서의 뇌 메커니즘을 이해하려고 하는 노력을 가로막는 장애물임에 분명하다. 정서가 무엇인지 정의조차 할 수 없다면 도대체 그 뇌 메커니즘을 연구한다는 것이 말이나 되는가? 하지만 이 책에서 하려는 일은 지식의 한 영역(정서의 심리학)에 대응하는 다른 영역(뇌기능)을 찾아내는 것이 아니다. 뇌기능 연구를 통해 심리적 과정으로서의 정서를 새로운 관점에서 이해하고자 하는 것이다. 나는 우리 마음의 지도 중에서 가장 알쏭달쏭한 이 영역을 신경계의 관점에서 바라봄으로써 새롭고 유익한 발견을 하게 되리라 믿는다.

하지만 뇌기능을 강조한다고 해서 정서의 심리학적인 관점을 무시하려는 것은 아니다. 심리학자들이 여태껏 축적해 온 수많은 통찰들이 있다. 문제는 그들 중 어느 것이 옳은지 기발하긴 하지만 잘못된 것이 어느 것인지를 골라내는 일이다. 뇌과학의 관점에서 연구를 진행하는 것은 정서에 대한 새로운 통찰을 가져올 것이며, 이미 존재하는 심리학적인 관점들을 취사선택하는 데 도움을 줄 것이다. 정서의 심리학적 관점에 대해서는 3장에서 더 자세히 다룰 예정이다.

정서의 심리학적 연구를 본격적으로 다루기 전에 우선 정서의 파트너인 인지의 본질을 탐구하여 보다 거시적인 마음의 관점에서 정서가 어떤 역할을 하는지 짚어 보고 넘어가려 한다. 인지과정 혹은 그저 간단한 사고과정에 관한 연구는 근래에 눈부신 발전을 이룩했다. 인지심리학의 발전은 정서를 포함하는 마음의 모든 영역을 연구하는 데 유용한 개념적 틀과 방법론을 제공했다. 따라서 이 장에서는 인지기능이란 무엇이며 정서와 인지가 어떻게 관련되는지를 알아보고자 한다.

이성과 열정

고대 그리스 시대부터 인류는 이성과 열정, 사고와 느낌, 인지와 정서 사이를 구분하는 일에 관심을 가져왔다. 이처럼 영혼(soul)—그리스인들이 마음(mind)이라 불렀던—의 두 극단적인 측면은 인간의 심리과정을 주도하기 위해 끝없이 투쟁하는 것으로 종종 묘사되곤 했다. 예를 들어, 플라톤(Platon)은 열정, 욕구 그리고 두려움은 사고를 불가능하게 한다고 말했다. 정서는 이성이라는 마부에 의해 멈춰져야 하는 야생마와 같다는 것이 그의 생각이었다. 기독교적인 신학관은 오랫동안 정서를 죄악과 동일시하며 천국에 들어가기 위해 이성과 의지의 힘으로 저항해야 할 유혹으로 취급해 왔다. 우리의 법체계하에서도 '우발적인 범죄' 는 사전에 치밀하게 계획된 범죄와는 다르게 처벌을 하고 있다.

이렇듯 오랜 세월에 걸쳐 감성과 이성을 분리해 온 관습을 생각해 볼 때 우리의 이성적인 측면, 즉 인지에 관한 연구와 정서에 관한 연구가 현재 독립적으로 진행되는 것은 별로 놀랄 만한 일이 아니다. 인지과학이라고 알려진 이 분야는 우리가 이 세상을 어떤 식으로 이해하고 그 속에서 살아가기 위해 습득한 지식을 어떻게 이용하는지를 다룬다. 예컨대 망막에 사과의 상이 맺혔을 때 어떻게 그 이미지가 사과인 것을 인식하고 색깔을 변별하며, 두 개의 사과 중 어느 것이 큰지를 알아맞히고, 나무에서 떨어지는 사과를 잡기 위해 손과 팔의 움직임을 조정하며, 지난번 사과를 먹을 때 우리가 어디 있었고 누구랑 같이 있었는지를 기억하며, 혹은 사과가 실제로 눈앞에 없다 해도 사과의 이미지를 떠올리거나 떨어지는 사과를 보고 중력의 존재에 관한 이론을 고안해 내는지에 대한 모든 과정이 인지과학의 범주에 속한다.

인지과학은 비교적 최근인 20세기 중반에 출현하여 '마음에 관한 새로운 과학' 이라고 불려 왔다. 하지만 사실 인지과학은 '마음의 일부에 관한' 과학이라고 하는 편이 더 적절하며 사고, 이성적 추론, 지능과 같은 분야에만 관심을 가질 뿐 정서는 다루지 않는다. 정서가 빠진 마음은 완전한 마음이라고 하기 어렵다. 얼어붙은 영혼은 완전한 마음이 아니다. 인지과학에서 정의하는 마음은 차갑고 생명이 없는 존재로 욕구나 공포, 슬픔, 아픔, 기쁨 같은 개념들이 쏙 빠진 얼어붙은 영혼과 같은 것이다.

그렇다면 도대체 정서가 없는 마음의 이론이 있어야 할 이유는 무엇인가? 정서를 배제한 마음에 관한 이론이 어떻게 성공할 수 있었던가? 어떻게 하면 감성과 이성을 다시 통합할 수 있을까? 이러한 질문들에 답하기 위해 먼저 우리는 인지과학이 어디서 유래했고 그 본질은 무엇인지를 살펴봐야 할 것이다.

생각하는 기계

20세기 초반의 심리학은 행동주의적 경향이 팽배하여 마음의 주관적인 내부상태, 즉 지각, 기억 그리고 정서와 같은 개념들을 심리학에서 배제해야 한다고 주장했다. 이런 한 관점에 의하면 심리학은 데카르트(Descartes, R.)가 "나는 생각한다. 고로 나는 존재한다."[2] 라고 설파한 이래 심리학의 주요 주제가 되어 왔던 의식에 관한 연구를 더 이상 해서는 안 되며, 대신 오직 객관적으로 관찰 가능한 행동들만을 대상으로 해야 한다는 것이다. 의식은 주관적이고(내성법[3]을 제외하면) 관찰이 불가능하므로 과학적으로 연구할 수가 없다는 것이 행동주의자의 입장이었다. 정신상태를 일컫는 여러 개념들은 기계 안에 깃든 유령처럼 경멸적으로 취급되었다. 마음이나 의식과 같은 개념에 대해 이야기하는 이들은 행동주의자들의 놀림감이 될 수밖에 없었다.

20세기 중반에 들어 행동주의자들이 지배했던 심리학에 변화가 오기 시작했다. 전기적으로 움직이는 계산기계인 컴퓨터가 개발된 이후 공학자, 수학자, 철학자, 심리학자들은 컴퓨터가 정보를 처리하는 방법과 인간의 마음이 작동하는 방식 사이에 존재하는 유사성을 간파하였다. 컴퓨터의 작동원리들은 인간의 정신적 기능과 비유되곤 하였고 인공지능(artificial intelligence: AI)이라고 하는 분야가 등장하여 컴퓨터를 이용해 인간의 마음을 흉내내기 시작하였다. 곧이어 인간의 마음을 정보를 처리하는 기계로 취급하는 아이디어에 경도된 사람들은 누구라도 스스로를 인지과학자라고 부르기 시작했다. 인지과학은 심리학에 혁명을 일으켜 절대적 권위를 누리고 있던 행동주의를 몰아내고 마음이라고 하는 주제를 다시 심리학의 주 영역으로 불러들였다. 오늘날 인지과학자들은 심리학뿐만 아니라 언어학, 철학, 컴퓨터 공학, 물리학, 수학, 인류학, 사회학 그리고 뇌과학에 이르기까지 널리 분포되어 있다.

인지과학의 성립에 있어 가장 중요한 개념적인 진전은 기능주의(functionalism)라고 불리는 철학사조를 통해서 이루어졌다. 기능주의에 의하면 지능적인 기능들은 비록 서로 다른 기계에 의해 수행된다 하여도 같은 기본과정에 의해 이루어진다고 본다. 예를 들어, 컴퓨터와 인간 모두 2+5 라는 계산을 해서 7이라는 답을 내놓을 수 있다. 하지만 둘 다 같은 답을 내놓았다고 해서 같은 종류의 하드웨어를 사용한 것은 아니다. 컴퓨터는 전자부품으로 뇌는 생물학적인 구조물로 이루어져 있다. 따라서 같은 답이 나왔다는 것은 기능적 수준에서는 유사한 과정이 수행되었다고 추측할 수 있는 근거가 된다. 즉, 두 가지 종류의 구조물들을 이루고 있는 하드웨어에 차이가 있다는 것은 물론 분명하지만 그 안에서 돌아가고 있는 소프트웨어 혹은 프로그램은 같은 것일 수 있음을 의미한다. 그러므로 기능주의 관점에서 마음과 뇌

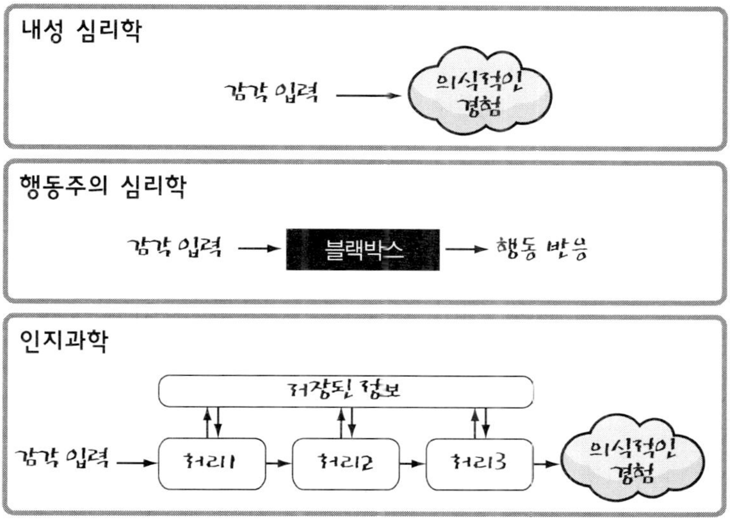

[그림 2-1] 마음과 행동을 이해하기 위한 세 가지 연구법

내성 심리학은 현재 의식적으로 경험하고 있는 내용들에 관해서만 연구한다. 행동주의는 의식이라는 개념을 심리학에서 정식으로 연구할 수 있는 내용이 아니라고 보고, 자극과 반응 사이에서 일어나는 사건들은 모조리 블랙박스 안에 감추어진 것으로 취급하였다. 반대로 인지과학은 이 블랙박스 안에서 일어나는 과정을 연구대상으로 삼는다. 이러한 과정들은 무의식적으로 일어나는 경우가 대부분이다. 단순히 의식의 내용보다는 그 과정을 파악하는 데 중점을 두었다는 이유만으로, 인지과학이 행동주의자들이 외면한 마음이라는 주제로 다시 되돌아갔다고 보기는 어렵다. 하지만 인지과학자들은 무의식적 과정뿐만 아니라, 의식의 메커니즘까지 규명하려는 노력을 점점 더 많이 기울이고 있다.(세 번째 모식도는 U. Neisser(1976). 인지와 현실.)

의 관계는 컴퓨터 프로그램과 컴퓨터 하드웨어 간의 관계와 같다.

기능주의 관점하에서 인지과학자들은 하드웨어에 대한 고려 없이 마음의 기능적 구조를 밝히는 데 집중할 수 있었다. 기능주의에 의하면 인지과학은 독립적인 영역으로 존재할 수 있으며 뇌에 관한 완전한 이해를 전제로 하지 않는다. 이 논리는 인지과학이 독자적인 학문

【그림 2-2】 기능주의

기능주의는 정신적 기능(사고, 추론, 계획, 감정)들이 물리적인 상태라기보다는 기능적 상태라고 본다. 사람과 컴퓨터가 2와 5를 더해서 7이라는 답을 내놓았을 때 비록 두 구조물의 물리적인 성분은 다르지만 기능적으로 대등한 과정에 의해 얻어진 결과임이 분명할 것이다. 이 논리에 따르면 컴퓨터 시뮬레이션을 통해 정신적 과정을 연구하는 것이 가능해진다. 이론적으로는 육체 없는 정신만도 존재할 수 있는 것이다.(Fodor, J. A.(1981, January). 정신과 육체의 문제. *Scientific American.*)

영역으로 발전하는 데 큰 힘을 주는 논리였다. 이러한 사연 때문에 오늘날 대부분의 인지과학자들은 인간을 대상으로 실험을 하든 인간 마음에 관한 컴퓨터 시뮬레이션 실험을 하든 관계없이 기능주의자적인 입장을 갖는다.

인지혁명으로 인해 의식이 다시금 심리학의 주요 연구주제로 복귀할 것이라 예상하는 것이 자연스러운 일이겠지만 실제 그렇게 되지는 않았다. 인지과학의 영향으로 마음이라는 주제가 다시 심리학의 주제가 되긴 했지만 여기에서의 마음은 데카르트가 주장했던 모든 것을 알고 있는 의식적인 마음과는 거리가 있다. 데카르트에 있어서 의식적이지 않은 것은 정신적이지도 않은 것으로, 마음과 의식은 동일어로 여겨질 정도였다. 그러나 인지과학자들은 마음을 의식적인 '내용'이라기보다는 무의식적 '과정'으로 보았다. 이렇듯 의식을 간과하는 과정에서 그들은 의식 상태의 하나인 정서 또한 빠뜨리게 되었다. 자세한 내용은 나중에 더 논의하도록 하고 우선 인지과정의 무의식적 측면을 살펴보도록 하겠다.

인지적 무의식

마음을 정보처리를 담당하는 도구로 보는 인지과학은 의식의 본질이나 의식을 이루는 주관적인 내용들에 관심을 갖기보다는 정신적 사건들을 경험하게 해 주는 기능적인 구조와 과정에 더 주의를 기울여 왔다. 여러분 앞에 놓인 사과를 지각하기 위해서는 먼저 사과가 뇌에서 표상(representation)되어야 하고 그 다음에 마음의 의식적인 부분이 그 표상에 접근할 수 있어야 한다. 이러한 의식적인 정신적 표상은 마음을 이루는 무의식적 성분들의 작용으로 이루어진다. 오래 전 래슐리(Lashley, K.)가 말한 것처럼 의식적으로 자각하는 내용들은 우리가 의식적으로는 깨닫지 못하는 과정을 거쳐 얻어지게 된다. 우리가 할 수 있는 것은 다만 그 결과물들을 의식하게 되는 것뿐이다. 이러한 정신적 과정들이야말로 인지과학의 필수적 요소들이다. 인지과학자들은 때로 의식이 정신과정의 최종산물이라고 이야기하는데 실제로는 의식의 내용 그 자체보다는 그에 이르기까지의 과정에 훨씬 더 관심이 많다. 이렇듯 의식적인 '내용' 보다도 무의식적인 '과정'의 강조가 인지과학의 곳곳에 스며들어 있다. 강경한 기능주의를 옹호하는 사람들은 주어진 기능적 문제를 해결할 수 있는 능력이 있다면 그 도구가 무엇이든 간에 그것을 이용해 이러한 무의식적 과정들을 연구할 수 있다고 한다. 그 도구가 뉴런으로 이루어졌든 전자제품이나 기계부속으로 이루어졌든 혹은 주판알과 막대기로 이루어졌든 간에 말이다.

무의식적 과정들은 오랫동안 인지과학자들을 괴롭혀 온 문제였다. 심리학자 킬스트롬(Kihlstrom, J.)은 '인지적 무의식' 이라는 용어를 만들어서 이들을 설명하고자 했다. 이 정신적 과정들은 복잡성에 따라 몇 단계로 나뉘는데, 주어진 자극의 물리적 특성을 분석하는 감각계의 통상적인 분석에서부터 과거의 사건을 기억하고, 올바른 문법을 구사해서 말하고, 눈앞에 보이지 않는 물체를 상상하며, 의사를 결정하는 등의 단계들로 나뉘게 된다.

프로이트처럼 인지과학자들도 데카르트로부터 내려온 마음과 의식을 동일시하는 관점을 거부했다. 하지만 인지적 무의식은 프로이트(Freud, S.)의 정신분석학적 무의식과는 구분되어야 한다. 인지적 무의식이라는 용어가 의미하는 바는 단순히 우리의 마음이 행하는 많은 일들이 의식의 영역 외에서 일어나기도 한다는 것인데 반해, 정신분석학적 무의식은 정신적으로 불건전한 작업을 수행하기 위해 정서로 가득찬 기억들이 저장되는 어둡고 유해한 장소를 말하는 것이다. 어느 정도까지는 정신분석학적 무의식을 인지적 과정으로 설명할 수 있지만 인지적 무의식이라는 용어가 정신분석학적 과정을 의미하지는 않는다. 정신분석학적 무의식에 관해서는 나중에 자세히 논의하도록 하고 지금은 그보다는 정신과정의 일상적 업무를 수행하는 인지적 무의식을 주로 다루도록 하겠다.

예를 들어 설명해 보자. 신경계로 들어온 외부자극을 분석하는 첫 단계는 자극의 물리적 속성을 분석하는 것으로부터 시작된다. 이러한 하위수준에서의 처리과정은 의식적인 자각 없이 일어난다.[4] 뇌는 우리가 보는 물체의 형태, 색채, 위치, 움직임 등을 감지하는 메커니즘을 갖고 있다. 우리가 듣는 소리의 크기, 음조, 위치 등을 감지하는 메커니즘도 갖고 있다. 따라서 어느 물체가 더 가까이 있는지 혹은 어느 소리가 더 크게 들리는지 물으면 누구든 금방 대답할 수 있지만 도대체 뇌에서 어떤 현상이 일어나서 그런 대답을 했냐고 물으면 아무도 설명하지 못한다. 이러한 과정들로부터 얻어진 결과는 의식이 접근할 수 있는 영역에 있지만 거기에 도달하는 과정 자체는 의식적으로 알 수가 없다는 것이다. 자극의 물리적 특성을 분석하는 과정은 여러 가지 인지과정의 기본이 되며 여기에는 우리가 어떤 물체를 의식적으로 지각하고 있다는 자각도 포함된다. 이런 과정을 자각하지 못하는 것은 그리 나쁜 일이 아니다. 만약 신중한 주의를 기울여 이런 모든 일들에 임한다면 인간은 그 수많은 연산을 처리하느라 매우 바쁠 것이며 오히려 대상을 지각하는 일에는 신경조차 쓰지 못할 것이기 때문이다.

자극의 물리적 특징에 대한 기본적인 분석이 끝나면 뇌는 이제 그 자극의 의미를 찾아내기 시작한다. 지금 보고 있는 대상이 사과라는 사실을 알기 위해 자극의 물리적 특징들은 이제 장기기억(long-term memory: LTM)으로 들어가야 한다. 일단 자극에 관한 정보가 장기기억으로 들어가면 그와 비슷한 물체에 대해 저장된 정보들과 비교되고 이어서 사과라는 결론이 내려지면 비로소 관찰자는 보고 있는 물체가 사과라는 사실을 '알게' 되며, 이전의 사과와 관련된 기억을 떠올릴 수도 있을 것이다. 최종 결과는 의식적인 기억의 생성(의식적인 내용을 지닌)이지만 이 결과는 무의식적인 과정에 의해 일어난다. 여러분 대부분은 어제 저녁 밥상에 어떤 반찬이 있었는지를 기억하고 있을 테지만 뇌에서 그 정보가 인출된 어떤 기계적인 과정을 설명해 보라고 하면 불가능할 것이다.

인지과정에서 가장 정신적인 부분이라고 할 수 있는 심상(mental image)의 형성에도 무의식적 과정이 관여한다. 한 실험에서 인지 심리학자 코슬린(Kosslyn, S.)은 피험자들에게 몇 가지 물체들(나무, 오두막집, 바위 등)이 있는 상상의 섬을 그려보라고 지시하였다. 그런 다음 피험자들에게 지도를 상상하고 그중 한 가지 물체에만 집중할 것을 요구하였다. 그러고 나서 한 단어가 주어졌으며 그 단어에 해당하는 물체가 지도상에 있는지 없는지를 판단해서 만약 있다면 스위치를 눌러 반응하게 하였다. 피험자의 반응시간은 그들이 그린 지도상에서 상상하고 있던 물체와 실험적으로 주어진 단어에 해당하는 물체 사이의 기하학적 거리에 정확히 비례했다. 이 실험으로부터 얻어진 결론은 뇌가 심상에 떠오른 두 물체 간의 거리를 계산하고 있다는 것이었다. 피험자들이 의도적으로 이러한 계산을 행한 것은 아니다. 그들은 그저 버튼을 눌러서 대답을 한 것뿐이었다. 뇌가 행한 연산은 모두 무의식적으로 이루어진 것이다.

여러분의 뇌가 어떤 일을 하고 있다고 해서 여러분 자신(의식적인 자아)이 그 일이 어떻게 이루어졌는지 알고 있다고 볼 수는 없다. 위에서 예로 든 기하학적 문제를 뇌가 무의식적으로 풀어냈다는 사실이 이상하게 들린다면, 시속 100킬로미터로 달리는 자동차를 커브길에서 운전할 때 자동으로 행해지는 계산을 상상해 보라. 또 먹이를 찾아 헤매다가도 그들 몸속에 있는 컴퍼스를 이용해 손쉽게 집을 찾아 돌아오는 비둘기나 꿀벌의 신경계에서 일어나는 과정을 상상해 보라.

의식을 행동으로 나타내는 가장 좋은 방법인 언어도 역시 무의식적 과정의 소산이다. 우리가 말할 때를 한번 생각해 보자. 우리는 의식적으로 말의 문법을 미리 생각해서 말하는 것은 아니다(외국어를 처음 배울 때는 그렇게 하지만). 그럴 만한 시간 여유가 없다. 우리 모두가 대단한 연설가는 아니지만 적어도 언어적으로 말이 안 되는 문장을 내뱉지는 않는다. 이렇게 문법적으로 대충 맞는 말을 하는 것도 무의식적 인지과정이 처리하는 일중의 하나이다.

무의식적 인지는 신념과 행동의 정신적 기원에 관한 복잡한 판단에까지 연장된다. 1977년에 니스벳(Nisbett, R.)과 윌슨(Wilson, T.)은 「아는 것 이상으로 말하기: 정신적 과정에 대한 언어적 보고」 라는 제목의 아주 흥미로운 논문을 발표했다. 이들은 매우 교묘하게 짜인 실험상황을 만들어서 피험자들에게 어떤 일을 시키고 그들에게 왜 그렇게 하게 되었는지를 이야기하게 했다. 한 실험에서는 테이블 위에 스타킹을 여러 켤레 늘어놓았고, 여성 피험자들에게 스타킹을 잘 살펴보고 가장 마음에 드는 한 쌍을 고르게 했다. 그러고 나서 그들에게 왜 그 스타킹을 골랐는지 물었을 때 피험자들은 스타킹의 질감이 좋았다는 등의 자신들의 선택을 납득시킬 만한 이유를 늘어놓았다. 하지만 피험자들이 몰랐던 사실 하나는 그 스타킹들은 모두 똑같은 제품들이었다는 것이다. 니스벳과 윌슨이 행한 이와 유사한 일련의 실험들은 사람들이 종종 자신들의 행동이나 감정을 일으키는 내부적인 원인에 대해 잘못된 추론을 한다는 것을 밝혀냈다. 피험자들은 언제나 자신들의 행동에 대해 이유를 설명했지만 그 이유는 그들이 결정을 내리는 동안의 과정들에 대한 특별한 접근이 아니라, 단지 사회적인 통념이나 그러한 상황에서 일반적으로 그렇게 되리라는 어림짐작 혹은 이도 저도 아닌 아무 근거 없는 추측에 지나지 않았다. 종종 자기 내면의 생각을 들여다봄으로써 올바른 추론을 하는 경우도 있지만 그런 경우는 대개 행동을 일으킨 자극들이 분명하게 눈에 띄거나 뻔한 이유에 의해서 일어나는 경우이다. 현저하거나 뻔한 자극이 존재하지 않는 경우 사람들은 종종 이유를 하나 만들어 내고 그 이유를 믿어 버린다. 마음의 중요한 측면들이 어떻게 작동하는지, 다시 말해 우리가 어떤 행위를 왜 하게 되는지에 대해서도 역시 의식적 자아가 완벽하게 깨닫는 것은 아니다.[5] 따라서 내성법적인 분석을 통해서 얻어진 우리 자신의 마음에 대한 언어적인 보고를 과학적인 데이터로 쓸 때는 매우 조심해야 한다.

니스벳과 윌슨이 이러한 실험을 진행하던 무렵과 거의 같은 시기에 가자니가와 나는 분리뇌 환자들을 대상으로 실험을 하고 있었으며 그들과 비슷한 결론에 접근하고 있었다. 가자니가의 이전 연구에 의해 분리뇌 환자의 한쪽 뇌로만 전달된 정보는 다른 쪽 뇌로 넘어가지 않는다는 것이 이미 잘 알려져 있었다. 우리는 이 사실을 이용해서 어떻게 의식이 무의식적인 정신체계에 의해 생성된 정보를 이용하는지 설명하는 모델을 만들고자 하였다. 다시 말해 우리는 실험에서 우반구에게 특정한 반응을 행하라고(좌반구가 모르게) 비밀리에 지시를 내렸다. 이렇게 하면 좌반구는 분명히 그 반응을 보기는 하지만 왜 그런 반응이 나왔는지는 알지 못한다. 그런 연후 우리는 분리뇌 환자인 피험자에게 왜 그런 반응을 하는지 물었다. 좌반구에 언어영역이 있으므로 피험자의 반응은 좌반구가 상황을 어떻게 이해하고 있는지에 달려 있을 것이다. 질문을 할 때마다 좌반구는 마치 그 상황을 이해하고 있는 것처럼 그럴듯한 설명을 지어냈다. 한 피험자의 경우 우리가 우반구를 통해 내린 지시는 손을 흔들라는 것이었다. 그러고 나서 우리가 그에게 왜 손을 흔들었냐고 묻자 피험자는 자기가 아는 사람을 본 것 같았다고 대답했다. 또 어떤 경우에 우반구에게 웃음을 지어보라고 했더니 피험자는 우리가 웃기는 사람들이라고 대답했다. 피험자는 반응을 근거로 삼아 말한 것일 뿐 그 반응이 왜 나왔는지에 관한 진짜 이유를 알고서 말한 것은 아니었다. 니스벳과 윌슨의 피험자들에서처럼 분리뇌 환자들은 마치 자신의 행동에 대해 내성법적인 통찰을 갖고 있는 것처럼 자신들이 보고 있는 상황에 그럴듯한 설명을(물론 잘못된) 갖다 붙였다. 이로부터 우리는 사람들이 행하는 많은 행동들이 의식적으로 자각하지 못하는 원인에 의해서 발생하며 그 이유는 그런 행동들을 일으키는 뇌 안의 시스템이 무의식적으로 작동하기 때문이고, 의식의 중요한 역할 중의 하나는 우리의 삶에서 일어나는 많은 사건들을 묶어서 일관성 있는 하나의 줄거리로 유지하는 것이며 이것이 곧 '자아'의 개념이라는 결론을 내렸다. 의식이 이렇게 설명을 지어내는 데는 자신에 대해 갖고 있는 이미지, 과거에 대한 기억, 미래에 대한 기대, 현재의 사회적 상황, 행동이 발생하는 물리적 환경 등이 모두 영향을 미친다.

비록 인지적 무의식의 많은 부분이 알려지지 않은 채로 남아 있지만 우리의 정신적 삶의 많은 부분이 의식의 영역 바깥에서 이루어지는 것만은 분명하다.[6] 무의식적 과정의 결과에 대해서는 내성법적인 접근을 할 수 있겠지만 그에 이르게 된 과정까지도 의식적인 내용으로 표현되는 것은 아니다. 자극의 처리 중 의식적인 내용물로써 자각되지 않는 과정들도 어쨌든 암묵적으로(implicitly) 혹은 무의식적으로 저장되었다가(7장 참조) 나중에 우리의 사고와 행동에 영향을 미친다. 더 나아가 자극에 대한 정보는 의식적인 내용물을 생산하는 시스템과 생산하지 못하는 시스템에 의해 따로따로 표상되는 것이 가능하다는 사실을 강조하고자 한다. 이 결과 자극은 어떤 시스템에서는 의식적인 표상을, 다른 시스템에서는 무의식적인 표상을 만들게 된다. 의식적인 표상을 창조하고 사용하는 시스템의 작용 메커니즘을 알아내기 위해 때로는 내성법이 유용하게 사용될 수도 있고 그러한 과정을 언어적으로 기술할 수도 있다. 하지만 내성법은 인간 마음 전반에 걸쳐 여러 측면을 형성하고 있는 광범위한 무의식의 작용을 들여다보기 위한 창문으로서는 그다지 유용하지 않다. 이 점은 우리가 다음 장에서 정서적인 무의식을 설명하려 할 때 특히 중요하다.

인지과학은 정보처리과정을 설명하려 했던 애초의 목적을 달성하는 데는 아주 성공적이었다. 나중에 드러났듯이 정보처리는 무의식적 과정을 의미하게 된다. 이제 우리는 사람들이 어떻게 해서 세상을 체계적으로 지각하는지, 과거의 사건들을 기억하는지, 당장 눈앞에 없는 자극을 어떻게 상상하는지, 어떻게 해서 여러 가지의 자극 중 하나에만 주의를 기울일 수 있는지, 논리적 문제를 어떻게 해결하는지, 불완전한 정보에 의거해서 판단을 어떻게 내리고, 우리의 신념, 태도, 행동들에 대한 가치판단을 어떻게 하는지, 그리고 그 외에도 무수히 많은 정신의 기능들에 대한 훌륭한 모델을 제안할 수 있게 되었다. 이러한 기능들에 관련된 대부분의 과정들이 무의식적으로 일어난다는 사실은 이전의 정신주의(mentalism)만으로 누리지 못했던 호사스러움을 인지과학 분야에 선사해 주었다. 바로 의식에 관련된 문제들을 먼저 해결하지 않고도 정신에 관해 얼마든지 연구할 수 있게 된 것이다. 그렇다고 해서 의식이라고 하는 것이 관련성이 없다거나 중요하지 않다는 것은 아니다. 의식의 문제는 너무나 중요해서 과거에 의식에 관한 연구는 기본적으로 마음에 관한 연구의 전부를 의미했다. 하지만 이제는 마음의 무의식적 측면도 역시 중요하다는 것을 과학자들은 깨닫게 된 것이다. 사실, 의식의 과정은 무의식적 과정을 연구하지 않고는 이해가 불가능하다고 말해도 과장이 아닐 것이다. 우리가 살펴본 것처럼 무의식에 의해 의식의 내용이 가능해지기 때문이다. 이런 점에서 인지과학은 올바른 길을 가고 있다고 볼 수 있다. 의식에 관해서는 나중에 다시 논의하고 특히 정서적 의식에 관해서는 9장에서 자세히 다루도록 한다.

기계들의 정신건강

인지과학자들의 연구대상으로서의 인지적 마음은 때로 아주 흥미롭고 복잡한 행동을 가능하게 한다. 예를 들어, 인지적 마음은 체스의 고수들을 곤란하게 만들 만큼 능란하게 체스를 둘 수 있다. 하지만 인지적 마음에게는 체스게임을 이기고 싶은 욕구가 없다. 상대편을 외통수에 몰아넣는다고 해서 쾌감을 느끼는 것도 아니고 게임을 진다고 해서 기분 나빠하지도 않는다. 주위에 관객이 지켜보고 있는 큰 판이라고 해서 주의가 흐트러지지도 않고 갑자기 생각난 미납 고지서 때문에 불안을 느끼지도 않으며, 화장실에 급한 볼일을 보러 가느라 방해 받지도 않는다. 심지어 게임을 이기기 위해 부정행위를 하도록 프로그램될 수도 있지만 그렇다고 인지적 마음이 죄책감을 느끼지는 않을 것이다.

인지과학을 정의하려는 시도들을 죽 둘러보라. 이 분야가 얼마만큼 정서와의 관련을 부정하는지를 알게 되면 놀랄 것이다. 예를 들어, 가드너(Gardner, H.)는 그의 책 『새로운 마음의 과학: 인지과학의 혁명에 관한 역사』에서 인지과학을 특징짓는 다섯 가지 요소 중의 하나로서 정동적인 혹은 정서적인 요소에 대한 경시를 들고 있다. 또 나이서(Neisser, U.)는 1968년에 출판된 그의 교과서, 『인지 심리학』에서 인지 심리학의 주요 주제는 행동에 동기를 부여하는 역동적 요소들(정서가 그 한 예)을 포함하지 않는다고 단언하였다. 포도어(Fodor, J.)는 인지과학에 있어 사상적 선구자 역할을 한 책 『사고의 언어』에서 정서를 인지과학이 설명할 수 있는 영역 바깥에 존재하는 마음의 상태로 기술하고 있다. 바바라 본 에카르트(Barbara von Eckardt)는 그녀의 책 『인지과학이란 무엇인가?』에서 대부분의 인지과학자들이 정서연구를 그들의 영역에 넣지 않고 있음을 지적했다. 이들 인지과학자들은 한결같이 정서가 마음에서 중요한 요소임은 인정하지만, 인지적 접근으로 마음을 연구할 때 정서는 적합한 영역이 아님을 강조한다.

도대체 정서의 어떤 점 때문에 인지과학자들은 정서를 주의나 지각, 기억 그리고 그 밖의 인지과정의 단골 주제들로부터 따로 떼어내게 된 것일까? 인지심리학이 마음에 대한 관심과 연구를 회복시켰을 때 왜 정서는 이 혁명에서 제외되었던 것일까?

한 가지 이유를 추측해 본다면, 철학자들과 심리학자들이 수천 년에 걸쳐서 유용하다고 증명해 온 사고와 감정의 분리, 혹은 인지와 정서의 구분을 들 수 있겠다. 20세기 초 러셀(Russell, B.)과 같은 철학자들의 영향으로 사고는 일종의 논리로 간주되었고 포도어의 공헌으로 인해 생각의 언어로서 알려지게 되었다. 마음을 컴퓨터 연산과정에 비유하는 것이 유행했을 때에도 인지는 소위 비논리적이라 불리는 정서보다는 논리적 추론과정에 훨씬 더 어울리는 것처럼 보였다. 하지만 곧 다루게 될 주제는 많은 사람들이 생각했던 바와는 다르게 인지과정이 늘 논리적인 것은 아니고 반대로 정서라고 해서 항상 비논리적인 것은 아니라는 것이다.

일찍이 인공지능(AI) 연구자들은 문제해결을 위해 고안된 기계는 지식을 필요로 한다는 사실을 깨달았다. 아무리 뛰어난 논리를 가진 AI라 하여도 정보가 없으면 무용지물이다. 이제 사고과정은 단순히 논리적인 규칙에 의해서만 이루어지는 것이 아니라는 생각이 널리 받아들여지고 있다. 이런 사실은 존슨-레어드(Johnson-Laird, P.)의 실험에서 증명되었다. 그의 실험에서 피험자들은 주어진 문장들로부터 논리적인 결론을 내릴 수 있는 능력을 평가 받았다. 예를 들면, "모든 예술가들은 양봉업자들이다. 모든 양봉업자들은 화학자들이다."와 같은 문장들이다. 이 실험에서 피험자들은 꽤 자주 논리적으로 틀린 결론을 내리곤 했다. 인간의 마음이 엄격한 논리에 따라 움직이는 기계라면 별로 좋은 기계는 아니라는 의미이다. 존슨-레어드의 말에 의하면 사람들은 이성적이지만(혹은 자신들이 이성적이라고 여기지만) 그들이 생각하는 이성적인 판단이 엄격한 논리의 법칙을 따르는 것은 아니다. 사람들은 그가 심리모델이라고 부른, 과거의 실제경험 또는 상상의 상황에서 도출된 가설적인 사례들을 이용해 문제를 해결한다. 트버스키(Tversky, A.)와 카네만(Kahneman, D)이 행한 연구도 다른 관점에서 비슷한 결론을 내리고 있다. 그들에 의하면 사람들은 세상이 어떻게 돌아가는가에 관해 갖고 있는 암묵적인 지식을 활용한다고 한다. 일상의 문제를 해결하기 위해 사용하는 것은 형식을 갖춘 논리의 원칙들이 아니라 학습된 어림짐작인 것이다. 경제학자인 프랭크(Frank, R.)의 입장은 여기서 한 발 더 나아간 입장이다. "결과가 어떻게 될 것인지를 완전히 예측해서 의도적으로 수행하는 많은 행동들은 비합리적이다. 사람들은 그런 행동은 아예 하지 않는 편이 나았을 것이라는 사실을 잘 알고 있다."라는 주장처럼 그에 의하면 의사결정은 종종 전혀 논리적이지 않다. 몇 푼 되지도 않는 불량제품을 환불 받기 위해 까다로운 절차들을 참는 경우나 투표결과에 별 영향을 미치지도 않을 한 표를 행사하겠다고 폭풍우를 무릅쓰고 투표장으로 향하는 사람들의 경우를 보라. 보르게(Borge, J. L)의 설명에 의하면 영국과 아르헨티나가 포크랜드 전쟁을 일으켜서 싸운 것은 사람으로 치면 '머리카락도 없는 두 대머리가 빗을 차지하려고 싸우는 모양' 과 같다. 인지가 완전히 논리적이지만은 않다고 가정한다면(실제로 비논리적이기도 하다) 정서는 우리가 애초에 생각했던 것만큼 인지의 영역에서 멀지 않은 곳에 있을 수도 있다.

여러 종류의 정서는 진화에서 얻어진 지혜와 같은 것이다. 진화의 과정은 너무도 지혜로워서 지구상에 존재하는 모든 인간의 정신을 모아 놓은 것보다 훨씬 똑똑할지도 모른다. 진화 심리학자인 투비(Tooby, J.)와 코스미데스(Cosmides, L.)는 현재 존재하는 정서상태를 설명하기 위해서는 종의 과거를 거슬러 올라가야만 한다고 말하였다. 위험상황에서 진화를 통해 완벽해진 대처반응대로 행동하는 것이 어떻게 비논리적이란 말인가? 골만(Goleman, D.)은 그의 최근 저서에서 정서지능(emotional intelligence)의 여러 가지 예를 들고 있다. 인생의 성공은 IQ만큼이나, 혹은 오히려 그보다 더, EQ(emotional quotient)에 의해 좌우된다고 주장한다. 말할 필요도 없이 궤도에서 벗어난 정서는 비논리적이고 심지어 병적인 결과를 낳을 수도 있는 것이지만 정서 그 자체가 반드시 비논리적인 것은 아니다. 예를 들어, 아리스토텔레스(Aristoteles)는 분노를 모욕적인 자극에 대한 합리적인 반응으로 보았고, 다른 많은 철학자들도 이 견해를 받아들였다. 신경전문의이자 신경과학자로 유명한 다마지오(Damasio, A.)는 그의 저서 '데카르트의 오류' 에서 정서의 논리성을 주장하고 있다. 그는 결정을 내리는 데 있어 직감의 중요성을 강조하였다. 초기의 AI 연구자들이 논리적인 과정을 모사하는 데 성공적이었던 반면 최근의 모델들은 이런 인공적인 모델들을 뛰어넘어, 일부는 정서적인 측면을 모방하려는 시도까지 하고 있다. 일례로 정서를 모방한 프로그램에서는 정서적인 각본이나 도식(주어진 상황에서 어떤 일들이 일어날 것인가에 관한 정보)을 사용해서

의사나 행동의 결정에 도움을 얻으려는 시도를 하고 또 어떤 프로그램들에서는 주어진 자극의 정서적 의미를 판단하는 과정을 모사하려 하고 있다. 그 밖에도 정서의 과정을 도사하기 위해 정서의 뇌에 관해 알려진 연구결과를 이용하려는 시도도 있다. 인지와 정서를 구분하는 데 논리적/비논리적 혹은 이성적/비이성적과 같은 기준들은 그다지 명확하지 않으며 나아가 마음을 과학적으로 정의하는 가장 명백한 방법도 아니다.

정서가 인지혁명에서 제외되었던 두 번째 이유는 정서가 전통적으로 의식의 주관적인 측면으로 취급되어 온 데 있다. 무서워하거나 화내거나 즐거워하는 등의 정서상태는 자신이 그와 같은 정서를 경험하고 있다는 사실을 의식적으로 알아차리는 것에서 비롯된다. 컴퓨터는 경험을 소유한다기보다는 정보를 처리한다(적어도 많은 이들은 그렇게 여기고 있다). 인지과학을 의식의 내용에 대한 과학이라기보다는 정보처리의 과학으로 보는 관점에서는 의식의 한 측면인 정서가 프로그램이라는 형식에 잘 어울린다고 할 수 없었던 것이다. 하지만 최근 들어, 앞으로 9장에서 보게 되듯이 점점 더 의식을 인지과학의 일부로 편입시키려는 노력이 있어 왔다. 결과적으로 정서가 주관적인 상태라는(따라서 인지과학에서 제외되어야 할 주제라는) 핑계는 설득력을 잃고 있다. 하지만 이 핑계는 처음부터 그다지 중요하게 부각되지 않았어야 했다. 경험의 주관성이 정서에만 국한되는 것은 아니며 사과를 보고 빨갛다고 지각하는 것 혹은 사과를 먹었던 기억 역시도 정서경험 못지않게 주관적이다. 하지만 시지각이나 기억에 관한 연구가 주관적 측면을 갖고 있다는 이유로 외면된 적은 없다. 정서에 관한 연구 역시도 외면되어서는 안 되었던 것이다.

다른 모든 의식의 상태들과 마찬가지로 주관적인 정서상태는 무의식적으로 일어나는 정보처리과정의 최종 결과물로 보는 것이 적절하다. 시각 자극이 행동으로 연결되는 무의식적인 정보처리과정을 연구할 수 있는 것처럼 자극의 정서적 중요성을 무의식적으로 처리하고 이 정보를 사용하여 자극의 정서적 의미와 부합하도록 행동을 통제하는 방법에 대해서도 연구할 수 있을 것이다. 그리고 시각 자극이 뇌에서 처리되는 방법을 연구함으로써 이에 따른 주관적인 지각경험이 어떻게 생성되는지 이해할 수 있게 되었듯이, 정서적 정보가 처리되는 방법을 알게 되면 정서경험이 어떻게 생성되는지 이해할 수 있을 것이다. 그렇다고 해서 정서경험을 갖도록 컴퓨터를 프로그래밍해야 한다는 이야기는 아니다. 이 말은 정보처리이론에서 얻은 아이디어들을 주관적인 정서감정들을 포함한 의식적인 경험을 이해하는 개념적 도구로 사용할 수 있다는 의미이다. 비록 그런 경험들 자체가 컴퓨터의 연산적 속성과는 관련이 없다고 해도 말이다. 이 주제에 관해서는 9장에서 의식을 논할 때 더 자세히 다루도록 하겠다.

자, 이제 정서가 인지과학적인 개념적 틀에서 이해될 수도 있음은 분명해졌다. 문제는 정서가 인지과학의 일부로 포함되어야 하는지 보다 중요하게는 인지과학의 영역이 정서를 포함하여 모든 종류의 마음을 하나의 개념적 천막 아래 포함시키는 작업을 해야하는지이다.

사실은 지금까지 줄곧 정서가 중요하다고 인정해 온 인지과학자들이 일부 있다. 1960년대 초에 인공지능분야의 선구자인 사이먼(Simon, H.)은 인지적 모델이 정말로 마음을 흉내 내고자 한다면 정서를 빼놓아서는 안 된다고 주장했다. 비슷한 시기에 사회심리학자인 에이벨슨(Abelson, R.)은 인지심리학이 지금까지 주력해 온 '차가운' 논리적 처리과정에 대한 연구에서 벗어나 '뜨거운 인지' 로 관심을 돌려야 한다고 주장했다. 유명한 인지심리학자인 존슨-레어드와 밀러

(Miller, G.)도 1970년대에 비슷한 주장을 했다. 또 다른 인공지능분야의 권위자인 뉴웰(Newell, A.)은 "여태껏 정서를 인지과학의 일부로 만족스럽게 통합시킨 이론은 없었다. 하지만 포유류의 신경계는 확실히 정서적 시스템으로 이루어진 것이 분명하다."라고 주장한 바 있다. 이들 저명한 인지과학자들의 주장은 다침내 효과를 나타내기 시작했다. 정서에 관심을 갖는 인지과학자들의 수가 늘어나고 있는 것이다. 그런데 문제는 이런 움직임들이 인지에 뜨거움을 부여하는 방향이 아니라 반대로 정서를 차가운 인지로 해석하는 방향으로 진행되고 있다는 점이다. 정서를 사고과정으로 대치하고 설명하는 가운데 열정이라는 요소를 떼어 버리게 된 것이다(다음 장에서 정서의 인지적 이론과 그로 인해 불행히도 정서에 관한 연구가 왜곡되게 된 과정을 자세히 설명하겠다).

정서가 처리되는 과정과 인지가 처리되는 과정은 똑같은 개념과 실험방법을 이용해서 연구할 수 있다. 두 과정 모두에서 무의식적 정보처리과정의 결과로서 의식의 내용이 생성된다. 그러나 정서를 인지과학에 부속되는 것으로 생각하는 것은 옳지 않다. 실험을 통해 마음을 연구하고자 한다면 마음의 신비스러운 측면까지 모두 포함하는 관점에서 실험이 이루어져야 한다. 인지과학의 초반에는 인위적으로 인간의 마음을 인지와 그 나머지로 분류하는 것도 매우 유용하다고 여겨졌고, 그런 분류 덕에 인간의 마음을 새로운 관점에서 보는 것도 가능했던 것이다. 하지만 이제는 인지를 다시 마음이라는 맥락에서 고려할 때가 되었다. 즉, 인지와 정서의 재결합을 통해 마음을 이해하여야 한다. 마음은 정서와 사고 모두를 포함하며 어느 한 쪽만 알아서는 마음에 대해 충분히 알 수 없을 것이다. 저명한 심리학자인 힐가드(Hilgard, E.)가 사고과정의 성숙만큼이나 형제들과의 라이벌 의식도 아이가 정상적으로 발달하는 데 중요하다고 말한 것은 이 점을 멋지게 지적한 것이다. '정신과학(mind science)' 은 인지와 정서의 연합제국을 자연스럽게 물려받을 자연스러운 후계자이다. 인지와 정서의 연구를 '인지과학' 이라고 부르는 것은 정신과학에 대한 그릇된 이해를 그대로 드러내는 일이다.

마음, 몸, 느낌들

마음 혹은 정신이 무엇인가에 관한 생각은 고대 그리스 시대 이후로 여러 번 바뀌어 왔지만 대부분 정신은 합리적이라는 생각에 사로잡혀 있었다. 그러면서도 마음이란 알 수 있는 부분과 알 수 없는 부분을 다 가지고 있다고 보았던 것이다. 데카르트는 마음을 오직 우리가 인식하고 있는 부분으로만 정의했고 따라서 마음과 의식을 동일시했다. 의식이란 오직 인간에게만 주어진 선물과도 같은 것이므로 인간 이외의 동물들은 마음이 없는 피조물로 취급되었다. 프로이트는 무의식을 원시적 본능과 감정의 집합장소로 규정함으로써 인간과 동물의 정신 사이에 유사성을 재정립하였고, 의식은 마음 중 극히 작은 부분만 차지할 뿐이라고 주장했다. 행동주의자들은 마음에 대한 모든 개념들을 거부하였고, 동물과 인간을 정신적인 측면이 아닌 행동적인 측면의 연속선상에 놓았다. 인지과학은 마음은 이성적이고 논리적이라는 고대 그리스 시대의 마음에 대한 생각을 부활시켰다. 그리고 마음의 상태는 인간의 언어 능력과 직결되는 논리적인 규칙에 의해 좌우된다는 이전 시대의 관념 때문에 한동안 인지과학은 동물들에게도 마음의 존재를 부여하는 것에 대해 달갑게 여기지 않았다. 인간의 마음이 시대를 거쳐 진화된 생물학적인 기관이라는 생각보다는 체계적으로 잘 조작된 기계와 같다는 생각이 그들에게 더 매력적으로 여겨졌던 것이다.

무의식적인 과정에 대한 깨달음, 그리고 마음이란 단순히 인지 작용이 아닌 더 복잡한 현상이라는 깨달음으로 인해, 인간과 동물의 정신적 영역의 대부분은 다시금 연속선상에 놓이게 되었다. 그리고 이로 인해 인지과학자들은 마음을 완전히 추상적인 개념으로 보는 관점이 아닌, 기계 안에 내장되어 있는 기능들이라는 관점하에서 연구를 하게 되었다. 두뇌가 어떻게 작동하는지에 대한 지식 없이도 마음 모형을 만들 수 있다는 기능주의자들의 관점에 대하여, 철학자 처치랜드(Churchland, P.)와 계량 신경과학자인 세놉스키(Sejnowski, T.)는 다음과 같이 말했다. "자연은 우리들보다 훨씬 영리하다. 신경생물학적인 가능성들에 눈을 돌리지 않으면 우리는 자연의 힘과 영리함을 모르고 그대로 지나치게 된다. 요점은 진화를 통해 이미 자연은 그 임무를 수행했다는 것이다. 그러니 진화를 통해 완성된 굉장한 기계인 우리의 두뇌가 어떻게 작동되는지 연구하는 것은 중요하다."

기능주의자들의 마음에 대한 개념, 즉 마음은 어느 기계(기계적이든 전자적이든 혹은 생물학적이든 간에)에서나 작동될 수 있는 프로그램이라는 개념은 '인지' 영역에서는 받아들이기에 매우 쉬운 적어도 거부감은 없는 것이었다. 인지기능에 어울리는 생물학적인 기계는 물론 뇌이다. 그리고 뇌가 인지적인 컴퓨터라는 개념은 이제 일반적인 것이 되었다. 하지만 인지기능을 처리할 대와는 달리 정서를 처리할 때 뇌는 신체와 독립적으로 기능할 수 없다. 전부는 아니라 할지라도 대부분의 정서는 신체적인 반응을 동반하기 때문이다. 하지만 인지적 활동과 신체적 반응 사이에는 그런 연관성이 없다. 인지적인 활동에 따른 우리의 반응은 인지와 필연적으로 연결된 결과는 아니다(임의적으로 선택된 것에 불과하다). 이것은 인지가 왜 그토록 강력한 것인지에 대한 한 가지 설명이 된다. 인지는 우리를 융통성 있게 만들어 주는 것이다. 어떤 상황에서 어떻게 반응할지를 선택할 수 있게 해 주기 때문이다. 그런 반응은 인지를 이용해서 나오는 것이지만 인지에 있어 필수적인 요소는 아니다. 언어는 인간의 가장 고등한 형태의 인지 활동이며, 일군의 특정한 반응 표현들과 가장 밀접하게 연관되어 있다. 이러한 언어를 이해하는 능력을 어느 정도 가지고 있는 사람들도 말로써 표현하는 능력이 결여된 경우가 있다. 하지만 정서의 경우는 어떠한가? 신체적인 반응은 정서 과정에서 필수적이다. 미국 심리학의 아버지라 불리는 제임스(James, W.)가 언젠가 말했듯이 신체로 반응이 표현되지 않는 정서라는 것은 상상하기 힘들다.

정서는 우리의 의식적인 마음속으로 침입해 들어온다. 반가운 정서든 그렇지 않은 정서든 간에 그런 침입으로 인해 우리는 우리의 감정을 알 수 있다. 하지만 정서가 의식적인 느낌으로서 진화한 것은 아니다. 정서가 진화된 방식은 행동적, 생리적으로 특수하게 분화된, 뇌에 의해 조정되는 신체반응이다. 그런 신체반응 덕에 우리의 조상들은 위험한 환경에서 생존하고 후손을 번창시킬 수 있었던 것이다. 정서의 생물학적인 기제가 필수적으로 신체를 포함한다면, 정서를 조절하는 데 필요한 기제는 인지를 조절하는 기제와는 다를 것이다. 인지적인 마음에 관해서는 기능주의자들의 주장(하드웨어는 중요치 않다는 주장)을 받아들인다 하여도 마음의 정서적인 측면에 관해선 그들의 주장이 수용되지 않을 것이다(인지와는 달리 정서에는 하드웨어가 중요한 역할을 하기 때문이다).

컴퓨터가 의식을 가지도록 프로그래밍하는 것이 컴퓨터에 완전한 정서적 경험을 불어넣는 첫 단계일 것이다. 우리가 정서를 자각하게 되는 것은 의식적인 감정 혹은 느낌을 통해서인데 그 느낌이라는 것은 뇌에서 일어나는 무의식적인 정서작용을 의식하게 될 때 생기는 것이다. 하지만 만약 컴퓨터에게 의식을 갖도록 프로그래밍하는 것이 가능하다 해도 컴퓨터가 감정을 느끼게 프로그래밍하는 것까지 가능하다는 의미는 아니다. 컴퓨터는 정서를 생성하기 위해 필요한 재료를 갖고 있지 않으며 이러한 재료는 인공적으로 교묘하게 조립된 기계에서 나오는 것이 아니라 생물체의 영겁에 걸친 진화에서 비롯된 것이기 때문이다.

CHAPTER 2 | 주

1) 어린이를 위한 동화의 주인공. 이 인용구는 저자가 살던 뉴욕의 그리니치 빌리지에 있는 'Kim's underground video' 라는 비디오 대여점 벽에 쓰여 있던 낙서에서 따왔다고 한다. 사족을 달자면 비디오 가게 주인은 한국분이라고 한다. 역주

2) 사실, 과학의 한 영역으로서의 심리학은 독일에서 의식에 대해 실험적으로 연구하기 시작한 19세기 이전에는 존재하지 않았다. 그전까지 정신현상은 철학자들의 연구대상이었다. 또한, "나는 생각한다 고로 존재한다." 라는 데카르트의 명언을 추종하여 서구의 철학 논쟁에서 마음과 의식은 동일한 것으로 취급되었다. 이러한 마음과 의식의 동일시는 그 뒤에 탄생한 학문으로서의 심리학에 그대로 전해 내려졌다. 데카르트의 핵심적 저술에 대해 알아보려면 스미스(Smith, 1958)의 연구를 살펴보기 바란다. 정신과 의식을 하나로 보려는 근대적 사상을 강조했던 데카르트의 관점이 얼마나 중요한지 정리되어 있는 자료를 보고 싶다면 로티(Rorty, 1979)의 연구를 살펴보라. Rorty에 의하면 데카르트가 모르는 것(무의식)이 없는 모든 것을 알고 있는 영혼(의식)이라는 개념에 대해 설명하기 이전에는, 정신과 의식은 상호작용할 수 없는 관념들이었다. 알 수(의식할 수) 없다면, 그것은 정신적이라고 할 수 없다 이러한 방식으로 우리가 오

늘날 정신이라고 생각하는 특정한 것들은(감각이나 정서의 어떠한 측면들) 데카르트에 의해 신체적 상태의 하나로 격하되곤 했다.

3) 스스로의 마음속을 관찰함으로써 정신적인 경험을 추론하는 방법.

4) 사전지각 또는 사전주의 과정이라고 불리기도 한다. 예를 들어, 시각 지각의 경우 자극에서 반사되는 빛의 강도나 자극이 움직이는 방향을 결정하는 과정은 의식적 처리보다 빠르게 일어난다. 이러한 과정에 대한 논의는 마(Marr, 1982)나 얼만(Ulman, 1984)의 연구를 참조하라.

5) 그러나 모든 사람이 니스벳과 윌슨의 강력한 주장에 동의하는 것은 아니다. 예를 들어, 에릭슨, 사이먼(Ericcson, Simon, 1984)은 니스벳과 윌슨의 연구에 뒤이어 신뢰할 만한 의식적 내성법이 존재하는지 증명하려는 시도를 했다. 오랜 연구 끝에 그들이 내린 결론은 심리상태에 대한 언어적 보고가 결정의 결과(어떤 것이 다른 것보다 더 큰지 당신이 무언가를 좋아하는지 싫어하는지 또는 당신이 어떤 일을 하기 위해 계획하고 있는지)에 대해서는 믿을 만한 정보를 주지만 결정에 이르기까지의 과정에 대해서는 그렇지 못하다는 결론을 내렸다. 특히 과정과 보고 사이에 약간의 지연이 있다면 더욱 그러했다. 처리과정이 일어나고 있는 당시 혹은 조금 후에는 단기기억의 정보가 접근하기 쉽고 따라서 정확한 묘사가 가능하다. 그러나 일단 정보가 희미해지거나 단기기억으로부터 벗어나게 되면 더 이상의 접근은 용이하지 않게 된다. 일반적으로는 행동이나 정신상태의 원인이 되는 사건들이 그런 행동이나 정신상태 직전에 발생하므로 원인이 되는 사건에 대한 정보가 아직 단기기억 속에 남아 있고 따라서 우리가 원인에 대한 의식적 접근을 유지하고 있다는 입장인 것이다. 이외에도 다른 민속 심리학적인 관점들이 있다(Goldman, 1993; Churchland, 1984; Arnold, 1960; Johnson-Laird & Oatley, 1992; Oatley & Duncan, 1994을 참조). 그러나 내 생각에는 이러한 관점은 적어도 세 가지 측면에서 문제가 있다. 첫째, 이 관점은 정신활동에 영향을 주는 모든 자극들이 단기기억 내에 저장되므로 우리는 이를 알 수 있고 인식할 수 있다고 가정한다. 다음 장에서 살펴보겠지만

어떤 것들은 인식되지 않아도 여전히 우리에게 영향을 끼친다. 그리고 또 어떤 것들은 충분히 인식될 수 있지만 암묵적으로, 무의식적으로 처리되기도 한다. 후자는 우리가 의식적으로 지각한 자극들이 무의식적으로 영향을 미칠 수 있음을 우리의 감정, 목표, 태도 등이 무엇에 의해 영향을 받고 있는지 의식하지 못하는 가운데 결정될 수 있음을 의미한다. 둘째, 이 관점은 행동을 개시하는 사건이 바로 그 행동의 원인이라고 가정한다. 이것은 언제나 옳은 것은 아니다. 예를 들어, 우리가 기분이 좋을 때에는 아무런 문제가 안 되는 사건도 기분이 나쁠 때에는 우리를 자극할 수 있다. 이런 상황에서는 그 사건이 아닌, 기분이 상황의 원인인 것이다. 셋째, 이 관점은 우리가 실제로 반응을 일으키는 분명한 자극을 다른 많은 자극들로부터 올바르게 구별해 낼 수 있다고 가정한다. 우리는 확실히 올바르게 구별해 내는 경우가 더 많다. 만약 그렇지 않을 경우 삶은 혼란스럽고 지속이 불가능할 것이기 때문이다(실제로 정신질환자들의 혼란스럽고 지속 불가능한 삶은 이러한 메커니즘이 제대로 발현되지 못하기 때문에 발생한다). 그러나 이것은 내성적인 관찰이 일상적인 사건들의 원인들을 잘 파악해 내기 때문인지, 아니면 우리가 사건들에 인과관계를 부여하는 데 뛰어나기 때문인지는 명확하지 않다. 어쨌든 에릭슨과 사이먼의 관점, 즉 인지과정의 일부는 언어로 표현 가능한 내성법적인 보고에 의해 파악이 가능하다는 관점을 완전히 받아들인다 해도, 마음이라는 빙산 아래에 숨겨져 있는 인지적 과정들이 훨씬 큰 부분을 차지할 것임은 분명하다. 이런 이슈들에 대해 더 논의하고 싶으면 Bowers & Meichenbaum(1984), Miller & Gazzaniga(1984), Marcel & Visiach(1988)의 연구를 보라. 또한 이 주제에 대해 많은 기사를 담고 있는 American Psychologist의 1992년 6월판을 보라.

6) 무의식적 처리에 대해 나와 함께 토론해 준 여러분들 특히 다니엘 샤터, 매튜 에덜라이, 존 바그, 존 킬스트롬에게 감사한다. 그들의 말에 의하면, 그리고 내가 읽은 자료들에 의하면, 자극의 무의식적 처리에 대한 연구들이 가진 몇몇 방법론적 문제들이 뚜렷하게 드러

났다. 그중 하나는 많은 연구들이 아주 짧은 시간에 자극을 제시하는 역치하 지각 또는 차폐(masking)를 포함하고 있다는 것이다. 이는 한 번에 제시되는 정보의 총량을 제한시켜 버린다. 또한 정보를 처리하는 인지적 자원의 총량을 제한시킨다. 따라서 이러한 연구들을 통해 발견하는 무의식의 한계는 어느 정도 무의식적 처리 자체의 한계라기보다는 연구 방법론의 한계라는 것이다. 정교한 인지적 무의식에 대한 논쟁에서의 또 다른 문제점은 대부분의 연구가 무의식적 처리과정의 한계를 시험하기 위해 언어적 자극(단어, 문장)을 사용했다는 사실이다. 하지만 언어적 자극은 의식적 처리 시스템에서나 통용되는 화폐인 것이다. 무의식적 처리는 진화적으로 오래된 시스템이며 여기서 사용되는 처리 수단은 비언어적 방법일 가능성이 높다. 실제로 무의식적 처리에 대한 가장 강력한 증거들 중 몇몇은 언어 자극보다는 그림 자극을 사용한 연구로부터 나왔다. 이러한 연구들을 3장에서 제시하였다. 또 다른 방법론적 이슈는 의식적 처리와 무의식적 처리를 분리하기 위해 어디에 선을 그을 것인가의 문제이다. 선을 긋기 위한 보다 정교한 분석 기법을 사용하려는 시도들이 최근 진행되고 있다. 메리클, 자코비, 에델라이, 바그, 킬스트롬 등의 연구들이 그것이다. 각각의 이 연구들은 인지적 무의식도 중요한 의미들을 처리할 수 있다고 결론 내렸다. 또한 의식적으로 처리되는 자극들은 실제로는 다른 일을 하는 무의식적 시스템에 의해서도 처리될 수 있고 의식적으로 지각되고 주의의 대상이 된 자극들도 무의식적 과정에 영향을 미칠 수 있는데 이는 자극의 물리적 속성이 아니라 무의식적 의미가 중요하게 작용하기 때문이다 (Merikle, 1992; Kihlstrom, Barnhardt & Tataryn, 1992; Erdelyi, 1992; Bargh, 1992; Bargh, 1990; Jacoby, 1992).

03 피와 땀과 눈물[1]

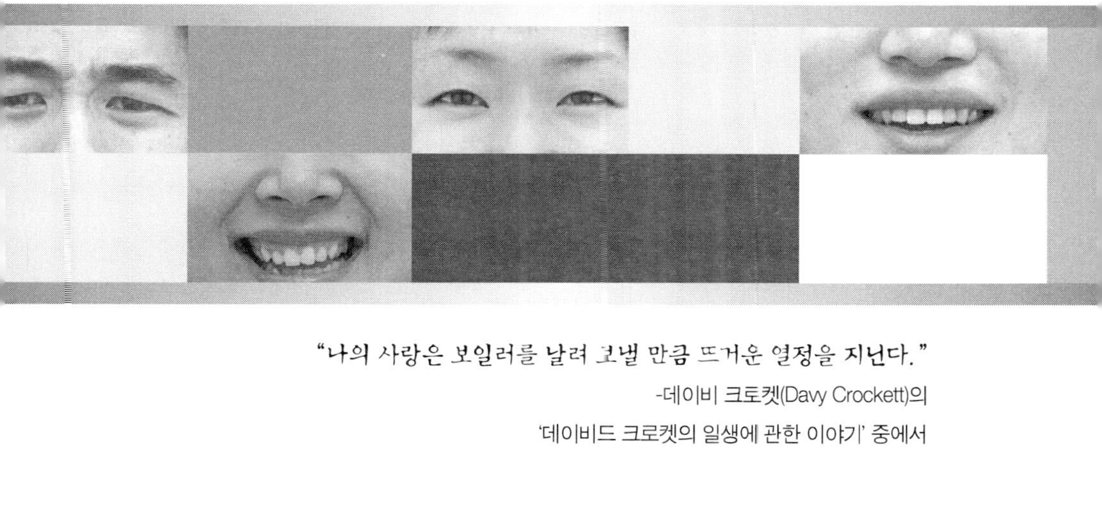

"나의 사랑은 보일러를 날려 보낼 만큼 뜨거운 열정을 지닌다."

-데이비 크로켓(Davy Crockett)의

'데이비드 크로켓의 일생에 관한 이야기' 중에서

인지과학의 정서에 대한 무관심에도 불구하고 정서를 연구하는 과학자들은 인지과정을 무시해 본 적이 한 번도 없었다. 오히려 정서를 연구하는 심리학자들은 인지과학의 매력과 그에 대한 지적인 기대감으로 정서를 인지과정으로 설명하려는 시도에 매달린 적도 있었다. 이러한 생각을 따른다면 정서는 인지와 다를 바 없다. 정서는 우리가 처해 있는 상황에 대한 생각들 중에 하나인 것이다. 이런 접근으로 얻은 바도 있으나 잃은 것도 있다. 정서의 열정적인 측면을 버리고 대신 사고적인 측면을 고려하는 와중에 정서는 인지적 이론들에 의해 차갑고 생명이 없는 마음의 상태가 되어 버리고 말았다. 소리도 분노도 없는 인지기능의 하나로서 정서는 그 의미가 사라져 결국은 아무런 의미를 지니지 못하게 되었다. 우리가 경험하는 정서는 피와 땀과 눈물로 가득 찬 실체이다. 하지만 인지연구를 아무리 살펴본다 하여도 정서의 이러한 측면에 대한 지식은 얻지 못할 것이다. 정서연구가 항상 이런 식은 아니었다. 지금부터 어떻게 해서 정서에 관한 연구가 길을 잃어버리게 되었는지 알아보기로 하자.

흥분하는 육체[2)]

왜 우리는 위험한 상황에서 도망을 가는가? 그 이유는 도망을 가지 않았을 때 일어날 결과를 두려워하기 대문이다. 사소한 듯이 들리는 이 질문에 대한 너무도 뻔한(그렇지만 틀린) 대답이 바로 백여 년에 걸친 정서의 본질에 관한 논란의 중심에 자리 잡고 있다.

미국 심리학의 아버지로 불리는 제임스(James, W.)가 1884년에 「정서란 무엇인가?」라는 논문을 발표하면서 논쟁은 시작되었다. 심리학 전문학술지가 없던 시절, 이 논문은 '마음'이라고 하는 철학 학술지에 게재되었다. 이 논문이 중요한 이유는 정서의 본질에 대한 궁극적인 해답을 제시했다는 데 있는 것이 아니라 제임스가 답을 서술한 방식에 있다. 그는 정서를 사건의 연속으로 보았는데, 정서는 우선 자극에 의한 각성에서 시작해서 의식적인 정서경험인 강렬한 감정(feeling)으로 끝나게 된다고 보았다. 이런 식으로 자극에서 감정까지 이르는 연속적인 사건들을 밝혀내는 것이 현재까지 정서연구의 주요 주제 중 하나로 다루어져 왔다. 다시 말해 자극과 감정경험 사이에 어떤 과정이 관여하는가가 연구 대상이 된다.

제임스는 이 질문에 대해 직접적인 해답을 제시하는 대신 또 다른 질문을 제기하였다. 우리가 곰을 보고 무서워서 도망가는 것인가 아니면 도망을 치기 때문에 무서운 감정이 생긴 것인가? 제임스는 우리가 십중팔구 하게 되는 대답—무섭기 때문에 도망간다—이 잘못되었다고 주장했다. 그게 아니고 우리는 도망가기 때문에 무서워진다는 것이다.

> 흔히 정서에 대해 자연스럽게 가지게 되는 생각은 어떤 사실에 대한 지각이 우리가 정서라고 부르는 정신적인 기분상태를 일으키고, 이러한 마음의 상태가 행동표현을 낳는다는 것이다. 반대로 나의 이론에서는 흥분을 일으키는 사실들에 대한 지각이 먼저 이루어지고 연이어 신체적 변화가 나타나는데 이러한 변화에 대해 느끼는 기분이 바로 정서인 것이다.

제임스의 가설은 간단하다. 그의 가설은 정서가 종종 신체적인 반응(두근거리는 가슴, 거북한 뱃속, 땀나는 손바닥, 긴장된 근육 등)을 동반하며 우리가 몸 바깥에서 일어나는 일들을 감지하는 것과 같은 방식으로 우리 몸 안에서 일어나는 사건들을 상세히 감지한다는 사실에 기

[그림 3-1] 자극-감정의 관계를 나타내는 순서도

정서를 불러일으키는 자극의 제시와 그 자극이 초래하는 의식적인 느낌 사이를 연결하는 과정을 밝혀내는 일은 정서연구에서 가장 중요한 목표가 되어 왔다. 그러나 불행히도 종종 이 목표를 달성하기 위해 다른 중요한 목표들이 무시되어 온 경향이 있다.

반한다. 제임스의 주장에 따르면 정서가 다른 마음의 상태들과 다르게 느껴지는 이유는 내부적인 신체반응들 때문이며, 나아가 여러 가지 정서가 서로 다르게 느껴지는 것은 내부 반응 및 그로 인해 감각되는 정서의 종류가 각기 다르기 때문이다. 제임스의 곰을 다시 예로 들어 보자. 우리는 곰을 보면 우선 달아난다. 이런 도피 반응을 하는 동안 신체는 생리적인 대변동을 경험한다. 혈압이 올라가고 심장이 빨

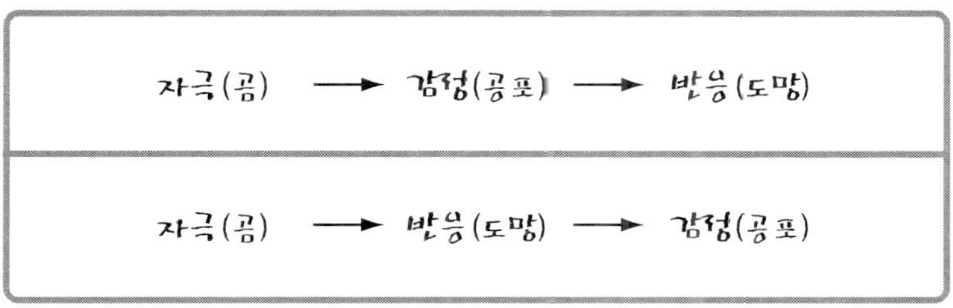

[그림 3-2] 제임스의 정서의 두 가지 연결 고리

정서의 현대적 연구는 제임스가 던진 질문, 우리가 감정을 느끼기 때문에 정서반응이 일어나는지 아니면 정서반응이 감정경험을 초래하는지에 대한 물음에서부터 시작되었다. 정서반응이 감정을 일으킨다는 제임스의 주장에서부터 1세기에 걸친 감정의 근원에 관한 논쟁이 시작되었다. 그렇다면 애초에 이러한 정서반응을 일으키는 것은 무엇인가? 불행히도 이 질문에 대한 대답은 그동안 무시되어 왔다.

자극 → 반응 → 피드백 → 감정

[그림 3-3] 제임스의 피드백 이론

자극이 어떻게 해서 감정으로 이어지는지의 문제에 관한 제임스의 해답은 반응으로부터의 피드백이 감정을 결정한다는 것이다. 서로 다른 여러 가지의 정서들이 서로 다른 반응을 일으키므로 뇌가 받아들이는 피드백 역시 달라진다. 따라서 여러 가지 상황에서 우리가 느끼는 감정이 달라지는 이유는 피드백의 차이 때문이라고 제임스는 주장했다.

리 뛰기 시작하고, 동공이 수축하며 손바닥에서는 땀이 나고 근육들이 조직적으로 움직인다. 다른 종류의 정서적인 상황일 때는 다른 종류의 변화를 경험한다. 어떤 경우든 생리적인 반응은 체감각의 형태로 다시 뇌로 되돌아가가며, 정서마다 독특한 생리적인 체감각 패턴이 있어 각각의 정서에 그 정서만이 지니는 독특한 특징을 부여한다. 공포가 분노나 애정과 다르게 느껴지는 이유는 그만의 독특한 생리적인 반응특징을 가지고 있기 때문이다. 정서의 정신적 측면인 의식적인 감정은 그 바탕에 깔린 생리적 상태의 노예이며 그 반대가 아닌 것이다. 우리가 두렵기 때문에 떨거나 슬프기 때문에 우는 것이 아니다. 우리는 떨고 있으므로 두려움을 느끼고, 울고 있기 때문에 슬픔을 느끼는 것이다.

싸움이냐 도피냐

제임스의 이론은 1920년에 캐넌(Cannon, W.)이라는 전도유망한 생리학자에 의해 의심받기 전까지 정서의 심리학을 지배하는 논리였다.

캐논은 공복이나 극심한 흥분상태에서의 신체반응에 관한 연구를 진행하고 있었다. 캐논의 연구는 신체 에너지가 발휘되어야 할 모든 상황에서 일어나는 정형화된 생리적인 반응인 '응급반응' 이라는 개념을 도출했다. 캐논의 가설에 따르면, 응급 상황에서 활성화되는 신체의 각 부분에 혈액의 흐름이 재분배되는데 이것은 혈액에 의해 운반되는 에너지가 주요 근육과 기관에 도달하도록 하는 것이다. 예를 들어, 공격행동의 경우 내부기관보다 근육들이 더 많은 에너지를 필요로 할 것이다(싸우는 중에는 소화하는 데 드는 에너지를 희생해서라도 근육에너지를 공급하는 편이 생존을 위해 이로울 것이다). 따라서 응급반응 또는 '싸움 혹은 도피 반응' 은 에너지 소모가 예상되거나 실제 에너지 소모가 일어나는 경우에 나타나는 적응적인 반응이다.

캐논은 응급반응을 구성하는 신체반응들이 자율신경계의 일부인 교감신경계로 인하여 이루어진다고 보았다. 우리 몸의 내부환경(internal milieu)은 내부기관과 분비선의 활동에 좌우되는데, 자율신경계를 이루는 신경세포와 신경섬유 네트워크가 내부환경의 조절을 담당한다. 캐논의 시대에는 심장박동의 증가, 손바닥의 땀과 같은 정서적 각성의 독특한 신체 신호들이 자율신경계의 교감신경계 활성화에 따른 결과로 알려져 있었다. 그리고 그것은 어떻게 또는 왜 활성화되는지와 상관없이 항상 일정한 방식으로 반응하는 것으로 받아들여졌다. 캐논은 여러 가지 정서에 수반되는 생리학적 반응은 경험된 정서상태와 관련 없이 동일하다고 가정했다. 결과적으로 캐논에 따르면 모든 정서는 동일한 자율신경계 신호를 보이기 때문에, 여러 정서들이 다르게 느껴지는 이유에 대한 제임스의 의견은 옳지 않다고 주장하였다. 또한 캐논은 자율신경계 반응이 감정의 원인이 되기에는 너무 느리다는 것을 지적하였다. 우리는 이러한 반응들이 일어나기 전부터 이미 정서를 느끼고 있다. 따라서 제임스의 주장대로 서로 다른 정서들이 각기 다른 신체적 반응을 보인다 하더라도 특정 상황에서 사랑, 증오, 두려움, 기쁨, 분노 또는 혐오 중에 한 가지만을 선택적으로 느끼게 되는 이유를 설명하기에는 그 속도가 너무 느리다. 캐논에 따르면 정서가 지닌 수수께끼의 해답은 모두 뇌 안에서 찾을 수 있으며, 제임스의 의견처럼 뇌는 신체 반응들을 '읽는' 것을 필요로 하지 않는다. 우리는 다음 장에서 제임스와 캐논에 의해 지지되었던 신경계 관점을 논의할 것이며, 9장에서 정서경험에 기여하는 신체 피드백에 대한 문제를 다시 살펴볼 것이다.

캐논은 신체 피드백이 정서 간의 차이를 설명할 수 없음에도 불구하고 정서에 독특한 응급성과 강력함을 부여하는 데 중요한 역할을 한다고 생각했다. 정서 간에 차이를 구분하는 것이 무엇인지에 대해서는 캐논과 제임스의 의견이 일치하지 않았지만, 정서에 따른 신체 반응 때문에 정서는 마음의 다른 상태들(정서적이지 않은 상태들)과는 다르게 느껴진다는 데에는 동의한다고 볼 수 있다.

이성으로서의 정서

행동주의자들이 심리학에서 군림하던 때에는 다른 정신작용과 마찬가지로 정서도 어떤 특정 상황에서 나타나는 행동방식의 하나로 다루어졌다. 의식적 정서경험을 일으키는 것이 무엇인지를 설명하려는 노력은 거의 또는 전혀 이루어지지 않았는데 정서의 원인을 과학적 연구가 요구되는 현상으로 인식하지 않았기 때문이다. 자극에서 감정에 이르는 과정은 고려의 대상이 아니었다. 사실상 대부분의 행동주의자들은 주관적인 상태로서의 정서를 과학적인 심리학에서 첫 번째로 배제되어야 하는 불분명한 개념으로 여겼다. 정서는 심리학자들이 행동을 설명할 수 없을 때 사용하는 기계 속의 유령과 같은 주요 정신적 허구의 하나였다(아이들에게 라디오의 작동원리를 설명할 때 라디오 속에서 사람이 노래 부른다고 말하는 것과 같다).

그러나 1960년대 초반에 모든 것이 변하기 시작했다. 콜롬비아 대학의 사회심리학자인 샥터(Schachter, S.)와 싱어(Singer, J.)는 우리의 느낌이 어디에서부터 오는지에 대한 문제를 다시 제기했고, 제임스-캐논 논쟁에 대한 새로운 해결책을 제안하였다. 샥터와 싱어는 제임스처럼 신체적 각성 또는 피드백이 정서 경험 발생에 결정적인 역할을 한다고 주장했지만 제임스가 주장한 것만큼은 아니었다. 그리고 그들은 캐논과 같이 생리학적 피드백은 구체성이 부족하다고 믿었다. 또한 대부분의 심리학 분야의 깊숙한 곳까지 침투하기 시작한 인지혁명에 편승하여, 그들도 인지(생각들)가 피드백의 일반성과 경험된 정서의 특수성 사이의 간격을 채워 준다고 주장하였다.

샥터와 싱어의 연구는 정서의 생리학적인 반응(손바닥의 땀, 빠른 심장박동, 근육 긴장)은 우리 뇌에서 각성상태가 증가한 곳이 있다는 것을 알려 준다는 가정에서 시작하였다. 그러나 이런 반응들은 다양한 정서 상태에서 공통적으로 나타나므로 이 생리적인 반응들만으로 현재 어떤 종류의 각성상태에 있는지를 알기는 어렵다. 샥터와 싱어는 우리가 우리 스스로 발견하는 신체적, 사회적 맥락에 관한 정보와 특정 상황에서 발생하는 정서의 종류에 대한 지식을 가지고 그 각성된 상태를 두려움 또는 사랑, 슬픔, 분노 아니면 기쁨이라고 이름 붙인다고 제안하였다. 샥터와 싱어에 따르면 이렇게 각성된 상태에 이름을 붙임으로서 정서경험의 특수성이 탄생한다. 즉, 정서적 느낌은 우리가 신체상태의 외부 그리고 내부 요인에 대한 인지적 해석(소위 말하는 귀인, attribution)을 바탕으로 정서적으로 모호한 신체상태를 우리 자신에게 설명하는 과정에서 발생한다는 것이다.

샥터-싱어 이론은 인간피험자들에게 모호한 생리학적 각성을 유발시킨 뒤에 각성이 발생한 사회적 맥락을 조정함으로써 정서경험을 어느 한쪽으로 편중하게 만들 수 있다고 예언한다. 샥터와 싱어는 자율신경계 중 교감신경계를 인위적으로 활성화시켜 생리학적인 각성을 유발하는 약물인 아드레날린을 피험자들에게 주사하여 가설을 검증하였다. 피험자들에게 약물을 투여한 후 유쾌하거나 불쾌하거나 또는 정서적으로 중성적인 상황에 노출시켰다. 예측한 대로 아드레날린을 맞은 피험자들은 상황에 적합하게 기분이 변했지만 위약을 주사맞은 통제 집단은 그렇지 않았다. 아드레날린 주사를 맞은 피험자들 중 기분이 좋은 상황에 노출된 사람들은 기쁨을 느꼈고, 불쾌한 상황에 노출된 사람들은 슬픔을 느꼈고, 중성적인 상황에 노출된 사람들은 특별한 것을 느끼지 않았다. 구체적인 정서는 인위적인 각성과 사회적인 단서의 조합으로 만들어진 것이다. 실제 정서적인 자극이 있을 때 정서적으로 모호한 생리학적인 각성이 자연스럽게 발생한다면 그 각성된 느낌은 사회적 단서에 따라서 결정된다는 것이다. 즉, 정서는 상황에 대한 인지적인 해석의 결과이다.

또 다른 사회심리학자 발린스(Valins, S.)는 인지-각성-정서 간의 상호작용의 특징을 밝혀내기 위해 일련의 실험을 수행하였다. 피험자들에게 자신의 신체가 특정 상황에 어떻게 반응하는지에 대한 부정확한 정보를 제공하였다. 발린스는 남성 피험자들에게 여성의 부분 나체 사진을 보여 주었다. 동시에 피험자들은 자신의 심장박동인 것처럼 들리는 소리를 들었다. 발린스는 진짜 심장박동과는 별개로 소리를 조작하여 어떠한 사진에는 빠른 심장박동을, 다른 사진에는 느린 심장박동을 연합시켰다. 후에 피험자들은 사진에 노출되는 순간에 자신의 실제 심장박동이 빠르지 않았더라도 빠른 심장박동 소리와 연합이 된 사진들을 더 매력적인 것으로 평가하였다. 발린스는 생리학적인 활동이 정서적 경험의 원인이 되기 위해서는 그 생리학적 활동이 인지적으로 표상되어야 한다고 결론지었다. 그는 감정을 생성하는 상황에 중요한 역할을 하는 것은 각성 그 자체가 아니라 생리적 각성의 인지적 표상이라 주장했다.

샥터–싱어 이론과 이를 지지하는 연구들은 여러 가지 점에서 비판을 받았다. 그러나 이 연구의 진정한 가치는 정서의 생성과 기원에 대한 설명을 제공했다는 것이 아니라 아리스토텔레스, 데카르트와 스피노자(Spinoza, B.)의 철학 저작에 내포된 오래된 관념, 즉 정서란 상황에 대한 인지적 해석일 수도 있다는 그 오래된 관념을 복원시켰다는 것이다. 샥터와 싱어는 심리학의 도처에 깔려 있던 인지적 사재기 열풍에 딱 맞는 꾸러미로 이 생각들을 포장해 넣었다. 오늘날에도 정서

자극 → 각성 → 인지 → 감정

【그림 3-4】 샥터- 싱어 인지 각성 이론

캐논과 마찬가지로 샥터와 싱어는 특정 상황에서 느끼는 정서가 무엇인지를 확인하기에는 피드백만으로는 충분치 않다는 것을 인정하였다. 또한 동시에 제임스와 마찬가지로 여전히 피드백이 중요하다고 생각했다. 그들의 주장에 다르면 신체각성 피드백을 통해 자신에게 무슨 일이 일어나고 있는지 정확하게 나타내지는 못하더라도, 무언가 중요한 것이 일어나고 있다는 것을 확인할 수는 있다는 것이다. (피드백을 통해) 신체각성을 감지하면, 우리는 주위 환경을 탐색할 동기를 갖게 된다. 이어서 상황에 대한 인지적 평가에 근거하여 이때의 각성을 명명하게 된다. 각성에 이름을 붙이는 것이 우리가 느끼는 정서를 결정하는 것이다. 샥터와 싱어의 이론에서 불명확한 신체 피드백과 감정경험 사이에 존재하는 간격을 메워 주는 것이 인지이다.

심리학 분야에서 인지의 역할이 그 주요내용으로 자리하고 있다는 사실에서 그들의 노력이 얼마나 성공적이었는지 알 수 있다.

소름끼치는 기억[3)]

샤터와 싱어에 의해 채택된 인지이론에는 무언가가 빠져 있었다. 그들은 정서적인 반응이 일어날 때 우리가 어떻게 반응하는지(숲 속에서 곰으로부터 도망가기 시작할 때 심장이 뛰고 이마에 땀이 나는 것을 보고, 이러한 경험을 공포라고 명명하는)를 설명하려고 하였지만, 애초에 무엇이 반응을 일으키는지에 대한 설명은 해 주지 못하였다. 분명히 뇌는 곰이 위험의 원인이라는 것을 알아차리고 발생할 위험에 적합한 반응을 계획하여야 한다. 이런 식으로 뇌의 정서적인 임무는 샤터와 싱어의 기제가 작동하기도 전에 이미 진행되고 있다. 그럼 무엇이 먼저 일어나는 것일까? 무엇이 우리를 위험으로부터 도망가게 하는가? 자극과 반응 사이에 무엇이 오는 것일까? 평가(appraisal)이론가들에 따르면 인지적 평가가 이 괴리를 채워 준다.

샤터와 싱어가 실험을 진행하던 때와 비슷한 시기에 출판된 아놀드(Arnold, M.)의 책은 평가의 개념을 구체화하였다. 그녀는 상황이 초래할 잠재적 피해나 이익에 대한 정신적 판단을 평가라고 정의하였다. 또한 그녀는 나쁘게 평가한 것을 피하고 좋게 평가한 것을 추구하는 '느껴진 경향' 이 정서라고 주장하였다. 비록 평가과정 자체는 무의식적으로 일어나지만 그것의 효과는 정서적 느낌으로 의식에 기록된다.

제임스의 숲 속의 곰 이야기에 대한 아놀드의 해석은 다음과 같을 것이다. 우리가 곰의 모습을 지각하는 순간 무의식적인 평가가 이루어지고 도망가게 된다. 도망가는 경향으로부터 의식적인 공포경험이 생성된다. 제임스와 다른 점은 아놀드에게 감정은 반응 없이도 나타날 수 있다는 것이다. 감정이란 실제 액션보다는 액션 경향만을 필요로 한다. 따라서 정서가 비정서적인 마음의 상태와 다른 이유는 정서에는 인과관계에 대한 평가가 존재하기 때문이며, 또한 정서가 여러 가지 종류로 구분되는 것은 여러 가지 다른 종류의 평가들로 인해 액션 경향들이 촉발되며 이로 인해 몇 가지 구분되는 감정경험이 야기되기 때문이다.

아놀드의 관점에 따르면 일단 평가결과가 의식에 감정으로 기록되면, 그 경험을 되돌아봄으로써 평가과정이 어떻게 진행되었는지 구체적으로 묘사하는 것이 가능하다. 이것이 가능한 이유는 사람들이 그들의 마음이 어떻게 작동하는지에 대해 내성법적으로 접근하는 것(의식적인 인식)이 가능하기 때문이며, 특히 정서경험을 일으킨 원인에 대한 접근이 가능하다는 것이 아놀드의 주장이다. 아놀드의 이론은 우리가 정서를 일으킨 무의식적 과정에 접근할 수 있다고 가정한다. 앞으로도 살펴보겠지만 이 가정에는 많은 이론의 여지가 있다.

1960년대의 다른 연구자들이 이 평가개념을 받아들였다. 이들 중 임상학자 라자루스(Lazarus, R.)는 사람들이 스트레스 상황에 반응하거나 대처하는 방식을 이해하기 위해 이 개념을 사용하였다. 라자루스의 연구는 상황에 대한 해석이 정서에 강한 영향을 미친다는 것을 명백히 보여 준다. 고전적인 실험에서 피험자들은 호주 원주민 부족 청년의 할례 의식을 담은 무서운 영화 장면을 본다. 어떠한 피험자들에게는 구체적인 잔혹한 음향을 있는 그대로 들려 준 반면, 다른 피험자들에게는 그 소리를 최소화하거나 이를 설명하는 해설자의 목소리를 덧씌워 들려 주었다. 무서운 사실들이 강조된 처음의 음향 조건의 피험자들은 더 강력한 자율신경계 반응을 보였다. 영화의 자극적인 부분이 모두에게 똑같이 보여졌음에도 불구하고 다른 집단에 비해 음향효과에 노출된 집단의 사람들이 이후에 더 기분 나쁘게 느꼈음을 자기보고서를 통해 알 수 있었다. 라자루스는 차별적인 음향효과로 인해 피험자들이 영화를 다르게 평가하였으며, 이것은 같은 상황에 대한 다른 감정이라는 결과로 이어졌다고 주장하였다. 라자루스는 정서란 자동적으로도(무의식적으로) 혹은 의식적으로도 발생될 수 있으나 일단 발생한 정서를 처리하는 데는 고등 사고 과정과 의식의 역할이 중요하다고 주장하였다. "인지는 정서의 필요충분조건이다." 라는 그의 최근의 말로 그의 입장을 간추릴 수 있다.

평가는 현대에도 여전히 정서의 인지적 접근의 토대를 이룬다. 아놀드에 의해 시작된 전통으로 인해 이 분야의 연구는 고전적인 방식—피험자들에게 과거의 정서적 경험에서 무엇이 마음속에서 일어났는지 알아내도록 내성 관찰을 요구하는 방식—을 많이 사용하여 이루어졌다. 예를 들어, 스미스(Smith, C.)와 엘스워스(Ellsworth, P.)의 '정서-선행 평가과정(emotion-antecedent appraisal processes)에' 대한 기념비적인 연구에서, 피험자들은 감정을 묘사하는 단어(자부심,

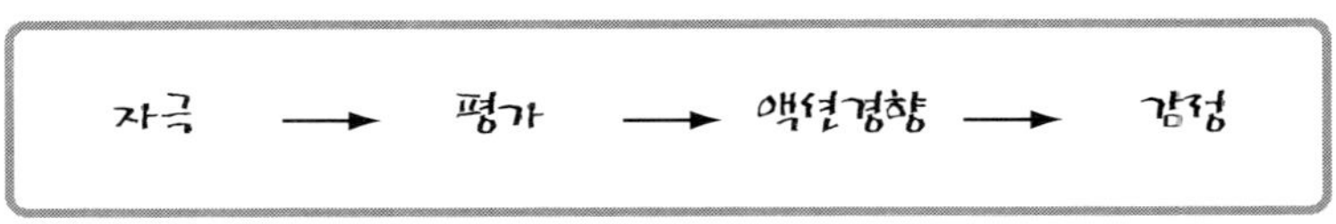

[그림 3-5] 아놀드의 평가이론

아놀드는 자극이 정서적인 반응이나 정서적인 감정경험을 만들어 내기 위해서 우선 뇌가 자극의 중요성을 평가해야 한다고 주장하였다. 평가는 액션 경향으로 이어진다. 호감이 가는 대상이나 상황에 다가가거나 원치 않는 것들을 피해 움직이려는 느껴진 경향이 이 모델에서 의식적인 감정을 설명한다. 그녀의 모델에서 평가는 무의식적일수도 의식적일 수도 있지만, 어느 경우든 사후에 평가과정에 대한 의식적 접근이 가능하다.

분노, 두려움, 혐오, 행복 등)에 의해 떠오르는 과거경험을 회상하고, 떠올린 경험을 다른 차원(쾌적함, 들인 노력의 정도, 자신 대 타인 관여 정도, 주의 활성, 통제력 등)에서 평정하도록 요구되었다. 그들은 감정을 묘사하는 단어를 생각함으로써 촉발된 경험이 여러 개의 서로 다른 평가들 간의 상호작용에 의해 설명될 수 있다는 것을 밝혔다. 예를 들어, 자부심은 적은 노력, 많은 주의집중과 책임감을 요구하는 유쾌함으로 설명될 수 있고, 분노는 많은 노력, 통제력 부족, 타인에 대한 책임 전가와 관련된 불쾌함을 일으키는 상황으로 표현될 수 있다. 스미스와 엘스워스는 사람들의 정서가 주위 상황에 대한 인지적 평가와 깊이 연관되어 있으며 사람들에게 각기 다른 정서경험을 회상해 보도록 요구함으로써 그 평가에 대한 통찰력을 얻는 것이 가능하다는 결론을 내렸다. 이들은 피험자들이 정서적인 경험을 회상하는 데 사용하는 정보의 종류와 뇌가 정서적인 경험을 만들어내는 데 사용하는 정보의 종류가 같은 것이라고 추측한다.

내 생각으로는 평가이론이 대체로 바른 길을 가고 있었다고 본다. 자극의 평가가 정서적인 에피소드 시작의 첫 단계임이 분명하다. 평가는 무의식적으로 일어난다. 정서는 암션경향성과 신체적 반응과 더불어 의식적 경험을 포함한다. 그러나 평가이론은 정서를 이해하는 데 두 가지 점에서 부적절하다. 하나는 그들이 평가과정을 이해하는 데 내성적인 자기보고에 크게 의존했다는 것이다. 우리가 지난 2장에서 살펴보았듯이 내성 관찰이란 것은 종종 뿌연 창을 통해 정신의 작용을 들여다보는 것에 지나지 않는다. 그리고 우리가 내성 관찰을 통하여 정서에 대해 알게 된 한 가지가 있다면, 그것은 우리가 왜 어떤 감정을 느끼게 되었는가에 대해서는 아무것도 모른다는 것이다. 두 번째로 평가이론은 정서에서 인지적 처리과정의 공헌을 과도하게 강

자극 → 평가 → 느낌

【그림 3-6】 일반적인 평가모델

아놀드의 이론 이후로 많은 심리학자들이 정서과정에서 평가의 중요성을 인식했다. 그렇다고 해서 그들이 아놀드의 주장대로 액션 경향성을 감정과 동일시하는 관점을 전적으로 받아들인 것은 아니다. 여기 제시된 일반적 평가모델은 단순히 평가가 자극과 감정 사이의 빈틈을 채워 준다고 제안한다.

조한다는 것이다. 그로 인하여 정서와 인지의 구별이 모호해진다. 정신과학으로서 인지과학의 가장 큰 난점이 정서를 충분히 고려하지 않았다는 점임을 생각해 볼 때(2장 참조), 정서에 대한 인지적 접근이 같은 문제를 안고 있는 것은 당연하다. 정서를 설명하는 데 인지를 강조하면 전통적으로 인지와 정서를 구분 짓는 정서의 독특한 측면을 설명하지 못하게 된다.

추운 나라에서 온 심리학자[4)]

1980년대에는 정서에 대한 인지적 접근이 주된 연구법이었다. 그러나 이것은 사회심리학자 자이언스(Zajonc, R.)의 논문이 출간되면서부터 변하기 시작했다. 논문 제목은 「느끼는 것과 생각하는 것: 선호에는 뚜렷한 이유가 없다」였다. 여기서 자이언스는 논리와 재치 있는 실험을 근거로 정서적인 반응으로서의 선호는 자극에 대한 아무런 인지적 지각 없이도 형성될 수 있다는 것을 설득력 있게 논하고 있다. 이것은 정서가 인지에 선행하고, 인지 없이도 존재가 가능하다는 것을 보여 준다. 자이언스의 논문 이후에도 평가이론에 관한 연구는 계속 이어졌으므로, 정서에 대한 인지적 접근을 이용한 연구가 완전히 소멸되기보다는 정체되는 경향을 보였다고 보는 것이 옳을 것이다. 어쨌든 자이언스는 정서가 단순히 인지가 아니라는 생각을 살아남게 하여 이 분야에 중요한 영향을 끼쳤다.

자이언스는 자신이 이전에 발견했던 단순노출효과(mere exposure effect)라는 심리학적 현상을 이용하여 수행한 여러 실험들을 요약하였다. 만일 피험자들을 그들이 전혀 본 적이 없는 시각적 패턴(예를 들어, 중국의 표의문자, 한자 등)에 노출시키고 이전에 노출되었던 것과 새로운 패턴 중에 어느 것을 더 선호하는지 고르라고 요구한다면, 그들은 확실히 이전에 노출되었던(보았던) 것들을 더 선호하는 경향을 보인다. 자극에 대한 단순노출은 선호를 만들어 내기 충분하다.

자이언스는 기존의 실험 절차에 변화를 시도했다. 새로운 실험의 바뀐 점은 자극을 역치하 수준으로(subliminally) 제시하는 것이었다. 자극을 아주 짧은 시간 동안 제시했기 때문에 피험자들은 그 자극을 이전에 본 것인지 못 본 것인지조차 정확히 말하지 못했다. 그렇지만 단순노출효과는 존재하였다. 피험자들은 자신들이 본 것과 보지 못한 패턴을 의식적으로 구분할 수 있는 능력이 거의 없었음에도 불구하고 이전에 노출되었던 대상을 새로운 대상(이전에 보지 못한)에 비해 더 좋은 것으로 판단하였다. 자이언스가 말했다시피 이러한 결과는 우리가 무엇을 좋아하고 싫어하기를 결정하기 이전에 그 대상이 무엇인지 알고 있어야 한다는 일반 상식과 심리학에 널리 퍼져 있는 가정에 역행하는 것이다. 만일 어떠한 상황에서 자극에 대한 인식 없이도 정서가 나타난다면 이러한 인식은 정서에 필수적인 선행물로 볼 수 없다.

무의식적으로 일어나는 단순노출효과는 여러 다른 실험실들에서도 확인되었고, 의식에 등록되지 못한 자극에 대해서도 선호가 발생할 수도 있다는 아이디어는 틀림없는 사실 같았다. 그러나 자이언스의 해석은 논쟁의 여지가 있었다. 그는 의식적인 인식 없이도 선호가 발생한다는 사실은 선호(정서)가 인지과정의 도움 없이 생긴다는 것을 의미하며, 나아가서는 정서와 인지가 서로 다른 분리된 정신 기능이라고 주장했다. 이미 2장에서 보았듯이 전형적인 인지과정의 예로 간주되는 많은 정보처리기능들 역시 의식적인 자각 없이 발생한다. 따라서 엄격히 말해 의식적 인식의 부재가 정서처리과정에서 인지를 제외시키는 유용한 판단근거는 아니다. 한편으로는 자이언스의 연구가 정서와 인지가 분리되어 있다는 것을 입증하지 못했다고 해서, 반드시 그 반대가 옳다는 것을 의미하지는 않는다. 이 점에 대해서는 이 장의 뒷부분에서 다시 살펴볼 것이다.

정서가 의식에 의존하는 것인지를 이해하기 위해 자이언스가 연구한 역치하 자극노출효과의 타당성 여부를 떠나서 그 실험은 자극에 대한 의식적인 자각 없이도 정서적인 반응이 발생할 수 있다는 명백한 증거를 제공하였다. 비록 몇몇 평가이론이 평가가 무의식적일 수 있다는 것을 인정하였지만, 일반적으로 평가이론은 각 개인이 평가의 기초를 이루는 과정에 대한 의식적인 접근이 있다고 주장하는 경향이

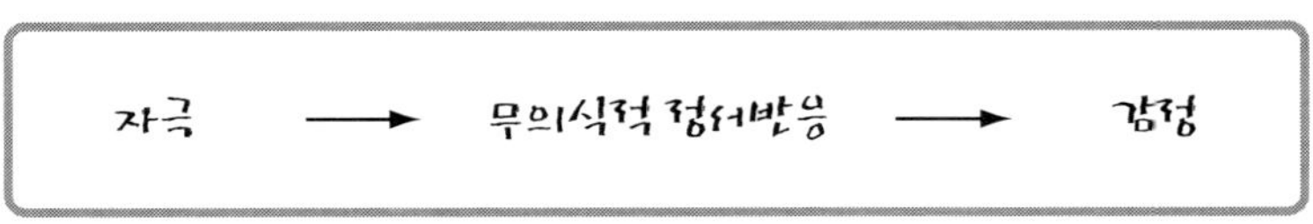

[그림 3-7] 자이언스의 정서반응 우선이론

심리학의 많은 연구들과는 반대로 자이언스는 정서반응이 인지에 선행하며 또한 독립적으로 발생한다고 주장하였다. 논쟁의 여지가 다분한 이 가설은 뜨겁게 토론되어 왔다. 의식적 자각 없이도 정서처리가 가능하다는 것은 확실해졌지만 이것은 정서와 인지가 독립적인가 하는 것과는 별개의 문제이다.

있다(따라서 정서에 선행하는 평가과정을 확인하는 데 언어 보고 사용이 정당화된다). 만일 자이언스가 발견한 것과 같은 무의식적 효과가 정교한 실험 계획을 통해서만 가능한 특별한 결과가 아닌 보다 일반적으로 나타날 수 있는 현상이라면, 평가이론의 데이터베이스를 이루는 의식적 자기성찰은 정서적 상태를 이해하는 견고한 토대가 되지 못할 것이다.

정서의 무의식

자이언스가 정서의 무의식에 관심을 가진 최초의 실험심리학자는 아니었다. 과거 20세기 중반경에 정서의 무의식이 심리학의 대유행인 적도 있었다. 이 모든 것은 소위 '새로운 관점 운동(The New Look movement)'으로 시작되었으며 이들은 지각(perception)을 자극-반응으로 보려는 행동주의자들의 관점에 도전하였다. '새로운 관점'을 가진 사람들은 지각이 물리적 자극에 대한 감각 정보와 욕구, 목표, 태도, 정서와 같은 내적 요소가 통합된 구성물이라고 주장했다. 자극에 대한 의식적인 자각이 없는 상태에서 정서적 자극이 감정을 일으킬 수 있고 이들 피험자의 자율신경계 반응을 통해 측정할 수 있음을 보여 주는 실험을 하기 시작하였을 때, 심리학과 정신분석학 간의 틈이 메워질 수 있을 것 같았다. 결국 무의식, 특히 정서적인 무의식은 정신분석이론의 핵심이기 때문이다.

새로운 관점주의자들에 의한 무의식적 지각 연구가 짧은 기간 동안 열광적인 환영을 받았지만 철저한 비평 속에 결국에는 완전히 해체되었다. 지각된 자극을 의식하지 못한 채 지각을 처리할 수 있는 적합한 체계를 생각해 낼 수 없었기 때문에 무의식적 지각은 많은 심리학자들로부터 받아들여지지 못하였다. 인지혁명과 그들이 강조하는 무의식적 과정이 조명을 받기 시작하였으나 심리학은 여전히 행동주의적이었고 언어적인 반응이 인간 연구에서 행동주의자들의 주된 관심이었다. 위와 같은 역사의 전개에는 브룩클린대학의 에덜라이(Erdelyi, M.)가 말한 것처럼 하나의 아이러니가 존재한다. 무의식적 처리과정에 대한 연구는 비언어적 지각이 불가능하다는 행동주의적인 선입관을 인지과학이 의심하기 시작하면서 사라졌다는 것이다. 그러나 여기에는 또 다른 아이러니가 존재한다. 심리학에서 의식과 같은 모호한 개념을 제거하기 위해 만들어진 분야인 행동주의는 심리학적 개념을 확인하는 방법으로 의식적 내성법(말로 이루어지는 보고)을 지지했어야 했지만 그렇게 하지 않았다. 다음에서 우리는 초기의 무의식적 지각에 대한 연구와 그 연구들에 대한 비판 그리고 이 주제에 대한 연구의 새로운 관점을 살펴볼 것이다.

새로운 관점주의자들의 무의식적 처리과정에 관한 연구에서 탄생한 분야 중 하나가 '지각적 방어'와 관련된 연구이다. '지각적 방어'는 보통 단어들보다 성적이고 외설적이거나 다른 금기를 함축하고 있는 단어들을 인식하기 위해서는 더 높은 역치가 필요하다는 것이다. 전형적인 실험방법으로 피험자들에게 화면을 통해 단어를 제시해 준다. 단어를 보여 주는 시간을 다르게 함으로써 개개의 피험자들이 주어진 단어를 인식하는 데 필요한 시간을 측정할 수 있었다. 금기를 함축하지 않는 단어들보다 금기 단어들(예를 들어, 나쁜 년(bitch), 망할(fuck), 생리대 상표(Kotex), 암(cancer) 등)을 인식하는 데 필요한 노출시간이 더 길다는 것을 발견하였다. 이 결과들은 프로이트의 방어기제, 특히 억압에 의해 설명 가능하다. 금기 단어들이 의식에 떠오르는 것은 불안을 야기하기 때문에 잠재의식적으로 지각되고, (의식의 영역으로 들어서는 것을 차단하는) 검열과정을 거치게 되므로 인식하는 데 더 많은 시간이 소요된다.

이와 연관이 있는 계열의 연구로 역치하 지각(subliminal perception)이 있다. 고전적인 연구 중의 하나는 라자루스(그가 평가이론으로 유명해지기 전에 행한 연구)에 의해 이루어졌다. 이 실험에서는 언어적인 확인을 허용하지 않을 만큼 아주 순간적으로 무의미한 문자 패턴들을 화면에 제시했다. 패턴들 중의 몇 가지는 미리 전기쇼크와 같이 연합시켜 자율신경계의 반응을 이끌어 내도록 하였다. 중성적인 문자 패턴들과는 달리, 이렇게 조건화된 정서적인 자극들을 무의식적으로 제시했을 때 자율신경계는 반응하였고, 이것은 피험자들이 자극을 인식하지 못했다고 보고했음에도 불구하고 조건화된 자극의 정서적인 의미가 등록되었다는 것을 나타낸다(이러한 연구에서는 자율신경계의 반응을 이용하는 것이 효과적이다. 자율신경계는 언어적 처리과정에 의존하지 않기 때문에 자극을 말로 묘사하는 능력이 없을 때 발생되는 정서를 추적하는 데 사용될 수 있다).

마케팅 전문가들은 소비자들이 제품을 사도록 은밀하게 영향을 주기 위해 잠재의식적 지각 연구의 결과를 이용한다. 뉴저지에 있는 한 극장의 예를 들어 보자. 이 극장은 구내매점 매출을 향상시키기 위해 관객들에게 '콜라를 마시자' 또는 '팝콘을 먹자' 라는 문구를 빠르게 순간적으로 제시하였다. 이 방책이 실제로 효과적이었는지 비효과적이었는지는 분명하지 않았으나 대중은 비윤리적인 조작 행위와 사생활 침해에 분개하였다. 그럼에도 사실상 광고업계에서는 소비자들이 제품을 사도록 설득하는 데 항상 정서적인 단서들을(암시적으로 혹은 드러내 놓고) 사용한다. 반스 파칼드가 '숨겨진 설득자' 라는 유명한 책에서 말했듯이 뭐니뭐니해도 설득이 바로 그들의 일이다. 암묵적인 메시지는 많은 광고에서 빠질 수 없는 기본 메뉴이다.

지각적 방어와 잠재의식적 지각 실험들이 이론적으로 시사하는 바에 대한 초기의 많은 관심에도 불구하고, 정서적인 의미를 무의식적으로 지각한다는 관점에서의 해석은 1960년대 초에 에릭센(Eriksen, C.)에 의해 이의가 제기되었다. 에릭센은 무의식적 지각은 논리적으로 불가능하다고 믿었으며 실험결과를 새롭게 해석하고자 하였다. 그는 지각적 방어 연구에서 피험자들이 금기 자극들을 언어적으로 인식하는 데 시간이 더 오래 걸린 것은 자극들이 의식 속으로 들어가지 못하였기 때문이 아니라 대중 앞에서 이러한 난처한 단어를 말하기를 원치 않은 데에 그 이유가 있다고 주장하였다. 그리고 피험자들이 역치하 자극들을 언어적으로 확인하지 못하는 것은 이 자극을 의식적으로 지각하는 데 실패했기 때문이 아니라 정확하게 지각하였지만 미처 언어처리까지 완료하지는 못했기 때문이라고 보았다.

에릭센의 비평을 수용함으로써 정서적인 무의식 연구를 영원히 관 속에 넣어 봉해 버리는 것 같았지만, 이것은 시간이 지나면 다시 꺼낼 타임캡슐에 지나지 않았다. 1960년대와 1970년대의 얼마간의 단절 이후에 자이언스의 연구와 에덜라이의 인지과학 원리를 이용한 지각적 방어와 잠재의식적 지각 기능에 대한 재해석에 자극을 받아, 무의식적 정서처리과정에 대한 관심이 새롭게 불붙기 시작했다. 그럼에도 불구하고 인지적으로 정서를 평가하는 것을 옹호하는 학자들은 정서의 의식적이고 언어적인 면을 여전히 강조하였다. 정서의 무의식적 면이 있음을 보여 주는 증거들은 자주 무시되거나 부정되었다. 이러한 증거들이 받아들여지는 경우에도 찬밥 신세를 면치 못했다. 무의식의 작용(처리 과정)에 대해 연구했던 여러 연구자들이 주장하였듯이 그들은 무의식적 작용이 존재한다는 것을 증명하는 데 급급한 나머지, 실제로 그것이 어떻게 작용하는지를 연구할 시간이 부족했다. 새로운 연구 기법 덕택으로 적어도 무의식적 작용이 존재한다는 증거는 분명한 것으로 보인다. 아래에서 정서처리과정이 의식적 자각 밖에서도 이루어질 수 있다는 것을 보여 주는 여러 증거들을 개괄하도록 하겠다. 어떤 연구는 잠재의식적인 자극을 사용하고, 그 밖에 다른 연구들은 의식적으로 지각된 자극을 사용한다. 그러나 그들의 정서적인 암시는 암묵적이어서 자극을 보거나 듣는 순간에는 알아차리지 못한다.

자이언스의 잠재의식적 단순노출연구는 새로운 기법을 사용한 최초의 연구들 중에 하나로, 무의식적 작용을 부정할 수 없는 명백한 사실로 만들었다. 이 연구의 결과로 여러 개의 비슷한 실험들이 진행되었다. 그중 보른스타인(Bornstein, R.)이 진행한 연구에서 피험자들은 실험실 안에서 얼굴 사진들을 아주 잠깐 동안 본다. 예상했듯이 피험자들은 이전에 본 사진이 어떤 것인지 식별하는 것이 불가능하였으나 사진에 대한 선호도를 평가하라고 요구 받았을 때, 이전에 보았던 사진들을 더 긍정적으로 평가하였다. 얼굴에서도 단순노출효과는 발휘된다. 연구의 두 번째 부분에서 피험자들은 A라는 사람의 사진이나 B라는 사람의 사진 중 하나를 아주 짧게(잠재의식적, 무의식적) 보았다. 그런 다음에 A와 B라는 사람과 함께 있는 자리에서 피험자들에게 여러 편의 시를 보여 주고 작가의 성별을 결정해 보라고 하였다. 피험자 모르게 사전에 짜인 각본대로 A와 B는 상반된 의견을 내고 피험자는 두 의견 중 하나에 동의해야만 하였다. 단순노출가설이 예측한 대로, 피험자는 그들이 무의식적으로 노출되었던 사람의 편에 서는 경향을 보였다. 어떤 대상에 대한 친근함이 그렇지 않은 대상에 대한 맹목적인 무시를 반드시 일으키는 것은 아니다. 이후에 보른스타인은 잠재적인 단순노출연구의 메타분석을 실시하였다. 여기서 메타분석이란 출판된 많은 연구들에서 데이터를 종합하여 분석하는 것을 의미한다. 이를 바탕으로 자극을 자유롭게 의식적으로 관찰할 수 있을 때보다 자극을 무의식적으로 제시했을 때 단순노출효과가 더 강하게 나타난다는 결론을 내렸다. 이 결론은 무의식적 정서처리과정에 대한 여러 개의 다른 종류의 연구들에서 일치되게 나타났다. 그리고 이것은 다시 보겠지만 우리가 어떤 정서에 의해 영향 받고 있음을 모를 때 오히려 더 쉽게 그 정서에 의해 영향 받는다는 것을 강조한다.

또한 정서적 무의식은 역치하 정서 점화(subliminal emotional priming)라는 절차를 이용해 연구되고 있다. 이 절차는 최근에 자이언스와 그의 여러 동료들이 많이 사용한다. 이 실험에서는 찡그리고 있거나 웃는 얼굴과 같은 어떤 정서적인 암시가 포함된 점화 자극을 먼저 아주 짧게(5밀리세컨드. 1밀리세컨드는 1/1000초) 제시하고 곧바로 차폐 자극을 보여 준다. 차폐 자극은 의식으로부터 최초 자극을 쫓아내고 의식을 깨끗이 비우는 기능을 하는 것으로 피험자가 점화 자극을 회상하지 못하도록 방해한다. 어느 정도의 지연 뒤에 목표 자극이 주어진다. 이 자극은 의식적인 지각이 가능하도록 충분한 시간 동안(몇 초 정도) 유지된다. 여러 가지 자극들을 이런 식으로 본 후에 피험자들은 자신이 목표 자극을 얼마나 좋아하는지 평가하도록 요구된다. 피험자들이 목표 자극(예를 들어, 중국 표의문자, 한자)을 좋아하는지 싫어하는지 여부는 그 자극이 무의식적 미소 아니면 찌푸린 얼굴로 점화되었는가와 관련 있다는 것을 밝혀냈다. 미소 또는 찌푸린 얼굴과 같은 자극은 잠재의식적으로 처리되어 목표 자극에 정서적 의미를 덧붙여 주었다. 그리고 단순노출 연구에서와 마찬가지로 정서 점화는 차폐시키지 않아 정서를 의식적으로 처리할 수 있는 조건보다 잠재의식적으로 제시한(차폐된, 따라서 무의식적인) 조건에서 더 효과적이었다.

그리고 다음으로는 푀첼 효과가 있다. 빈의 정신의학자 푀첼(Pöetzl, O.)이 행한 1917년의 연구에서 피험자들에게 풍경과 같은 복잡한 시각적 사진을 잠재의식적으로 보여 주었다. 그러고는 그는 피험자들에게 가능한 한 그 사진을 똑같이 그려 보도록 요구하였다. 이후에 피험자들은 집으로 돌아가 밤에 꿈을 꾸고 그 다음 날 돌아오라는 지시를 받았다. 그들이 실험실에 돌아왔을 때 그들은 꿈의 내용을 보고하고 그 꿈과 관련된 그림을 그리도록 요구 받았다. 푀첼은 사진에 포함되었던 특징들 중에서 처음에 그렸던 그림에 포함되지 않았던 내용들이 꿈을 그린 그림에서 나타났다고 주장하였다.

에덜라이는 무의식적 처리의 특성을 조사하는 데 푀첼 효과를 유리하게 활용하였다. 에덜라이는 한 연구에서 피험자들에게 복잡한 시각적 장면을 500밀리세컨드 동안 제시하였다. 500밀리세컨드는 짧기는 하지만 자극의 부분들을 충분히 의식적으로 지각할 수 있는 시간이었기에 이것은 잠재의식적인 제시는 아니다. 이렇게 짧은 지속 시간을 쓰는 목적은 장면의 전체가 아닌 일부만이 의식적으로 지각되도록 하기 위함이다. 하지만 사실상 피험자들이 사진을 원하는 대로 보도록 하더라도 같은 결과를 얻게 될 텐데 그 이유는 어떠한 종류의 복잡한 장면에서라도 인식되는 자극 요소가 있고, 그렇지 않은 것도 있기 때문이다. 또한 그렇게 인식된 자극 요소들 중에서도 회상되는 것이 있고 그렇지 않는 것도 있기 때문이다. 에덜라이의 연구에서 순간적인 제시 이후에 피험자들은 가능한 한 장면에 대해 많이 그리도록 요구받았다. 그러고는 어떤 사람들은 자유연상이나 공상을 하고, 또 다른 사람들은 다트 게임을 하였다. 그 사람들은 이후에 또 다시 그림을 그렸다. 에덜라이는 공상하거나 자유연상한 피험자들 그룹에서는 다트 게임을 한 그룹과는 달리 두 번째 그림에서 이전에 회상되지 않았던 자극의 모습들이 종종 나타남을 발견하였다. 에덜라이는 이 효과를 기억의 향상을 의미하는 '기억증진(hypermnesia)' 이라고 명명하였다. 이전에는 접근하기 어려웠던 기억의 회복을 말하는 것이다. 에덜라이는 이와 같이 변형된 푀쩰의 절차와 그 외 다른 절차들을 사용하여 기억증진현상을 밝혀냈다. 그리고 꿈, 공상, 깨어 있는 동안의 자유연상을 통한 기억의 회복은 다른 요인들에 의해 억압되었던 기억이 자유로워졌다는 것을 의미한다고 믿었다.

심리분석자 셔브린(Shevrin, H.)은 환자들을 치료하는 동안 증상의

[그림 3-8] 기억증진(hypermnesia) 실험에 사용된 그림자극

환상과 꿈이 기억 회상에 미치는 효과를 연구하기 위해 에덜라이에 의해 사용된 복잡한 그림. 실험 참가자에게 그림을 잠깐 보여 주고, 그 다음 날 어제 본 그림에 대해 가능한 자세하게 이야기해 보라고 한다. 자세한 내용은 본문 중에 있다.(Erdelyi(1985). 정신분석: 프로이트의 인지 심리학.)

의식적 경험과 관련된 단어나 증상의 밑에 깔린 무의식적 충돌과 관련된 단어들을 검증했다. 예를 들어, 한 환자가 사회적 상황에서 극단적인 불편함을 호소하며 상담소로 찾아온다. 이 환자는 사회공포증에 대하여 완전히 인식하고 있으나 이 문제의 원인에 대해서는 의식적으로 알고 있지 못한다. 정신분석 후에 셔브린은 환자의 무의식적 갈등 또는 의식적 증상의 한 측면을 암시한다고 느낀 단어들을 보여 주었다. 환자들의 두피에서 뇌파가 측정되고 있는 동안에 그 단어들을 잠재의식적으로 혹은 공개적으로 제시하였다. 무의식적 갈등(사회공포증의 밑바탕이 되는 원인)과 관련된 단어들을 잠재의식적으로 제시하였을 때 더 강한 뇌파를 유발한 반면에 의식적 증상(사회적 상황에 대한 공포)과 관련된 단어들은 그 자극 단어들이 의식적으로 지각되었을 때 더 강한 뇌파를 이끌어냈다. 이번에도 역시, 정서적인 마음은 의식이 미치지 못하는 자극에 특별히 영향 받기 쉬운 것으로 보인다.

마지막으로 사회심리학자 바그(Bargh, J.)는 감정, 태도, 목표, 의도는 인식 없이도 활성화될 수 있으며, 이러한 것들은 사회 상황에서 사람들이 생각하거나 행동하는 방식에 영향을 미칠 수 있다는 것을 보여 주는 여러 실험들을 수행하였다. 예를 들어, 어떤 사람을 대할 때 그가 갖고 있는 피부색 또는 머리카락 길이와 같은 신체적 특징들은 인종 또는 성별 고정관념을 활성화시키기에 충분하다. 이와 같은 태도의 자동적인 활성화는 다양한 다른 상황 속에서도 발생하며, 이것은 사람에 대한 첫인상을 구성하는 것으로 여겨진다. 한번 활성화되면 이러한 태도들은 그 사람을 대하는 방식에 영향을 미치고 다른 상황 속에서의 우리의 행동에도 영향을 미친다. 한 극적인 예로 바그는 피험자들에게 언어시험이라고 설명하고 실험에 참여하도록 하였다. 피험자들에게 단어가 적힌 카드를 주고, 그들이 그 단어들을 이용하여 문장을 만드는 과제였다. 어떤 피험자들에게는 노인에 대한 문장이 주어졌고 다른 피험자들에게는 다른 주제에 관한 문장들을 주었다. 주어진 과제를 마치고 난 후 피험자들은 방을 떠났다. 실험자들은 피험자들이 지정된 위치까지 복도를 걸어 내려가는 데 걸린 시간을 피험자들 몰래 측정하였다. 신기하게도 다른 피험자들에 비해 노인에 관한 문장을 받았던 피험자들은 정해진 거리를 걷는 데 더 오랜 시간이 걸렸다. 문장이 노인들이 느리거나 약하다는 구체적인 언급을 포함하고 있지는 않았지만, 단순히 노인들에 대해 생각하는 것만으로도 (그리고 그런 인상에 관해 간접적인 생각을 떠올리는 것만으로) 이러한 고정관념을 활성화시키기에 충분하였고, 이것은 그들의 행동에 영향을 미쳤다. 다른 연구에서는 피험자들에게 '공격적임' 아니면 '예의바름' 둘 중에 하나와 관련된 문장을 제시했다. 그러고 나서 그들은 복도를 걸어 내려가 실험자를 찾으라고 지시 받았다. 실험자는 사전에 협의된 대로 다른 사람과 대화를 나누고 있었다. 피험자가 대화를 방해하고 끼어들기까지 걸린 시간이 측정되었다. 공격적인 태도가 주입된 피험자들은 예의바름이 주입된 피험자들에 비해 더 일찍 대화를 방해하였다. 바그는 무의식적 처리과정의 자동적인 활성화는 좋은 면과 나쁜 면을 모두 지니고 있다고 언급했다. 우리가 만일 누군가를 친절하게 대한다면 그 사람은 말할 것도 없이 답례로 우리를 친절하게 대할 것이다. 반면에 다른 인종의 사람이 부정적인 태도를 유발시키는 것을 보았다면 이후에 우리는 그 인종에게 부정적으로 대할 것이고, 이로 인해 그들은 다시 우리들에게 부정적인 행동을 하도록 자극하는 고정관념의 악순환을 초래할 것이다.

위에 설명된 두 연구에서 점화자극은 의식적인 것이었으나, 그 의미는 암묵적인 것이었다. 그러나 다른 연구는 사회적 점화가 잠재의식적으로 제시될 때에도 유사한 효과가 나타난다는 것을 보여 준다. 두 결과를 종합하여 바그는 피험자들의 점화자극에 대한 지각 여부보다는 그 자극이 어떤 암묵적인 의미를 가지고 있느냐가 더 중요하다고 주장하였다. 정서, 태도, 목표와 같은 것들이 자동적으로(아무런 의식적 노력 없이) 활성화된다는 것은 그것들이 마음속에 존재하고, 또 우리들의 사고와 행동에 영향을 미치고 있다는 강력한 증거이다. 지각과정을 신뢰하는 것처럼 사람들은 그러한 정서나 태도의 존재를 신뢰한다. 즉, 한 사람이 가진 인종에 대한 태도(마치 사실인 것처럼 위장되어 받아들여지지만)는 그 인종의 피부색이 어떤 색깔이라고 지각하는 것만큼이나 타당한 것으로 여겨질 수 있는 것이다. 자신이 가진 선입관에 대해 의식적으로 알고 있고 이런 선입관에 대항하는 가치체계를 갖추고 있다면 그 사람은 이러한 것들에 대한 통제가 가능하다. 그러나 또 다른 문제는 무의식적 영향에 대해 얼마나 의식하고 있는가이다. 인지심리학자 자코비(Jacoby, L.)가 묻고 대답했듯이 "언제 무의식적 영향이 가장 큰 효과를 나타낼 것으로 기대합니까? … 바로 당신이 가장 기대를 하지 않을 때입니다."인 것이다. 바그에 따르면 사회심리학의 목표는 생각과 행동에 영향을 미칠 수 있는 비논리적이고 무의식적인 요인들을 논리적이고 과학적으르 밝혀내어, 사람들이 이것들을 인식할 수 있도록 하는 것이다. 그러나 그는 이것이 어려운 게임이라는 것을 인정하고 있다. "사람들이 그들 자신의 현상적 경험에 반하는 그런 명제들의 타당성을 아무리 테스트하려 한다 해도 그들은 결국 납득하지 못한다. 왜냐하면 그 누구도 의식적 자각 없이는 어떤 지각의 현상적 경험을 할 수 없기 때문이다."

무의식적 과정에 대한 반세기 동안의 연구를 되돌아보면, 초기 몇 개의 연구에서는 방법의 한계로 인해 자극을 의식적으로 지각했을 가능성을 완전히 배제하지 못한다. 그러나 과학은 진보하는 것이고 과거의 실수는 현재의 지혜가 된다. 우리는 잠재의식적 지각 연구가 어떻게 실시되고 해석되어야 하는지에 대해 많은 것을 배웠을 뿐만 아니라 오늘날에는 무의식적 지각으로 간주하는 것이 무엇인가에 대한 더 높은 기준을 가지고 있다. 정보처리과정이 무의식적 처리에 대해 새롭고 정교하며 엄격한 평가방식을 적용한다 하여도, 여전히 우리는 정서적인 의미는 잠재의식의 차원에서 처리된다는 결론에 도달한다. 과거에 사용했던 연구 방법들의 완전성이 부족하다고 해서 그 결과들이 부정확하다는 것을 의미하는 것은 아니다. 이제는 자극의 정서적 의미가 무의식적으로 처리될 수 있다는 것은 부정할 수 없는 것으로 여겨진다. 정서적 무의식은 우리 뇌에서 정서적인 활동의 대부분이 일어나는 곳이다.[5)]

재평가

제임스 이후, 정서적 반응과 정서적 경험에 이르는 연결고리에 중요한 허점이 생겼고, '평가'가 필요하게 되었다. 이러한 허점은 정서유발 자극과 그 결과로 나타나는 생리학적 반응 및 감정 사이에 나타난다. 제임스의 이론에 따르면 자극에 대한 지각은(의식적 개입 없이) 자동으로 반응을 유발하여 그 느낌을 결정하는 피드백을 제공한다. 그러나 지각된 모든 자극이 이러한 결과를 가져오는 것은 아니다. 뭔가 다른 과정, 즉 자극의 물리적 특성들이 평가되는 과정이 있어야 한다. 개인에게 있어 그 자극의 중요도가 결정되어야 하는 것이다. 이렇게 계산된 중요성으로 인하여 정서과정이 개시되는 것이다. 이는 위에서 설명한 모든 이론에 적용된다. 뇌는 특정 자극을 평가하고, 그 자극을 무시할 것인지 또는 그에 대해 반응할 것인지를 결정하여야 한다. 즉, 평가는 자극과 반응 그리고 자극과 정서 사이의 간격을 연결해 준다. 지금까지 나온 평가이론들은 이러한 연관관계를 제대로 설명하지 못하고 있다. 평가이론들은 내성법적인 자기 관찰을 통해 접근 가능한 고등 인지 차원에 평가 메커니즘이 처음부터 전적으로 관여해야 한다고 주장하였기 때문에 잘못된 것이다.

내성법적으로 접근 가능한 마음의 측면들에만 의존하여 정서를 다루는 입장은 그것이 어떤 것이든 간에 부적절하다. 대부분의 정서적 처리과정이 무의식적으로 일어날 수 있음을 보여 준 실험들과 대부분의 사람들이 자신의 정서를 이해하지 못하는 경우가 허다하다는 것에 비추어 볼 때 이는 명백하다. 의식적으로 접근 가능한 평가과정이 정서적 뇌가 기능하는 방법은 아니며 최소한 어떤 경우라도 그것이 유일한 방법일 수는 없다. 어떤 정서의 평가로 인한 결과를 의식할 수 있는 경우에도(가령 특정인을 싫어할 경우) 그 바탕을 이루는 평가를 항상 의식적으로 이해하는 것은 아니다(그 사람을 싫어하는 이유가 항상 분명하지는 않다). 의식적 결과는 설명 가능한 명제보다는 말로 표현할 수 없는 직관을 근거로 할 가능성이 있다.

민속심리학[6)](내성법을 사용한다고 볼 수 있는)의 지지자들은 사람들이 자신들의 머릿속에 무엇이 들어 있는지 알고 있고 이러한 정보들을 항상 이용하고 있다고 한다. 그들은 사람들이 자기이해와 타인의 사고체계에 대한 일반적 이해를 바탕으로 자신들의 정신세계 및 행동을 잘 설명한다는 점을 지적한다. 예를 들어, 내가 특정 시간에 아들을 학교에 데리고 가겠다고 했을 때 내가 이를 실행할 가능성은 높다. 만약 내가 당신이 아내와 다투는 것을 보고 당신이 화가 나 있다고 가정하면 이 또한 들어맞을 가능성이 높다. 민속심리학자들은 소위 인지상정에 근거해 마음 이론에 과학적 체계를 세울 수 있음을 주장하며 이 같은 예들을 증거로 제시한다. 그러나 내가 아들을 데리러 가겠다는 결정을 의식하고 이를 의식적으로 실행하였다 하더라도 내가 내 자신이 이를 어떻게 기억했는지를 아는 것은 아니다. 그리고 내가 당신이 화났다고 하였을 때 이것이 설령 옳다고 하더라도 내가 이러한 평가를 어떻게 했는지 혹은 당신 뇌 속의 무엇이 이러한 화를 불러일으켰는지 아는 것은 별개 문제이다. 생물학자 굴드(Gould, S. J.)는 이를 잘 지적한다. “과학은 ‘정리된 상식’이 아니다. 특히 과학은 우리가 직관이라 부르는 전통적이고 인간 중심적인 편견들에 대한 강력한 반대론을 제시하기도 한다.” 내가 내 자신이 화가 났다고 할 때 실제 그럴 수도 있고 그렇지 않을 수도 있다. 사실상 두렵거나 질투가 나거나 이 감정들이 모두 혼합된 상태일 수 있는 것이다. 헵(Hebb, D.)은 오래 전에 특정인의 정서상태를 판단하는 데 당사자 본인보다는 외부 관찰자들이 훨씬 정확할 수 있음을 지적했다. 그렇다고 사람들이 어떤 대상들을 의식적으로 감지할 수 있고 어떤 행동들을 의식적으로 수행할 수 있음을 부정하는 것은 아니다. 내가 말하는 것은 단지 우리 삶에서 정서적으로 중요한 사건의 평가와 그러한 평가에 대한 반응인 정서행동들과 같이 우리가 일상에서 행하는 많은 일들이, 의식에 의존하거나 우리가 의식적으로 접근할 수 있는 처리과정에 의해 비롯되지는 않는다는 것이다.

철학자 로티(Rorty, A.)는 정서가 가끔은 매우 혼란스러울 수 있다는 점에 착안하여 특정 정서의 외견상 원인(즉각적으로 존재하는, 따라서 의식적으로 지각된 자극)과 진정한 원인을 구분한다. 정서의 진정한 원인은 현재 존재하는 자극이라기보다 이들 자극과 기억 속에 저장된 인과관계의 역사 사이의 상호작용에 의한 것이기 쉽다. 이미 살펴보았듯이 의식하지 못한 사건들은 암묵적으로(무의식적으로) 정서적 기억을 포함한 여러 기억을 활성화시킬 수 있다. 그리고 의식적으로 지각된 자극의 암묵적이고 탐지되지 않는 의미도 그러한 기억을 활성화시킬 수 있다. 아이들을 소리치며 야단치는 아버지는 아이들이 잘못을 했기 때문이라며 자신의 행동을 정당화할 수 있으나 사실상 이러한 폭발은 그날 회사에서 일이 잘 풀리지 않았다거나 어린 시절 부모님이 자신을 다룬 방법 등에서 기인할 수 있는 것이다. 그리고 본인은 이러한 영향을 전혀 의식하지 못할 수 있다. 즉, 정서의 실제적 원인은 우리가 이를 설명하는 것과 판이하게 다를 수 있다는 것이다. 평가이론은 눈에 보이는 원인들보다는 동기를 더 중요하게 다룬다.

선도적인 평가이론가 프리다(Frijda, N.)와 쉬어러(Scherer, K.) 모두 인지적인 이론들의 연구토대의 중요한 한계를 최근에 인정하였다. 프리다는 "평가와 정서 이름 붙이기 사이의 관계에 대해 연구하는 것은 감정을 나타내는 단어의 의미 또는 경험의 구조를 연구하는 것이다. 이것은 정서의 내력을 찾는 연구와 다르다. … 정서가 평가결과로 인해 발생하는 것은 충분히 가능하지만 그러한 평가과정이 자기 보고에 의해 드러난 것일 필요는 없다." 비슷한 입장에서 쉬어러는 평가연구가 정서경험과 그에 해당하는 정서 단어를 짝짓는 방식의 연구를 강조함으로서 경험의 내용 및 그러한 경험이 평가를 낳는 실제 과정을 배제한 채 경험의 이름 붙이기에만 집중하는 결과를 낳았다고 주장했다. 무의식적 처리과정에 대한 통찰적인 논의를 통해서 바워스(Bowers, K.)는 우리가 내성 관찰을 통해 사고와 행동의 원인을 이해할 수 있다면, 심리학이라는 분야가 필요 없을 것이라고까지 주장하였다. 사실 행동주의가 출현하게 된 것도 내성법이 심리학의 연구방법으로서 부적절했기 때문이었고, 인지과학이 행동주의의 대안으로서 성공을 거둔 것도 전적으로 내성법에 의존하지 않고 정신을 연구할 수 있는 역량에 힘입은 바 크다.

어떤 평가는 평가 결과의 의식적 인식으로 이어지지만 그렇지 않기도 하다. 내성법은 의식적 내용들이 처리되는 과정을 이해하는 데 충분하지 못할 뿐더러 즉각적으로 의식의 내용을 일으키는 과정에 대한 이해에는 전혀 도움이 되지 않는다. 인지적 평가이론가인 리차드 라자루스는 정서에서의 의식적 평가를 강조하였지만 그는 항상 무의식적 평가가 발생한다는 것을 인정하였고, 최근에 이르러 "어려운 작업이기는 하지만 우리는 표면 아래 존재하는 무언가가 인식과 어떻게 연관되어 있고, 이것이 정서과정 전체에 어떻게 영향을 미치는지를 탐구하기 위한 효과적인 방법을 반드시 찾아야만 한다."라고 주장하였다. 이와 유사하게 최근에 쉬어러도 그와 같은 분야의 동료들에게 언어로 보고하지 않아도 되는 테크닉에 대한 선호를 강력하게 피력하였다. 쉬어러는 심리학자들이 밝혀낸 심리기제들을 확인하려면 뇌과학에 눈을 돌려야 한다고 주장하였다. 나는 한 걸음 더 나아가 심리학자들이 미처 생각하지 못한 새로운 기제들을 발견하거나 이미 존재하는 기제들의 새로운 해석들을 찾기 위해 뇌과학으로 향할 것을 주장하고자 한다.

정서상태의 원인에 대한 내성 관찰법적 이해는 충분치 못하다. 특히 사람들에게 어떤 일화가 다 끝난 다음에 되돌아보도록 요구한다면 더더욱 그러할 것이다. 그리고 그들에게 곧바로 묻는다 하더라도 아마도 그들은 여전히 실제 원인은 모르고 있을 것이다. 정서는 상황에 대한 의식적이고 회고적인 접근이 가능한 생각에서 얻는 것보다 훨씬 더 많은 것들을 포함한다. 그러나 이것은 내성법이 소용 없다는 것을 의미하지는 않는다. 우리의 정신적 사건들에는 내성법으로 접근할 수 있는 것들도 있고 그렇지 않은 것들도 있다. 그 둘을 구분하는 선이 무엇인지 알아내는 것이 중요한 관건이다. 그 경계선은 가늘고 희미하다. 사람들마다 모두 다른 곳에 선이 그어져 있을 것이고, 한 사람 안에서도 순간순간마다 달라질 것이다. 의식적 경험에 대해 알아내야 할 것들이 아직 많이 남아 있고 내성법은 중요한 연구방법이다. 그러나 만일에 정서가 무의식적으로 일어나는 과정을 조금이라도 반영한다면 이것 역시 고려 대상에 포함시켜야 할 것이다.

정서와 인지: 동전의 양면일까 전혀 다른 화폐일까

지금까지 나는 대부분의 정서과정은 무의식으로 일어나는 것이며 따라서 정서에는 내성법에서 수집된 것보다 더 많은 것이 있다는 논쟁을 뒷받침하기 위한 강력한 예를 보여 주려고 하였다. 그러나 이전의 장에서도 인지에 대한 같은 논쟁 즉 내성법을 통해 사고, 추론, 문제 해결하기와 지적 능력에 대한 모든 국면을 이해할 수 없다는 논쟁이 다루어졌다. 정서과정과 인지과정 모두 대부분 무의식적으로 일어난다는 것을 고려해 볼 때 정서와 인지 과정은 같은 것, 혹은 흔히 말하듯이 정서도 인지의 한 종류라고 여길 수도 있을 것이다.

정서가 인지의 한 종류라는 의견에 온건파도 있고 강경파도 있다. 두 노선 모두 '인지적' '정신적' 이라는 용어를 서로 교환하여 사용하고 있다. 이러한 경향은 인지가 사고나 추론에 관련되어 있는 정신의 한 부분이지 동기, 성격, 정서와는 관련되어 있지 않다고 보았던 초기 인지과학자들의 관점에서 분명 벗어나는 관점이다(2장 참조).

온건파들이 사용한 인지는 사고, 추론, 지적 능력뿐 아니라 정서까지 포함하는 넓은 의미이다. 이 분류에서는 근본적으로 정서를 이해하는 방식에는 변화가 없다. 정서와 인지를 동시에 연구하는 분야에서는 이 두 가지에 동등한 위치를 부여한다. 이것은 단순히 정신과 이를 연구하는 정신과학이 어떻게 불려야 하는지에 대한 의미론적인 문제일 뿐이다. 나는 '인지과학' 이라는 용어보다 '정신과학' 이라는 용어를 더 선호한다. 정신과학이라는 것은 정신에 대한 포괄적인 접근이기 때문이다. 어느 용어를 쓰느냐는 단순히 선호의 문제이지만 전혀 쓸데없는 것은 아니다. 이것은 정서를 생각과 추론으로 바꾸어 정의하려는 강경노선으로 빠져 들지 않도록 방지해 주는 역할을 한다.

강경노선에서는 인지를 사고와 추론으로 보는 전통적인 관점 안으로 정서를 우겨 넣음으로 '인지적' 과 '정신적' 을 동일시한다. 이미 보았듯이 이것은 1960년 초반부터 정서에 대한 연구가 걷기 시작한 불행의 길이었다. 정서의 본질이 상황에 대한 이성적인 생각으로 이해되도록 변형되었다. 자이언스는 정서와 인지를 따로 분리된 것으로 여겨야 한다고 주장하면서 이 경향에 반대하였다. 그러나 정서와 인지 간의 관계에 대한 뜨겁게 달구어진 논쟁은 기술적인 문제에 휘말리게 되었고 이 광범위한 관심은 사라져 버렸다.

정서가 인지라는 괴물에게 잡혀 먹히지 않도록 보호하려는 나의 소망은 뇌 속에서 정서가 어떻게 만들어지는가에 대한 이해에서 비롯된다. 나는 정서와 인지는 따로 분리되어서 상호작용하는 정신기능이며 뇌 안에서 서로 독립적이면서도 상호작용하는 여러 시스템들에 의해 매개된다고 믿는다. 이러한 믿음을 뒷받침하는 핵심개념 몇 가지를 요약해 보도록 하겠다. 참고로 이러한 정서의 뇌 조직화는 다른 장에서 본격적으로 서술하게 될 것이다.

• 뇌의 특정 부분이 손상되었을 경우, 동물이나 인간은 특정 자극에 대한 정서적인 중요성을 평가하는 능력은 잃지만 똑같은 자극에 대해서 이를 한 대상으로 지각하는 능력은 잃지 않는다. 대상의 표상을 형성하는 과정과 대상의 중요성을 평가하는 과정은 뇌에서 독립적으로 처리된다.
• 지각 체계가 자극을 완전히 처리하기 전에 뇌는 이미 자극의 정서적 의미를 평가할 수 있다. 실제로 뇌가 어떠한 대상의 실체를 정확히 파악하기도 전에 좋다 나쁘다를 판단하는 것이 가능하다.
• 자극의 정서적인 중요성에 대한 기억이 입력, 저장, 인출되는 뇌 메커니즘은 같은 자극에 대한 인지적인 기억이 처리되는 메커니즘과 다르다. 앞의 메커니즘이 손상될 경우 학습된 정서 자극이 정서적인 반응을 일으키지 못하는 반면, 뒤의 메커니즘이 손상된 경우 우리가 그 자극을 어디서 보았고 우리가 왜 거기에 있었는지 그리고 우리가 그 당시에 누구와 있었는지에 대해 기억하지 못한다.
• 정서적 평가를 수행하는 체계는 정서적 반응을 조절하는 체계와 직접적으로 연결되어 있다. 이 체계에 의해 평가가 이루어지자마자 반응들이 자동적으로 일어난다. 이와는 다르게 인지적 과정과 연관된 체계는 반응조절체계와 밀접하게 관련되어 있지 않다. 인지처리과정의 주된 특징은 반응의 융통성이다. 인지를 통해 우리는 어떤 반응을 취할지를 선택할 수 있다. 그러나 정서평가 메커니즘은 진화적인 이점을 지니는 소수의 반응들 내에서만 선택하도록 짜여 있다. 평가과정과 반응 메커니즘 사이의 연결은 특정한 정서의 기본적인 체계를 구성한다.
• 평가 메커니즘과 반응조절체계 사이에 존재하는 연결은 평가 메커니즘이 중요한 사건을 감지하는 그 순간에 일련의 적절한 반응을 계획하고 실행에 옮김을 의미한다. 그 결과 신체감각이 평가과정에 동반되고, 그로 인해 의식적 정서경험의 일부가 된다. 반면

에 인지과정은 이렇게 반응과 필연적으로 연결된 것이 아니기 때문에 강렬한 신체적 감각이 단순한 생각과 연합되어 나타날 가능성이 적다.

정서를 사고로 전환한 것은 인지과학의 개념적 토대와 도구를 사용하여 정서를 연구하는 것을 가능하게 하였다. 현재는 평가 및 그 외 다른 정서과정 연구를 위한 컴퓨터 시뮬레이션이 무수히 많다. 그리고 정서를 인공지능적으로 접근하려는 사람들은 컴퓨터에 감정을 프로그램하는 것이 가능하다고 믿는다. 다음 한 인공지능 연구자에 의해 만들어진 5행시에 이 분야에 대한 신념과 희망들이 잘 요약되어 있다.

무신경의 융통성 없는 컴퓨터도
행동만큼은 사람을 똑같이 흉내 낼 수 있다네
비록 살과 뼈 그리고
성감대는 없을지라도
컴퓨터는 가르칠 수 있으니-오! 하지만 사람이 배울 수 있는가?

실제로 시뮬레이션 접근법을 통해 모델링할 수 있는 마음의 다양한 측면들이 존재한다. 그러나 다음의 썰렁한 5행시가 시사하듯 마음은 생각할 뿐 아니라 느끼기도 하며 느끼는 감정에는 생각하는 것 이상이 포함된다.

여성 컴퓨터를 프로그램한
한 젊고 열성적인 구혼자가 있었는데
그녀의 감정을
연결하는 데 실패하였으니
그런 그가 그녀에게 할 수 있는 것은 아무것도 없었네

그리고 마지막으로 다음의 5행시에서는 컴퓨터가 할 수 없는 일이 있을 수 있다는 것을 상기시켜 준다. 이 시를 이해하기 위해서는 과거의 컴퓨터에 정보를 입력하려면 구멍이 뚫려 있는 카드를 사용하였고 특수한 감지장치로 이 정보들을 읽었으며, 컴퓨터의 메모리는 끝없는 자기 테이프 릴에 저장하였다는 것을 미리 알고 있어야 할 것이다.

> 일들이 단순해지기를 원하는
> 정열적인 한 귀부인이 있었으니
> 그녀는 카드에 구멍을 냈고
> 기나긴 테이프를 채워 나갔지만
> 어쩐 일인지(컴퓨터를 이용하지 않는 것과) 아무래도 같지가 않았네!

이제 우리는 어디로 가야 할까

지금껏 나는 정서가 아닌 것이 무엇인지에 대해 이야기했다. 정서는 상황에 대한 생각의 단순한 모음이 아니다. 단순히 추론하는 것도 아니다. 정서는 단순히 사람들이 감정을 지니고 있었을 때 마음속에 무엇이 일어났는지 물어봄으로써 이해되는 것도 아니다.

정서는 말로 표현하기 어려운 것으로 악명이 높다. 정서는 의식에서 쉽게 접근할 수 없는 어떠한 심리적이고 신경적인 공간에서 작용한다. 정신의학자들과 심리학자들의 사무실은 바로 이 이유 때문에 항상 붐비는 것이다. 그러나 정서적인 마음이 어떻게 작용하는지에 대한 대부분의 이해는 말에 의한 보고나 정서에 도달하기 위해 언어적 자극을 사용한 연구를 바탕으로 이루어졌다.

의식과 그의 단짝인 자연 언어는 진화의 동네에 새로 이사 온 아이들이다. 진화의 역사를 놓고 볼 때 무의식 과정은 비주류가 아닌 주류이다. 무의식의 왕국에서 사용되는 화폐는 비언어적 처리과정이다. 무의식 과정에 대한 많은 연구들이 언어적 과정에 초점을 두었다는 사실은 인간의 무의식 과정에 관해 우리가 그리고 있는 그림이 부정확할 가능성을 시사한다. 언어적 자극과 말로 이루어지는 보고를 버리지 않는 한 우리는 인간의 무의식 과정의 작용에 대하여 완전하게 이해할 수 없을 것이다.

뇌의 원초적 기능이 새롭게 진화된 기능들과 상반되는 것처럼 묘사하는 것은 인간의 허영과 언어적 우월주의를 보여 주는 절대적 증거이다. 동물들은 의식적인 행동을 하거나 말을 하기 이전부터 오랫동안 무의식적이었고 비언어적이었다. 다행히도 특정 정서처리기능과 같은 원형을 이루는 기능은 인간의 뇌에 그대로 남아 있고, 우리는 동물 연구를 통해서 이 기능들이 인간에게 어떻게 작용하는지 이해할 수 있다.

동물을 연구함으로써 인간 정서에 대한 모든 것을 설명할 수 없다는 것은 분명하다. 하지만 내가 이 책을 통해 보여 주려고 하듯이 우리는 인간과 동물의 공통되는 기본적 정서기제를 잘 이해하게 되었고, 이런 정보를 가지고 언어나 의식과 같이 새롭게 진화된 기능들이 정서에 어떻게 기여하는지 보다 잘 이해할 수 있게 되었다. 또한 언어와 의식이 그 아래에 있는 비언어적인 체계, 정서장치의 뼈와 살을 구성하는 무의식적인 체계와 어떻게 상호작용하는가를 이해할 준비가 되었다.

1) Blood, Sweat and Tears 미국의 유명한 재즈 락 밴드의 이름이기도 하다. 참고로 개인적으로 내가 아는 저자는 전자기타 연주를 즐기고 가끔 크리스마스 파티에서 락 음악을 연주하기도 하는데 수준급이다. 이쯤에서 눈치 챘겠지만 저자는 자신의 취향대로 대부분의 제목이나 인용구를 미국의 대중문화 콘텐츠에서 가져오거나 패러디하고 있다. 역주

2) 불륜과 살인을 주제로 한 성인 영화 제목. 원제는 'Body heat'. 역주

3) 20년 만에 친구의 자살을 계기로 모인 동창들이 과거를 회상하는 내용의 영화제목이다. 원제는 'The big chill'. 우리나라에서는 '새로운 탄생'이라는 이름으로 상영된 바 있다. 역주

4) '추운 나라에서 온 스파이'는 1965년 출간된 소설(혹은 동명의 영화제목)을 가리킨다. 여기서 추운 나라라고 하는 것은 (열정적인 정서과정과 대조적으로) 인지심리학 분야에 대한 비유로 쓰였다. 또 한 가지 숨은 의미는 이 장에 논의되는 자이언스 박사가 추운 나라(폴란드) 출신이라는 것과 관련있지 않을까 한다. 역주

5) 그럼에도 불구하고 무의식적 정서처리가 일상생활에 적용될 수 있는가는 주의 깊게 고려되어야 한다. 나는 무의식적 정보처리에 의한 설명을 부정하는 두 가지 관점을 소개하고 둘 모두를 반박할 생각이다. 두 관점 모두 무의식적 정보처리가 실험실에서 존재할 수 있다는 전제는 받아들인다. 그러나 문제는 이것이 실제 삶에서 정말 유의미한가 하는 것이다. 첫 번째 논쟁은 무의식적 처리의 방식(역치하지각, 차폐(masking) 혹은 뒤덮기(shadowing) 등)으로 일상생활이 처리되지 않는다는 것이다. 왜냐하면 보통 우리가 마주치는 자극들을 충분히 보고 들을 기회가 주어지기 때문이다. 그러나 잘 생각해 보면 일상생활은 상당히 이런 실험들과 비슷한 상황을 제공한다. 어느 한 순간에 존재하는 자극의 수는 의식적인 순차적 처리 시스템의 제한된 용량을 넘어서므로 결국 우리는 무의식적으로도 자극을 받아들이고 있는 셈이다(9장 참조). 미처 인식되지 않은 자극은 무의식적 처리 시스템에 의해 암묵적으로 지각되고 기억될 수 있다(2장 참조). 한

편으로 충분히 의식적으로 지각되고 처리될 수 있는 자극들도 그 암묵적인 의미들이 무의식적으로 목표, 태도, 정서 등을 활성화시킬 수 있다. 물론 우리가 의식적으로 영향력을 인식하지는 못한다. 두 번째 논쟁은 무의식적 처리가 일상생활 동안에 일어나지만 별로 정교하지 못해서 개념보다는 물리적 자극의 형태로만 제한된다는 것이다(이 논쟁에 대해 살펴보려면 Greenwald(1992), Bruner(1992), Hirt(1994)의 연구를 보라). 여기에는 세 가지 반증이 있다. 첫 번째는, 물리적 형태뿐만 아니라 개념적 의미까지도 무의식적으로 처리한다는 증거가 실제로 있다는 것이다(Murphy & Zajonc, 1993; Öhman, 1992; Kihlstrom, Barnhardt, & Tataryn, 1992). 무의식적인 의미 점화를 증명한다는 것은 확실히 더 어려운 일이긴 하지만, 존재하는 것으로 보인다. 두 번째로, 우리가 무의식적 정보처리의 정교함에 대해 잘 알지 못한다는 점이다. 지금까지의 대부분의 연구는 언어 자극의 의미 처리를 분석하는 데 사용하였으나 무의식은 비언어적 정보처리에 더 능숙하다. 대부분의 무의식적 처리에 대한 연구들이 언어적 자극을 이용해서 진행되는 한, 더 기본적인 무의식적 시스템들이 어떻게 작용하는지 정확히 알아낼 수 없을 것이다. 세 번째로, 무의식적 처리에 대한 가장 훌륭한 증거는 정서처리에 대한 연구로부터 나왔다. 정서과정이 언어적 방법으로 가장 접근하기 힘들다는 것은 주지의 사실이다. 마지막으로, 무의식적 지각이 물리적인 자극의 특성에만 국한되었다 하더라도 무의식적 정서처리에 대해서는 중요한 함축적 의미가 있다. 우리가 보았던 대로 피부색이나 목소리의 억양 등 인간의 일차적인 물리적 특성은 무의식적으로 정서, 태도, 목표, 의도 등을 활성화시키기에 충분하다.

6) Folk psychology. 심리학자가 아닌 보통 사람들이 일상생활에서 자기 마음이나 행동에 관해 가지고 있는 이론들을 가리킨다. 역주

04 성배를 찾아서

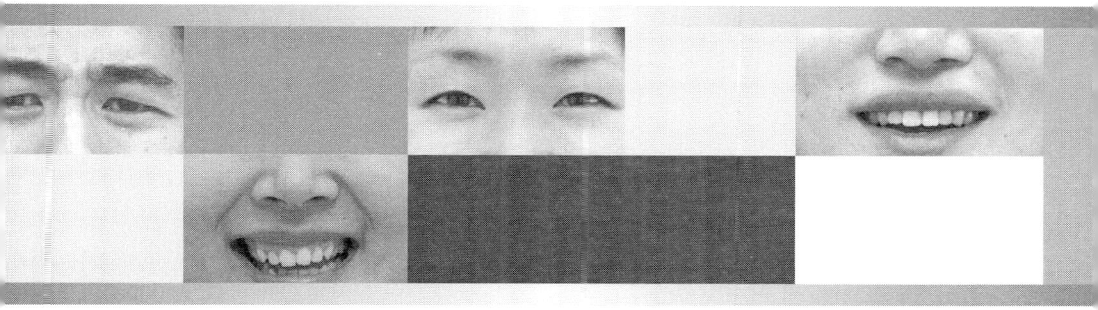

뇌는 내가 두 번째로 가장 좋아하는 기관이다.

- 우디 앨런(Woody Allen)[1]

현대 뇌과학의 중요한 목표는 각 정신 기능이 뇌의 어느 부분에서 처리되는지 최대한 상세히 밝히는 것이다. 기능이 '어디에서' 이루어지는지를 아는 것은 기능이 '어떻게' 이루어지는지를 이해하는 첫걸음이다. 예상하다시피 그중에서도 오래 전부터 과학자들의 관심을 끌었던 기능이 정서이다.

죄책감과 수치심, 공포와 사랑의 감정을 담당하는 뇌 영역 혹은 뇌회로를 찾는 노력은 일 세기가 넘게 계속되어 왔다. 마치 성서 속의 성배를 찾아 펼쳐지는 십자군 원정처럼 과학자들은 대뇌를 언약의 땅으로 보고 정서를 담당하는 신비의 영역을 찾아 헤맸다. 20세기 중반에 이르러 정서를 설명하는 변연계(limbic system) 이론이 제안되었고 드디어 원하던 성배가 과학자들의 수중에 들어오게 된 듯이 보였다. 이 획기적인 개념은 뇌회로가 종과 개인의 생존에 필요한 기능을 보조하도록 뇌회로가 진화하였다고 보고 그 연장선상에서 정서를 설명하였다. 변연계 이론은 프로이트가 말하는 이드(id)의 생물학적 기초로서 부족함이 없었다.

그러나 1980년대 초까지 정서에 관한 뇌회로에 대하여 실시된 연구는 거의 없었는데 정서를 연구대상 목록에서 제외시킨 인지과학적 풍토가 뇌과학 분야에까지 확대된 것이 한 가지 이유였고, 변연계 이론으로 정서가 분명하게 설명된 것처럼 보인 것이 또 다른 이유였다. 적어도 대략적으로나마 정서에 대한 이해가 이루어진 것처럼 여겨졌다.

변연계 개념은 엄청난 파급 효과를 가져왔다. 이는 뇌의 정서적 기능뿐 아니라 뇌의 구조적 체계를 이해하는 방식에까지 지대한 영향을 끼쳤다. 매년 신경과학을 전공하는 수많은 학생들이 변연계가 어디며 무엇을 하는지 배우고 있다. 그러나 불행히도 여기에는 문제가 있다. 정서의 변연계 이론은 잘못된 설명이며 심지어 어떤 과학자들은 변연계가 존재하지 않는다고 말한다. 여기서 나는 정서의 뇌에 대한 내 견해를 밝히기 전에 변연계 개념이 어떻게 비롯되었고 왜 우리의 정서적 삶을 설명하는 이론으로서 타당하지 않은지 언급하고자 한다.

울퉁불퉁한 머리

정신 기능이 뇌의 특정 부위에 편재되어 있다는 개념이 등장한 데는 19세기의 기묘한 조류인 골상학의 역할이 크다. 골상학자는 인간 두개골 표면의 요철을 파악함으로써 성격 특성과 정신 장애를 연구한 과학자, 혹은 몇몇 과학자들이 지칭하듯이 사이비 과학자들이다.

골상학은 갈(Gall, F. J.)이라 불리는 당시 저명한 과학자로부터 시작되었다.[2] 갈은 그의 선대나 후대의 많은 사람들처럼 마음이(판단, 느낌, 말, 기억, 지능 등) 여러 가지 특수한 능력들로 이루어졌다고 보았다. 그리고 더 나아가 각 능력은 뇌 안에 그 능력에 해당하는 '기관'을 가지고 있다는 흥미로운 제안을 한다. 이것은 뇌의 기능별 편재화에 대한 근대적 개념의 탄생이었다. 여기까지는 좋다.

불행하게도 갈 그리고 특히 그의 추종자들은 한 걸음 더 나아가 우월한 능력일수록 그것을 담당하는 뇌 기관이 더 크다고 주장하였다. 또한 이 큰 기관들 위의 두개골이 능력이 떨어지는 기관들 위의 부위보다 더 튀어나오게 된다는 것이다. 결과적으로 한 사람의 머리가 튀어나온 모양을 만져서 성격 특질과 지적 능력을 파악하고, 골상 표준으로부터의 편향을 측정함으로써 사고 및 기분 장애를 탐지할 수 있게 된다. 신중하라는 주의는 귓전으로 흘려버리고 골상학자들은 두개골의 위치를 파악하는 작업에 점점 경도되어(감각이나 지각, 기억, 언어 등) 일상적이고 익히 알려진 정신능력뿐 아니라 경의, 박애, 우정, 숭

엄, 온화, 심지어 philoprocentiveness(정확한 뜻은 저자도 모름)라고 이름 붙인 독특한 특성까지도 포함하여 두개골 지도를 그렸다.

뇌에 관한 과학적 사실은 극히 드물었지만, 골상학은 빅토리아 시대 학구적인 지성인들의 상상력을 사로잡았다. 골상학은 그 시대의

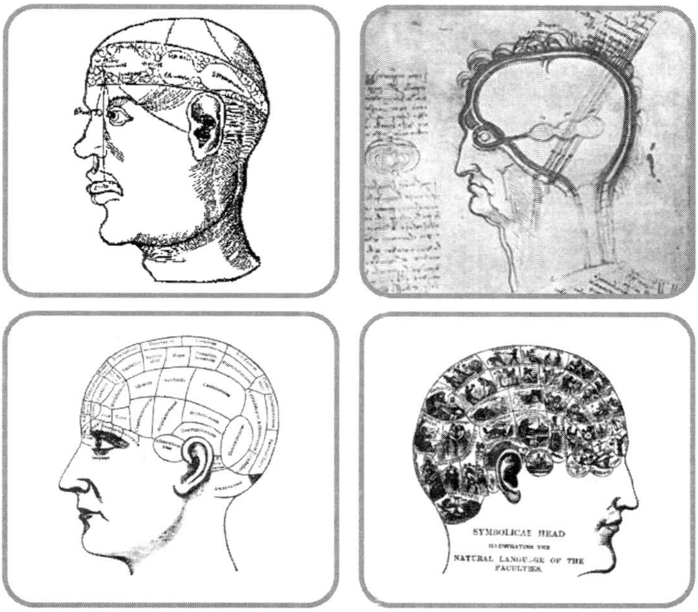

[그림 4-1] 역사 속의 뇌기능 국지화

500년 경, 성 아우구스틴은 고차적인 정신 기능은 뇌실, 즉 뇌척수액을 담고 있는 빈 공간에서 비롯된다고 제안하였으며 이 견해는 수세기에 걸쳐 지속되었다. 이는 1500년 경 그레고르 라이쉬(Gregor Reisch)의 책에 그림으로 표현되었다(왼쪽 위). 같은 시기에 레오나르도는 뇌기능에 대한 자신의 구상을 스케치했다(오른쪽 위). 19세기 후반 골상학(phrenology)이 부상하던서 기능의 국지화는 뇌, 특히 신피질의 특정 부위와 연관 맺게 되었다. 골상학이 주장하는 바는 인간 두개골의 형태를 만짐으로써 표피 아래 자리 잡은 뇌의 어느 부위가 발달했는지 말할 수 있다는 것이었다(왼쪽 아래). 그중 극단적인 골상학자들은 상당히 다양한 뇌 부위들을 다른 심리적 기능과 연관시켰다(오른쪽 아래).

대중심리학이 되었다. 그리고 우리가 하는 일을 왜 하는지에 대한 대부분의 대중적 설명들이 그렇듯이 골상학은 본질에서 빗나가 있었다. 실제로 두개골이 돌출되어 있다 하더라도 이는 단순히 돌출된 것일 뿐 정신 능력이 우월한지 열등한지를 알리는 지표는 아니다. 그런데 갈은 꽤 명성 있는 과학자였기 때문에 그의 생각은 다른 명망 있는 식자들의 비판을 불러일으킬 수밖에 없었다. 결과적으로 기능별 편재화라는 바로 그 개념에 대해 과학적 반발이 유발되었다. 사실 본질적으로는 골상학의 극단성 자체에 대한 반발이었지만 진지한 과학자들은 정신 기능이 뇌의 특정 영역에 국지화되어 있다기보다 전 영역에 걸쳐 산재해 있다는 논점을 취했다. 이 견해에 따르면 사고나 감정은 한 영역에서 일어나지 않으며 모든 영역 혹은 많은 영역들에서 동시에 일어나는 것이다.

아이러니하게도 최후의 승리자는 비록 갈이 처음 내세운 대로는 아니지만 기능별로 편재되어 있다는 갈의 시각이었다. 후대 연구자들은 각각의 능력 혹은 기능들이 뇌의 여러 영역에 국지화되어 있다는 것을 발견했으며 이제 기능적 국지화는 기정사실로 여겨지고 있다.[3] 눈에 보이는 물체의 색깔과 형태를 지각하고, 언어를 이해하고 전달하며, 실제로 보지 않고도 물체의 생김새를 상상하고, 공간 속에서 정밀한 움직임을 만들며, 기억의 흔적을 더듬고, 장미와 라일락의 냄새가 다르다는 것을 구별하고, 위험을 감지하고, 식량과 은신처를 찾으며, 배우자를 선택하는 것 등 무수한 능력과 연관되는 특정한 뇌 영역을 지정할 수 있게 된 것이다.

그럼에도 불구하고 엄격히 말해서 정신작용은 뇌에서 영역별로 기능하지 않는다. 각 영역은 시스템의 한 부분을 이루고, 시스템 단위로 기능이 이루어진다. 예를 들어, 대뇌피질(뇌의 주름진 겉 표면)의 후방

부에 위치한 시각피질은 볼 수 있는 능력에 결정적이다. 만약 여기가 손상되면 명실상부하게 장님이 되는 것이다.[4] 하지만 이것은 시력이 시각피질에 국한된다는 것을 의미하지 않는다. 다만 보는 것을 가능

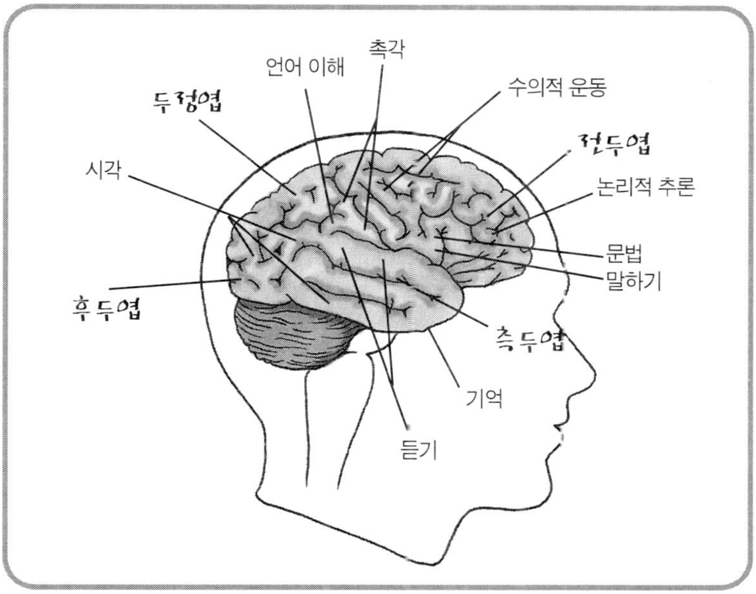

[그림 4-2] 대뇌피질 기능에 관한 현대의 지도

대뇌피질의 기능에 관한 현대적인 이해는 특정 뇌 부위 손상이 행동적, 정신적 과제 수행 능력에 미치는 효과나 특정 뇌 영역을 자극했을 때 보이는 행동적 정신적 발견들, 행동적, 정신적 과제 수행 시 뇌의 여러 위치에서 보이는 전기적 활동들을 기록하거나 뇌 영상 기법을 이용해서 얻어진 결과를 토대로 이루어졌다. 그러나 특정 기능과 연관된 뇌 부위의 관련성을 너무 곧이곧대로 받아들여서는 안 된다. 기능이란 독립적인 개별영역에 의해 작동하는 것이 아니라 상호 연결된 여러 부위들 간의 협응에 의해 성립된다. 일반적으로 보자면 특정한 뇌 영역이 담당하는 고유의 기능을 밝혀내는 데는 동물 연구가 많은 공헌을 하였다. 사실 동물 연구가 없었다면 인간으로부터 얻은 정밀하지 못한 결과를 해석하느라 고생을 많이 했을 것이다. 그럼에도 불구하고 인간 뇌 연구는 나름대로의 공헌을 했는데 인간 뇌에서만 주로 보이는 기능들을 이해하는 데 있어 특히 그렇다.

케 하는 시스템에 시각피질이 필수요소라는 것을 의미한다. 이 시스템은 시각피질뿐 아니라 눈으로 들어 온 정보를 뇌로, 그리고 최종적으로 시각피질로 전달하는 다수의 서로 다른 영역들로 구성되어 있다. 시각피질 자체 또한 복잡한 구조물로서 많은 하위 영역과 하위 시스템을 가지고 있고, 각기 고유의 방식으로 보는 행위에 기여한다. 눈에서부터 마지막 단계의 정보처리가 일어나는 시각피질까지의 경로 중 어느 한 곳이라도 손상되면 마치 고리 하나 소실로 사슬이 끊어지듯이 시각은 손상된다.

요컨대 뇌 영역들은 시스템의 구성요소가 되고 그 시스템 덕택에 기능을 가진다. 그리고 기능은 고립된 뇌 영역들이 아니라 통합된 시스템들의 소산이다. 이러한 의미로 본다면 진실은 갈과 그의 비판자들 사이 어디엔가 위치할 것이며, 갈의 논점에 더 가깝다. 다시 말해 정신기능은 뇌의 많은 영역들이 함께 작용하는 것이지만 각 기능은 영역들이 서로 연결된 하나의 세트, 즉 고유의 시스템을 필요로 한다. 우리가 볼 수 있도록 해 주는 시스템이 들을 수 있게 해 주지는 않으며 또한 걷거나 고통을 느끼는 데는 두 가지 다 별로 유용치 않을 것이다.

자극의 시대

갈과 그의 비판자들이 논쟁을 벌이고 있을 때 뇌 연구자들은 뇌의 기능적 국지화와 관련하여 실험과학적 접근법으로 의문점을 풀어 나가기 시작했다. 다윈의 진화론이 인간과 다른 동물의 생물학적(심지어 심리학적) 특성들은 연속선상에 있다고 믿을 만한 강력한 근거를 제공하였으므로, 인간 외의 종을 연구하여 인간 뇌와 그 기능에 있어 중요한 통찰을 얻고자 하였다.

이러한 선구적 연구들에서 사용한 주요 기술은 피질 부위를 자극하거나 외과 수술로 제거하는 것이었다. 피질을 자극하기 위해서 가느다란 전선을 뇌에 꽂아 소량의 전류를 흘려보내야 한다. 뇌는 한 영역의 뉴런(뇌세포)과 다른 영역의 뉴런 간에 전달되는 전기 신호를 통해 작동하므로, 뇌를 전기 자극함으로써 자연스럽게 정보가 흐를 때의 효과를 인공적으로 재생해 볼 수 있다. 뇌 전기자극으로 인해 유도된 반응이 해당 뇌 영역의 기능을 암시하는 것이다. 반면 뇌의 영역을 제거하는 방법을 통해 행동 및 정신적 결함을 일으킴으로써 뇌 영역의 기능을 밝힌다. 이들은 초기 뇌과학 연구법의 뼈대를 이루었으며 오늘날까지도 핵심기술로 남아 있다.

뇌연구 실험의 첫 발견 중 하나는 대뇌피질의 한 영역에 전기 자극을 가하자 특정한 신체 부위가 움직였으며, 제거 수술을 하였더니 그 움직임에 결함을 보였다는 것이다. 해당 부위는 대뇌피질 중에서도 앞쪽 영역으로서 오늘날 운동피질이라고 불리며, 수의적인 활동 통제에 결정적인 역할을 한다고 알려져 있다. 이 영역은 척수의 뉴런과 연결을 맺고, 팔다리 및 다른 신체 부위의 움직임을 조절하도록 메시지를 주고받는다. 이 운동피질보다 뒤쪽에 하나의 피질 영역이 존재한다. 이 부분은 자극하여도 신체 움직임을 유발하지 않았다. 그러나 이를 손상시키자 눈이나 귀, 피부로부터 들어오는 정보의 정상적인 지각을 방해하였다. 외상이 어디에 위치하느냐에 따라 장님이 되기도 하고, 귀머거리가 되기도 했으며 촉각이 무감각해졌다. 오늘날 이 영역들은 대뇌피질의 시각, 청각 체감각 영역이라고 불린다.

초기 신경학자들은 뇌졸중이나 종양을 앓고 있는 뇌손상 환자들을 관찰하여 매우 유사한 결과를 얻어 낸다. 인간을 임상적으로 관찰한 것과 동물실험 연구로부터 얻은 결과 간의 일치를 도출해 냄으로써 종들 사이에 뇌구조의 연속성이 존재한다는 다윈 이론의 강력한 증거가 되었다.[5)]

격렬한 분노

대뇌피질 기능을 연구하던 초기에 동물이 방대한 피질 제거 수술을 받고도 인상적일 정도로 정상적인 정서반응 양식을 보였다는 점이 주목되었다. 예를 들어, 대뇌피질 전부가 제거된 후에도 고양이는 특징적인 정서 각성의 신호를 선보였다. 성나게 하자 몸을 웅크리고, 등을 활처럼 휘게 하고, 귀를 빳빳이 했으며, 발톱을 드러내고, 으르렁거리고, 쉬쉬 소리를 내고, 이빨을 내보였으며 주위 물체들을 물어 뜯었다. 게다가 자율신경계의 각성 표식도 분명히 드러났는데, 털을 곧추세웠고 동공이 커졌으며 혈압과 심장박동율이 상승하였다. 정서 같은 복잡한 행위는 감각 및 운동피질에 의해 통제된다는 그 당시의 신념에 비추어 볼 때 이는 놀라운 것이었다. 예를 들어, 제임스는 그의 정서 피드백 이론을 신경학적으로 설명하면서 정서는 대뇌의 감각 및 운동피질에 의해 조절되는 것이라 제안했다. 운동 영역은 반응을 산출하는 데 필요하고 감각 영역은 우선 자극을 감지하고, 그 다음으로 반응이 전달하는 피드백을 느끼는 데 필요하다는 주장이었다(그림 4-3 참조). 그러나 대뇌피질 손상이 정서반응에 아무 영향을 미치지 못했으므로 제임스의 견해는 틀린 셈이다.

그러나 대뇌피질이 제거된 동물의 정서 행위가 온전하게 정상적이진 못했다. 이들은 아주 미미한 사건에도 정서반응을 보일 만큼 쉽게 격앙되었다. 그들에게는 분노를 다스릴 능력이 없어 보였고, 그 점은

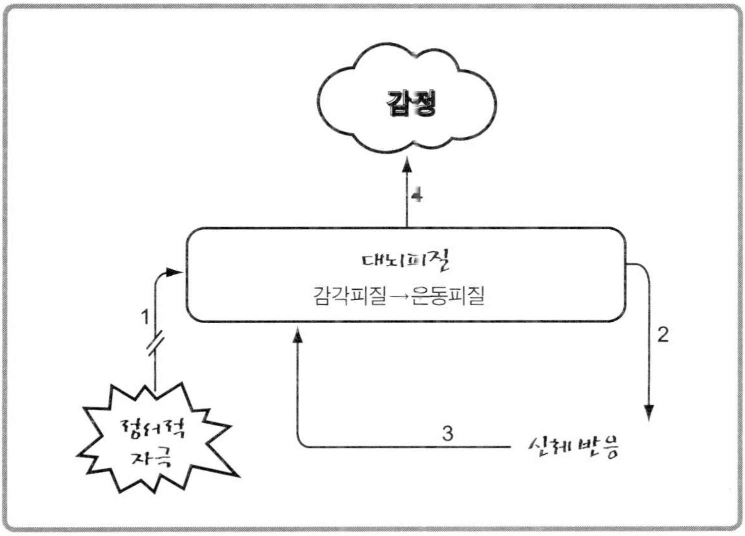

[그림 4-3] 제임스의 대뇌 정서 경로

곰의 출현과 같은 외부 자극이 대뇌피질의 감각 영역에 의해 감지된다. 운동피질은 도망가기 같은 반응을 통제한다. 도망가는 반응이 일으킨 감각이 대뇌피질로 피드백되어 지각된다. 제임스 이론에 따르면 도망가기와 같은 정서반응과 연관된 신체 감각의 지각이 바로 정서에 독특한 속성을 부여하는 것이다.

정상적인 경우 피질 영역이 사나운 정서반응을 다스리고(플라톤이 전차를 조종하는 기수에 비유했듯이), 부적합한 상황에서의 표출을 억제하는 역할을 한다는 점을 시사한다.

캐논은 3장에서 보았듯이 제임스 이론에 대한 반격뿐 아니라 정서의 신경학적 이론으로도 유명하다. 이 이론은 바드(Bard, P.)가 그의 실험실에서 행한 연구에 기초하고 있다. 바드는 체계적으로 순차적인 제거 수술 연구를 감행하여 정확히 뇌의 어떤 영역이 분노 표출을 담당하고 있는지를 알아내고자 하였다. 그는 분노 반응을 소멸시키는 손상 형태를 찾기 위해서 피질에서부터 그 아래로 제거 부위를 점점 넓혀 나갔다. 결정적인 지점은 시상하부(hypothalamus)라 불리는 영역에 자리 잡고 있었다. 시상하부가 제거되자 정서 반응은 통합되지 못하고 단편적이었다. 동물들은 웅크리고 으르렁거리고 쉬쉬 소리를 내고 발톱을 드러내며 귀를 세우고 물거나 몇몇 자율신경계 반응을 보일 수 있을 뿐 시상하부가 온전할 때처럼 통합된 양상을 갖추지 못했으며 매우 강렬한 자극에만 반응했다. 이러한 발견을 통해 바드와 캐논은 시상하부가 뇌에서 정서를 관장하는 가장 중요한 부분이라고 제안하였다(그림 4-4 참조).

뇌는 수직선을 따라 후뇌, 중뇌, 전뇌의 3영역으로 나누어 볼 수 있다. 후뇌에서 전뇌로 올라갈수록 그것이 담당하는 심리학적 기능은 원시적인 것에서 세련된 것으로 향상된다. 땅콩 크기 만한 시상하부

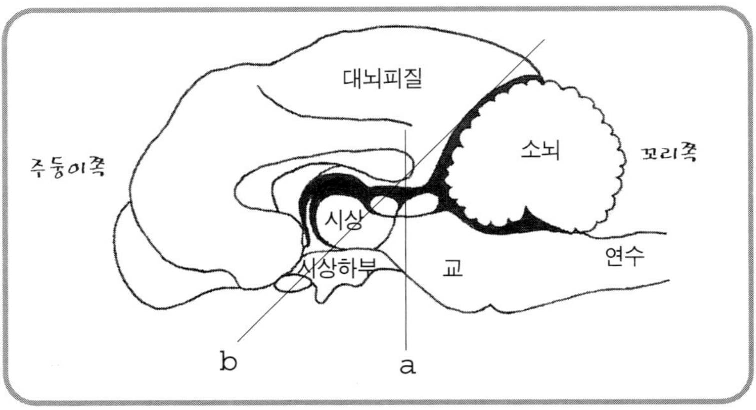

[그림 4-4] 시상하부의 정서 중추로서의 기능을 파악하기 위해 바드가 이용한 손상 연구법

먼저 바드는 b선 위의(선 왼쪽) 모든 뇌 영역을 제거했다. 여기엔 시상하부를 제외한 대뇌피질과 전뇌의 모든 부분들, 그리고 약간의 시상이 포함된다. 이 제거는 정서적 반응을 소멸시키지 못하였다. 하지만 추가적으로 b선과 a선 사이의 공간까지 제거하였을 때 정서적 반응은 완전히 사라졌다.

는 전뇌의 기저에 위치하여 심리학적으로 복잡한 전뇌와 이보다는 다소 원시적인 아래 영역 간의 접점을 형성한다. 캐논과 바드 시절 시상하부는 자율신경계의 조절에 관여하는 것으로 알려져 있었으므로, 강한 정서에 따르는 신체 반응이 전뇌에 의해 통제되는 장소가 시상하부라는 주장은 이치에 맞아 보였다.

캐논-바드 이론은 감각 시스템이 바깥 세상으로부터 받아들인 정보를 대뇌피질의 분화된 영역들로 보낸다는 잘 알려진 사실에 기초하고 있다. 즉, 눈으로부터의 정보는 시각피질로, 귀로부터의 정보는 청각피질로 보낸다는 말이다. 그런데 이 감각 메시지는 특정 영역으로 이동하는 중간에 피질 하부 영역인 시상 중계소를 거쳐 지나가게 된다. 피질 영역들이 감각별로 나누어져 있듯이 시상 영역들 또한 감각 정보처리에 따라 특수화되어 있다(시각계 시상은 눈의 수용기로부터 시

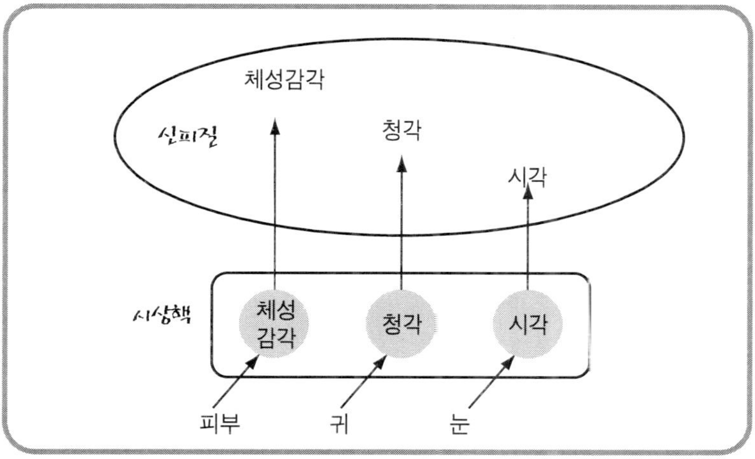

[그림 4-5] 감각 시상과 감각 피질의 관계

감각 메시지는 외부 수용기(눈, 귀, 피부 등에 있는 감각 세포들)로부터 시상의 특정 영역으로 전달된 후 시상에서 신호를 처리하고 신피질의 특정 영역으로 그 결과를 중계한다.

각 신호를 받아 시각피질로 연계하고 청각계 시상은 귀에 있는 수용기로부터 음향 신호를 받아 청각피질로 연계한다. 그림 4-5 참조). 그러나 어떤 시상 부위들은 감각정보를 피질이 아니라 시상하부로 전달한다고 밝혀졌다. 결과적으로 시상하부는 피질과 거의 같은 시간에 감각정보를 접하는 것이다. 그리고 신호를 받은 시상하부는 자율적이고 행동적인 정서반응들을 양산하도록 신체를 활성화시킨다(그림 4-6 참조). 이는 캐논과 바드에게 어떻게 대뇌피질이 제거되고서도 정서가 표출되며,

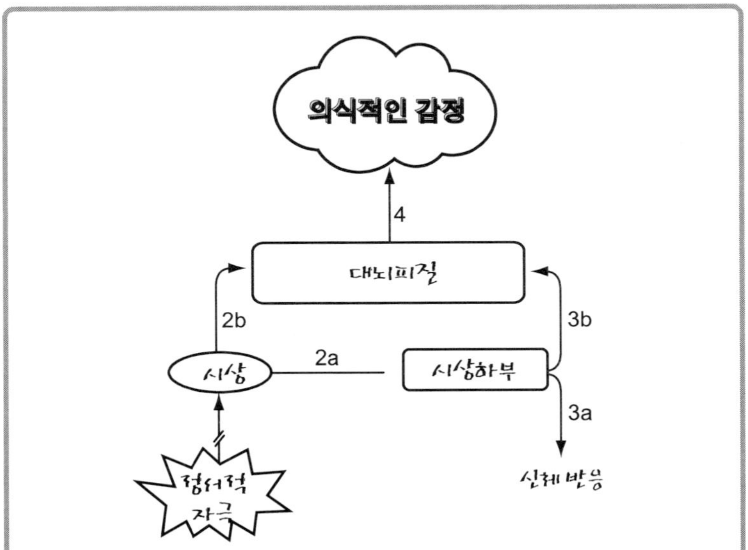

[그림 4-6] 정서의 뇌에 관한 캐논-바드 이론

캐논과 바드에 의하면 외부 자극은 시상에서 처리되어 대뇌피질(경로 2b)과 시상하부(경로 2a)로 이동한다. 그 다음 시상하부는 신체의 근육과 기관(경로 3a), 그리고 피질(경로 3b)로 메시지를 보낸다. 대뇌피질이 받은 두 메시지, 즉 자극이 무엇인지(경로 2b)와 이것의 정서적 중요성이 어떠한지(경로 3b)에 대한 메시지는 상호작용하여 정서에 대한 의식적인 경험(감정)을 불러일으킨다. 이 이론에 따르면 정서적인 반응과 감정은 동시에 일어난다.

제임스의 대뇌피질 이론이 왜 틀렸는지를 설명해 주었다(정서반응은 운동 피질이 아니라 시상하부에 의해 조절되는 것이며 감각은 감각피질을 거치지 않고서도 시상하부를 직접 자극할 수 있다).

비록 캐논과 바드가 정서반응을 도출하는 여러 연결 고리들 중에서 대뇌피질을 제거했지만, 피질의 역할을 전적으로 무시한 것은 아니었다. 사실 캐논과 바드는 정서와 감정의 의식적인 경험이 시상하부에서 뻗어 나가는 신경섬유에 의한 피질 활성화에 달려 있다고 보았다. 그리하여 피질이 없으면 분노 행위는 표출되더라도 의식적으로 분노를 느끼지는 못할 것이다. 이 이유 때문에 캐논은 대뇌피질이 제거된 동물의 정서 표출을 '가짜 분노(sham rage)' 란 용어로 묘사하였다.

제임스에 따르면, 정서경험은 정서자극에 대한 신체적 반응이 뇌로 전달되는 과정을 통해 이루어지는 것이 그 특징이라 하였는데, 그렇다면 신체적 반응은 감정을 느끼기 전에 이루어지는 것이다. 그러나 캐논은 정서를 시상하부 근처에 중심부를 두고 전적으로 뇌에서 일어나는 작용으로 정의하였다. 시상하부는 신체를 자극하여 정서적인 반응을 일으키도록 하고 대뇌피질을 자극하여 의식적인 경험을 하도록 한다. 그리고 신체반응 시스템을 향하여 뻗는 신경섬유와 피질로 뻗는 신경섬유 모두 시상하부에 의해 동시에 활성화되므로 정서적인 느낌과 정서적인 반응은 순차적이 아니라 동시에 일어난다.

비록 캐논이 어떻게 정서경험이 일어나는지에 대해 제임스와 의견을 달리 했지만, 자주 간과되곤 하는 한 가지 매우 중요한 점에 있어서는 일치된 견해를 보이고 있다(곰을 보고 달아나는 것과 같은). 정서반응이(공포를 느끼는) 의식적 정서경험 때문이 아니라는 점이다. 캐논에게 반응과 경험은 동시에 일어나는 반면, 제임스에게는 정서반응이 선행하여 차후 의식적 경험을 결정한다. 그러므로 제임스와 캐논 모두 주장하는 개념은, 3장에서 설명한 것처럼 의식적인 정서경험은 신체적 반응을 유발하는 정서적 자극의 처리과정에 뒤이어 나타나며 이러한 정서적인 자극의 처리는 의식적 자각의 바깥, 즉 무의식적으로 일어난다는 것이다.

감정의 흐름

코넬 대학 해부학자 파페즈(Papez, J. W.)는 엄밀히 말해서 정서에 대해 연구를 한 사람은 아니다. 그러나 그는 1937년 정서의 뇌에 관해서 가장 유력한 이론 중 하나를 발표한다. 일설에 의하면 파페즈는 미국 후원가가 정서의 작용 기제를 밝히기 위한 목적으로 상당한 거금을 영국 실험실에 기부했다는 것을 알게 되자 국가적 자존심에 휩싸여 미국인 또한 정서에 대한 생각이 있다는 것을 보여 주기 위해 며칠 만에 그 유명한 논문을 쏜살같이 써냈다고 한다. 그런데 만약 그의 이론이 과학의 뒤안길로 사라졌다가 1900년대 중반에야 재발견되고 회자되리라는 것을 미리 알았다면 파페즈는 그의 이론을 보다 느긋한 속도로 써냈을지도 모를 일이다.

파페즈는 뇌의 진화에 대해 조예가 깊은 해부학자인 헤릭(Herrick, C. J.)의 영향을 강하게 받았다. 헤릭은 일찍이 대뇌피질의 외측과 내측 부위 간의 차이를 지적한 바 있다. 뇌를 핫도그 빵이라고 상상해 보라. 그 둥근 빵의 두 반쪽이 뇌의 반구들이다. 빵의 바깥쪽 갈색으로 구워진 부분은 대뇌의 외측 부위인 셈이다. 신피질이라 불리는 이 부위는 이제껏 우리가 살펴본 감각 및 운동 기능이 있는 장소로서 모든 고등 사고 과정이 일어난다고 알려져 있다. 이제 빵의 중간 이음새를 비집고 들어가 두 쪽으로 나누어 보라. 하얗고 구워지지 않은 가운

데 쪽은 피질의 내측 부위에 해당한다. 이 부분은 헤릭에 의하면 진화적으로 더 오래되었으며, 신피질에 비해 보다 원시적인 기능에 관여한다(그림 4-7 참조).

헤릭의 내측 피질을 프랑스의 위대한 해부학자 브로카(Broca, P.)는 '거대한 고리 형태의 엽(le grand lobe limbique)'이라고 이름 붙였다. 그는 내측 피질 영역이 거의 테니스 채 테두리 마냥 타원형인 것에 주목한 것이다. 실제로 limbique란 단어는 라틴어 limbus의 프랑스어로서 테두리를 뜻한다. 브로카는 이 이름표를 달면서 내측 피질

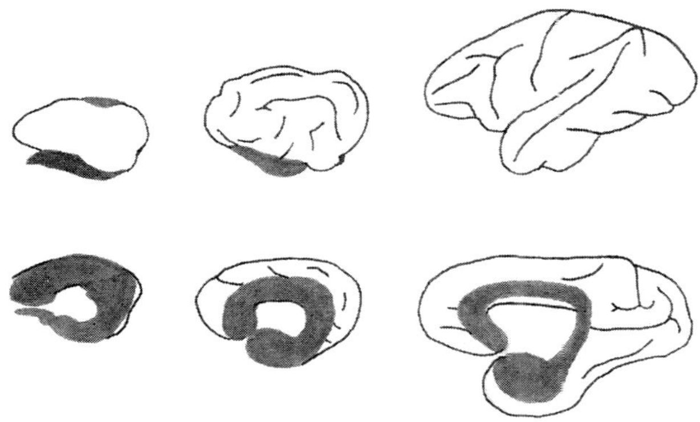

[그림 4-7] 포유류 진화의 관점에서 본 내 외측 피질

좌측으로부터 각각 토끼와 고양이, 원숭이의 두뇌이며, 윗줄은 측면에서 본 그림이고, 아랫줄은 좌우 대칭으로 절개했을 때를 그린 것이다. 회색 음영이 들어간 부분을 변연계라 부르는데, 진화 과정의 초기부터 있었던 부분이다. 하얗게 표시된 부분은 신피질이라 부르는데, 진화 과정상 최근에 형성된 부분이다. 변연계는 양반구의 중심쪽 벽 근처에 위치한다. 토끼의 경우 변연계는 내피질의 대부분을 차지한다. 고양이와 사람의 경우 내피질 중 변연계가 차지하는 비중은 점점 줄어들어 상대적인 용적률이 감소한다. 포유류들은 신피질의 확장 측면에서 다른 종들과 대별되며 이러한 피질의 확장 정도는 사람에 이르러 그 정점에 달한다.

(medial cortex)의 형태적 묘사를 염두에 두었던 것이다. 그런데 얼마 후 이 고리 형태의 변연(limbic)엽은 후뇌(rhinencephalon)라 재명칭되는데, 이는 '냄새맡는 뇌' 라는 뜻으로 냄새를 지각하고 냄새에 영향받는 행위 조절에 관여함이 분명하기 때문이다.

헤릭은 냄새가 원시 동물의 섭식, 성, 방어 행위에 있어 중요한 역할을 담당한다는 것에 주목했다. 그는 외측 신피질이 중개하는 고등 사고 기능은 냄새 감각으로부터 진화했으며 외측 신피질(lateral neocortex) 자체가 후뇌의 진화적 성장물이라고 제안했다. 헤릭에 의하면 원시동물의 내피질에서 통제되는 기초적 감각 및 운동 기능은 새롭게 진화한 외피질로 전이되었으며, 이는 감각을 정교화시켜 고등 사고 과정을 이끌고, 초기 척추동물의 원시 운동 기능을 확대시켜 복잡한 인간 행위들을 가능케 하였다.

파페즈는 여러 가지 이론들을 합성하는 데 뛰어난 능력을 보였는데, 내측 및 외측 피질 간의 진화적 차이라는 헤릭의 개념에 다음 두 가지 연구에서 얻어진 발견을 더하였다. 인간의 내피질 부위 손상에 대한 관찰 결과 및 동물의 정서반응 통제에서 시상하부의 기능에 대한 연구가 그것이다. 그러한 결과로서 얻어진 이론은 개인의 주관적 정서경험을 시상하부에서 내피질로, 내피질에서 다시 시상하부로 이어지는 해부학적 연결 고리를 통한 정보의 흐름 측면에서 설명하고 있다. 이것이 오늘날 파페즈 회로라 알려진 뇌회로이다.

캐논의 의견을 수용하여 파페즈는 시상하부의 중요성을 강조하였다. 시상하부는 시상으로부터 정서 자극의 직접적인 감각정보를 수용하고 정서의 신체반응을 통제하며 신경섬유를 피질로 올려 보내 정서 조절에 관여하고 있다고 보았다. 그러나 파페즈는 어떻게 정서 경험이 뇌로부터 인출되는지를 보다 상세히 조명하는 데 특히 관심을 갖고 캐논보다 더욱 정교화되고 세밀한 연결망을 제안하였다.

파페즈 가설의 출발점은 감각정보가 뇌로 전이된 후 시상하부의 정거장에서 갈라져서 사고의 줄기 및 감정의 줄기로 나누어진다는 개념이다. 사고의 줄기는 감각 정보가 시상으로부터 신피질의 외측 영역으로 전이되는 통로이다. 이 줄기를 통해 감각은 지각, 사고, 기억이 된다. 감정의 줄기 또한 시상으로 감각이 전이되나 그 시점에서 캐논이 제안한 바와 같이 시상하부로 직접 중계되어 정서를 산출한다.

캐논은 시상하부를 균등한 구조체로 보았다. 하지만 파페즈는 시상하부의 유두체(mammillary body, 뇌의 밑에서 볼 때 젖가슴처럼 돌출되었다 하여 붙여진 이름)를 지목하여 시상으 감각정보를 수용하고 피질로 메시지를 연결하는 장소라고 주장했다. 더불어 피질의 어느 부위가 관여하는가에 대해서도 상세히 서술했는데 대상회 피질(cingulate cortex, 내측 피질 중에서도 진화적으로 오래된 영역)을 정서지각을 위한 피질 영역이라고 제안했다. 시각피질이 시각지각을 위한 영역에 해당하는 것과 같은 의미이다. 그리고 계속해서 각 감각 시스템마다 시상의 특정 핵이 중계소 역할을 하듯이, 정서 시스템에서는 전시상핵(anterior thalamic nucleus)이 유두체를 대상회 피질로 연결하는 중계소라고 제안했다. 그러나 이 회로는 거기서 멈추지 않는다. 대상회 피질은 또 다른 오래된 내측 피질 부위인 해마로 처리된 정보를 보내며, 해마는 출력을 다시 시상하부로 보냄으로써 정서 연결고리가 완성된다(그림 4-8 참조).

파페즈 시절에는 뇌 영역 간의 연결을 연구하는 방법이 매우 미숙했으므로 뇌의 실제 연결망에 대한 이해는 매우 조잡한 수준이었다. 그래서 파페즈는 회로 구상에 있어 부분적으로는 이미 존재하는 연결회로에 바탕을 두고 동시에 다양한 뇌 부위의 손상을 관찰함으로써

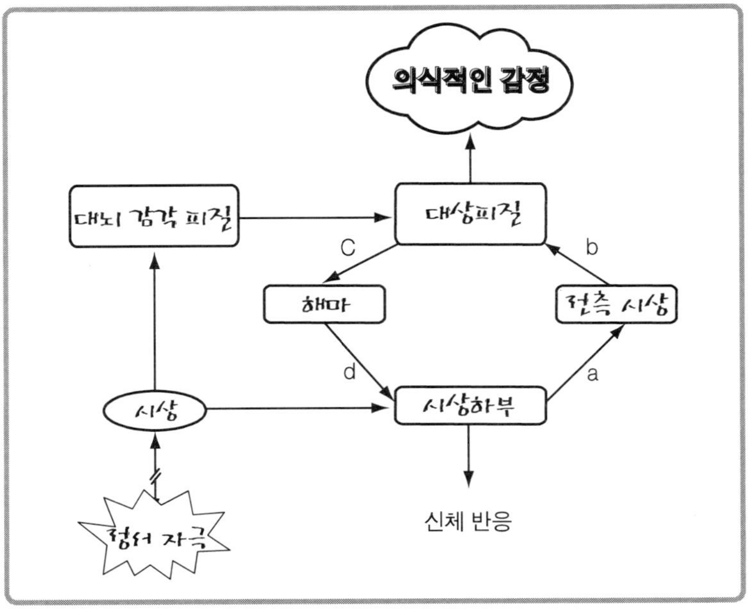

[그림 4-8] 파페즈 회로 이론

캐논과 바드처럼 파페즈도 시상에 도착한 감각신호는 양측 대뇌피질과 시상하부로 전달된다고 믿었다. 시상하부를 통과하여 몸으로 전달된 신호는 정서반응을 유발하고, 대뇌피질로 전달된 신호는 감정을 유발할 것이라 주장하였다. 양측 피질로 전달되는 여러 경로를 '생각의 통로'라 부르고, 시상하부로 전달되는 경로를 '감정의 통로'라 불렀는데, 파페즈는 피질과 시상하부 간 신호가 전달되는 방식 및 이에 관여하는 피질 영역에 대해 캐논과 바드가 기술한 것보다 훨씬 더 자세하게 기술하였다. 그는 시상하부에서 전측 시상과 대상피질(진화적으로 먼저 출현한 내측 피질)에 이르는 일련의 연결 통로가 있다고 주장했다. 감정 경험은 대상피질이 진화적으로 최근에 형성된 감각을 처리하는 외측 피질과 시상으로부터 받은 신호를 통합하였을 때 형성된다고 주장했다. 대상피질에서 해마를 거쳐 시상하부로 전달되는 신호는 피질에서 일어난 생각이 정서반응을 일으킬 수 있도록 해 준다.

존재할 가능성이 있는 연결회로를 추정하여 회로를 완성시켜 나갔다. 그가 해마를 회로에 포함시킨 이유는 이곳이 공수병(rabies)[6]과 연관된 주요 뇌 손상 부위로 알려져 있었기 때문이다. 공수병은 격렬한 감정, 발작, 마비 증상으로 특징지어지며 환자는 극심한 놀람 및 두려움과 뒤섞인 분노를 보인다. 대상회가 정서에 주요한 역할을 한다고 거론된 이유는 대상회 손상이 무감정, 나른함, 정신 착란, 우울, 자연스러운 정서 발현 손실, 시공간 혼동, 그리고 가끔 혼수상태를 야기하기 때문이다.

데카르트는 뇌에서 유일하게 두 부분으로 나누어지지 않는 구조물인 송과선(pineal gland)에 영혼이 존재한다고 믿었다. 파페즈는 데카르트보다는 후대에 등장한 프랑스인, 몽펠리에르의 외과 교수 라 페요니(La Peyronie)의 주장에 더 동의하는 편이었다. 라 페요니는 영혼이 있는 자리가 대상회 근처라고 보았다. 하지만 파페즈는 좀 더 조심스럽게, 대상회 피질을 '외부 사건들에 정서적 의식이 부여되는 곳' 이라 언급했다. 파페즈에 있어 대상회 피질은 '영혼의 거처' 는 아니였다 하더라도 적어도 '영혼의 열정적인 측면이 머무는 곳' 정도는 될 것이다.

정서경험은 두 가지 방향으로 일어난다고 파페즈는 제안했다. 첫 번째는 감각 대상에 의한 감정 경로의 활성화이다. 방금 묘사했듯이 여기서 정보는 시상에서 유두체로, 다시 전시상과 대상회 피질로 이동하게 된다. 두 번째는 사고 경로로서 여기를 통해 정보가 대뇌피질로 흐르면서 감각 자극이 지각되고 기억 작용이 일어난다. 이후 피질은 다시 대상회 피질을 자극한다. 첫 번째 경우 대상회 피질은 낮은 감정 경로를 통해 낮은 단계의 피질하 처리에 의해 활성화되는 반면, 두 번째 경우 사고 경로를 통해 높은 단계의 피질 처리에 의해 활성화된다. 캐논의 이론이기도 한 이 피질하 및 피질 정서 활성화는 수년간 잊혀졌다가 근래에 부활되었으며 나중에 더 상세히 논의하기로 하겠다.

파페즈 회로는 탁월한 해부학적 추정이다. 당시는 언급된 해부학적 경로의 상당 부분이 아직 파악되지 않았기 때문이다. 놀랍게도 이들 중 거의가 실제로 존재한다. 아주 약간의 수정을 거쳐 파페즈 회로에 상당히 근접한 연결 회로가 발견되었다. 그러나 불행하게도 파페즈의 정서 회로는 정서에 거의 관여하지 않는 것으로 보인다. 그럼에도 불구하고 파페즈 회로는 정서의 뇌를 찾아가는 연구에 역사적으로 결정적인 기여를 했고, 앞으로 간단히 다룰 변연계 이론으로의 시발점이 되었다.

정신맹 현상

1937년은 정서의 뇌 연구에 있어 기념할 만한 해이다. 파페즈 이론이 출간된 해이기도 하지만 클뤼버(Klüer, H.)와 폴 부시(Bucy, P.) 의 연구 시리즈가 발표되기 시작한 해이기도 하다. 이들은 시각적 환각을 일으키는 마약효과와 관련된 뇌 부위를 연구하던 중 원숭이에서 측두엽이 손상되었을 때 나타나는 일련의 효과들을 관찰하여 뜻하지 않게 놀라운 발견을 하게 되었다.

대뇌피질은 크게 4개의 부위로 나눠며 이 각각의 부위들을 해부학적 용어로 엽(lobe)이라고 한다. 후두엽(occipital lobe)은 뒤쪽에 있으며 시각피질이 자리한 곳이다. 전두엽(frontal lobe)은 앞쪽에 즉 우리 눈 바로 위쪽에 해당하는 부위에 위치한다. 후두엽과 전두엽 사이, 두정엽(parietal lobe)에 위치한다. 두정엽은 꼭대기에 위치하며 그 바로 아래에 측두엽(temporal lobe)이 있는데, 정확하게는 우리들 귀보다 약간 위쪽 뒤에 위치한다(그림 4-2 참조).

다음은 클뤼버-부시가 원숭이의 측두엽 제거수술 효과에 대한 사례관찰 결과를 발표하였을 때의 논문 내용이다.

> 동물들은 통상 분노나 공포에 관련된다고 생각되는 반응들을 하나도 보이지 않았다. 다른 사람이나 동물들 그리고 움직임이 없는 물체에게까지 아무런 머뭇거림도 없이 접근하였고 아무런 운동장애가 없음에도 불구하고 사물을 입으로 접촉하는 경향을 보였다…. 다양한 테스트를 거쳤지만 시각적 정확성이나 사물의 위치를 입체적으로 지각하는 능력에 이상이 있다는 결과는 나오지 않았다. 그럼에도 이 원숭이들은 사물을 시각적으로 인식하는 것이 불가능한 것처럼 보였다. 예를 들어, 배가 고픈 원숭이들은 앞에 놓인 물건이 무엇이든 간에 빗, 베이크라이트로 된 손잡이, 해바라기씨, 나사, 막대기, 한쪽의 사과, 살아있는 뱀, 바나나 조각, 심지어는 살아 있는 쥐까지 어떤 물체든 일단 입에 넣어 본 뒤에야 먹지 못하는 것들은 던져 버렸다.

그들은 이러한 증상들을 통틀어 '정신맹(psychic Blindness)' 이라 하였다. 이는 동물들이 매우 훌륭한 시력을 가졌음에도 불구하고 자극의 심리적 의미에 눈 먼 것을 가리킨다.

이후 연구들은 클뤼버-부시 증후군이라 알려지는 주요 양상들을 밝혔다. 측두엽 손상을 입은 동물들은 이전에 두려워하던 대상(사람이나 뱀)과 함께 있을 때에도 두려움이 없었고, 시력만으로는 먹을 수 있는 것인지 판별치 못하고 거의 모든 것을 입에 가져갔으며, 과도하게 성적으로 흥분되어 동성이나 다른 종의 원숭이와 교미를 시도하였다(정상적인 원숭이라면 이러한 성행위는 좀처럼 일어나지 않는다).

클뤼버와 부시의 연구가 발표되자 이 증후군의 본질을 밝히려는 많은 연구들이 뒤따랐고 뇌 연구의 몇몇 분야에 중대한 영향을 끼치기에 이르렀다. 이 분야들은 시지각, 장기기억, 정서와 관련한 뇌 메커니즘에 대한 탐색을 포함한다. 그러나 우리의 현재 논의와 가장 관련이 깊은 것은 폴 맥클린이 연구한 것으로 정서적인 뇌에 대한 변연계 이론이다.

정서의 건반

정서의 신경학적 기초에 관한 연구는 제 2차 세계 대전으로 중단되었다. 그러나 1949년 맥클린(MacLean, P. D.)이 파페즈 이론을 부활시키고 확대시키면서 다시 물살을 타기 시작했다. 그는 파페즈 이론으로 클뤼버-부시 신드롬과 프로이드 심리학을 통합하였다. 맥클린에게 중대한 영감을 불러일으키지 않았더라면 파페즈 이론은 과거 속으로 서서히 자취를 감추었을 것이다.

맥클린은 정서의 뇌에 대해 포괄적인 이론을 세우고자 하였다. 클뤼버와 부시뿐 아니라 캐넌과 파페즈의 연구를 참고한 후 정서 표현에 있어 시상하부의 중요성, 정서경험에 있어 대뇌피질의 중요성을 주목하였다. 시상하부와 대뇌피질이 의사소통하고, 이에 따라 정서경험이 자율 및 체성신경계에 작용하여 정서반응을 일으키고, 고혈압이나 천식, 위궤양 같은 정신신체적 질병을 유발하고 지속시키는 경로를 알아내고자 하였다.

다른 많은 이들처럼 맥클린도 경험의 다양한 감정적 혹은 정서적 측면을 평가하고 공포, 분노, 사랑, 증오 등의 느낌으로 분류하는 능력은 대뇌피질을 필요로 한다고 보았다. 한편으로는 최근에 진화한 신피질은 시상하부와 강한 연결을 가지고 있지 못하여 신체반응을 일으키는 자율신경계에 작용할 수 없다고 알려져 있었다. 하지만 파페즈와 헤릭이 주장했듯이 대뇌피질의 중심부에서도 진화적으로 오래된 영역, 소위 후뇌는 시상하부와 밀접하게 연관되어 있다. 후뇌는 고등생물에서는 단지 냄새를 담당하는 기관이 아니다. 이는 돌고래나 참돌고래가 후각이 전혀 없음에도 후뇌가 매우 정교하게 발달했다는 사실, 인간에게 후각은 상대적으로 덜 중요함에도 후뇌의 어떤 영역(특히 해마와 대상회)은 어떤 종에서보다도 뛰어난 발전을 이루었다는 사실로 증명된다.

파페즈가 제공한 목록 외에도 임상 결과들이 후뇌의 정서적 역할을 지지한다. 예를 들어, 해마 부위의 병리와 종종 연관되는 측두엽 간질 환자는 발작 직전 '꿈속 같은 상태'에 있으면서 두려움이나 심지어 공포를 느꼈다. 게다가 간질 환자들은 발작과 발작 사이에 극심한 정서 심리적 장애(초조함, 과대 망상, 우울 같은)로 고통 받을 수 있다. 후뇌의 구조물 중 하나인 유두체도 정서에 중요한 역할을 하는데 이 부위의 손상(흔히 장기간에 걸쳐 식사를 소홀히 하기 쉬운 심한 알코올 중독자에게서 발견되는 비타민 결핍증의 결과로 나타난다)이 정신병적인 행동을 불러온다는 보고들이 이를 지지한다. 더욱이 유두체를 자극시키면 혈압 상승이 유도된다고 알려져 있는데 맥클린은 유두체가 과도한 스트레스로 인해 생기는 고혈압과 같은 정신신체적 질병과 관련된다고 해석하였다. 또한 대상회의 정서적 중요성을 지지하는 증거로 이 부위를 자극할 때 나타나는 호흡 변화가 천식의 정신신체적 형태와 관련 되어 있다고 제안하였다. 그리고 대상회 부근에 종양을 가진 한 55세 여성의 경우를 언급하였다. 주요 증상은 그칠 줄 모르는 애욕을 수반하는 음란증이다. 향수가 증상을 더 악화시켰는데, 아마도 후각을 담당하는 뇌 부위가 정서에 미치는 영향력 때문일 것이다.

이러한 해부학적 상관관계보다 맥클린에게 더 큰 의미를 갖는 것은 이러한 결과들을 통해 후각을 담당하는 뇌 부위가 정서를 담당하는 위치라는 것을 명확하게 시사해 주었다는 점이다. 신피질이 아니라 후뇌 영역에 대한 자극이 자율 반응을 전형적으로 야기했다는 것에 주목하면서 맥클린은 후뇌를 '장기뇌(visceral brain)' 라 재명명했다. '비록 고등동물일수록 행동 통제력이 후뇌에서 신피질로 보다 더 많이 이양되지만, 하위의 자율신경계 중심 기관들과 지속적이고 강한 연결을 가진다는 사실은 후뇌가 실질적으로 내부장기 활동을 계속해서 지배한다는 증거' 라고 제안했다. 신피질이 '신체 근육을 좌우하고 지적인 기능을 뒷받침' 하지만, 장기뇌는 '식량의 획득 및 소화, 적으로부터 도망치거나 반대로 먹어 치우고 종족을 번식시키는 등의 기본적인 추동(drive)들과 관련된 정서적인 행위의 조절' 을 담당하고 있다는 것이다. 맥클린의 기본개념은 원시동물에게 신피질은 아직 발달하지 않았으므로 장기뇌가 행위 조절의 최고 중심이라는 것이다. 원시동물들에 있어 장기뇌는 개인과 종의 생존에 필요한 모든 본능적인 행동과 기본적인 추동을 담당하게 된다. 포유류에게 신피질이 발달하면서 고차원적인 심리적 기능, 즉 사고와 추론할 수 있는 능력이 나타나기 시작했으며 이러한 기능들은 인간에 이르러서 정점에 다다랐다. 그러나 인간에게도 장기뇌는 본질적으로 변하지 않고 남아서 진화적으로 먼 태고적 조상들이 수행했던 원시 기능을 관장하고 있다.

맥클린은 정서적인 느낌이 외부 환경에 의해 유발된 감각과 신체 내부의 감각이 통합되어 일어난다고 믿었으며, 이러한 통합은 장기뇌에서 일어난다고 제기했다. 그의 이론은 제임스와 다르지 않아서 본질적으로 피드백 가설이다. 즉, 외부 세계의 정서 자극이 내부 기관에 반응을 일으킨다. 내부 기관으로부터 발생한 메시지는 뇌로 전달되어, 이때 진행되고 있는 외부 세계에 대한 지각과 통합된다. 내외부 세계의 이러한 통합이 정서경험을 만들어 내는 메커니즘이다.

> 정서 메커니즘과 연관된 문제는 기본적으로 신경계의 의사소통 문제이다. 유기체 내외로부터의 메시지는 신경섬유를 따라 이동하는 신경신호에 의해서, 또는 혈액을 따라 흐르는 물질들에 의해서 전달된다. 그러나 궁극적으로 이러한 메시지들은 다양한 생체전기적 활동 패턴을 분류, 선택, 조절할 수 있는 기능을 갖춘 통합된 뉴런 집단의 기능에 의해 해석되어야 한다. 따라서 정서의 경험과 표현은 둘 다 다양한 내부 자극 및 외부 자극이 전달하는 메시지들이 대뇌 분석기에서 신경충동으로 전환되어 서로 연합되고 관계를 맺은 결과이다.

맥클린에 의하면 정서의 기초가 되는 대뇌 분석기는 장기뇌, 구체적으로 해마(hippocampus)에 위치한다. 해마란 이름은 해마 즉, 바다말의 형상을 본뜬 것인데 그리스 신화에서 히포캄포스(hippokampos)는 말 형상(hippo)을 한 바다 괴물(kampos)이었다. 맥클린은 해마의 큰 신경 세포들을 정서의 건반이라고 시적으로 표현했다. 건반 개념은 이 영역에 있는 세포들이 매우 체계적으로 나란히 배열된 점에 기인한다. 감각 세계 요소들이 이 세포들을 움직일 때 그들이 연주하는 가락이 우리가 경험하는 정서가 된다(그림 4-9 참조).

맥클린은 정서는 사고와 달리 이해하기 힘들다고 말한다. 이유는 다름 아니라 장기뇌의 중심인 해마와 사고(언어) 뇌의 중심인 신피질의 구조적인 차이 때문이다. 즉, '해마 피질의 세포구조가 신피질에 비해 분석기로서 효율적이지 못함을 시사' 한다. 이 개념을 보다 정교화하면서 맥클린은 다음과 같이 말한다.

> 혹자는 해마 시스템이 정보를 원시적인 방법으로밖에 다룰 수 없고 언어를 분석하기엔 너무 미개한 뇌일 것이라고 추론할지도 모른다. 그러나 해마는 비언어적 형태의 상징에 관여할 수 있다. 이는 상징이 개인의 정서적인 삶에 영향을 끼치는 한 중대한 의의를 지닌다. 예를 들

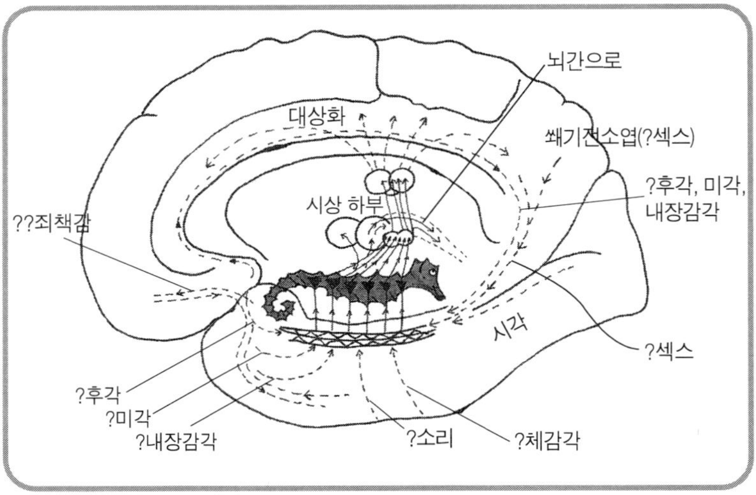

[그림 4-9] 맥클린의 장기뇌(변연계)이론

변연계의 중심에 위치한 구조는 해마이다(그림상에 바다에 사는 해마처럼 그려져있다). 해마는 시각, 후각, 청각, 촉각, 미각적 외부 자극을 받아들일 뿐 아니라, 내부 장기의 상태에 대한 정보도 받아들이는 곳으로 알려져 있다. 외적 자극과 내적인 반응을 통합하는 것이 정서경험의 근간으로 여겨진다. 해마 안에 검은색 삼각형으로 표시된 피라미드 뉴런들은 정서의 건반(자세한 설명은 본문 참조)으로 생각된다. (MacLean(1949). 심인성 질병과 비이성적인 뇌, 파페즈 정서 이론에 대한 최신 연구.)

어, 장기뇌는 'RED'라는 단어를 세 개의 알파벳으로 이루어진 단어로 인식하거나 빛의 특정한 파장으로 분석해서 인식하려는 시도 없이 피, 기절, 싸움, 꽃 등과 같은 다채로운 물건들과 상징적으로 연관시킬 수 있다. 그래서 만약 장기뇌가 일련의 연관성 없는 사건들을 상징에 의거해 하나로 묶을 수 있는 뇌이고, 언어뇌가 지닌 분석적인 능력이 부족하여 그들 간의 차이를 분별해 내는 능력을 갖추지 못했다면, 이로 인해 공포증이나 강박증 등의 이상행동이 일어날 수 있는 것이라고 상상해 볼 수 있다. 신피질의 도움과 통제가 없는 상황에서 장기뇌로 들어온 어렴풋한 인상은 미처 수정되지 못한 채 시상하부나 그 외 하위

기관들로 내보내질 것이다. 프로이트 심리학에 비추어 보면 장기뇌는 무의식의 '이드'에 해당하는 속성을 지니고 있다. **그러나 또 한편으로 장기뇌는 무의식적인 것이 아니라(심지어 잠자는 동안에도 무의식적이지 않으므로), 다만 동물적이고 원시적인 구조로 인해 언어적인 의사표현이 불가능하므로 지성의 손아귀를 벗어나는 것이라고 볼 수도 있다** (맥클린이 직접 언급한 부분은 굵은 글씨로 표기).

맥클린이 채택한 가설은 당시로서 급진적인 입장이었다. 즉, 정신질환은 장기뇌의 이상에 기인하는 것이며 그중에서도 특히 정신신체적[7] 질환 환자들의 병리 원인이 장기뇌일지 모른다는 것이다.

이러한 환자들로부터 얻어진 정보의 매우 많은 부분들이 프로이트 이론에서 구순기(oral) 수준이나 구순 항문기(oral-anal) 수준, 통틀어 장기적(visceral) 수준이라고 할 수 있는 유형과 관련되어 있었다. 꽤 심도 깊은 연구가 행해진 고혈압이나 위궤양, 천식에서 궤양성 대장염에 이르기까지 실질적으로 모든 정신신체적 질환들은 환자의 '구순기적' 욕구, '구순기적' 의존, '구순기적' 추동 등의 경향을 보였다. 이러한 구순기적 요소들은 분노, 적대감, 공포, 불안전감, 후회, 슬픔, 그 외 다른 많은 정서적 상태들과 관련 있는 것으로 여겨져 왔다. 예를 들어, 어떠한 상황에서는 음식을 먹는 행위가 다음과 같은 다양한 심리적 현상들의 상징적 표상일 수 있다. ① 사이가 좋지 않은 사람을 제거하고 싶은 적의에 찬 소망 ② 사랑의 희구 ③ 어떤 박탈이나 벌에 대한 두려움 ④ 분리에 대한 슬픔 등이다. 대부분 어린이나 미숙한 사람들에게서 뚜렷이 나타나는 '구순기'의 일견 모순되고 우스꽝스러운 증상들은 정서적인 경험을 이루는 내적 지각과 외적 지각 간 차이를 분별하는 데 실패하거나 분별할 능력이 없을 때 발생한다. (정신 신체 질환 환자의) 정서적 삶은 종종 '신체 내부적'이냐 '신체 외부적'이냐의 문제로 귀결되곤 한다. 이는 마치 정서적으로 '걸음마를 배운 적'

이 없는 것과 같다. 정신 신체 질병 환자의 경우 장기뇌와 언어뇌 사이에 직접적인 의사소통이 거의 없다고 볼 수 있다. 그래서 해마에 쌓인 정서적인 느낌들은 지성으로 넘겨져 평가되는 것 대신에 자율신경계를 통해 바로 표현된다.

그는 더 나아가 심리치료 초기 단계에 언어로써는 별로 성과를 보지 못할 것이며 심리치료사가 해야 할 가장 중요한 첫 번째 절차는 환자의 장기뇌에서 원인을 찾는 것이라고 제안한다.

장기뇌 가설을 발표한 지 3년이 지난 1952년, 맥클린은 장기뇌에 대한 새로운 명칭으로 '변연계(limbic system)'를 제안했다. 앞서 다뤘듯이 변연(limbic)이란 브로카가 내측 피질의 테두리 혹은 변경을 묘사한 데서 유래했으며 이후에 후뇌가 된다. 그러나 브로카와 대조적으로 맥클린은 구조가 아니라 기능을 염두에 두었다. 그리고 브로카의 변연 피질과 근처 피질까지 일괄하여 변연계라 하였다. 파페즈 회로의 영역들 외에 편도체(amygdala), 중격(septum), 전전두피질(prefrontal cortex) 같은 영역을 변연계에 포함시켰다. 그리고 변연계 구조는 계통발생적으로 초기 신경 발달을 이루는 부분으로서 개인과 종의 생존을 위해 통합된 방식으로, 다시 말해서 하나의 시스템으로 작동한다고 제안하였다. 이 시스템은 신체내부기능과 섭식, 방어, 공격, 생식을 포함하는 정서 행위를 매개하도록 진화되었다. 이는 한 개인의 육체적이고 정서적인 삶의 근저를 이룬다.

맥클린은 장기뇌/변연계 시스템 이론을 수년에 걸쳐 계속 발전시키고 확장시켰다. 1970년 그는 삼위일체의 뇌(triune brain) 이론을 선보였다. 맥클린에 의하면 전뇌는 진화적으로 파충류(reptilian), 선사포유류(paleomammalian), 신포유류(neomammalian)의 3단계를 거쳐 현재에 이르렀다. "세 가지 뇌 유형은 화학적 구조적으로 현격히 다르며 진화적 시기상으로 무한히 동떨어져 있지만 놀랄 만한 연결을 보인다. 소위 하나에 3개의 뇌가 있는 체계가 존재하며 나는 이를 간단히 삼위일체의 뇌라고 부르려 한다." 맥클린에 의하면 각 뇌 유형은 고유의 특별한 지능과 기억, 시공간 감각, 운동 및 기타 기능을 가지고 있다. 인간이나 다른 영장류 혹은 고등포유동물에게서는 세 개의 뇌 모두가 존재한다. 보다 낮은 수준의 포유동물은 신포유류 뇌가 없지만 선사포유류 뇌와 파충류 뇌를 가지고 있다. 기타 모든 척추동물(조류, 파충류, 양서류, 어류)은 단지 파충류 뇌만을 가진다. 모든 포유동물에게서 보이는 선사포유류 뇌가 본질적으로 변연계이다. 이와 같이 삼위일체 뇌이론은 변연계를 보다 넓은 진화적 맥락에 포함시켜서 다양한 단계의 복잡성을 지닌 행동과 정신적 기능을 설명하고자 하였다.

천국에서 생긴 문제

얼마나 그럴듯한 이야기인가. 맥클린의 원저를 읽다 보면 1952년에 왜 정서적인 뇌의 모든 문제들이 해결된 듯이 보였는지 쉽게 알 수 있다. 그 이론은 광범위하면서 뇌과학, 심리학, 정신의학의 최근 이슈들을 망라했고, 심지어 부상하고 있는 신경행동의 컴퓨터 모델링 개념까지 다루고 있었다. 이것은 놀라운 성과였다. 신경과학이론으로서 연구 영역이 이렇게 넓고, 함축하는 바가 이렇게 포괄적이고, 오래 지속된 것은 거의 없었다. 변연계 개념은 오늘날까지 정서적인 뇌의 주요 견해로 살아남았다. 신경해부학 교재들은 늘상 변연계의 구조적 체계와 기능에 대한 단원을 포함하고 있다. 이것은 모든 뇌과학자들의 마음 한구석에 자리 잡고 있는 개념이 되었다. 비전문적인 사전들은 이 용어를 표제어로 삼고 변연계를 정서를 매개하는 연결 회로로 묘사하고 있다.

불행히도 변연계가 정서적인 뇌를 구성한다는 개념은 여러 가지 이유로 받아들이기 힘들다. 그러나 그 이유를 설명하기 전에 나는 일단 정서의 본질과 정서 장애를 설명한 멋지고 통찰력 있는 맥클린의 견해를 변연계 이론으로부터 분리해 보고자 한다. 그는 정서가 발생하는 것으로 보이는 일반 경로를 개념화하는 엄청난 작업을 완수하였다. 현대의 인지적 혹은 사회적 구조 이론가들과 달리, 나는 정서의 뇌가 필수적으로 진화적 관점에서 고찰되어야 한다고 믿는 데서 맥클린과 의견을 같이 한다. 정서의 뇌와 언어의 뇌는 대등하게 작용하지만 다른 코드를 사용하고, 이 때문에 반드시 서로 의사소통이 가능한 것은 아니라는 그의 생각에 매우 동의한다. 그리고 어떤 정신병적 문제들은 정서뇌의 작용이 언어뇌로부터 독립적임을 나타내는 것일지도 모른다는 그의 개념도 적절하다고 본다. 그러나 이러한 주옥 같은 아이디어들은 나머지 변연계 이론과 분리되어야 할 필요가 있다.

변연계 이론은 일종의 국지화 이론이다. 이것은 정서가 뇌 어디에 존재하는지를 밝히려는 것이다. 그러나 맥클린이나 이후 변연계 이론의 열광자들은 뇌의 어느 부위가 실제로 변연계를 구성하는지 제대로 보여 주지 못했다.

변연계는 계통학적으로 오래된 피질 및 해부학적으로 그와 연관된 피질하 영역과 연관되어 있다고 맥클린은 말한다. 계통학적으로 오래된 피질 혹은 구피질이란 (진화적 관점에서) 매우 오래된 동물들이 가지고 있는 뇌이다. 비록 이러한 대부분의 동물들은 오래 전에 멸종되었지만 이들과 멀리 떨어진 후손에 해당하는 물고기, 양서류, 새, 그리고 파충류의 뇌를 들여다볼 수 있으며, 그들이 어떤 종류의 피질 영역을 가지고 있는지 또 최근에 진화한 인간 및 다른 포유류와 어떻게 다른지 조사해 보는 것이 가능하다. 따라서 금세기 초 해부학자들이 이 작업을 했을 때 하위종들은 단지 구피질에 해당하는 내측(medial) 피질만을 가지고 있었지만 포유류들은 내측 피질과 신피질에 해당하는 외측(lateral) 피질을 모두 가지고 있었다고 결론 내렸다.

이러한 진화 신경학적 논리는 오랫동안 그 위치를 잃지 않았고 헤릭, 파페즈, 맥클린 그 외 많은 학자들은 너무도 당연한 것처럼 이 관점을 받아들였다. 그러나 1970년 초 이 견해는 흔들리기 시작했다. 카르텐(Karten, H.)과 노스컷(Northcutt, G.) 같은 해부학자들은 소위 원시 동물에게도 신피질의 구조적, 기능적 기준에 부합하는 영역이 있었음을 밝히고 있다. 다만 이 피질 영역이 포유류들의 피질과 같은 바로 그 자리에 있지 않았기 때문에 그것들이 실제로 동질의 구조라고 말할 수 있을 것인가에 대해 혼동이 있었을 뿐이었다. 이 발견의 결과로 포유류 피질의 몇몇 부위가 다른 부분보다 더 오래 되었다고 말하는 것은 더 이상 가능하지 않게 되었다. 그리고 한 번 구피질과 신피질 사이의 차이가 무너지자 포유류의 뇌 진화라는 개념이 엉망이 되고 말았다. 결과적으로 변연엽, 후뇌, 장기뇌, 그리고 변연계 개념이 의심스러워졌다.

또 다른 견해는 변연계가 시상하부와의 연결성에 기초하여 설명될 수 있을지도 모른다는 것이다. 사실 맥클린이 애초에 내측 피질에 착안한 것도 이 아이디어에서 기인했다. 그러나 보다 새롭고 세련된 방법에 의해 시상하부는 신피질을 포함하여 모든 수준의 신경계와 연결되어 있다는 것이 밝혀졌다. 시상하부와의 연계성을 근거로 한 설명은 변연계 개념을 뇌 전체로 확장한 것이므로 우리에게는 별로 도움이 되지 않는다.

맥클린은 또한 신체 기능에 관여한다는 것을 기준으로 변연계의 실체를 파악할 수 있다고 제안했다. 비록 전통적으로 변연계에 포함된 몇 부위가 자율신경계의 조절 기능에 기여하는 것은 사실이지만 다른 영역, 예를 들어 해마는 자율적이고 정서적인 기능보다는 상대적으로 인지기능에 더 관여한다고 보는 것이 오늘날의 관점이다. 그리고 신체의 자율 기능에 관여하는 실질적인 중심 영역은 아무도 변연계에 포함시키지 않는 다른 영역(특히 뇌간에 있는 부위)들이다. 따라서 신체적 조절에의 관여 여부는 변연계를 확인하는 데는 빈약한 단서이다.

정서적 기능에의 관여는 분명 변연계를 찾아보는 또 다른 방식이다. 만약 변연계가 정서 시스템이라면, 어떤 뇌 부위가 정서와 연관되는지를 밝혀내는 것 자체가 변연계의 위치를 우리에게 말해 줄 수 있어야 한다. 그러나 이것은 거꾸로 추론하는 것이다. 변연계 이론의 목표는 뇌 구조의 진화에 대해 어느 정도 알고 있다고 할 때 정서가 뇌의 어디에 위치하는지를 밝혀내는 것이다. 변연계를 찾기 위하여 정서 연구를 사용하는 것은 이 논리를 뒤집는 것이다. 정서 연구는 정서 시스템이 뇌 어디에 있는지를 말할 수 있는 것이지 변연계가 어디에 있는지를 말하는 것이 아니다. 변연계는 존재하거나 존재하지 않거나 둘 중 하나일 것이다. 그것이 어디에 있는지 알 만한 독립적 기준이 없는 연유로 나의 경우 그것은 존재하지 않는다고 말하고자 한다.

그러나 변연계를 정의하기 위해 정서 연구를 이용하는 문제를 조금만 더 고려해 보자. 맥클린은 변연계란 원시적 정서 기능에 관여하며 고차원적 사고 과정에는 관여하지 않을 것이라고 제안해 왔다. 앞으로 더 자세히 살펴보겠지만 최근 연구에 의하면 이 견해는 문제가 있다. 예를 들어, 해마나 파페즈 회로의 유두체와 전측 시상 같은 부위를 손상시키면 정서 기능에 미치는 영향은 상대적으로 미미하지만 의식적인 기억 혹은 선언적 기억(declarative memory)에는 심각한 장애를 유발한다. 선언적 기억이란 당신이 몇 분 전에 한 일을 알고 그 정보를 저장하며 이후에 끄집어 내어 당신이 기억하는 바를 언어적으로 묘사할 수 있는 능력이다. 이것은 분명히 맥클린이 제안한 장기뇌와 변연계는 관여하지 않아야 하는 그런 과정이다. 변연계를 무어라고 정의하든 간에 이 시스템이 정서에는 별 관여를 하지 않고 오히려 인지기능에 관여하는 것이 분명한 이상 이를 정서뇌라고 부르기엔 무리가 있다.

그러면 어떻게 정서의 변연계 이론은 그 존재 자체나 정서와의 관련성에 대한 증거도 변변치 않으면서 그렇게 오래 살아남았을까? 생각해 볼 수 있는 이유는 많지만 그중 두 가지가 특별히 설득력 있어 보인다. 한 가지는 비록 개략적이지만 변연계란 용어가 시상하부와 신피질이라는, 전뇌를 구성하는 가장 하등한 영역과 고등한 영역 사이의 임자 없는 영역를 지칭하는 유용한 단어라는 것이다. 그러나 과학자는 엄정해야 한다. 변연계란 용어는 구조적 지칭어로 쓰일 때에도 애매모호한 점이 있으며 검증되지 않은 기능적(정서적) 의미를 함축하고 있다. 이러한 용어는 사용하지 않아야 한다.

정서의 변연계 이론이 살아남은 것에 대한 또 다른 설명은 이것이 전적으로 틀리지는 않다는 것이다. 변연계 영역의 일부는 정서기능에 관련되어 있다. 변연계가 빈틈 없이 꽉 찬 포장상자 개념이기 때문에(비록 뇌에서는 빈틈 없고 완벽히 짜인 시스템이 아니지만), 변연계의 한 영역이 정서작용에 연루된다는 증거는 변연계 전체가 정서에 연루된다는 생각을 정당화하도록 종종 일반화되어 왔다. 같은 논리에 의해 변연계의 한 영역이 한 정서과정과 관련된다는 증명은 전 정서과정으로 일반화된다. 이렇게 논리적으로 엉성한 연관 관계를 통해, 특정 변연계 영역이 어떤 특정한 정서작용과 관련된다는 결과는 변연계가 정서의 뇌라고 하는 잘못된 개념의 증거인 것처럼 사용되곤 했다.

앞서의 다른 이론들과 마찬가지로 정서의 뇌에 관한 변연계 이론은 모든 정서에 똑같이 적용되는 것이었다. 이것은 감정이 어떻게 뇌에서 나오는가에 대한 총체적 이론이다. 이 총체적 이론은 한 특정한 기능적 가설에 기초하고 있다. 그 가설이란 외부 세계에 대한 정보가 신체 내부에서 일어나는 감각과 통합될 때 감정을 경험하게 된다는 것이다. 총체적인 변연계 개념이 상당히 많은 연구자와 이론가에게 받아들여지는 동안, 애초에 맥클린으로 하여금 정서의 일반론에 이르게 하는 단서를 제공했던 내·외적 감각의 통합에 관한 특정한 가설은 점차 쇠약해졌다. 뇌는 변연계를 가지고 있으며 우리의 정서는 이 시스템으로부터 나온다고 하는 이 총체적 이론은 그 개념적 기원으로부터 독립하여 생명을 가지고 살아남았고 큰 성공을 거두었다. 심지어는 고전적인 변연계 영역이 정서를 전담한다는 것이 어불성설이라는 증거가 계속해서 나오고 있음에도 그 이론은 유지되었다. 그러한 관점이 암시하는 것은 정서란 마음의 한 가지 독립된 기능이며 하나의 통합된 뇌 체계가 진화하여 이 기능을 조절한다는 것이다. 이 견해가 맞을 수도 있겠지만 증거는 미미하다. 정서의 뇌에 관한 새로운 이론이 필요하다.

맥클린이 이루어 낸 중요한 통찰 중 하나는 정서를 이해하기 위해서 뇌의 진화적 측면을 강조한 것이다. 그는 정서가 개인 및 종족의 생존에 관계된 뇌 기제라고 보았다. 지금에 와서 돌이켜 보면 그의 실수는 진화의 역사와 정서의 뇌를 통째로 묶어서 한 시스템으로 포장한 것이라 생각된다. 내 의견으로는 정서적 진화에 관한 그의 논리는 완벽했다. 다만 그는 이것을 너무 넓게 적용하였다. 정서는 그의 주장대로 생존에 필요한 기능이다. 하지만 여러 다양한 정서들은 각기 다른 방식으로 생존에 기여한다. 위험으르부터 방어하기, 먹을 것과 배우자를 찾기, 자식을 돌보기 등 이들 각각의 정서에 해당하는 뇌 시스템들이 있을 것이고 그들은 서로 다른 목적을 위해 진화해 왔다. 결과적으로 뇌에는 단지 하나가 아니라 여러 가지 정서 시스템들이 있을 수 있다는 것이다.

CHAPTER 4 | 주

1) 미국의 영화감독이다. 현대인의 이중적인 삶을 날카롭게 파헤치는 현실 풍자적인 영화로 유명하다. 그런데 그렇다면 우디 앨런이 첫 번째로 좋아하는 기관은 뭘까? 역주
2) 갈은 골상학의 아버지라고 널리 알려져 있다. 그러나 로젠쯔바이그(Rosenzweig,, M.)에 의하면 갈은 그의 이론을 기관학(organology)라고 불렀고, 이후에 그의 제자들이 골상학이라고 불렀다고 한다.
3) 하지만 아직도 이 견해에 반대하는 입장이 있다. John(1972)와 Freeman(1994)이 그 예이다.
4) 피질 손상에 의한 시각 손실은 피질 시각 손실(cortical blindness)이라고 불린다. 그러나 피질 손상으로 맹인이 된 사람들은 여전히 의식을 넘어선 기본적인 시지각 능력을 가지고 있다. 따라서 그들은 그들 앞에 있는 자극 쪽으로 향할 수는 있지만 이것을 보았다고는 말하지 못한다. 더 많은 정보를 원한다면 Weiskrantz(1988)의 연구를 보라.
5) 동물 실험은 상세한 정보를 주고, 심리학적 기능하에 놓인 기초 신경 시스템을 설명하는 데 유용하다. 인간의 발견은 전통적으로 주의깊은 실험보다는 자연적으로 일어난 사고에 의해 이루어지는 경우

가 많았다. 그러나 이제, 뇌 밖에서 뇌의 활동을 관찰할 수 있게 하는 새로운 이미징 기법들은 인간 뇌기능에 대한 자세한 연구를 수행하는 새로운 방법들을 제시하고 있다(이미징 기법을 이용한 연구들은 9장에 소개되어 있다). 아쉽게도 이런 연구들을 통한 발견들은 뇌 활동과 심리적 상태들 간의 상관관계를 보여 주긴 하지만 실제로 그 활동이 그 심리적 상태를 일으켰다는 인과관계를 증명하지는 않는다. 동물 연구로부터 기본적인 뇌기능을 확실히 이해하였을 때에만 이미징에서 얻어진 발견을 올바로 해석할 수 있다.

6) 공수병 바이러스를 가진 너구리 등 야생동물이 개에게 이 바이러스를 전염시키고 이 개가 다시 사람에게 상처를 입히면서 생긴다. 목의 근육을 파괴해 물이나 음식물을 삼킬 때 고통을 주기 때문에 물 마시는 일을 두렵게 만든다고 해서 공수병이라는 이름이 붙었다.

7) Psychosomatic disease 정신적인 원인. 예를 들면, 스트레스에 의해 배가 아프거나 눈이 보이지 않는다든지 하는 신체적인 증상이 나타나는 경우를 일컫는다.

05 그 옛날의 모습들[1)]

"인간이 지닌 정교함… 그것만으로는 자연이 창조한 것보다 더 아름답고, 간결하면서도, 직설적인 발명을 고안할 수 없다."

–레오나르도 다빈치의 습작 중에서 (1508~1518)

공학자들이 어떠한 기계를 설계하고자 할 때, 그들은 먼저 그 기계가 수행할 기능을 고려하고, 그 작업을 할 수 있는 기계를 어떻게 만들지 생각한다. 그러나 생물학적인 기계들은 그처럼 공학자들의 세심한 계획에 의해 고안된 것은 아니다. 일례로 우리가 생각할 수 있는 (혹은 상상조차 못할 만큼) 가장 복잡 미묘한 기계인 인간의 뇌는 사전에 설계된 것이 아니다. 그것은 매우 오랜 기간에 걸쳐 다양하면서도 미묘한 변화들을 일으켜 온 서투른 진화 과정의 산물이다.

굴드에 의하면, 유기체는 마치 골드버그(Goldberg, R.)[2] 장치들처럼 제대로 작동하지 않는 임시변통의 땜질과 부분적 해결책들로 가득하지만 결국 어떻게 해서든지 굴러간다. 진화는 처음부터 새로 만드는 과정을 거치기보다는 현재 가용한 자원을 가지고 작동한다. 진화 생물학자 도킨스(Dawkins, R.)가 지적한 바와 같이 단기적 관점에서 그것은 극도로 비효율적이다. 마치 현존하는 가솔린 엔진을 변형하여, 최초의 제트 엔진을 만들려 하는 어리석음과 같다. 그러나 진화의 뜯어 맞추기식 전략은 엄청난 세월을 거쳐 진행되는 덕분에 그럭저럭 잘 돌아가고 있다. 게다가 그것 말고 다른 대안은 없다.

뇌가 어떻게 작동하는지 규명해 내는 문제는 언어학자 핑커(Pinker, S.)의 표현에 의하면 '역 엔지니어링'이다. 우리에게 뇌라고 하는 완성품이 주어져 있고, 그것이 어떻게 기능하는지 알기 원한다. 우리는 뇌라는 장치가 진화에 의해 어떻게 조립되어져 왔는지 알 수 있으리라는 희망을 가지고 뇌를 요모조모 뜯어본다.

우리는 뇌가 마치 어떠한 기능을 가지는 것처럼 이야기하곤 하지만, 사실 뇌 전체가 어떠한 기능을 가지는 것은 아니다. 뇌는 모듈이라 일컬어지는 각각 다른 기능들을 갖고 있는 시스템들의 집합이다. 이들 모든 시스템의 기능들이 합쳐진 것을 하나의 기능으로 일컫는다면 그것을 뇌기능이라 하겠다.

진화는 뇌 전체에 작용한다기보다는 개별 모듈과 그것들의 기능에 각각 작용하는 경향이 있다. 예를 들면, 새들이 노래하는 법을 배우는 것과 동물들이 먹이의 위치를 기억하는 것, 인간에 있어서 남녀의 차이, 오른손 혹은 왼손잡이의 여부, 언어 기술들과 같은 종 특징적 학습 능력들이 특정한 뇌 적응의 실제적 증거들이다. 때때로 전체적인 뇌 크기의 증가와 같이 광범위하게 영향을 미치기도 하지만 대부분의 경우 진화적 변화들은 각각의 모듈 수준에서 나타난다. 이러한 모듈에 있어서의 진화는 사고나 신념과 같은 정신적인 독특함을 만들어 내기도 하지만 호흡과 같은 매우 초보적인 활동에도 관여한다. 신념이라는 능력의 진화적 발달은 우리가 호흡을 더 잘 할 수 있도록 돕는 것과는 대체로 무관하나, 반드시 그런 것도 아니다.

'무언가를 믿기' 와 '호흡하기' 가 확연히 다른 기능들이며, 뇌의 명백히 다른 영역들이 각각의 기능을 주관한다는 것은 주지의 사실이다. 호흡 기능은 뇌라고 하는 건축물의 가장 밑바닥 지하실에 자리 잡고 있는 기관실에 해당하는 연수(medulla oblongata)가 담당하는 한편, 신념과 같은 고도의 인지적 기능들은 호텔의 꼭대기층 특실에 비유할 수 있는 대뇌의 신피질 영역이 담당한다. 이처럼 너무 다른 두 기능의 비교는 그다지 흥미롭지 않다.

그러므로 우리는 여러 종류의 정서들과 같이, 서로 좀 더 연관이 있는 기능들에 대해 생각해 보기로 하자. 위험을 탐지하고 그것에 대처하는 우리의 능력에 있어서의 변화가 우리의 연애 생활에 도움을 줄 수 있는가? 혹은 분노나 우울과 같은 정서를 덜 느끼도록 도울 수 있는가? 만일 우리의 뇌가 모든 종류의 정서에 관여하고 그것들을 조절하는 총괄적인 정서 시스템을 갖고 있다면 이러한 일들이 가능할 것이다. 이러한 경우 정서 시스템에서 일반적인 변화가 일어난다면 모든 종류의 정서들에 영향을 주게 될 것이다. 기분이 좋다거나 나쁘다고 느끼는 능력이 우리 조상들의 생존에 어떠한 이익을 가져다주었으며 이에 따라 왜 다목적 정서 시스템이 진화하게 되었는지에 관한 설명을 만들어 내는 것은 어렵지 않다. 그러나 앞서 살펴보았듯이 두뇌에 있어서 단일하고 총괄적인 정서 시스템을 찾아내려는 노력들은 그리 성공적이지 못했다. 물론 그러한 시스템이 존재함에도 불구하고 연구자들이 아직 미숙하여 그것을 찾아내지 못한 것 뿐일 수 있지만 내 생각은 다르다. 그런 노력들이 성공적이지 못한 이유는 확실히 그것이 존재하지 않기 때문일 것이다. 서로 다른 정서는 각각 서로 다른 뇌의 회로망이나 모듈에 의해서 조정되며, 특정 회로망에 있어서의 진화적 변화는 다른 영역에 직접적인 영향을 미치지 않는다. 물론 간접적인 영향은 미칠 수 있다. 위험을 탐지하고 그것을 방어하는 능력이 향상됨으로써 한 개체는 로맨틱한 관심에 더 많은 시간과 자원을 배분할 수 있을 것이다. 그러나 이것은 다목적 정서 시스템이 존재한다는 주장과는 전혀 다른 이야기이다.

만일 내 주장이 옳다면 뇌로부터 어떻게 정서가 산출되는지를 이해하기 위한 유일한 방법은 한 번에 하나씩 정서를 연구하는 것이다. 만일 다양한 정서 시스템이 존재함에도 불구하고 우리가 그러한 다양성을 무시한다면 뇌와 정서에 관한 비밀을 이해하는 일은 더욱 요원할 것이다. 만일 나의 관점이 틀렸다고 하더라도 우리의 접근방식으로 인해 잃을 것은 없다. 우리는 공포, 분노, 혐오, 그리고 즐거움에 관한 연구들을 언제라도 다시 통합할 수 있기 때문이다.

이러한 연유로 뇌의 정서에 대한 나의 연구는 한 특정 정서에 초점을 맞추고 있다. 공포, 그리고 공포의 다양한 변신들에 관해서이다.

이 책의 나머지 부분들은 대부분 공포에 관한 뇌의 메커니즘에 대해, 특히 동물의 공포행동 연구로부터 얻어진 지식에 대해 우리가 알고 있는 바를 설명하는 데에 목적이 있고, 아울러 이러한 지식들이 우리가 보다 광범위한 차원의 정서(특히, 인간의 정서)를 이해하는 데에 어느 정도 도움이 될 것인지를 가늠해 볼 것이다. 우선 여러분들에게 동물의 공포행동에 관한 연구가 좋은 출발점이 될 수 있다는 확신을 심어 줄 것이다. 이에 앞서 정서의 진화에 관한 몇 가지 주장들과 그에 대한 반론들을 살피게 될 것이며, 어느 정도가 균형적인 시각인지 나의 관점을 제시하려 한다.

변하느냐 마느냐, 그것이 (진화의)문제로다

언어와 같은 몇몇 마음의 기능들에 관하여 진화이론가들이 직면하는 문제는 인간이 어떻게 그러한 기능을 갖추게 되었는지를 이해하는 것이다. 현존하는 종들 중 유일하게 우리 인간에게 생득적 언어가 주어졌다. 그러므로 중대한 문제는 언어가 무엇으로부터 진화했는가 하는 것이다. 말하지 못하는 영장류에서 말하는 영장류로의 뇌 진화 과정에 있어서 중간적 단계는 과연 어떠한 것인가?

그러나 정서를 다룸에 있어서 우리는 또 다른 문제에 직면하게 된다. 몇몇 인문주의자들의 견해와 달리 나는 정서가 인간만의 전유물이 아니라고 믿으며, 사실 인간 두뇌의 정서 시스템 중 일부는 포유류와 파충류, 조류, 양서류, 어류 등을 포함하는 척추동물의 그것과 본질적으로 동일하다. 만일 이것이 사실이라면 우리의 우선적인 과제는 진화언어학자들의 그것과는 많이 다르다. 타 동물과 구별되는 인간 정서의 독특한 측면을 밝히려 노력하기보다는, 진화 과정에서 수많은 다른 뇌기능과 신체 특징들에 변화가 있어왔음에도 불구하고 어떻게 정서적 기능이 고집스럽게 종간의 유사성을 확보해 왔는지를 살펴보아야 할 것이다.

만일 사람에게 날개가 있다면, 제임스는 곰으로부터 도망치는 행위와 관련된 그의 유명한 비유를 '달아나다' 대신에 '날아가다' 로 표현했을 것이다. 아마도 이렇게 물었을 것이다. '곰으로부터의 위협이 무서워서 날아가는 것인가 아니면 날아가기 때문에 무서운 것인가' 이처럼 다른 용어로 표현된다고 해서 그 물음이 본래의 의미를 잃지는 않는다. 위험으로부터 도망하는 것은 모든 동물들이 생존을 위해 반드시 해야 하는 것이다. 시를 쓴다거나 복잡한 방정식을 푸는 것 등과 같이 인간에게만 국한된 특징적 행동들은 우리의 존재를 위협하는 상황에 직면해서 나타나는 행위와는 별 관련이 없다. 중요한 것은 뇌가 위험을 탐지하고 그에 대해 신속하고 적절하게 대응하기 위한 메커니즘을 가지고 있다는 것이다. 특징적인 행동들은 종에 따라 고유한 형태로 표출(달리기, 날기, 수영하기)되지만 그러한 반응에 내재된 뇌의 기능적 측면은 동일하다. 위험으로부터 개체를 보호한다. 이것은 인간이란 동물에서부터 미끈미끈한 파충류에 이르기까지 적용되는 사실이다. 그리고 우리가 보게 될 것처럼 진화는 이러한 잘 만들어진 뇌의 기능들을 오랫동안 보존해 왔다.

정서의 대물림

플라톤이 열정이란 인간의 몸으로부터 이탈하고자 몸부림치는 야수라고 말했듯이, 인간과 다른 피조물들 간에 공유되는 정서들이 존재한다는 인식은 매우 오래 전부터 이어져 내려온 것이다. 그러나 인간을 비롯한 많은 종들이 공유하는 마음과 행동의 여러 측면들에 대해 제기되었던, '왜' 혹은 '어떻게' 라는 식의 의문들은 다윈(Darwin, C.)이 19세기에 자연선택에 따른 진화의 이론을 착안하기 전까지는 완전히 베일에 가려져 있었다.

다윈은 자신을 둘러싼 주변의 삶을 돌아봄으로써 아이디어를 얻었다. 그는 자녀들이 부모를 닮지만 완전히 같지 않다는 사실에 주목하였다. 그리고 그는 부모 대의 가축들을 적절히 교배함으로써 자손 대에 특정 형질을 발현할 수 있다는 사실에 매혹되었다. 부모를 미리 계획적으로 선택함으로써 젖소는 더 많은 우유를 생산할 수 있고, 말은 더 빨리 달릴 수 있다. 다윈은 자연발생적으로 그와 유사한 기제가 작동한다고 추론하였다. 다윈은 이러한 관찰들에 힘입어 갈라파고스 제도로의 유명한 항해를 떠났고, 유전성과 변이를 통해 '변화를 동반한 대물림' 이 일어난다고 제안하였다.

굴드에 따르면, 다윈은 자연선택의 개념을 기술하기 위해 '진화(evolution)' 란 용어를 쓰지 않았다. 당시에 진화란 용어는 두 가지 함의를 가지고 있었는데, 둘 모두 다윈의 이론에 잘 들어맞지 않았다. 당시의 정의에 따르면 진화는 배아가 정자와 난자에 의해 둘러싸여 있는 초소형 인간(homunculus)으로부터 자라난다는 의미(마치 아담과 이브의 축소형이 보존되어 있는 것처럼)를 함유하고 있었다. 통속적으로는 이상을 향한 일관적인 진보라는 뜻으로 쓰이기도 하였다. 다윈에 의하면 아메바와 같은 소위 하등한 생명체라고 하는 것들도 인간과 마찬가지로 환경에 적응할 수 있는 능력을 가지고 있다. 달리 말하면 인간이 반드시 다른 동물들보다 진화적으로 이상에 가깝다고 할 수만은 없다는 것이다. '변화를 동반한 대물림' 이란 다윈의 개념을 우리가 오늘날 사용하는 '진화' 라는 매력적인 용어로 대치한 인물은 다윈과 동시대를 살았던 스펜서(Spencer, H.)라는 영국의 철학자였다.

다윈의 자연선택이론을 대강 설명하자면 다음과 같다. 어떤 종의 생존에 유용한 특질들은 오랜 기간에 걸쳐 보존된다. 바꾸어 말하면 현재 어느 종이 가지고 있는 특성들은 그것들이 먼 선조들의 생존에 공헌하였기 때문에 존재한다는 것이다. 먹이의 공급은 언제나 제한되어 있기 때문에 태어난 모든 개체들이 생식과 번식이 가능한 시점까지 생존하는 것은 아니다. 덜 적응적인 개체들은 마치 잡초와 같이 제거되고, 보다 적응적인 개체들이 생존하여 그들의 적응에 도움이 되었던 특질들을 자손에게 전달하게 된다. 그러나 환경에는 지속적으로 변화가 일어나고, 그에 따라 새로운 특질들이 생존에 유리하게 작용하게 되면 그 특질들이 자연으로부터 선택된다. 이런 식으로 해서 적응을 이뤄낸 종은 생존하고 그렇지 않은 종은 멸종한다.

다윈의 이론은 종의 물리적 특성들의 진화에 국한된 것으로 받아들여졌다. 그러나 다윈은 종의 물리적 특성뿐만 아니라 마음과 행동도 자연선택에 의해 조형될 수 있다고 주장했다. 행동 생물학자인 굴드가 이러한 측면을 강력히 시사한다.

> 진화에 대한 다윈의 혁명적인 통찰은… 동물이 처한 환경과 그 동물의 행동 간의 떼려야 뗄 수 없는 연결을 설명하는 최초의 이론이다. 그의 자연선택 이론은 왜 각각의 동물들이 얼핏 보기에 납득이 가지 않는 본능적 행동을 발달시켜 왔는지에 대한 설명을 제공한다. 예를 들어, 말벌은 자신이 죽은 후에 비로소 태어날 유충을 위해 자신이 평소 먹지 않았던 먹이를 모은다. 다윈은 자연선택이 후손을 가장 많이 남기는 동물을 선호한다고 가정하였다. 제한된 먹이를 놓고 벌인 수많은 세대에 걸친 투쟁의 결과, 살아남은 생존자들은 형태적으로, 행동적으로, 전보다 더욱 환경에 완벽하게 적응하여야 했다. … 말벌의 먹이수

> 집처럼 주의 깊게 프로그램된 행동들은 생존경쟁에 처한 종에게 매우 엄청난 이점을 제공한다.

그의 저서 '인간과 동물의 정서 표현' 에서 다윈은 "인간과 하등동물들에서 보이는 주된 정서 표현 행동들은 선천적이고 유전된 것이다. 즉, 각 개체가 일일이 학습한 것이 아니다."라고 주장했다. 그는 정서의 선천성에 대한 증거로 종 내의 혹은 종 간의 정서 표현에서 나타나는 유사성을 지목했다. 다윈은 특히 인간의 신체적 정서 표현(특히, 안면에서 나타나는)이 인종이나 문화적 배경에 상관없이 유사한 형태를 띤다는 사실을 매우 인상 깊게 받아들였다. 그는 또한 선천적인 시각장애로 인해 다른 사람의 안면근육 움직임을 보고 학습할 수 있는 기회를 박탈당한 사람들과 모방을 통한 정서 표현 학습의 기회가 극히 적었던 유아들에게서도 동일한 유형의 정서 표현이 나타나는 현상에 주목하였다.

다윈은 서로 다른 종들에서 나타나는 유사한 신체적 표현의 사례들을 수집하였다. 비록 극적인 유사성은 주로 진화적으로 근접한 종들 사이에서 나타나지만, 진화적으로 그다지 가깝지 않은 종들에게서도 일부 놀라울 정도의 유사성이 있음을 밝혀냈다. 그는 인간을 포함한 다양한 동물들이 극도의 위험에 처했을 때, 공통적으로 배변행동을 한다는 것을 지적했다. 그리고 많은 동물들이 위험한 상황에서—아마도 더 사납게 보이기 위해서일 텐데—털을 곧추세운다. 다윈에 의하면 털을 세우는 행동은 개, 사자, 하이에나, 소, 돼지, 영양, 말, 고양이, 설치류, 박쥐 등 여러 동물들에서 나타나는 가장 일반적인 형태의 정서 표현이다.

다윈은 우리의 포유류 사촌들에게서 나타나는 극적인 털 세우기 반응이 인간에게 있어서는 닭살 돋기와 같은 완곡한 형태로 흔적처럼 남아 있다고 말했다. 그는 분노와 공포 극면에서 인간의 가늘고 듬성듬성한 체모들도, 모피가 잘 발달된 동물들에게서 나타나는 것과 유사한 털 세우기 반응을 보인다고 지적했다. 또한 그는 브루투스(Brutus)가 시저(Caesar)의 혼령에게 말한 대사를 인용하여 "그것은 내 피를 서늘하게 하고 내 머리칼을 서게 한다." 인간의 경우 머리털로 잘 덮여져 있는 두피 부위에서 털 세우기 반응이 나타난다고 주장하였다.

다윈은 서로 다른 종들이 공유하고 있는 유사한 형태의 정서 표현의 예들을 많이 제시하였다. 예를 들면, 그는 화가 난 사람에게서 나타나는 '이빨을 드러내고 으르렁거리는 행동'을 다른 동물들의 유사한 행동과 동일한 것으로 보았다. 이해를 돕기 위해 그는 다시금 문학작품의 일부를 인용한다. 그 부분은 디킨스(Dickens, C.)의 소설 올리버 트위스트 중에서 잔인한 살인마가 런던의 거리에서 붙잡히는 장면을 목격한 군중들의 격노하는 모습을 묘사한 대목이다. "그들은 앞사람의 어깨너머로 뛰어 오르며, 마치 성난 야수처럼 그를 잡아먹을 듯이 이빨을 드러내고 으르렁거렸다." 다윈은 계속해서, "아이들을 많이 돌본 경험이 있는 사람이라면 누구나 아이들이 흥분하였을 때, 너무나도 자연스럽게 물어뜯는 행동을 표출한다는 것을 목격했을 것이다. 이것은 마치 알에서 부화하자마자 턱을 여닫는 어린 악어와 같은 형태의 본능이 아이들에게도 있음을 시사한다."고 쓰고 있다. 그는 또한 인간의 정신병에 관한 전문가였고, 후에 그의 이름을 따서 런던에 모즐리 병원이 생길 만큼 유명한 의사였던 모즐리(Maudsley) 박사가 제기한 의문들을 인용했다. 모즐리는 이러한 질문을 던진다. "왜 정신병 환자들의 일부에게서 이를 드러내고 심하게 으르렁거리는 행동, 파괴적인 기질, 음란한 언사, 고성방가, 공격적인 행동들이 나타나는가? 만일 인간의 내면에 야수적 본성이 내재한다는 사실을 부정한다면, 어떻게 이성을 잃은 사람들이 보여 주는 야수적 행동들을 설명할 수 있겠는가?" 모즐리의 이러한 주장을 다윈도 긍정적으로 받아들였다.

다윈은 정서 표현이 개인들 간의 의사소통을 매개하는 중요한 기능을 한다고 보았다. 정서 표현은 한 개체가 어떠한 정서적 국면에 처해 있는지를 다른 개체들에게 알려 준다. 혐오스러운 소리를 방출하는 것과 신체의 일부를 확대시키는 행위들(번쩍이는 깃털, 지느러미나 가시를 펼치는 행동, 몸체 부풀리기, 그리고 몸의 털 곧추세우기)은 동물의 왕국에서 적의 공격 의지를 꺾으려는 의도로 사용된다. 소리, 냄새, 여러 종류의 체위, 그리고 가리워진 몸의 일부나 색깔을 드러내는 등의 행동은 성적 수궁의 신호 역할을 한다. 소리신호들은 또한 다른 개체들에게 가까이에 위험요인이 있음을 경고할 때에도 쓰인다. 이러한 신호들 모두가 어느 정도까지는 인간에게도 관련이 있지만, 다윈은 아래 인용한 글에서 그중에서도 인간에게 특히 중요한 정서 표현들을 소개하고 있다.

> 인간의 안면과 신체의 정서 표현은 기원이야 어떻든 간에, 우리 삶의 복리와 관련하여 매우 중요하다. 갓 태어난 아기와 엄마 사이의 의사소통을 가능하게 해 주는 것도 정서 표현이다. 웃음은 아이가 하고 있는 행동이 원하는 방향으로 가고 있다는 긍정과 승인의 의미를 지니며, 찌푸리는 표정은 반대의 의미를 지닌다. 우리는 타인의 정서 표현을 통해 어렵지 않게 그가 공감하고 있음을 느낄 수 있다 그로 인해 우리의 괴로움은 완화되고, 즐거운 감정은 증폭된다. 따라서 상호 간에 좋은 감정이 강화된다. 정서 표현은 우리가 주고받는 말에 생동감과 에너지를 부여한다. 인간의 언어는 왜곡될 소지가 있으나, 정서 표현

에 주목함으로써 우리는 상대방의 본심과 의도를 보다 정확히 알 수 있다.

백문이 불여일견이라는 말처럼 몸짓으로 표현되는 신호들은 매우 귀중한 정서적 의사소통의 도구이다.

다윈은 비록 정서 표현이 때로는 의지에 의해 조절될 수 있지만, 대부분의 경우 그것은 의지에 의해 통제되지 않는 불수의적 행동이라고 주장하였다. 그는 억지 웃음과 자연스러운 웃음을 구별해 내기란 어렵지 않다고 지적하면서, 자연스럽게 표출되는 정서반응을 억지로 하게 할 때 이것이 얼마나 어려운 일인가를 자신의 경험을 예로 들어 진술한다. "나는 런던 동물원의 아프리카 산 독사 우리 유리벽에 얼굴을 대고, 만일 뱀이 유리벽을 치더라도 절대 뒤로 물러서지 말자고 다짐

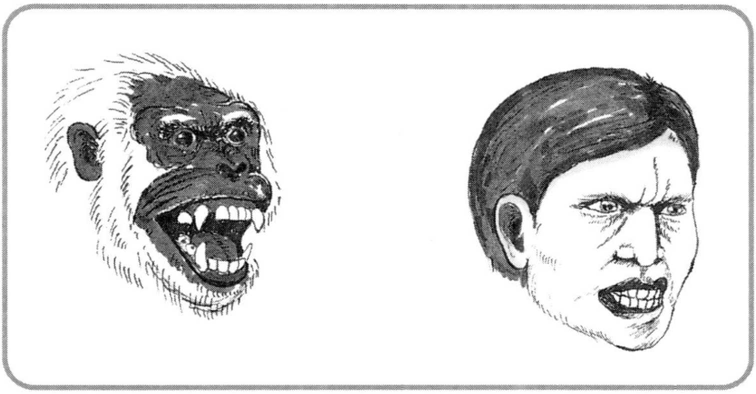

[그림 5-1] 인간과 동물 간의 안면정서 표현의 유사성

어떤 종류의 정서들은 인간과 다른 동물들에게서 유사하게 나타난다. 여기에 제시된 두 그림은 화가 난 인간과 침팬지의 얼굴 표정을 묘사한 것이다. 인간과 침팬지 모두 화가 나면, 째려보고 입술을 당겨서 입을 살짝 벌리게 되며 치아가 노출된다. (에크만(Ekman, P.). 다윈과 얼굴표정. New York: Academic Press.)

을 했다. 그러나 뱀이 유리벽을 치자마자 내 결심은 간 곳 없고, 나는 놀라울 정도로 재빨리 1야드 정도를 뒤로 뛰어서 물러났다. 처음 경험하는 위협적인 광경 앞에 나의 의지와 이성은 무기력하게 무너졌다."

다윈은 여러 일반적인 내적 정서들 중 어떤 것들은 다른 것들에 비해 진화적으로 더 오랜 역사를 지녔을 것으로 추정하였다. 그는 우리의 먼 선조들도 오늘날의 우리와 비슷한 방식으로 공포와 분노를 표현하였으리라고 주장했다. 반면에 슬픔이나 불안을 야기하는 심적 괴로움은 호모사피엔스에 국한하여 느낄 수 있는 감정일 것이라 생각했다. 그러나 다윈은 이처럼 정서의 근원을 따지고 그로부터 여러 정서들을 시간적으로 배열하려는 시도가 함정이 될 수 있음을 알고 다음과 같이 경고했다. "우리가 지금 표출하는 다양한 정서 표현들이 언제부터 우리 선조들에게 성공적으로 나타나기 시작했는가 하는 문제는 분명 호기심을 자극하는 연구 분야지만 사실 공허한 추론에 불과하다."

원초적 본능[3)]

오늘날의 많은 이론가들이 몇몇 본능적인 기본정서들을 강조한다는 점에서 다윈의 전통을 따르고 있다. 많은 연구자들은 서로 다른 문화권에서 공히 관찰되는 보편적 얼굴표정에 근거하여 기본적인 정서들을 규정한다. 다윈의 시대에는 정서 표현의 보편성에 관한 주장이 그리 엄격하지 않은 관찰에 근거한 것이었지만, 오늘날의 연구자들은 일부 정서들이 보편적인 방식으로 표현된다는 사실을 과학적인 방법으로 입증하기 위해 세계 구석구석으로 연구를 확대하고 있다. 이러한 방식으로 얻은 증거를 토대로, 톰킨스(Tomkins, S.)는 놀람, 흥미, 즐거움, 분노, 공포, 혐오, 수치심, 고민이라는 여덟 가지 기본정서를 제안했다. 또한 그는 이러한 정서들이 각각 관련 뇌 회로의 통제하에 선천적이고 유형화된 반응들로 표출된다고 말했다. 아이자드(Izard, C.) 역시 비슷하게 정서의 여덟 가지 항목을 제안하였다. 에크만(Ekman, P.)은 보편적 얼굴표정들에 관련된 놀람, 행복, 분노, 공포, 혐오, 슬픔이라는 여섯 종류의 기본정서를 제안하였다. 플럿칙(Plutchik, R.)과 프리다(Frijda, N.) 등의 연구자들은 전적으로 얼굴 표정에만 의존하지 않고, 대신 여러 신체 부위들과 관련된 반응 경향의 중요성을 주장하였다. 플럿칙은 진화의 시간표를 거슬러 올라가면 갈수록 얼굴 표정 변화에 의존하는 정서 표현 방식은 점점 줄어들지만, 다른 신체 부위와 관련된 방식들은 여전히 존재함을 지적하였다. 플럿칙이 제안한 정서 항목은 다른 연구자들의 그것과 중첩되기도 하지만 그중 일부는 새로운 것들이다. 수용과 기대, 그리고 놀람 등이 기존의 에크만 항목에 추가되었다. 존슨-레이어드와 오틀리(Oatley, K.)와 같은 연구자들은 무엇을 기본적인 정서로 볼 것인가 하는 문제를 연구함에 있어, 우리가 정서를 표현하기 위해 쓰는 여러 단어들을 분석하는 방법론을 채택하였다. 그들은 에크만의 여섯 가지 항목에서 '놀람'을 제외한 다섯 가지 정서를 제안하였다. 팬크셉(Panksepp, J.)은 쥐의 여러 뇌 부위에 전기 자극을 가하고 그러한 자극들이 행동에 미치는 영향을 관찰하는 색다른 방법을 통해 네 가지 기본적인 정서반응 유형을 도출하였다. 당황, 분노, 기대, 공포 등 이외에도 많은 연구자들이 기본적인 정서에는 어떤 것들이 있는지를 규명하기 위해 각종 방법론을 동원하여 나름의 결과들을 발표하였다. 그중 일부는 새롭기도 하나 많은 경우 기존의 연구 성과와 중첩된다.

대부분의 정서이론가들은 기본적인 정서 외에 그들이 통합되어 나타나는 복잡한 정서들이 있다고 주장한다. 예를 들어, 아이자드는 불안을 공포와 다른 두 정서의 혼합으로 보는데 죄책감, 홍미, 수치심, 분노, 걱정 등이 나머지 두 정서가 될 수 있다. 플럿칙은 정서의 통합에 관한 보다 세련된 이론을 제시했다. 플럿칙은 기본색들을 섞어서 새로운 색들을 만들 수 있는 색상환의 개념을 본따서 소위 정서환을 구성하였다. 정서환의 각 위치에는 기본적인 정서들이 배열된다. 이러한 정서환 내에서 두 가지 기본정서의 통합은 쌍(dyad)이라 칭한다. 의미상으로 가까운 정서들끼리의 통합은 일차적 쌍이라 하고, 하나 건너 있는 정서들끼리의 통합은 이차적 쌍이라고 한다. 이러한 도식에 근거하면, '사랑' 은 서로 접해 있는 즐거움과 수용이라는 두 기본 정서의 일차적 쌍이라 할 수 있고, 죄책감은 수용을 사이에 두고 서로 떨어져 있는 즐거움과 공포라는 두 기본 정서의 이차적 쌍이라 할 수 있다. 두 기본 정서들이 서로 멀리 떨어져 있을수록 그들 간의 통합이 일어날 가능성은 낮아진다. 만일 그처럼 동떨어진 정서들 간의 통합이 일어나면 갈등이 발생할 확률이 높아진다. 공포와 놀람이라는 두 정서는 서로 인접해 있고, 이들 간의 통합은 '경악' 이라는 보다 고차적인 형태의 정서를 유발한다. 반면 즐거움과 공포는 수용을 사이에 두고 서로 떨어져 있으며, 그러므로 이들 간에 완전한 통합은 불가능하다. 이로 인해 갈등이 발생하고 이는 죄책감이라고 하는 정서의 근본적인 원인을 제공한다.

기본적인 정서들이 통합되어 보다 고차적인 정서를 유발하는 과정에는 인지적 작용이 개입된다고 여겨진다. 기본정서를 연구하는 학자들에 의하면, 공포, 분노와 같은 기본정서들은 인간과 하등동물 모두에게 생물학적으로 유사한 기제를 갖고 있지만 기본정서 이외의 고차

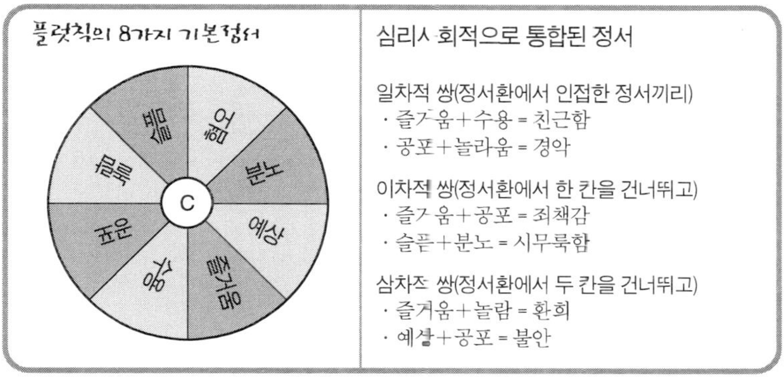

[그림 5-2] 플럿칙의 기본 및 고차정서들에 관한 이론
(Plutchik(1980). 정서: 심리진화적 통합.)

적인 정서들은 인간에게만 특징적으로 나타난다. 그러한 고차적인 정서의 형성에는 인지적 과정이 개입되기 때문에 두 개체가 고차적인 정서를 공유할 수 있으려면 두 종 간의 인지적 능력이 동일하다는 전제가 필요하다. 그러나 인간의 인지적 능력이 다른 종들의 그것에 비해 월등하다는 것은 주지의 사실이므로 기본정서와는 달리 인지적 과정이 개입되는 복잡한 정서에 관한 한 우리가 다른 동물들과 공유할 수 없는 것이 있으리라 예측할 수 있다. 예를 들면, 라자루스는 자부심, 수치심, 감사하는 마음 등이 인간의 고유한 정서라고 주장한다.

야생돼지 되기

생물학적 기초에 기반한 기본정서가 있다는 이론에 대해서 지지의 입장을 보이는 연구자들이 많지만 비판적 시각을 가진 연구자들도 있다. 첫 번째 도전 세력은 특정 정서들, 심지어는 기본정서로 구분되는 정서들까지도 생물학적이 아닌 심리학적인 구조체라고 보는 관점이다. 이러한 관점에서 볼 때 정서는 생물학적인 하드웨어의 기계적인 작업들로부터 비롯되는 것이 아니라, 주어진 상황을 어떻게 내적으로 표상하고 해석(혹은 평가)하는가에 달려 있는 것이다.

우리는 3장에서 이미 정서에 대한 여러 인지적인 견해들을 살펴보았다. 여기서는 정서에 대한 사회구성주의의 접근에 주목할 것인데, 이러한 접근법은 인지적인 접근법에 비해 정서의 생물학적인 관점에서 한층 더 먼 입장이다. 사회구성주의 이론가들은 정서가 생물학적인 산물이 아니라 사회적 산물이라고 말한다. 이러한 이론들에서는 인지과정이 과거 경험과 미래에 대한 기대를 기반으로 사회적 환경을 표상하고 해석하는 메커니즘을 제공한다. 각 문화권들 사이에서 나타나는 정서적 다양성이 이러한 시각의 근거이다.

사회구성주의의 대표적인 이론가인 에이브럴(Averill, J.)은 '야생돼지 되기' 라는 유형의 행동 패턴을 설명하였다. 이는 서구인들에게는 매우 생소하겠지만 뉴질랜드 고산지대에서 원예업을 하며 살아가는 구루룸바 사람들에게는 매우 익숙한 행동 패턴이고 심지어 '정상적' 이기까지 하다. '야생돼지 되기' 라는 비유적 표현은 구루룸바 사람들의 마을에서 함께 살고 있는 돼지들의 행동 패턴으로부터 따온 것이다. 구루룸바 사람들이 속한 문화권에서 원래 야생돼지란 존재하지 않지만 때때로 알 수 없는 이유로 가축으로 키우는 돼지들이 일시적으로 야생돼지로 돌변하는 일들이 벌어진다. 그러나 적절한 조치를 취하면 돼지는 얌전한 가축의 모습을 회복하고, 다시 마을 사람들과 함께 평온한 일상으로 돌아온다. 구루룸바 사람들도 때때로 마치 야생돼지와 같이 폭력적이고 공격적으로 돌변하여 약탈을 일삼기도 하지만, 대부분의 경우 타인에게 심각한 위해를 가하거나 중요한 물건을 약탈하지는 않으며 결국 정상으로 들아온다. 어떤 경우에는 약탈한 것들을 가지고 숲 속에 들어가 며칠을 지내면서 약탈한 물건들을 거의 다 망가뜨린 뒤에 자발적으로 마을로 돌아온다. 그런 경우 약탈의 기억은 거의 지워져 버리고 마을 사람들도 그러한 행동을 문제 삼지 않는다. 그러나 많은 경우 마을 사람들은 그러한 약탈자를 붙잡아 야생돼지를 다루듯이 다룬다. 약탈자가 예전의 모습을 되찾을 때까지 연기가 피어오르는 불 위에 붙들어 매 놓는다. 구루룸바 사람들은 최근에 사망한 사람의 혼령에 사로잡혀서 '야생돼지' 가 된다고 믿는다. 그 결과 그러한 행동에 대한 사회적 제재는 헐거워지고, 원시적 충동은 해방을 만끽한다. 에이브럴에 의하면 '야생돼지 되기' 는 생물학적, 개인적 요인이 아닌 사회적 요인으로부터 비롯된 행동이다. 서구인들은 이러한 행동들을 정신병적인 비정상 행동으로 간주하지만 구루룸바 사람들은 '야생돼지 되기' 행동을 스트레스 해소를 위한 하나의 방편으로 이해하며, 그러므로 이러한 행동 유형이 오히려 마을 사람들의 집단적 정신건강 유지에 기여한다고 생각한다. 에이브럴은 '야생돼지 되기' 사례를 통해 "대부분의 표준적 정서반응들은 생물학적으로 결정된 사건이라기보다는 사회문화적으로 생성된 혹은 제도화된 행동 패턴이다." 라고 주장한다.

서구 문화권에 속한 이들에게는 생소하게 들릴 정서의 또 다른 상태 중 하나는 일본인들이 '아마에' 라 칭하는 마음의 상태이다. 인도-유럽 어족에 속하는 언어들에는 아마에에 대한 적절한 번역이 존재하지 않는다. 혹자는 아마에라는 일본인 특유의 정서상태를 이해하는 것이 일본인들의 성격 구조의 중요한 측면을 이해하기 위한 열쇠와도 같다고 말한다. 아마에는 간단히 말해서 타인의 사랑을 받고 있다고 상상하는 것이며 또한 상대방의 친절에 탐닉하는 등의 정서상태를 가리킨다. 일본인 정신과 의사 도이(Doi)는 아마에가 무력감, 사랑 받고자 하는 욕망, 사랑의 대상이 되고자 하는 수동성의 발로라고 설명한다. 그는 서구인들에게도 아마에와 같은 정서상태가 존재하나, 상대적으로 훨씬 적은 수의 서구인들만이 이를 느낀다고 말한다. 비록 많은 일본인들이 자주 아마에를 경험하지만 이에 대해 언어적 형태의 표현을 주고받는 경우는 드물다. 아마에가 말로 표현하기 힘든 정서상태이기 때문이며 또한 그러한 부분을 서로 언급하는 것이 부적절한 것으로 여겨지기 때문이다. 도이에 의하면, "서로 극히 가까운 사람들끼리는—말하자면, 서로 깊게 몰입할 수 있는 자격을 부여 받은 사람들끼리는—서로의 감정을 굳이 말로 설명할 필요가 없다. 만일 누군가가 상대방에게 몰입하고자 하는 욕구(아마에의 상태)를 말로 표현해야만 한다면, 그건 분명히 몰입하고 있는 사이가 아닌 것이다!" 도이에 의하면 미국인들은 언어적 의사소통을 통해 서로 용기를 북돋우고 서로 안심시키지만 일본인들은 그럴 필요성을 느끼지 않을 뿐 아니라 바람직하지 않은 것으로 간주한다고 한다.

표현규칙

사회구성주의자들은 정서가 문화 혹은 사회상황의 차이로 인해 다르게 표현되는 예들의 목록을 끝없이 제시할 수 있다. 남태평양의 어느 섬 혹은 외딴 나라에서 통용되는 정서 관련 용어들 중 어떤 것들은 영어로 번역될 수 없을 것이다. 심지어 같은 서양 문화권 안에서도 그러한 경우가 있다.

그러나 이러한 관찰들이 기본정서의 존재를 인정하는 쪽의 관점을 무너뜨릴 정도로 강력하고 결정적인 것은 아니다. 기본정서 이론가들은 정서가 명명되는 방식과 표현되는 방식이 문화권별로, 혹은 한 문화권 내에서도 개인별로 다를 수 있다는 것을 부정하지 않는다. 그들은 다만 어떤 종류의 정서와 그 정서가 표현되는 방식들은 모든 인류에 있어 상당히 일정하다는 주장을 하고 있는 것이다. 이에 대해 사회구성주의자들은 한 개인이 분노와 같은 기본정서를 표현할 때에도, 각자가 처한 상황이나 입장에 따라 같은 정서라도 다르게 표현할 수 있다고 항변할 것이다. 예를 들어, 사회의 계층 구조에서 아래에 있는 사람을 향해서 분노가 표출될 가능성이 위에 있는 사람을 대상으로 할 가능성보다 훨씬 높다.

안면정서 표현의 유사성을 강조하는 입장과 차이를 강조하는 입장, 양자를 조화시키려는 노력의 일환으로 기본정서를 지지하는 학자 중 하나인 에크만(Ekman, P.)은 문화권에 관계없이 나타나는 보편적인 정서 표현(특히, 안면정서 표현)과 문화권별로 다르게 나타나는 얼굴 이외의 신체부위의 움직임(예를 들어, 엠블럼과 제스처 등)을 구분하였다. 엠블럼은 특정한 언어적 의미를 지니는 신체적 움직임인데, 예를 들면, yes나 no를 나타내는 고개 끄덕이기와 잘 모르겠다는 의사를 표시하기 위한 어깨 으쓱거리기 등이 있다. 엠블럼을 통해 전하고자 하는 메시지는 말로도 전달될 수 있다. 한편, 제스처는 말의 내용과 흐름에 밀접한 연관이 있다. 제스처는 말하고자 하는 바를 강조할 때, 적절한 단어가 떠오르지 않을 때, 설명한 바를 부연하고자 할 때 유용하게 쓰일 수 있다. 어떤 문화권의 사람들은 말을 할 때 유난히 손과 관련된 제스처를 많이 쓴다. 에크만은 따라서 기본정서 이론가들이 문화권을 초월하여 나타나는 선천적, 보편적 정서 표현과 그에 동반하는 안면근육의 움직임에 초점을 맞추어 연구해 온 데 반해, 사회구성주의자들은 문화권별로 차이를 보이는 학습된 정서 표현에 초점을 맞춰야 한다고 주장한다.

에크만은 기본정서의 표현이 늘 정확히 똑같은 형태로 나타난다고 주장하지는 않는다. 그는 보편적 안면정서 표현조차도 학습과 문화적 요인에 따라 조절될 수 있다고 지적한다. 정서 표현은 학습된 요인에 따라, 감소되기도 하고 증대되기도 하고 없어지기도 하며 심지어 다른 정서들로 위장되기도 한다. 그는 사람들이 각기 자신들의 정서 표현을 제어하기 위해 사용하는 나름의 관습, 기준 등을 지칭하기 위한 '표현규칙(display rules)' 이란 용어를 사용했다. 표현규칙은 어떤 사람이 어떤 정서를 언제, 누구에게, 얼마만큼 드러낼 것인지를 규정한다. 서양 문화권에서는 장례식에서 취해야 할 슬픔 강도의 위계 구조가 있다. 마크 트웨인(Twain, M.)이 말했듯이, "장례식장에서 고인의 혈족은 흐느껴 울어야 하고, 가까운 지인들은 굳은 표정을 유지하며, 먼 친구들은 한숨을 내쉬고, 낯선 사람들은 동정어린 표정으로 손수건을 더듬으면 된다." 만일 그의 아내보다 여비서가 더 슬퍼하는 모습을 보인다면 괜한 의심을 사게 될 것이라고 에크만은 말한다. 그는 또한 표현규칙이 개인에 따라 다를 수 있고, 이러한 개인차가 문화적 규준보다 더 중요하게 작용할 수 있다고 주장했다. 어떤 사람들은 마치 금욕주의자인양 그가 속한 사회가 자유로운 정서 표현을 보장하는 상황에서도 자신의 정서를 거의 드러내지 않기도 한다. 에크만의 관점에 의하면, 기본정서란 개념은 개인과 문화권을 초월하여 공통적인 기본정서 표현에 있어서의 유사성이 존재하는 이유를 설명해 주며 반면에 표현규칙은 그들 간의 차이를 이해할 수 있게 해 준다.

에크만은 그의 가설을 입증하기 위해 아주 효과적인 실험을 실시했다. 서양인들이 동양인들에 비해 더 적극적으로 정서를 표현한다는 가정에 입각하여, 그는 미국인과 일본인들에게 감성을 자극하는 영화한 편을 보여 주면서 두 집단의 안면정서 표현을 관찰하였다. 각 피험자들은 일본인들은 일본, 미국인들은 미국에서 각각 실험에 임하였고, 영화를 혼자서도 보았으며, 하얀 가운을 입은 권위적 인상의 실험자와 함께 영화를 보기도 하였다. 그들의 표정은 비디오테이프에 기록되었고 후에, 피험자들이 무엇을 보았는지 모르는 관찰자에 의해 안면의 정서 표현이 평정되었다. 영화를 혼자 보았을 때는, 일본인이나 미국인이나 여러 시점에서 매우 유사한 정서 표현을 나타냈다. 그러나 흰 가운을 입은 실험자와 함께 영화를 볼 때에는 두 나라 간의 안면 표정이 더 이상 같게 나타나지 않았다. 일본인 피험자들이 미국인 피험자들에 비해 더욱 공손하였고, 미소를 짓는 빈도가 더 많았으며, 표정 변화의 폭이 더 단조로웠다. 흥미로운 것은 피험자들의 정서 표현을 기록한 비디오테이프를 슬로우 모션으로 재생하며 분석한 결과, 일본인 피험자들이 보여 준 공손하고 미소를 띤 표정들에 가려진 짧은 시간 동안에 나타나는 얼굴 표정들이 관찰되었는데, 에크만에 의하면 이들은 기본정서들이 표현규칙 바깥으로 조금씩 새어 나온 결과라는 것이다.

표현규칙은 개인의 사회화 과정을 통해 학습되며, 마치 자동적으로 나타나는 기본정서 표현들만큼이나 매우 뿌리 깊게 배어든 행동규칙이어서, 의식의 관여 없이 작동한다고 할 수 있다. 또한 어떤 개인은 특정한 상황을 이로운 방향으로 이끌기 위해 때때로 일부러 정서를 드러내지 않기도 한다. 그러나 이는 우리 모두가 훌륭한 포커 선수가 될 수는 없는 것처럼 매우 숙달되기 어려운 기술이다.

정서반응: 부분 혹은 전체?

보편적인 정서 표현들과 표현규칙들을 결합함으로써 기본정서 표현들에 있어서 나타나는 개인차와 문화 간 차이를 설명하려 한 시도는 오랜 역사를 지닌다. 그러나 이러한 결합이 기본정서이론이 향후 직면하게 될 도전들에 대한 완벽한 면역력을 제공하지는 못한다. 인지과학자인 오토니(Ortony, A.)와 터너(Turner, T.)는 기본정서들이 보편적인 얼굴표정들에 의해 정의될 수 있을지 아니면 다른 기준들이 필요한 것인지에 관한 중요한 문제를 제기했다. 그들의 물음은 기본정서들이 그처럼 '기본적인 것' 이라면 무엇이 기본정서인가에 대해 왜 그토록 이견이 분분한가 즉, 어떤 학자들에 의해서 기본정서로 간주되는 정서들(흥미나 욕구 등)을 다른 학자들은 아예 정서로 인정하지조차 않는 일들이 어떻게 가능한가 하는 것이다. 오토니와 터너는 결국 기본적인 것은 어떠한 정서 자체나 그 표현방법이 아니라는 주장에 이르렀다. 대신에 그들은 정서 표현에 있어서도 사용되고, 비정서적 상황에서도 사용되는, 기본적이고 선천적인 반응 구성요소들을 제안하였다. 그들의 이론은 "정서 표현은 생물학적으로 결정된 요소들의 레퍼토리를 기반으로 구성된다. 많은 정서들은 항상은 아니지만 매우 높은 빈도로, 매번 동일한 특정 구성요소들의 부분집합들과 연관된다." 라고 주장하였다. 그들은 특정 정서 표현과 유사한 신체표현들이 정서와는 무관하게, 즉 정서 없이 나타날 수도 있으며 특정 정서에 의해 전형적으로 유발되는 표현들이 다른 정서의 국면에서도 유발될 수 있다고 주장하였다. 우리는 추워서 떨기도 하지만 무서울 때에도 떤다. 슬플 때에도 울지만 지극히 기쁠 때에도 울 수 있다. 분노할 때 인상을 찌푸리듯 좌절감을 느낄 때에도 그러하며, 우리는 분노할 때 보통 눈썹을 치켜뜨지만 그뿐 아니다 주위 상황에 정신을 집중하는 모든 경우에도 눈썹을 치켜뜨곤 한다.

오토니와 터너에 의하면 정서는 유기체가 자신이 직면한 상황에 적합한 행동을 할 수 있도록 일련의 반응들을 조직화하는 고도의 인지적 과정(평가)을 포함한다고 한다. 그들은 정서와 관련된 반응 구성요소들이 생물학적으로 결정된다는 견해를 받아들였지만, 정서 자체는 생물학적 결정론의 세계가 아닌 심리학적 세계에 자리하기를 원했다. 이러한 관점에서 본다면 공포는 위험에 의해 촉발된 생물학적 반응이라기보다는 특정 위험 상황에 대처하도록 다듬어진 일련의 심리학적 반응과 경험이다. 정서적 반응이란 존재하지 않는다. 단지 '반응' 들만이 존재할 뿐이며, 상황에 대한 평가가 내려지는 순간에 적절한 반응들이 그 자리에서 차출된다. 결과적으로 한 동물이 경험할 수 있는 정서의 가짓수는 그가 내릴 수 있는 인지적 평가의 수에 의해 제한된다. 그리고 어떠한 평가들은 빈번히 나타나고 자주 사람들의 입에 오르내리기 때문에 거의 대부분의 언어에서 그에 해당하는 정확한 표현들을 찾아볼 수 있으며, 이 때문에 그러한 평가들은 더욱 보편적인 것처럼 여겨진다.

오토니와 터너가 정서 표현의 선천성과 반응 구성요소들의 선천성 간의 차이를 강조하였던 이유는 분명하다. 만일 특정 정서에 특징적으로 나타나는 보편적 표현들이 존재하지 않는다면, 기본정서라 일컬어지는 몇몇 정서들이 생물학적으로 결정된다는 근거가 무너지는 셈이다. 그리고 만일 정서가 생물학적 메커니즘을 통해 결정되지 않는다면 반드시 심리학적으로 결정되어야만 할 것이다. 그러나 이러한 그들의 논리는 두 가지 잘못된 가정을 내포하고 있다. 첫째, 인지적 평가가 심리적 과정이라는 것이 반드시 비생물학적임을 의미하지는 않는다. 사실, 인지적 평가과정은 일부 기본정서 이론들에서 정서적 자극과 이에 특징적인 반응들을 연결시키는 생물학적 기능을 수행한다. 둘째, 개별반응 구성요소들이 선천적이라는 것(생물학적으로 결정된다는 의미에서)이 표현의 상위 단계들 또한 선천적일 수 있다는 사실을 부정하지는 않는다. 일부 선천적 행동 패턴들은 위계적으로 조직화된 반응 구성요소들을 포함하는 것으로 알려져 있다. 예를 들면, 생식 행동은 뇌의 특정 영역에 작용하는 호르몬들에 의해 유발된다. 한 수컷 유기체에 생식 호르몬의 작용이 일어나고 있을 때, 그 수컷의 주변에 발정기의 암컷이 있느냐 혹은 다른 수컷 경쟁자가 있느냐에 따라 짝짓기 혹은 결투가 일어날 수 있다. 이러한 행동들은 비록 선천적인 것이지만 여러 복잡한 수준의 통제들이 이에 관여한다. 예를 들어, 짝짓기는 구애를 위한 춤으로 시작되어 서로 파트너에 접근한 뒤 결국 성교에 이르게 된다. 각각의 단계는 서로 다른 수준의 신경계에 의해 통제되는 다양한 사건들의 복잡한 위계구조를 가지고 있는데, 대부분의 특정 반응 구성요소들(근육의 수축과 이완의 개별 패턴들)은 낮은 수준에서 통제되고 상위의 신경계는 '성교 행동'과 같은 행동의 보다 일반적 측면에 관여한다.

오토니와 터너는 기본정서 이론의 세계에 적잖은 파장을 일으켰다. 그들은 기본정서 이론가들이 더 이상 기본정서의 존재를 주장하지 못하게 하였으며, 그들이 주장하는 기본정서의 정의에 대해서도 반대를 표시했다. 그러나 시간이 흐른 지금, 오토니와 터너는 기본정서이론에 대해 지나치게 엄격한 관점을 견지했던 것으로 생각된다. 기본정서 이론가들이 각각 제시하는 기본정서 목록 중 서로 다른 부분이 나타나는 이유는 정서 자체의 차이 때문이라기보다 단지 정서를 지칭하는 단어들 간의 차이 때문인 경우가 많다. 예를 들어, 서로 다른 기본정서의 목록에 들어가 있는 즐거움과 행복이라는 두 항목은 아마도 같은 정서를 달리 표현한 것에 불과할 것이다. 우리가 이러한 접근 방식을 취한다면 많은 다른 기본정서 목록들 간에 상당한 공통점을 발견하게 될 것이다. 전부는 아닐지라도 대부분의 목록들은 공포, 분노, 혐오, 그리고 즐거움과 같은 정서들을 포함한다. 또한 여전히 흥미, 욕망, 놀람과 같은 정서들을 놓고 이견이 있을 수 있으나 사실 이는 부차적인 문제이다. 여러 기본정서 이론가들의 의견들은 사실 서로 많이 다르지 않다. 앞으로 보게 되겠지만 일부 정서들이 선천적으로 나타나며 생물학적 기관들로부터 생성된다는 증거는 매우 확실하다.

고장나기 전에는 손대지 마라

다윈의 시대부터 그리고 이미 그 이전부터 여러 다른 동물들이 유사한 상황에서 유사한 방식으로 행동할 수 있다는 것은 명백한 사실로 받아들여졌다. 그리고 이것이야말로 다윈이 인간 정서의 뿌리가 우리의 동물 조상들에 있다는 주장을 내놓게 된 동기였다. 그러나 종들 간의 행동적 공통성들은 여러 수준에서 일어나며 그러한 행동적 공통성들이 모두 겉보기에 동일한 반응을 포함하는 것은 아니다. 다시 말해서 두 동물이 동일한(의미를 지니는) 행동을 하고 있다는 것의 증거로서 반드시 행동의 외현적 일치성이 담보되어야 하는 것은 아니라는 것이다. 정서에 있어서 종들 간 공통성은 아마도 다윈이 생각했던 것보다 훨씬 광범위하게 나타날 것이다.

행동이 일어나기 위해서는 근육들이 움직여야 한다. 특정 정서가 유발될 때, 서로 다른 사람들에게서 매우 유사한 얼굴 표정이 관찰되는 이유는 모든 사람들이 특정한 정서를 일으키는 자극에 노출되었을 때, 대략 동일한 방식으로 안면 근육을 수축 혹은 이완시키기 때문이다. 그리고 서로 다른 종들에게서 유사한 방식의 정서 표현들이 나타나는 이유도 어느 정도까지는 그들이 동일한 혹은 유사한 근육 집단을 수축 혹은 이완하고 있기 때문이다. 분노를 느끼는 상황에서 눈살을 찌푸리고 치아를 드러내는 데 필요한 근육의 움직임은 인간과 침팬지에서 유사한 것으로 알려졌다. 또한 개별 근육들의 수준에서는 차이가 있지만 넓은 관점에서 보았을 때 유사한 의미를 지니는 행동들인 경우도 많다. 사람들은 위험에 처했을 때 두 발로 뛰어 도망가나 육지에 사는 대부분의 포유류들은 네 발로 도망간다. 네 발 동물의 경우가 두 발 동물보다 더 많은 근육들을 사용하고, 근육의 협응 패턴도 양자 간에 다르게 나타나겠지만, 결국 양쪽이 수행한 기능은 도망가기라는 한 가지인 것이다. 서로 다른 행동들이 동일한 기능을 수행할 수 있다는 것은 매우 중요한 사실이다. 플럿칙은 이를 다음과 같이 매우 훌륭하게 표현하였다. "위험으로부터 도망하기 위해 사슴은 달리고, 새는 날며, 물고기는 헤엄을 칠 것이다. 그러나 이처럼 다른 유형의 행동들은 기능적으로는 동일한 의미를 지닌다. 그 기능이란 유기체를 위험으로부터 도피시켜 생존을 도모하게 하는 것이다." 분명히 달리기와 날기, 헤엄치기 등은 서로 다른 근육들을 사용하는 다른 행동들이지만 여기서는 '도망' 이라는 동일한 목적을 달성하였다.

플럿칙의 생각에 담긴 함의는 생존에 필수적인 기본적 기능들이 진화의 과정을 통해 유지되어 왔다는 것이다. 물론 필요에 따라 수정을 겪기도 했지만, 그것조차도 상당히 일관적인 배경하에서 이루어졌다. 정신분석 이론가인 보울비(Bowlby, J.)가 쓴, 인간 모자 간의 긴밀한 유대를 다룬 논문에서도 이와 유사한 내용을 찾아볼 수 있다.

> 인간 행동양식의 기본구조는 인간보다 하등한 동물들과 매우 닮아 있으나, 진화의 과정에서 특별한 변형이 일어남으로써 같은 목적을 달성하기 위해 엄청나게 다양한 방법들을 갖추게 되었다. …행동의 초기 형태가 다른 것으로 대치되어 버린 것은 아니다. 초기 형태는 변형되고 정교하게 다듬어지고 또한 개선되었지만, 그럼에도 불구하고 행동의 전체적 패턴을 결정한다. … 인간의 본능적 행동들은… 다른 종에서도 공통적으로 찾아볼 수 있는 일종의 원형(prototype)들로부터 파생되었다고 할 수 있다.

종간 차이의 중요성을 과소평가하려는 것이 아니다. 한 종을 다른 종들로부터 구별되도록 하는 특성은 주로 그 종의 조상이 처했던 특정한 환경에서 살아남는 데에 도움이 되었던 특성들이며, 조상들은 그러한 특성들을 그들의 자손에게 물려주었다. 한 동물이 취할 수 있는 행동 양식은 분명 그의 몸이 지니는 물리적 특성에 의해 제한된다. 그러나 많은 종들이 공통적으로 부딪히는 생존의 문제에 대한 진화적 해결책들은, 신체적 특성의 차이에서 비롯된 행동양식의 차이들을 뛰어넘는 기능적 동일성을 가질 수도 있다.

이러한 논의는 다음과 같은 의문을 던진다. "어떻게 행동의 기능적 동일성이 종을 뛰어넘어 유지될 수 있는가? 특히, 특정한 기능이 행동적으로 구현되는 방식이 확연히 다른 종들 간에도 어떻게 이러한 기능적 동일성이 유지될 수 있는가?" 이 복잡한 문제에 대한 간단한 대답은 다음과 같다. "서로 다른 종들에서 동일한 뇌 시스템이 그 기능을 담당하기 때문이다."

우리는 척추동물 군에 속하는 여러 종들의 뇌 조직이 상당히 유사하다는 것을 알고 있다. 모든 척추동물은 후뇌(hindbrain)와 중뇌(midbrain), 전뇌(forebrain)를 가지며, 이러한 뇌의 세 영역을 구성하는 기본 구조물들과 주요 신경회로들은 모든 척추동물들에게서 관찰된다. 이러한 유사성과 동시에 멀리 떨어진 종들 간에 분명한 뇌 구조의 차이도 발견된다. 종들 간의 차이는 뇌의 온갖 영역과 경로들에서도 보여지는데 이는 그 종이 처한 특정한 환경에 대한 적응이나 혹은 불규칙한 변화의 결과로 나타나기도 한다. 그러나 만일 당신이 어류로부터 양서류, 파충류, 포유류를 거쳐 인간으로 이어지는 진화의 과정을 유심히 살펴본다면, 가장 극적인 변화는 전뇌 영역에서 나타남을 알 수 있을 것이다. 한 가지 유의할 점은 진화는 진보 혹은 발전과 같은 개념이 아니라는 것이다. 그것은 오히려 무성하게 자라는 나뭇가지에 비견될 수 있다. 인간 뇌가 진화해 온 기나긴 여정은 단순히 전뇌의 부피를 더 크게 부풀려 온 과정은 아니다. 인간의 뇌는 진화의 과정을 통해 점차 '다각화' 되었다. 예를 들어, 우리가 4장에서 보았듯이 신피질(neocortex, 대뇌의 일부 영역을 신피질이라 일컫는 이유는 그 영역이 진화적으로 최근에 발달하였음을 강조하기 위해서이다) 영역은 포유류의 뇌에만 존재하며, 다른 동물 군의 뇌에서는 찾아볼 수 없는 것으로 오랫동안 믿어 왔다. 그러나 지금은 모든 척추동물들의 뇌에 포유류의 신피질에 상응하는 영역이 있다는 것이 밝혀졌다. 단지 포유류의 신피질과 위치가 다를 뿐인데, 이러한 위치상의 차이 때문에 많은 해부학자들이 해당 영역에 대해 잘못된 판단을 내리게 하는 결과를 낳았다. 어쨌거나 인간의 신피질에는 다른 동물에게서는 발견되지 않는 고유한 영역이 존재한다. 위에서 뇌 진화에 있어서의 '다각화'에 대해 언급하였지만 기본적으로 뇌의 진화에는 보수적인 성향이 깃들어 있다고 할 수 있다. 특히, 오랫동안 존재해 오며 생존에 유리한 작용을 하였던 영역들은 진화의 과정에서 그 기본적인 구조와 기능을 유지하여 왔다.

두뇌 회로들은 다른 신체 영역들과 마찬가지로 유전자에 의해 프로그램된 배아발달과정을 통해 형성된다 만일 서로 다른 동물들이 다른 형태의 행동양식을 이용하여 동일한 기능을 수행하는 뇌 회로들을 공유한다면, 우리가 내릴 수 있는 결론은 다음과 같을 것이다. "여러 종들 간의 신체적 차이에도 불구하고, 그러한 기능을 담당하는 유전자 코드는 그대로 보존되어 왔다." 진화는 서로 다른 종들이 각각 직면한 생존의 문제들에 대해 독창적인 행동적 해결책들을 창조해 내는 과정이다. 단, 기존에 존재하는 뇌 시스템이 '고장나기 전에는 굳이 고칠 필요 없다' 라는 한 가지 단서가 붙는다.

이제 정서적 행동들을 통제하는 뇌 시스템이 진화의 과정에서 일관되게 보존되어 왔다는 확신을 갖기 바란다. 다음 장에서는 포유류의 경우에 있어 이러한 가설이 사실임을 입증하는 매우 강력한 증거를 제시할 것이고 파충류와 조류에까지 연장될 수 있다는 단서들을 제시할 것이다.

정서의 진화에 대한 논의를 전개해 오면서, 나는 대부분의 사람들이 가장 중요한 것으로 여기는 부분인 주관적인 감정에 대해서는 언급하지 않았다. 왜냐하면 정서라는 건축물의 기본 토대가 환경과 행동, 특히 생존에 중요한 문제들을 다루는 행동들을 관장하는 신경계에 있다고 믿기 때문이다. 또한 모든 동물들의 뇌에 생존의 문제들과 관련된 시스템이 존재할 테지만 감정이란 것은 모든 종류의 뇌에서 생성되는 것은 아니고 오직 그러한 생존관련 시스템이 의식(자각능력)을 지니는 뇌에 존재할 때만 생성되는 것이라고 믿는다. 의식이라는 것이 진화의 시간표상에서 최근에 발달된 것임을 감안할 때, 정서에 있어서 '닭이 먼저냐 달걀이 먼저냐' 하는 문제는 일단 감정이 반응

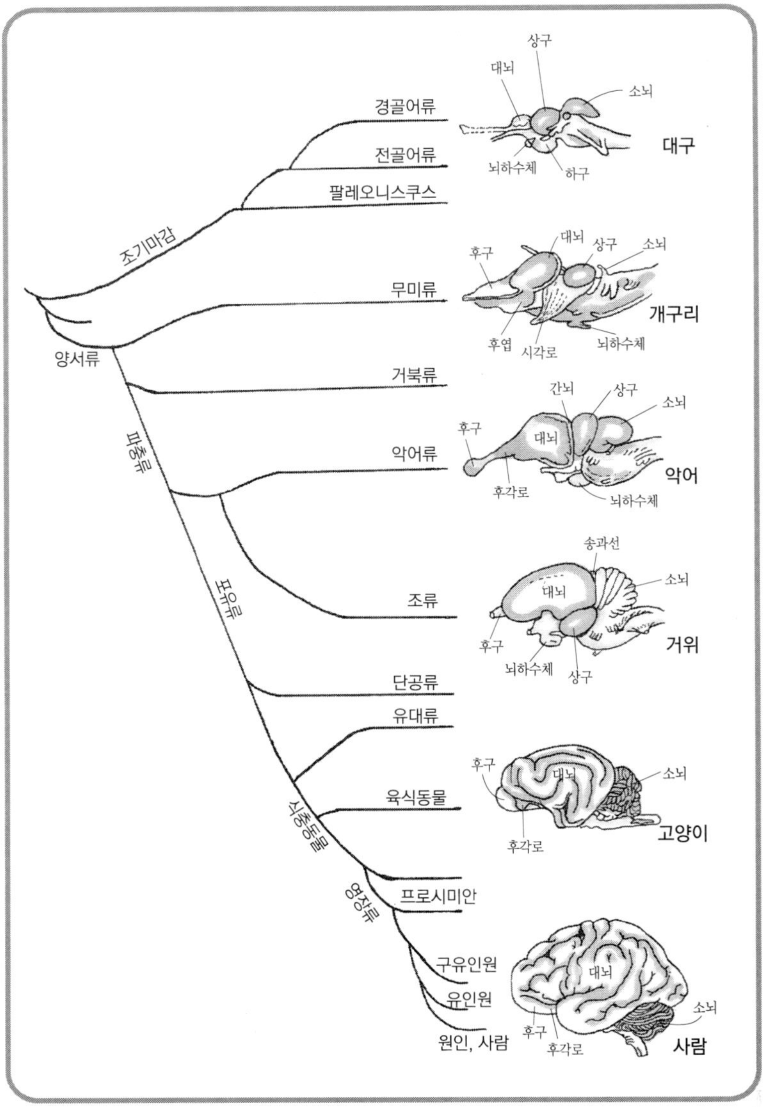

[그림 5-3] 뇌 진화의 계통도

보다 나중에 생성된 것으로 결론 내린다. 어느 동물이 자의식이 있고(따라서 주관적인 감정을 경험할 수 있으며), 어느 동물이 그렇지 않은지(경험할 수 없는지)는 이 책에서 언급할 내용이 아니다. 그러나 감정을 느낄 수 있는 능력이, 스스로를 의식적으로 자각하는 능력과 자신을 둘러싼 세계와 자신과의 관계를 자각하는 능력에 직접적으로 연관된다는 것을 주장할 것이다. 이 주제에 대해 9장에서 보다 본격적으로 논의하게 될 것이므로 이 장에서는 생존에 필수적인 행동의 진화에 대해, 더 엄밀히 말하자면 그러한 행동들을 관장하는 신경계의 진화에 대한 논의를 계속하기로 하자.

맞춤형 대 일반형 신경계들

에크만을 비롯하여 진화론적 마인드를 가진 현대 정서이론가들은 정서가 '삶의 근본적인 과제들'과 깊은 연관이 있다고 주장한다. "정서는 우리가 진화의 역사 속에서 반복적으로 맞닥뜨리게 되는 문제들에 대해 가장 좋은 해결책을 제시하는 방향으로 유도한다."라고 말한 존슨-레이어드와 오틀리도 에크만과 유사한 논지이다. 투비(Tooby, J.)와 코스미데스(Cosmides, L.)는 정서가 진화의 역사 속에서 끊임없이 벌어졌던 상황들(위험으로부터의 도피, 먹이수집, 짝짓기 등)과 깊은 관련이 있으며, 또한 우리로 하여금 현재 우리가 맞닥뜨리는 사건들을 과거 조상들이 가졌던 관점들의 연속선상에서 바라보게 한다고 주장하였다. 즉, 과거의 구조가 현재를 해석하는 관점을 형성한다.

이러한 점들을 감안할 때, 생존에 있어 필수적인 적응 행동들의 목록은 결국 기본정서의 목록과 동일할 것이다. 따라서 기본정서의 목록을 작성하기 위해서는 얼굴 표정의 분석, 여러 언어들에서 정서를 표현하는 단어들 찾기, 내성법 등 전통적인 방법들보다도 보편적인 행동기능들을 찾는 일부터 시작하는 방법이 더 좋을 것이다. 그러나 나는 처음부터 각각의 정서에 대한 정의를 시도하려고 한 것이 아니며, 내 나름의 기본정서 목록을 작성하고픈 생각도 없다. 생물학적으로 생성되는 정서들과 사회적으로 구축되는 정서들에는 어떤 것들이 있으며, 둘 사이의 어디쯤에 경계선을 그을지를 결정하는 것은 중요하다. 또한 정서라고 부를 수 있는 정신적 현상과 그렇지 않은 정신적 현상들 사이의 구분을 명확히 하는 것도 중요하다. 그러나 모든 정서들을 규명해 내고자 하는 노력들은 부수적인 논쟁거리에 휘말려서 좌절되곤 했다. 위에서도 보았듯이 오토니와 터너는 기본정서 이론가들이 자기들 사이에서도 무엇을 기본정서로 선택할 것인가에 대해 특히 놀람, 흥미, 욕망과 같은 애매한 정서에 대해 의견일치를 보지 못한다는 사실을 물고 늘어졌다. 우리가 하나의 명확한 사례에 대한 핵심 지식을 확립하게 되면 애매한 것들에 대해서도 보다 나은 이해를 얻을 수 있겠지만 아쉽게도 우리는 아직 그러한 단계에 이르지 못했다.

정서적 반응들이 진화해 왔다고 했을 때, 각 반응들은 서로 다른 이유에서 진화했을 것이며 따라서 서로 다른 기능들을 담당하는 뇌 시스템들이 따로 존재할 것이라는 주장은 내게 매우 당연한 것으로 들린다. 그러한 모든 정서들을 단일한 정서적 행동이라는 개념으로 통합하게 되면 우리가 정서적인 것이라 칭하는 행동들(예를 들어, 싸움, 먹이 찾기, 성교, 사회적 유대 등)을 우리가 인지적인 것이라 칭하는 행동들(예를 들어, 추론, 추상적 사고, 문제해결, 의미 형성 등)로부터 구별하게 해 줄지는 모른다. 하지만 '정서적 행동' 이라는 이름을 붙임으로써 정서적 행동의 범주에 속하는 모든 행동들이 단일한 두뇌 시스템에 의해 통제된다는 오해를 갖도록 해서는 안 된다. 시각과 청각, 둘 다

감각 기능이라고 불리지만 서로 다른 신경계 조직에서 처리된다.

가장 실질적으로 유용한 가설은, 동물의 각종 정서적 행동들이 삶의 과제들을 해결하기 위해 수행하는 기능들을 반영한다는 것과 그러한 기능들을 서로 다른 뇌 시스템이 담당한다는 것이다. 만일 이 가설이 옳다면 각각의 정서들을 독립적인 기능의 단위들로 분리하여 연구해야 할 것이다.

신경계의 관점에서 정서를 담당하는 단위는 크게 입력(input)부, 평가(appraisal)부, 출력(output)부 세 부분으로 구성된다. 평가 메커니즘은 진화의 과정을 통해 특정한 기능과 관련 있는 입력, 혹은 유발자극(trigger stimuli)들을 탐지하도록 프로그램화되어 있다. 우리는 이러한 입력 혹은 방출 자극들을 '자연적인 유발자극' 이라고 부른다.[4)]

초식동물의 눈에 보이는 육식동물의 모습이 그 좋은 예이다. 초식동물들은 첫 눈에 그들의 포식자를 알아본다. 진화는 초식동물의 뇌를 프로그래밍하여, 초식동물의 뇌가 자동적으로 포식자의 외형, 음성, 냄새 등의 단서를 '위험요인' 으로 간주하도록 한다. 뿐만 아니라 평가 메커니즘은 자연 유발자극을 예언하거나 자주 연합되는 자극을 학습하는 능력을 포함한다. 이러한 자극을 '학습된 유발자극' 이라 부를 것이다. 예전에 포식동물이 나타났던 장소라든가 포식동물이 습격을 감행할 때 냈던 소리 자극 등이 좋은 예이다. 자연적이든 학습된 것이든 일단 유발자극이 입력되면 평가 메카니즘에 의해 상황이 파악되고, 그 동물의 조상들이 유사한 상황에서 동원하곤 했던 반응 패턴들이 가동된다. 이러한 자극-평가-반응의 네트워크는 자극과 반응을 적절히 연결함으로써 동물의 생존에 유익하게 작용했기 때문에 진화하였다. 그리고 문제의 종류에 따라서 유발자극의 종류 및 적절한 반응의 종류가 결정되며 나아가서 특정 반응을 담당하는 신경계 시스템도 결정된다.

내가 연구의 초점을 맞춰 온 기능적 단위는 뇌의 공포 관련 시스템이다. 우리는 다음 몇 장을 통해 다른 정서 시스템에 비해 비교적 우리가 많이 이해하고 있는 공포 시스템에 대해 자세히 살펴볼 것이다. 공포 시스템이 어떻게 조직되어 있는지 먼저 살핌으로써 우리는 다른 정서 시스템을 이해하기 위한 토대를 마련할 수 있을 것이고, 공포 시스템과 다른 정서 시스템이 어떻게 연관되어 있는지 살펴볼 수 있을 것이다.

왜 하필이면 공포의 연구인가?

왜 뇌의 공포 시스템이 정서 시스템을 이해하는 작업에 있어 좋은 출발점이 될 수 있는지 몇 가지 이유들을 열거해 보고자 한다. 그러나 이에 앞서, 내가 생각하는 공포 시스템이란 과연 무엇인지에 대해 명확히 할 필요가 있다. 공포 시스템을 단순히 공포경험을 만들어 내는 과정이라고 이해하는 것은 엄밀히 말해서 틀린 것이다. 오히려 그것은 위험을 탐지해 내고, 그러한 위험 국면에서 생존 가능성을 높이는 가장 효과적인 반응을 표출하도록 하는 기능을 담당한다. 즉, 공포 시스템은 방어 행동을 담당한다. 위에서 언급하였듯이 방어행동과 마찬가지로 정서적 행동들은 의식적인 감정의 진화에 앞서 독립적인 진화의 과정을 거쳐 왔다고 믿는다. 따라서 우리는 동물이 위험에 처했을 때 인간과 같은 방식으로 두려움을 느낄 것이라고 쉽게 단정해서는 안 된다. 우리는 방어행동을 있는 그대로, 즉 위험에 처했을 때 일정한 방향으로 행동하게끔 진화적으로 프로그램된 뇌 신경계의 기능으로 이해해야 한다. 방어 시스템의 작동을 의식적으로 자각할 수 있다고 하더라도 방어 시스템이 의식과는 독립적으로 작동하고 있다는 사실에는 변함이 없다. 이것이 우리가 3장에서 보았던 정서적 무의식이라는 개념의 일부이다. 감정으로서의 공포가 생성되는 저변에 방어 시스템과 의식 간의 상호작용이 자리하고 있는 것은 분명하지만, 방어 시스템의 원래 기능은 위험 상황에서 생존을 도모하는 것이다. 감정으로서의 공포는 두 가지 신경계가 진화하면서 생성된 부산물에 불과하다. 하나는 방어행동을 조정하는 시스템이고 다른 하나는 의식을 만들어 내는 시스템이다. 둘 중 하나만으로는 공포라는 주관적 감정이 성립되지 않는다. 공포를 느낀다는 것은 매우 유용할 수도 있으나 그것이 곧 진화를 통해 형성된 방어행동을 담당하는 신경계의 본래적 기능은 아니다.

이제 전체적인 개요를 설명했으니 뇌의 방어 시스템과 그와 관련된 주관적 정서인 공포가 정서를 연구함에 있어서 왜 그토록 매력적인 출발점이 되는지를 본격적으로 논해 보도록 하자. 다음의 세 가지 논점에 대해 언급하도록 하겠다. 첫째, 공포는 곳곳에 존재한다. 둘째, 공포는 정신병리학적으로 매우 중요한 의미를 지닌다. 셋째, 인간과 다른 여러 동물들은 공포를 유사한 방식으로 표현한다. 그리고 다음 장에서는 또 다른 중요한 내용을 다루게 될 것인데, 그것은 곧 인간과 다른 동물들에 있어서 공포의 신경적 기초가 유사하다는 것이다.

공포는 곳곳에 존재한다 제임스는 야수들에 대한 인간의 우월성을 가장 명백히 드러내는 척도는 인간의 삶에서 공포를 유발하는 상황의 빈도가 감소한 것이라고 말한 바 있다. 여기서 제임스는 인간이 덜 위험한 삶의 양식을 구현해 냈음을 말하려는 것이다. 늘 포식자들의 저녁거리로 전락할 수 있는 위험에 노출되었던 우리의 조상들과 비교할 때, 우리 인간들이 이러한 위험을 감소시키는 삶의 방식을 창조해 냈다는 것은 분명해 보인다. 그러나 피에 굶주린 야수들을 피할 수 있게 되었다고 해서 우리 인간이 모든 종류의 위험으로부터 벗어나게 된 것은 물론 아니다. 동물원이라면 모를까 현대의 도시에서 뱀이나 호랑이들을 찾아보기란 매우 어려운 일이다. 위험스러운 동물들을 감금된 채로만 볼 수 있게 되었다는 점은 인간의 삶이 충분히 안전하다는 생각을 지지한다. 그러나 자연의 정복자가 되고자 하는 인간의 욕망은 새로운 형태의 위험을 창조해 냈다. 자동차, 비행기, 온갖 종류의 무기들, 핵에너지 기술 등은 인간을 야생의 상태로부터 한 단계 업그레이드시켰을지 모르지만, 한편으로는 잠재적 위험 요인으로 자리 잡은 것이다. 결국 인간은 삶의 위험 요인을 자연의 포식자와 같은 야생의 것에서 어쩌면 그보다 훨씬 폭발력이 강한 인위적 위험 요인들로 대체한 것이다. 우리가 오늘날 직면하고 있는 위험 요인들은 우리 조상들의 위험 요인으로 작용하였던 것들보다 결코 덜하거나 약하지 않다. 단지 그 둘은 다른 형태일 뿐이다.

공포와 관련된 개념들을 표현하는 영어 단어가 얼마나 많은지 대략적으로 분석해 봄으로써 우리는 공포가 우리의 삶에 있어서 얼마나 중대한 의미를 지니는지 다시금 확인할 수 있다. 경보(alarm), 겁냄(scare), 걱정(worry), 염려(concern), 의심(misgiving), 양심의 가책(qualm), 동요(disquiet), 불쾌(uneasiness), 경계심(wariness), 안절부절못함(nervousness), 신경이 날카로움(edginess), 덜덜 떨림(jitteriness), 우려(apprehension), 불안(anxiety), 전율(trepidation), 경악(fright), 두려움(dread), 고민(anguish), 공황(panic), 겁에 질림(terror), 혐오(horror), 대경실색(consternation), 고통(distress), 무기력(unnerved), 혼란(distraught), 위협(threatened), 방어적임(defensive) 등 소위 말하는 인

간의 진보가 공포의 상실에서 비롯된 것이 아니라 공포에도 '불구하고' 진보했다는 표현이 옳을 것이다. 저명한 인간 생태학자인 아이블 아이버스펠트(Eibl-Eibesfeldt)는, "아마도 인간은 포식자들과 적대적인 다른 종족들에 대한 기본적 공포에 더해서, 그들의 지적인 능력에 기초를 둔 실존적 공포까지 지닌, 가장 공포에 찬 피조물이라 할 수 있을 것이다."라고 말했다. 사실, 키에르케고르, 하이데거, 사르트르와 같은 실존철학자들에게 있어서 두려움과 불안과 고뇌는 인간 존재의 핵심에 속하는 것들이었다.

때로 겉보기에는 공포라는 정서와 대조적인 것으로 보이는 여러 종류의 정서들 이면에도 공포가 존재한다. 예를 들어 보자. 용기라는 정서, 이는 공포를 극복하기 위한 능력이라는 의미를 지닌다. 어린이의 도덕학습에는 그들이 잘못된 행동을 할 경우 겪게 될 일들에 대한 공포감이 상당한 기여를 한다. 법에는 사회의 무질서에 대한 우리의 공포심이 담겨 있다. 같은 원리로 완벽하지는 않지만 사회질서의 유지에는 법을 어기는 과정에 대한 공포심이 크게 공헌한다. 세계평화는 인도주의자들의 바람직한 목표지만, 현실세계 정치의 역학 속에서 전쟁을 억지하는 힘은 상당 부분 약자들이 강자에게 갖는 공포에 의존하고 있다. 이런 식의 얘기들이 너무 삭각하게 들릴지도 모르겠다. 물론, 약간의 과장이 개입되었다고도 할 수 있겠으나 인간과 사회의 정신적 구조 속에 공포라는 정서가 매우 깊이 뿌리내리고 있다는 사실을 부인할 수는 없을 것이다.

공포는 정신병리학의 주연배우이다 모든 사람이 일상적으로 공포를 경험하지만 지나치거나 부적절한 공포는 정신의학적으로 문제가 된다. '불안' 이란 앞으로 무슨 일이 벌어질까 노심초사 염려를 놓지 못하는 일종의 공포인데, 이는 프로이트 정신분석이론의 핵심개념이다. '공포증'은 특정한 대상 혹은 상황에 대한 공포가 극에 달한 경우에 해당된다. 공포증의 원인이 되는 대상들(뱀, 거미, 높은 고도, 물, 광장, 대인관계를 맺어야 하는 상황 등)은 일반인들에게 있어서도 어느 정도 위협적이거나 부담스럽게 느껴지지만, 공포증 환자들이 느끼는 만큼은 아니다. '강박신경증' 환자들은 세균 등의 특정한 대상에 대해 극도의 공포감을 표출하고 그러한 공포의 대상 혹은 사건을 회피하거나 눈앞에서 없애버리려는 강박적 의식에 집착을 보인다. '공황장애'는 여러 가지 신체적 증상들이 순식간에 나타나는 상황을 야기하며, 공황장애환자들은 때때로 죽을 것만 같다는 불가항력적 공포에 휩싸이곤 한다. 종전에는 탄환충격(shell shock)이라고 불렸던 '외상 후 스트레스 장애(Post-traumatic stress disorder: PTSD)'는 참전용사들에게서 흔히 나타나는데, 전쟁터에서의 참혹한 경험에 관련된 사건과 흡사한 자극들은 이 환자들에게 심한 고통을 느끼게 한다. 천둥소리나 자동차 엔진의 기계음 등이 외상 후 스트레스 장애를 겪고 있는 참전용사들에게 문제의 자극이 될 수 있다. 뿐만 아니라 외상 후 스트레스 장애는 신체적 폭력, 성폭력 등을 포함하는 여러 종류의 외상적 상황에 의해 유발될 수 있다. 다시 말하지만 공포는 정신병리학에 있어서 핵심적인 정서이다.

공포의 표현은 인간과 동물에게서 유사하게 나타난다 모든 형태의 정서적 행동들이 오랜 진화적 역사를 가지고 있지는 않다. 예를 들어, 죄책감과 수줍음 등은 인간에게서 특징적으로 나타나는 정서이다. 인간의 방어행동은 분명 오랜 진화적 역사를 갖는 것으로 보인다. 결과적으로 우리는 인간의 공포 메커니즘을 밝히려는 목적을 위해, 동물의 공포 반응을 연구할 수 있다는 것이다. 이것은 매우 중요하다. 왜냐하면 인간의 뇌 메커니즘을 직접 연구하는 데에는 윤리적으로 또한 현실적으로 많은 제약이 있기 때문이다.

모든 동물들은 생존을 위해 위험한 상황으로부터 스스로를 방어해야 하지만 동물들이 위험에 대처하기 위해 선택할 수 있는 전략은 몇몇에 불과하다. 공포와 관련하여 광범위한 저작을 남긴 막스(Marks, I.)는 동물이 위험에 대처하기 위해 선택할 수 있는 전략들을 다음의 네 가지로 정리하였다. 첫째, 철수(위험을 미리 회피하거나 위험이 닥쳤을 때 도망감) 둘째, 정지(동결 반응 freezing) 셋째, 방어적 공격(위협적으로 보이게 하거나 혹은 싸움) 넷째, 항복(유화정책)이다. 수많은 종의 척추동물들이 이러한 전략들을 공유하고 있다는 점은 매우 인상적이다.

공포연구 분야에서 선구자 격인 캐롤라인과 로버트 블랜차드(Caroline & Rovert Blenchard) 저술 중 일부를 살펴보도록 하자.

> 만약 무언가 예기치 않았던 상황, 즉 큰 소음이나 갑작스러운 움직임 등이 발생하면 인간은 즉각적으로 반응한다… 그들은 하던 것을 멈추고… 자극 방향으로 향하며, 그것이 실제로 위험한지를 따져볼 것이다… 이러한 일련의 과정은 매우 신속히 행해지는 반사와 같은 과정이며, 어떠한 자의적, 의식적으로 의도된 행동들보다 선행하는 것이다. 밤중에 들리는 소리 자극과 같이 위치를 파악하기 어렵고, 실체를 규명하기도 어려운 자극에 대해서는 능동적인 정지 반응, 즉 동결 반응이 나타나는데, 이러한 반응은 매우 강력한 것이어서 겁에 질린 사람들은 말하거나 심지어 숨쉬기조차 어렵다. 그러나 만일 위험요인의 위치 파악이 가능하고 도주나 잠복이 가능한 상황이라면, 사람들은 그렇게 행동할 것이다… 위협요인에 실제적으로 노출되면, 특히 만일 그 상황이 매우 고통스러운 것이라면, 때리기, 물어뜯기, 할퀴기 등의 행

동이 나타날 것이다. 겁에 질린 사람은 이외에도 무슨 짓을 할지 모를 일이다.

비록 개인적 경험에 바탕을 둔 것이기는 하지만 블랜차드 부부의 진술은 인간이 위협을 받을 때 어떠한 식으로 행동하는지에 대해 통찰력 있는 설명을 제공한다. 사람들은 보통 유사한 상황에 처했을 때 비슷한 방식으로 행동한다. 이러한 행동적 유사성은 우리 인간이 동일한 방식으로 공포를 학습한다는 것을 시사하고, 또한 공포 반응의 패턴이 인간의 뇌에 유전적으로 프로그래밍되어 있다는 추론을 가능하게 한다.

블랜차드 부부를 비롯한 여러 학자들의 연구는 공포에 질린 사람들에게서 나타나는 행동패턴이 위험에 처한 쥐들에게서도 나타남을 밝혀냈다. 예를 들어 보자. 실험실에서 사육되었기 때문에 고양이를 보거나 고양이로부터 위협을 당한 적이 전혀 없었던 쥐들도 고양이를 마주 대하면 일단 하던 행동을 멈추고 고양이를 향해 방향을 돌린다. 위기에 처한 쥐에게는 적절한 상황판단이 요구된다. "고양이로부터 어느 정도의 거리에 있느냐?" "밀폐된 공간이냐 혹은 개방된 공간이냐?" 등의 조건에 따라 쥐는 동결 반응을 하거나 혹은 탈출을 시도할 것이다. 완전히 코너에 몰린 쥐는 상대가 고양이라고 할지라도 소리를 내고 종국에는 고양이를 공격하려 들 것이다. 인간과 쥐의 공포 반응에서 발견되는 이러한 놀라운 기능적 동일성은 사실, 포유류를 비롯한 수많은 척추동물들에게도 해당되는 것이다. 공포의 국면에 당하여 나타나는 세 단계의 순차적 행동패턴(깜짝 놀람, 방향 돌리기, 동결 반응 혹은 공격)은 매우 일반적인 반응패턴이다. 우리는 이미 다윈이 제시한 예를 통해, 털 세우기가 인간을 비롯한 수많은 동물들에게서 공통적으로 나타나는 방어 반응임을 알 수 있었고, 또한 털 세우기 반응이 새들이 깃털을 부풀리고 물고기가 지느러미를 뻗는 행동과 어떻게 관련되는지를 살펴본 바 있다.

겉으로 드러나는 행동패턴들만 유사하게 나타나는 것은 아니다. 여러 동물들은 위험하고 긴장되는 상황에 처했을 때, 공통적인 생리적 변화를 경험하게 된다. 우리가 잘 알고 있듯이 전쟁터의 군인들은 일반적인 상황에서는 엄청난 고통을 느끼게 하는 부상을 당해도 그것을 알아차리지조차 못한다. 쥐의 경우에도, 고양이와 마주한 위급한 상황에서는 꼬리에 가해진 고통스러운 자극 따위엔 아랑곳하지 않는다. 고양이의 존재가 꼬리의 상처보다 훨씬 강력한 위협으로 작용한 결과이다. 위험에 처한 상황에서 작동하는 고통 억압 메커니즘은 유기체로 하여금 모든 에너지와 자원을 가장 급박한 위험에 집중하도록 해 준다. 인간과 쥐의 경우 모두에서, 스트레스에 의한 무통 반응(stress-induced analgesia)은 뇌의 생래적 아편계가 작동한 결과이다. 뇌가 위험을 감지하면 자율신경계의 신경들을 통해 몸의 각 기관들에 메시지를 보내 주어진 상황에 맞는 행동을 준비하도록 조절한다. 각각 소화관, 혈관, 땀샘과 침샘으로 연결되는 신경들은 뇌의 메시지를 각 기관에 전달하여 소화관을 긴장시키고, 심장박동과 혈압을 높이며, 손과 발이 땀으로 끈끈해지도록 하고, 침이 마르도록 한다. 인간에 있어서 이러한 반응들은 공포의 표상이다. 새, 쥐, 토끼, 고양이, 개, 원숭이, 비비 등 많은 동물들에서 방어행동과 관련된 심혈관계의 반응이 검증되었으며, 또한 이러한 심혈관계의 반응들을 관장하는 두뇌 회로와 신체의 화학적 메커니즘이 종들 간에 유사한 것으로 밝혀졌다. 위협적인 자극은 또한 뇌하수체의 부신피질자극호르몬(adrenocorticotropic hormone: ACTH) 분비를 촉진하여, 부신으로부터 스테로이드 호르몬을 방출하도록 한다. 부신에서 분비된 호르몬은 다시 뇌로 흘러 들어간다. 이러한 호르몬들은 단기적으로 신체가 스트레스에 대응하도록 돕지만 호르몬 분비가 장기적으로 지속되면 병리 현상을 일으킬 수 있는데, 이렇게 되면 인지적 기능의 저하가 나타나고 심지어 뇌 손상을 유발하기도 한다. 이러한 소위 스트레스 반응은 포유류에 있어서 보편적인 것이고, 포유류 이외의 일부 다른 척추동물에게서 나타나기도 한다. 이러한 다양한 신체반응들이 닥치는 대로 일어나는 것은 아니다. 각각의 반응들은 정서와 관련하여 맡은 바 역할을 감당하며, 여러 종들에 걸쳐서 비슷한 기능을 제공한다.

그럼에도 불구하고 모든 동물들이 위험의 국면에서 정확히 같은 반응을 보이는 것은 아니다. 각각의 동물들은 그 동물이 거쳐 온 진화적 역사의 산물이다. 전반적인 방어 반응의 유형들에는 여러 변인들이 개입되어 있다. 사실, 방어 반응은 생존을 위해 지속적인 변화의 과정을 겪는 역동적인 해결전략이다. 일련의 방어 반응들은 조상들에 의해 형성되어 영원히 그대로 존속되는 안정적 구조물이 아니다. 환경이 변화하듯 방어 반응들도 변화를 겪는다. 예를 들어, 도킨스(Dawkins, R.)는 포식자와 먹이의 관계를 진화적 무기 경쟁으로 설명하였다. 만일 특정한 형태의 적응이 먹이동물로 하여금 포식자로부터의 방어력을 강화시키는 결과를 낳았다면, 이번에는 포식자가 그에 대응할 수 있게 해 주는 특성들이 선택된다. 먹이동물이 환경과 더욱 비슷한 보호색으로 무장하면, 포식동물은 보다 섬세한 지각 시스템을 진화시킴으로써 그들의 위장에 대응하게 된다. 그러나 도킨스는 이른바 '생존/저녁식사' 의 원리를 주창함으로써, 이러한 무기경쟁에 있어서의 불균형에도 주목하였다. 이에 따르면, 토끼가 여우보다 빨리 달리는 이유는 토끼는 자신의 생존을 위해 달리는 반면 여우는 한 끼의 저녁식사를 위해 달리기 때문이다. 결과적으로 느린 여우를 만드는 유전적 변이는 느린 토끼의 경우에서보다 유전자 풀에서 살아남을 가능성이 더 크다. 왜냐하면 토끼의 경우가 여우보다 훨씬 치명적인 '느림의 대가'를 치러야 하기 때문이다. 한 끼의 저녁식사거리를 놓친다고 해서 여우의 번식전선에 당장 문제가 생기지는 않지만 토끼의 경우 여우에게 사로잡힌다는 것은 곧 번식의 단절을 의미하기 때문이다.

각각의 종들이 위험에 반응하는 고유의 방식을 가진다 할지라도 기능적 패턴에 있어서 나타나는 공통성은 여전히 유효하다. 사실 인간과 다른 동물의 공포 반응을 구분 짓는 것은 공포가 표현되는 양상이 아니라 방어적 기제를 작동시키는 자극의 종류이다. 각각의 동물들은 자신에게 위협이 되는 특정 자극들을 탐지할 수 있어야 하지만 철수, 동결 반응, 방어적 공격, 항복과 같은 보편적 반응전략들이나 보편적인 생리적 반응의 조절에는 진화의 경제학이 관련된다. 거기에 더해서 인지능력은 새로운 사건이나 새롭게 학습된 자극에 대한 방어체계를 구축한다. 인간은 쥐가 개념화할 수 없는 것들에 대해 공포를 느끼지만 개별 자극들에 대한 반응의 측면에서 인간과 쥐는 대동소이하다.

이러한 시각이 의미하는 바는 중요하다. 공포가 어떻게 유발되는지를 이해함에 있어서, 어떻게 공포 시스템이 활성화되는지 또 그것이 쥐인지 사람인지 따지는 것은 아무 의미가 없다.각 유기체의 시스템은 상황에 따라, 주어진 몇 개의 제한된 방어 반응 전략을 사용하여 반응할 것이다. 그러므로 우리는 인간의 공포 시스템이 어떻게 작동하는지를 이해하기 위해 쥐 혹은 다른 실험실 동물들을 대상으로 실험을 설계할 수 있는 것이다.

유전적 결정론과 정서의 자유

여기에서 밝힌 정서행동의 진화론적 관점으로 인해 우리의 정서가 전적으로 유전에 의해 결정된다고 생각할지도 모르겠다. 어떤 특질들이 진화를 통해 형성되었다는 것은 결국, 그 특질들이 그 종의 유전자에 담겨서 전해 내려왔다는 의미이기 때문이다. 그러나 여기서 정서행동에서 유전이 갖는 두 가지 서로 다른 역할을 명확히 짚고 넘어가려 한다.

우선, 어떻게 유전자가 한 종 내에서 각 개체들이 표출하는 방어행동 양상의 통일성을 보장하고, 또한 서로 다른 종들 간에 유사한 방어 기능들이 존재하도록 하는가에 대한 설명이다. 이는 위에서도 언급하였듯이 진화의 과정에서 방어와 관련된 신경계가 보존되어 온 결과이다. 결국, 모든 인간은 그들이 위험에 처했을 때 그에 대해 반응하는 일반적 방식들을 공유하며, 이러한 방식은 다른 동물들과 유사성을 띤다. 이러한 관점을 취하고 있는 정서의 유전학은 개인들 사이에서 혹은 종들 사이에서 나타나는 정서표현의 공통분모를 규명하고자 한다. 바로 이것이 각기 다른 정서 시스템이 진화하게 된 목적이기도 하다.

다른 한편으로 개인차의 문제에서 유전적 변인이 어떻게 작용하는지에 관한 의문들이 제기되고 있다. 어떤 이들은 싸움을 잘하는 반면, 다른 이들은 그 반대이다. 어떤 이들은 능히 위험을 탐지하지만 어떤 이들은 주변 환경에 둔감하기도 하다. 공포행동에 있어서 나타나는 개인들 간의 차이도 일정 부분 유전적 변인에 기인한다.[5)]

지금까지 나는 유전자가 인간들 사이에서 혹은 인간과 다른 종들 사이에서 유사한 정서 반응을 만들어 낸다고 하는 첫 번째 역할에 초점을 맞춰 왔다. 그러나 그 반대의 경우 즉 유전자가 개체들 간의 차이를 생성하는 방식에 대한 통찰도 매우 중요하다. 이제 두 번째 역할에 대해 논의해 보자. 과연 유전자가 우리가 특정한 방향으로 행동하도록 통제하는지 그렇다면 그 통제가 얼마나 강력한 것인지 다시 한 번 공포 시스템을 예로 들자.

기질은 혈통을 따라 내려온다. 말이나 개의 어떤 종족들은 신경과민 성향을 보이는 반면, 다른 종족들은 여유 있는 성향을 보인다. 이러한 기질적 특징들은 때때로, 달리는 능력 등과 같은 다른 특성들의 선택에 의한 파생효과로서 나타나지만 기질 자체가 선택될 수도 있다. 사실, 품종 개량은 특별히 겁이 많거나 특별히 용감한 쥐의 혈통을 만드는 데 이용되어 왔다.

예를 들어, 쥐들은 보통 사방이 환하게 트인 공간에는 모여들지 않는다. 이는 진화적으로 생각하면 당연히 이해가 되는 일이다. 트인 공간은 육상과 공중의 포식자들로부터 보호 받을 수 없는 곳이고, 이는 설치류들에게 매우 위험하다. 이런 공간에서 서성거리는 경향이 있었던 설치류 조상들은 아마 생존을 위한 투쟁을 적절히 수행하지 못했을 것이다. 반면, 가까운 피신처로 잽싸게 도망하곤 했던 조상들은 생존 투쟁에서 매우 유리한 고지를 점령했을 것이다. 심리학자들은 이러한 행동을 검사하는 장치를 고안해 냈다. 넓고, 환한, 원형의 장, 이름하여 '개방장(open field)' 이다. 만일 당신이 아무 쥐나 데려다가 개방장의 중앙부에 올려놓으면, 쥐는 그나마 가장 안전한 공간인 벽을 향해 곧장 줄달음칠 것이다. 또한 쥐들은 배변행동을 할 것이다. 겁에 질려서 똥을 쌌다는 표현은 인간에게만 있는 것은 아니다. 배변행동은 자율신경계에 의해 통제되며, 배변 덩어리의 개수는 매우 신뢰도가 높은 자율신경계 활동척도이다. 개방장 혹은 다른 위험한 상황에서 나타나는 배변행동은 설치류들이 공포를 느끼고 있음을 보여 주는 좋은 척도가 된다. 그러나 각각의 쥐들이 개방장에서 배설하는 배변의 양은 서로 다르며, 한 쥐가 배설하는 배변의 양은 여러 시행에서 일관적으로 나타나는 경향이 있다. 당신이 배변 양의 많고 적음에 따라 쥐들을 크게 두 집단으로 나누고 각 집단의 쥐들끼리만 서로 교배시킨다면, 몇 세대 안에 소심한 쥐의 가계와 용감한 쥐의 가계를 이루게 될 것이다. 배변 양이 적은 쥐들이 개방장 내에서 보다 용기 있게 행동하며(그들은 중심부에 보다 오래 머문다) 다른 검사상에서도 같은 결과를 보인다. 이러한 예를 통해, 우리는 성격 특성들이 어떻게 가계 내에서 혹은 문화권 내에서 공유될 수 있는지를 추측해 볼 수 있다. 제한된 유전자 풀 내에서 몇 대에 걸쳐 교배를 계속하기만 하면, 행동적으로 의미 있는 특성들이 안정적으로 나타나게 된다.

사실, 매우 유력한 증거들이 인간의 공포행동에 유전적 요소들이 개입된다는 사실을 뒷받침하고 있다. 예를 들어, 일란성 쌍생아들(심지어 각각 다른 가정에서 양육된 경우에도)은 이란성 쌍생아들에 비해 훨씬 유사한 공포행동을 나타낸다. 이러한 유사성은 비단 공포행동뿐 아니라 수줍음, 걱정, 낯선 사람에 대한 두려움, 사회적 내향성/외향성 등의 영역에서도 동일하게 나타난다. 또한, 불안증, 공포증, 강박충동 등은 가계 내에서 높은 상관관계가 나타나는 경향이 있으며, 일란성 쌍생아의 경우가 이란성 쌍생아에 비해 더 높은 상관을 보인다.

방어행동의 유전학은 박테리아를 대상으로 광범위하게 연구되어 왔다. 심리학적인 관점에서 볼 때 비록 박테리아가 복잡한 생물은 아니지만 그들도 나름대로 위험으로부터 스스로를 방어한다. 그러므로 이를 연구함으로써 중요한 생물학적 통찰을 얻을 수 있을 것이다. 그들의 방어행동 레퍼토리는 유해한 물질로부터 멀리 이동하는 것이다. 이러한 행동을 통제하는 유전자의 돌연변이들이 밝혀진 바 있다. 또한 초파리의 방어 행동에 대한 유전적 분석에도 많은 진전이 있었다. 기발한 몇몇 실험들을 통해, 털리(Tully, T.)는 초파리가 자극단서들(냄새)에 근거하여, 위험(전기충격)을 피하는 행동을 학습할 수 있다는 것을 보여 주었다. 그들은 특정한 냄새가 감지되는 상황에서 충격을 받게 되면, 그 냄새가 나는 방을 피해 가는 경향을 보였다. 현대의 분자생물학과 유전학 기법들은, 충격을 피하기 위해 냄새단서들을 이용할 수 없는 돌연변이 초파리들을 탄생시켰다. 그들은 냄새 자체를 못 맡는 것은 아니지만, 냄새자극과 위험을 연합시킬 수 없게 되었다. 인간과 초파리의 방어 반응에는 분명 커다란 간극이 존재하고, 박테리아와 인간 간에는 더 엄청난 차이가 있을 것이다. 그러나 이러한 하위종들에 대한 연구들은 향후 포유류를 대상으로 진행될 유사한 연구들의 초석을 닦는다는 의미가 있으며, 인간의 공포와 관련된 유전학의 연구에도 방향을 제시해 줄 수 있을 것이다. 또한 인간과 침팬지의 유전적 구성은 매우 유사하며, 그 외의 포유류 동물들과 인간 간에도 상당한 유전적 유사성이 밝혀진 바 있다.

유전자에 의해 개인차가 유발된다는 사실에는 이론의 여지가 없으며, 우리가 위험한 상황들에 처했을 때 반응하는 방식의 차이는 적어도 일정 부분 유전적 변인에 의해 설명될 수 있다. 그러나 우리가 서로 다른 사람들에게서 나타나는 차이들을 해석하려 할 때는 매우 신중해야 한다. 도킨스는 이렇게 기록한 바 있다. "만일 내가 G유전자의 동질접합체(homozygous)를 갖고 있다면, 돌연변이가 일어나지 않는 이상 나의 자녀들에게도 내가 가진 G유전자가 전달될 것이다. 이는 확고한 사실이다. 그러나 나와 내 아이들에게서 G유전자의 일반적 표현형이 정상적으로 발현될 것인지 아닌지는, 상당 부분 우리가 어떻게 양육되었는가, 어떠한 식생활을 하여 왔고, 어떠한 교육 과정을 경험했는가에 달려 있으며, 또한 우리가 어떠한 다른 유전자들을 갖고 있는지에 따라 달라질 수 있다."

분명한 사실은 유전자가 우리의 정서 형성을 위한 원재료를 제공한다는 것이다. 유전자에 의해 우리가 어떠한 자율신경계를 갖게 될지 결정되며, 자율신경계가 관여하는 정신작용의 양상과 자율신경계가 조절하는 신체기능 또한 결정된다. 그러나 우리가 특정한 상황에서 행동하고, 사고하고, 느끼는 구체적 방식은 수많은 다른 요인들의 영향을 받으며, 유전적 결정론만으로 설명하기에는 한계가 있다. 분명, 정서는 생물학적 토대에 기반하지만 사회적인, 즉 인지적인 요인들 역시 매우 중요하다. 유전(nature)과 양육(nurture) 둘 다 우리의 정서적 삶을 이끄는 동반자들인 것이다. 문제는 각각의 독립적인 공헌이 무엇인가 하는 점을 밝혀내는 것이다.

CHAPTER 5 | 주

1) The way we were. 젊은 시절 사랑에 빠졌던 연인들이 결국 성격 차이를 극복하지 못하고 헤어진다는 내용의 영화 제목이다. 역주
2) Rube Goldberg. 엔지니어 출신의 미국 만화가이다. 여러 가지 장치들을 복잡하게 연결해서 간단한 작업을 하게 하는 기발한 발명품들이 등장하는 만화를 그려서 유명해졌다. 역주
3) Basic instinct. 남녀 간의 육체적 욕망을 다룬 영화제목이다. 여기서는 정서의 생물학적 근원을 일컫는 비유로 쓰였다.

4) 자연적 유발자극은 생태학자들이 신호자극(sign stimuli)이라고 부르는 것이다. 이 자극들은 선천적인 행동적, 생리적 반응을 일으킨다. 이들은 또한 무조건 자극과도 비슷한데, 무조건 자극들 역시 선천적인 반응을 일으킨다.

5) 이것은 행동의 진화적 측면을 보는 생태학자들의 접근방식과 비슷하다. 또한 마음에 대한 진화의 영향력을 강조하는 경향이 있는 진화심리학과도 비슷하다. 생태학적 접근의 요약본을 보고 싶다면 굴드(1982)의 연구를 보라. 진화심리학적 접근의 사례를 보고 싶다면 투비와 코스미데스(1990)의 연구를 보라.

06 6단계 법칙[1)]

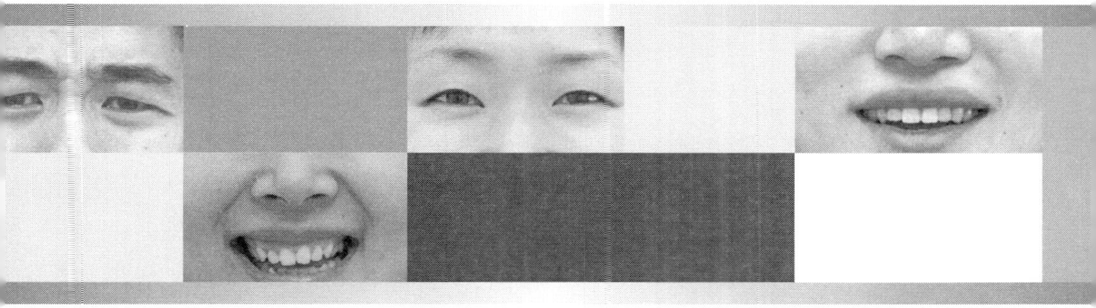

'우리의 뇌—그곳은 하늘보다 더 넓은 곳'

-에밀리 디킨슨의 시 중에서.

우리의 뇌에 있는 뉴런들은 소수 몇 개의 연결만이 특정하게 분리되어 있을 뿐 대개는 서로 연결되어 있다. 따라서 한 구역에 도달하는 정보가 결과적으로는 여러 곳에 영향을 줄 수 있기 때문에, 뇌 속의 연결 구조를 이해하려는 것이 어쩌면 시간낭비처럼 보이기도 한다. 그러나 그것은 잘못된 생각이다. 일생 동안 우리가 만날 수 있는 사람들은 전체 인구 중 소수에 지나지 않음에도 불구하고, 우리 주위에 내가 알고 있는 몇 명의 사람이 바탕이 되어 결국에 우리는 이 세상 모든 사람과 연결되지 않는가? 뉴런 간의 정보 전달처럼 사람 간의 의사소통 또한 선택적인 것이다.

그렇다고 해도 어떻게 우리의 뇌 속에서 일어나고 있는 정보전달에 관여하는 수많은 뉴런들 중 소수의 것만을 선택적으로 이해할 수 있다는 것일까? 우리의 뇌 속에는 수많은 뉴런들이 존재하고, 그 각각의 뉴런들은 하나 혹은 때로는 그 이상의 축색(axon, 뉴런들이 정보를 전달할 수 있도록 하는 신경섬유)을 뻗고 있다. 축색들은 여러 갈래로 나뉘어 있는 나뭇가지와도 같기 때문에 시냅스(synapse, 하나의 뉴런에서 나온 축색이 다른 뉴런과 연결되는 장소)의 수는 뉴런들의 수보다도 훨씬 많을 수밖에 없다. 게다가 각각의 뉴런은 다른 많은 뉴런들로부터 무수한 시냅스 연결을 받는 수상돌기(dendrite)를 지니고 있다. 이렇게 복잡하게 연결된 뉴런들로 이루어진 그물망들을 정서라고 하는 정신 현상과 연결시키는 작업이 과연 가능할 것인가? 정서라는 개념은 또 얼마나 복잡한 것인가?

신경과학의 분야는 우리의 뇌가 어떻게 조직되어 있는지, 즉 어떻게 정보전달이 이루어지는지를 이해하기 위한 광대한 기술적 무기고이다. 그러나 이러한 기술들이 감정을 가진 뇌를 이해하는 데 매우 중요한 역할을 한다고 할지라도 이것만으로는 부족하다. 감정의 기능들

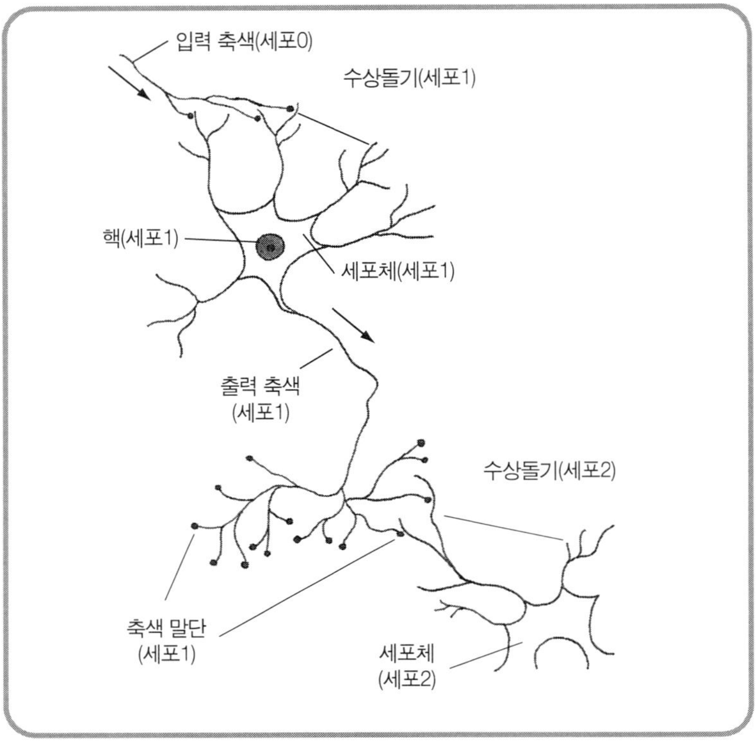

[그림 6-1] 뉴런

전형적인 뉴런(신경세포)은 세포체(cell body), 축색(axon) 그리고 수상돌기(dendrite)라는 세 부분으로 이루어져 있다. 대부분의 경우 다른 뉴런으로부터의 정보는 수상돌기를 통해서 들어온다(하지만 세포체나 축색도 입력을 받을 수 있다). 한 뉴런이 많은 뉴런들로부터 입력을 받는다. 충분히 많은 여러 뉴런들로부터 동시에 입력을 받으면 뉴런은 발화하여 활동전위(일종의 전기파)를 발생시키고 이 활동전위는 축색을 따라 전달된다. 하나의 뉴런은 보통 하나의 축색을 갖지만 축색은 여러 갈래로 가지를 쳐서 많은 다른 뉴런들에 영향을 미친다. 활동전위가 축색 말단(axon terminal)에 이르게 되면, 신경전달물질(neurotransmitter)이라고 하는 화학물질이 분비된다. 말단에서 분비된 신경전달물질은 이웃하고 있는 뉴런의 수상돌기로 확산되어 나가고 다음 뉴런의 활동전위 발생에 기여하게 된다. 축색 말단과 수상돌기 사이의 공간을 시냅스(synapse)라고 부른다. 이런 이유로 뉴런 간의 정보소통을 일컬어 시냅스 전달(synaptic transmission)이라고 한다.(Katz(1996). 신경, 근육 그리고 시냅스. New York: McGraw-Hill.)

이 어떻게 뉴런의 정보전달과 관련되는지 그 구체적인 중재 양상을 이해하기 위해서는 우리의 뇌가 어떤 감정의 상태에 있는지 알아낼 수 있는 좋은 방책을 찾아야 한다. 따라서 우리는 행동이라는 도구에 의존할 수밖에 없다. 사람이나 동물이 하고 있는 행동을 관찰함으로써 그들의 뇌가 정서와 관련된 활동에 참여하고 있는지의 여부를 판단할 수 있을 것이다. 만약 내가 그려왔던 정서의 뇌에 대한 그림이

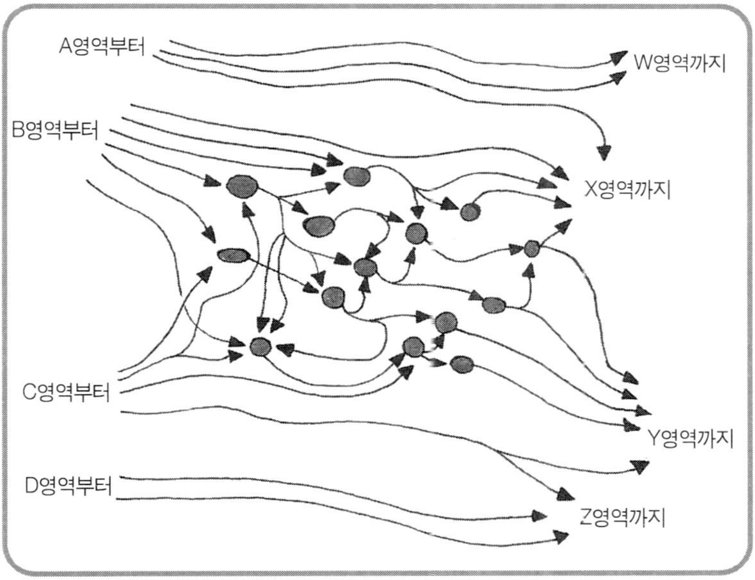

[그림 6-2] 뉴런들은 복잡하지만 체계적인 방식으로 연결되어 있다.

비록 수십억의 뉴런들이 만들어 내는 수십조의 연결들이 뇌의 복잡한 연결망을 이해하려는 작업을 절망적으로 보이게 만들지만, 사실 뇌의 다양한 영역들 사이에 일어나는 상호작용에는 체계적인 패턴이 존재한다. 그림의 가운데에 있는 상호연결된 네트워크는 B와 C영역으로부터 입력을 받지만 A와 D로부터는 받지 않는다. X와 Y로는 출력을 보내지만 W와 Z에는 보내지 않는다. 이에 더해서 C영역은 Y와 직접 혹은 중앙 네트워크를 거쳐 간접적으로 정보교환을 한다. 진짜 뇌에서는 여러 영역들 간의 축색 연결을 추적함으로서 이러한 연결들을 밝혀낸다. [그림 6-8]에서 자세한 방법을 설명하고 있다.

정확하다면, 어떤 행동도구를 필요로 하는가는 우리가 이해하고자 하는 정서 기능의 종류에 따라 달라질 것이다. 즉, 공포 시스템에서 일어나는 반응들을 측정하는 행동도구들은 공격행위나 성행동, 엄마와 태아의 관계 등을 연구하는 데에는 그다지 적합하지 않다. 적절한 행동과제와 현대의 뇌과학이 제공하는 정교한 기법들로 무장하면 우리는 구체적인 정서 기능들을 조절하는 뇌 네트워크를 탐색하고, 실제로 그것을 찾아내리라 기대할 수 있다. 올바른 행동적 도구 없이 감정의 네트워크를 이해하려는 노력은 헛수고에 지나지 않을 것이다.

다행하게도 공포 메커니즘을 연구하기에 아주 알맞은 과제가 하나 있다. 바로 공포조건화라고 불리는 것인데, 앞으로 공포조건화가 무엇이고, 그것이 왜 유용한 것인지 설명할 것이다. 뒤이어 공포조건화를 통하여 어떻게 수십억 개의 뉴런들과 수십조에 이르는 연결망으로부터 공포조건화에 필수적인 회로만을 분리시킬 수 있는지 설명하도록 하겠다.

누구를 위하여 종은 울리나

만약에 당신이 이웃집 개에게 물렸다면 당신은 그 집 앞을 지나갈 때마다 굉장히 조심하게 될 것이다. 그 개의 모습이나 짖는 소리뿐만 아니라, 그의 집과 뜰이 당신에게 있어서는 감정을 일으키는 자극이 될 텐데 바로 불운했던 사건과 그 자극들이 연합되기 때문이다. 이것이 바로 공포조건화[2)]이다. 과거의 경험과 유사한 상황에서는 사사로운 자극도 당신에게 위험한 상황임을 알려 주는 경고 신호가 되는 것이다.

전형적인 공포조건화 실험을 살펴보면 다음과 같다. 작은 상자에 쥐를 한 마리 넣는다고 하자. 소리를 들려주고 나서 직후에 쥐의 발에 약간의 전기충격을 주게 된다. 그렇게 소리와 전기충격을 짝지어서 몇 번 시행하고 나면, 그 쥐는 소리만 들려도 웅크려서 죽은 듯이 가만히 있는 동결(freezing) 자세를 취하게 된다. 동결 자세에서는 단지 숨쉬기 위한 규칙적인 가슴 움직임만이 미세하게 관찰될 뿐이다. 이뿐만 아니라 쥐 털은 빳빳하게 서고 혈압과 심장박동률이 상승하며, 혈류로 스트레스 호르몬이 방출된다. 동결 반응을 비롯한 기타 조건화 반응은 모든 쥐들에게서 동등하게 관찰될 수 있으며, 이러한 현상은 그들의 영원한 천적인 고양이를 만났을 때에도 예외가 아니다. 이러한 점으로 미루어 볼 때, 공포조건화의 결과 포식자나 다른 자연적 위험에 노출된 상황에서나 일어났을 반응들을 담당하는 신경 기제가 소리 자극에 의해 활성화되었다고 할 수 있다.

공포조건화는 20세기로 넘어갈 무렵 파블로프(Pavlov, I. P.)에 의해 밝혀진 절차를 바탕으로 한 하나의 변형이다. 아는 것처럼 러시아의 이 위대한 생리학자는 만약 개에게 고기 한 점을 주기 전에 종소리를 들려주게 되면 그 개는 종이 울릴 때마다 침을 흘리게 된다는 것을 관찰하였다. 파블로프는 종소리와 입 속의 고기가 시간적으로 겹쳐지게 되면서 두 자극 간의 연합(뇌 안에서의 연결 작용)이 형성되고, 마침내는 종소리가 고기 조각을 대신하게 되어 침 분비를 유발한다고 제안하였다.

파블로프는 행동에 대해 심리학적으로 설명하려는 것을 굉장히 싫어하였으며 기대에 의한 침 분비를 생리학적으로 설명하고자 하였다. 그럼으로써 '동물의 주관적인 상태가 존재한다는 요란스러운 추정'을 피하고자 하였다. 따라서 그는 배고픈 개가 종소리를 들었을 때 음식에 대한 생각을 시작하게 되어 침 분비가 일어난다는 의견을 강하

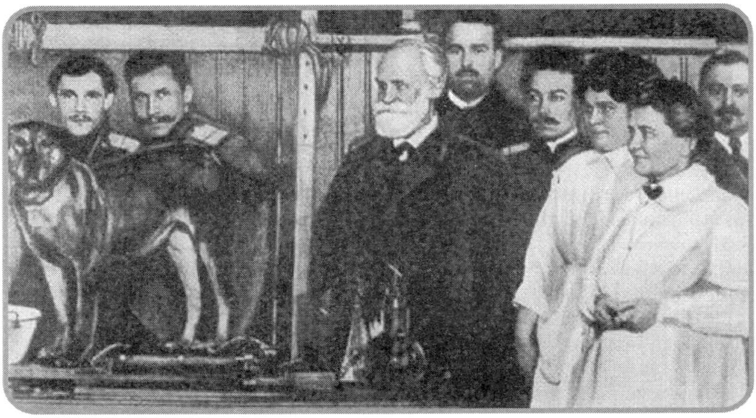

[그림 6-3] 파블로프와 그의 개

1904년 무렵 러시아 육군 군의학교에서 학생과 방문자들 앞에서 고전적 조건화 시범을 보여 주고 있는 파블로프(Pavlov, I. P.)의 사진.

게 거부하였다. 이런 방식으로 파블로프는 제임스와 마찬가지로(제3장) 정서적 행동을 일으키는 사건들에서 주관적인 감정 상태의 개입을 배제하였다.

파블로프는 고기를 무조건 자극(unconditioned stimulus: US), 종소리를 조건 자극(conditioned stimulus: CS)이라고 하였으며, CS에 의해 유발되는 침 분비를 조건 반응(conditioned response: CR)이라고 하였다. 종소리가 침 분비를 일으키는 능력은 종소리와 고기와의 관계에 달려 있다는 의미에서 '조건적' 이라는 용어를 사용하며, 고기는 그런 조건에 상관없이 자연적으로 침 분비를 일으키므로 '무조건적' 이라는 용어를 사용하게 된 것이다. 앞서 언급한 공포조건화 실험에 이러한 용어를 적용시켜 보면 소리는 CS, 전기충격은 US, 행동적인 변화와 자율신경계적인 신체 반응들은 CR이 되는 것이다. 또한 정서적 행동을 유발하는 자극을 기술했던 이전 장에서와 같이, CS가 학습된 유발자극이라면 US는 자연적인 유발자극이 되는 것이다.

공포조건화를 통해 반응 자체를 배우는 것은 아니다. 조건화 이전에는 그러지 않던 쥐가 소리 자극에 노출된 이후에 동결 반응을 보이더라도 조건화가 쥐에게 어떻게 동결 반응을 수행하는지를 가르친 것은 아니다. 동결 반응은 그들이 위험한 상황에 노출되었을 때 자연스럽게 행하는 반응인 것이다. 실험실에서 자라서 고양이를 한 번도 본

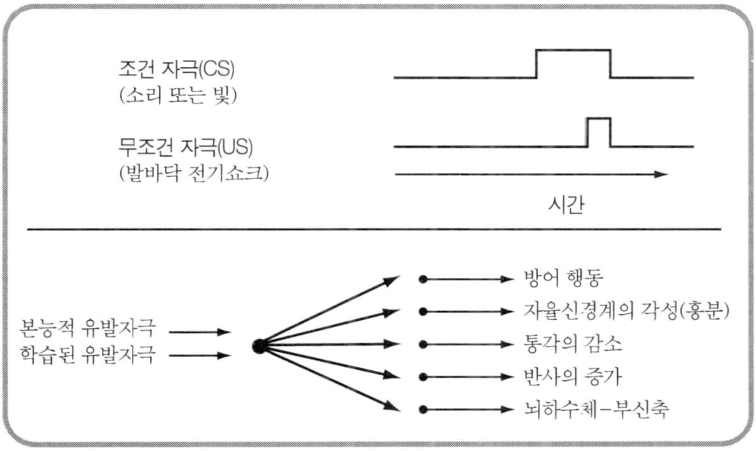

[그림 6-4] 공포조건화

공포조건화에서 무조건 자극(일반적으로 짧고 약한 발바닥 전기충격)은 조건 자극(보통 소리 또는 빛)이 끝날 무렵에 가해진다. 몇 차례의 이러한 짝짓기 이후에 조건 자극은 폭넓은 범위의 다양한 신체 반응들을 불러일으킬 수 있게 된다. 이것은 자연 상태에 위험상황이 존재할 때 발생하도록 선천적으로 뇌에 프로그램되어 있는 반응들과 유사하다. 예를 들어, 조건적 공포 자극이나 고양이가 있을 때 쥐는 동결 반응, 혈압 및 심박 변화, 고통에 대한 민감성 감소, 반사의 증가, 뇌하수체에서 스트레스 호르몬 분비 등의 반응을 보인다. 쥐가 고양이에 대해서 이런 반응을 보이는 데는 훈련을 필요로 하지 않으므로 고양이는 본능적 유발자극이다. 반면에 소리 자극은 공포조건화 학습이 일어난 후에야 이런 반응을 보이므로 학습된 유발자극이다. 공포 반응 형태는 쥐와 인간에서 유사하다. 따라서 동물을 대상으로 한 공포 연구는 인간에게 적용될 수 있다.

적이 없는 쥐라 할지라도 만약에 고양이를 맞닥뜨리게 되면 자연적으로 동결 반응을 보일 것이다. 동결 반응은 자연적 혹은 학습된 유발자극에 의해 작동하는 고정된 반응이며 선천적인 방어행동이다.

공포조건화는 진화되어 오면서 형성된 반응형태가 새로운 환경에도 적응되어 사용될 수 있는 경로를 제공한다. 즉, 위험을 신호하는 새로운 자극들(예를 들면, 적이 다가오고 있는 소리나 적이 있었던 장소)이 진화의 시험을 통과한 믿을 만한 반응들과 연결되는 과정으로 조건화를 설명할 수 있다. 이렇게 학습된 유발자극을 통해 예측되는 위험은 실제로 존재하는 것일 수도 혹은 개체의 상상 속에 존재하는 것일 수도 있다. 구체적일 수도 있고 추상적일 수도 있다. 이러한 다양성이 의미하는 바는 많은 종류의 내부(정신적) 및 외부(환경적) 조건들이 모두 조건 자극으로 사용될 수 있는 잠재력을 가지고 있다는 것이다.

조건화된 공포 학습은 순식간에 일어나며, CS와 US를 단 한 번만 짝지어 제시해도 일어난다. 야생 동물들은 여러 번의 시행착오를 통해 학습할 여유가 없다. 실패하면 포식자의 먹잇감이 되기 때문이다. 만약 유기체가 천적과 맞닥뜨린 상황에서 살아나면, 그 경험을 통해 미래의 위험 상황에서 스스로 잘 대처할 수 있게끔 진화적으로 마련되어 있다. 예를 들어, 아주 최근에 토끼 한 마리가 작은 연못에 갔다가 여우를 보고 간신히 도망쳤다면, 다음에는 그 연못을 피하려고 하거나 심하게 몸을 떨면서 지나가거나 가까이에 여우가 있는지 살피기 위해 아주 조심스러운 걸음을 내딛게 될 것이다. 그 토끼의 머릿속에는 그 연못과 여우가 연합되어 있어서 그곳에 가까이 다가가는 것은 바로 토끼에게 방어 자세를 취하게 만드는 것이다.

이러한 공포조건화는 순식간에 일어날 뿐만 아니라 오랫동안 지속된다. 사실상 한번 공포조건화가 일어나면 그 기억은 쉽게 잊혀지지 않는다. 시간이 지나도 그것을 떨쳐 버릴 수 없다. 그러나 반복적으로 US의 제시 없이 CS에만 노출시키면 공포조건화는 '소거(extinction)' 된다. 다시 말해서 공포 반응을 이끌어 낼 수 있는 CS가 US 없이 단독으로 제시됨에 따라서 그 능력을 잃게 되는 것이다. 만약 목이 마른 경우 우리의 토끼는 다시 그 우물을 찾게 될 것이고, 그곳을 몇 번 갈 때마다 다시 여우를 마주치는 일이 없게 된다면 그 토끼는 다시금 공포 행동을 떨쳐 버리고 평상시로 돌아올 수 있을 것이다.

그러나 소거가 CS와 US 사이에 형성된 관계를 사라지게 하지는 않는다. 파블로프는 조건화된 반응이 어느 날 완전히 사라진 것처럼 보였지만 그 다음날 CS가 다시 조건화된 반응을 유발할 수 있다는 것을 관찰하였고, 이러한 현상을 '자발적인 회복(spontaneous recovery)' 이라고 불렀다. 소거된 조건 반응의 회복을 인위적으로 유도하는 것도 가능하다. 이것은 바우튼(Bouton, M.)의 연구에서 잘 드러나는데, 쥐들을 어떤 방에 놓아두고 소리와 전기충격을 연합시킨 다음에 새로운 방에서 조건화된 공포 반응이 더 이상 나타나지 않을 때까지 계속해서 CS인 소리 자극만을 제시하였고, 결국 공포 반응은 소거될 수 있었다. 그 후에 다시 이전에 CS-US 연합이 이루어졌던 방에 쥐를 넣고 CS를 제시하니 쥐들은 다시금 CS에 공포 반응을 나타냈다. 이를 재기(renewal)라고 부른다. 또 다른 경우는 동물을 US나 그 외의 스트레스를 일으킬 만한 사건에 노출시킴으로써 소거되었던 공포 반응을 본래대로 되돌리는 복원(reinstatement) 절차이다. 자발적인 회복, 재기, 복원과 같은 현상들이 보여 주는 것은 소거를 통해 기억이 지워지는 것이 아니라 CS가 공포 반응을 일으킬 가능성이 감소된다는 것이다.

쥐 실험을 통한 이와 같은 현상은 병리적인 공포증을 지니고 있는 사람들에게서도 잘 관찰된다. 수년 동안의 심리 치료는 공포 반응을 일으키는 자극들을 통제할 수 있게 하지만, 이후 어떠한 외상이나 스트레스를 겪게 되면 공포 반응은 완전히 재발하게 되는 것이다. 소거와 마찬가지로 치료를 통해 공포 반응을 유발하는 기억을 완전히 지워 버릴 수는 없음을 의미한다. 소거 과정이나 심리치료는 모두 단지 자극으로 인해 공포 반응의 고삐가 풀려 버리는 것을 방지하는 기능을 할 뿐이다. 이것과 관련하여 8장에서 더 언급하도록 하겠다.

이처럼 학습된 공포감을 지워 버릴 수 없는 것은 장점과 단점을 동시에 지니고 있다. 과거에 있었던 위험한 상황과 연합되었던 상황이나 자극에 대한 정보를 되돌리는 데에는 이러한 점이 긍정적인 기능을 한다. 그러나 일상생활을 하는 도중에 외상과 관련된 잠재적인 기억들이 쉽게 떠오르게 되면 정신적 기능을 방해하는 작용을 할 수도 있다. 이러한 외상 기억에 대해서는 제7장과 8장에서 다시 살펴보도록 한다.

조건화된 공포와 관련된 신경학적 연구의 대부분이 동물들을 대상으로 이루어졌지만 공포 학습의 절차는 인간에게서도 동일하게 적용된다. 소리나 그 밖의 중립적인 자극들과 약간의 전기충격을 짝지어 제시함으로써 심장박동률이나 땀 분비 활동의 변화—갈바닉 피부 반응이라고 불린다—와 같이 인간에게서 관찰되는 조건화된 자율신경계의 반응에 대한 연구가 활발히 이루어지고 있다. 조건화된 공포 반응들은 언어적인 능력이나 의식 활동에 의존하지 않고 독립적으로 일어나는 현상이므로 이러한 조건화는 3장에서 언급했던 바와 같이 인간의 무의식적인 정서 과정을 연구하는 데 종종 이용된다.

피험자에게 의식적으로 즉각적인 고통을 느낄 수 있을 만한 CS를 제시하게 되면, 그는 CS가 제시되는 동안에 공포나 불안감을 느끼게 된다.[3] 따라서 우리는 CS가 그러한 반응을 일으키는 공포 상황을 이끌어 낸다고 말할 수 있다. 실제로 공포조건화를 연구하는 많은 수의 심리학자나 신경과학자들은 '공포'가 CS와 CR을 연합시킨다고 가정한다. 그러나 파블로프나 제임스와 마찬가지로 유발자극에서 공포 반응으로 나아가는 일련의 과정에 의식상태를 포함시키고 싶지도 않고 그럴 필요성도 느끼지 못한다. 내가 이렇게 생각하는 데에는 여러 가지 이유가 있다. 우선 공포조건화는 물고기나 개구리, 도마뱀, 비둘기, 쥐, 고양이, 개, 원숭이, 그리고 사람에게서와 마찬가지로 벌레나 파리, 뱀에까지 모두 적용될 수 있다. 그런데 이러한 동물들이 위험을 예측할 수 있는 CS가 제시된 상황에서 모두들 의식적으로 공포감을 경험할 수 있을지는 심히 의심스럽다. 이는 한마디로 결론 내리기 어려운 주제이고 9장에서 좀 더 구체적으로 언급할 예정이다. 그러나

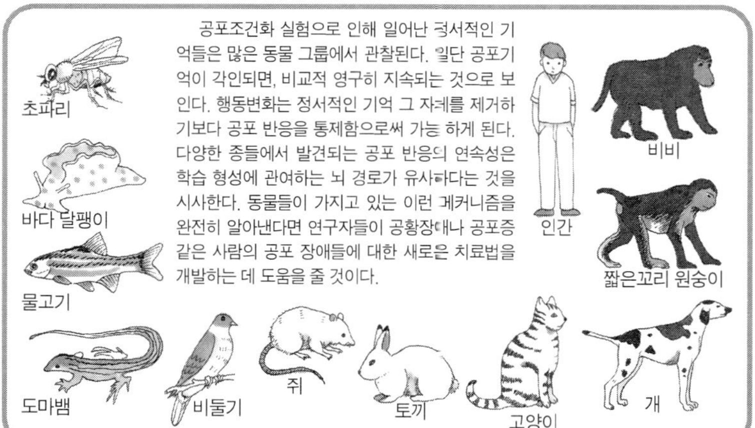

[그림 6-5] 동물계의 여러 종들에서 공포조건화가 일어난다

공포조건화는 해롭거나 잠정적으로 해로울 수 있는 자극 혹은 상황에 대한 정보를 획득하고 저장하는 오래된 진화의 해결책이다. 몇몇 무척추 종들과 다양한 척추동물들에 대해 공포조건화가 연구되어져 왔다. 척추동물 내에서, 공포조건화에 대한 행동적인 표현과 그것의 신경적 기초는 모든 종들에서 매우 유사하게 나타난다.

몇몇 종에서의 공포 반응을 설명하는 데 의식적인 공포감은 필요하지 않다는 가정을 받아들인다면, 당분간 인간에게서도 공포 반응에 의식을 언급할 필요가 없는 것이다.[4] 두 번째로, 인간을 포함하여 의식적인 과정에 대해 연구할 대상으로 꼽는 몇몇 종들에서조차 CS 자체나 CS와 US 사이의 관계에 대한 인식 없이 조건화가 이루어지기도 한다는 것이다.[5] 인간에게서 공포조건화와 함께 나타나는 의식적인 공포감은 공포 반응 그 자체가 원인이 되는 것이 아니라, 의식을 담당하는 뇌에서 방어 기제가 활성화됨에 따라 나타나게 되는 결과물 중의 하나이며 따라서 모든 공포 반응에 반드시 나타날 필요는 없는 것이다.

공포조건화가 뇌에서의 공포 기제를 연구하는 데 유용하게 사용될 수 있는 측면은 바로 공포 반응들이 어떤 특정한 자극과 결합된다는 데에 있다. 첫째로 일단 그 자극이 공포 반응을 일으키는 것으로 학습되고 나면, 그 자극이 제시될 때마다 공포 반응이 유도된다. 따라서 공포 반응의 표현은 실험자의 통제하에 놓이게 되는데, 이는 매우 편리한 점이다. 또한 두 번째로 조건 자극을 처리하는 감각기관을 이미 알고 있기 때문에, 정서를 처리하는 경로를 추적해 볼 수 있다. 감각기관은 뇌의 다른 기관들보다 잘 알려져 있으므로, 여기에서부터 출발하면 공포 기제의 활동을 파악하는 데 용이하다. 세 번째로 아주 기본적인 뇌 기능으로도 처리될 수 있는 매우 간단한 감각 자극을 CS로 사용해도 되므로 인지적 기제를 모르는 상태에서도 공포 연구가 가능하다. 다시 말해서 그 자극 자체가 처리되는 방식을 이해하는 데 지나치게 집중하지 않고서도, 어떻게 뇌에서 자극의 위험성이 평가되는지에 대하여 연구할 수 있는 것이다. 예컨대 간단한 소리 자극이나 언어로 된 문장 모두 CS로 사용하기에는 손색이 없으나 문장은 공포조건화와 관련된 인지적 통로를 추적해야만 하는 부담이 따른다. 왜냐하면 문장이라는 것은 훨씬 복잡한 양상을 띠고 있어서 그것의 뇌 기제가 잘 알려져 있지 않기 때문이다.

따라서 공포조건화는 뇌를 통해 공포나 방어 반응을 연구하는 데 있어서 아주 좋은 실험용 기술이라고 할 수 있으며, 여러 종들에게 적용 가능한 방식이다. 자극의 통제가 가능하고, CS를 처리하는 감각 시스템은 뇌 속의 조건화 관련 통로들을 추적하는 데 출발점으로 이용될 수 있다. 학습은 매우 빠르게 일어나며, 지속적으로 남게 된다. 공포조건화는 뇌가 어떻게 조건화된 공포 자극을 처리하고, 어떻게 자극과 연합된 방어 반응을 통제하는지에 대한 연구에 이용된다. 뿐만 아니라 감정과 관련된 기억들이 어떻게 생성되고, 저장되며, 인출되는지를 연구하는 방법으로도 쓰일 수 있다. 인간의 경우에는 의식적인 공포감의 바탕이 되는 기제를 연구하는 데에도 유용하다.

공포조건화만이 공포 행동 연구에 이용되는 방법은 아니며, '공포'라고 불리는 모든 현상들을 설명할 수 있을 만한 효력을 지니고 있지도 않다.[6] 그러나 그럼에도 불구하고 이것은 공포 행동에 대한 아주 강력하고 유용한 모델이며, 뇌 회로를 이해하는 데 효과적으로 이용되어 왔다. 공포조건화를 통해서 공포에 대해 알고자 하는 모든 것을 다 알 수는 없겠지만 적어도 괜찮은 시작점인 것은 분명하다.

이런 저런 반응들

자극이 지니는 의미가 공포조건화에 의해 변형된 후, 이 자극이 다시 나타나게 되면 임박한 위험에 대한 대비 태세를 갖추기 위한 각종 신체적 반응들이 온몸에서 일어난다. 이들 반응 중 어느 것이든 조건화 효과를 측정하는 데 이용될 수 있다.

예를 들어, 조건화된 공포 자극이 발생하면 피험자는 모든 동작을 멈추고 얼어붙은 듯이 가만히 있게 된다.[7)] 적들은 움직임에 반응하게 되므로, 위험이 가까이에 있을 때에는 모든 동작을 정지하는 것이 최선의 방책이 된다. 이러한 동결 반응은 적의 감시가 잠시 느슨해진 틈을 타서 빠르게 도망치거나 도주가 불가능한 상황에서의 방어 공격을 준비하는 의미로 여겨지기도 한다. 동결 반응으로 인해 근육이 축소되면 대사성 에너지를 필요로 하기 때문에 혈액이 근육들로 공급된다. 게다가 심혈관과 동결 반응을 돕는 다른 내장 기관들의 반응이 일어나게 되므로 자율신경계 역시 강하게 활성화된다. 이러한 신체 반응들은 모두 뒤따라 올 공격 반응이나 도피 반응을 준비하도록 돕는 역할을 한다. 또한 스트레스 호르몬이 혈류로 방출되어 위험한 상황에 맞서 싸울 준비를 한다. 고통에 대한 반응 또한 억제되는데, 이것은 신체가 다치게 될 가능성이 높은 상황에 처했음을 알려 준다. 또한 방어 행동을 일으키는 자극에 대해서 신속하고 효과적으로 반응할 수 있도록 눈 깜박임이나 경악 반응 같은 반사 작용이 강화된다.

이러한 반응들은 위험에 반응해 신체 전반에서 일어나는 반응의 일부분이며, 이들 각각을 통해 조건화된 공포 반응과 관련된 뇌 기제를 이해하는 데 사용된다. 예를 들어, 코헨(Cohen, D. H.)은 비둘기의 심장박동 반응을 이용하여 뇌 회로를 연구하였고, 쉬나이더만(Schneidermann, N.)과 맥케이브(McCabe, P.), 파웰(Powell, D.)은 토끼의 심장박동 반응을 기반으로 연구하였다. 또한 팬슬로우(Fanselow, M.)는 쥐를 대상으로 동결 반응과 고통 억제에 대해 연구했고, 데이비스(Davis, M.) 역시 쥐를 이용하여 공포를 일으키는 조건 자극에 의한 반사 작용의 강화를 연구하였다. 그 밖에 스미스(Smith, O.)는 비비원숭이를 대상으로 공포조건화 연구를 하였으며, 움직임의 감소를 측정할 수 있는 다양한 심혈관 반응들을 측정하였다. 나의 경우 공포조건화와 관련된 뇌 기제 연구에서 쥐를 이용하여 동결 반응과 혈압 반응을 동시에 측정한 바 있다.

여기서 놀라운 사실은 조건화된 공포를 측정하는 방식이나 그 대상에 관계없이 공통된 뇌의 구조와 주요 회로들이 밝혀졌다는 것이다. 비록 연구 간에 미비한 차이가 있고, 세부 사항에 대한 논쟁도 존재하지만 전반적으로 보았을 때에는 연구 간 일치성을 보인다. 이러한 사실은 조그마한 실험 장치의 변화에 따라 관련된 신경 기관이 달라지고 마는 다른 종류의 행동 연구와 비교될 만하다. 공포조건화는 어느 동물에게나 매우 중요하기 때문에 어떻게 지시를 내리든지 뇌는 같은 방식으로 일을 처리하는 것이다.

고속도로와 간선도로

당신이 낯선 곳에 있다고 상상해 보라. 그리고 당신은 출발점과 도착점이 표시된 지도를 한 장 건네받는다. 그 종이에는 다른 점들이 많이 표시되어 있다. 또한 어떤 점들 간에는 서로 왕래가 가능함을 알려주는 선이 연결되어 있다. 그러나 당신은 그 선들이 실제로 연결된 지점들을 나타내는 것이 아닐 수도 있다는 것과 또한 모든 지점이 그 지도 위에 표시된 것도 아니라는 사실을 알게 된다. 당신이 이제부터 풀어야 할 문제는 차를 몰고 출발 지점부터 도착 지점까지 갈 수 있는 가장 좋은 길을 찾아내는 것이며, 길을 다라 정확한 지도를 만드는 것이다.

이것은 공포조건화의 결과로서 어떻게 뇌 속의 연결망에서 새로운 청각 자극이 방어 반응을 일으키도록 하는지 이해하려고 할 때 반드

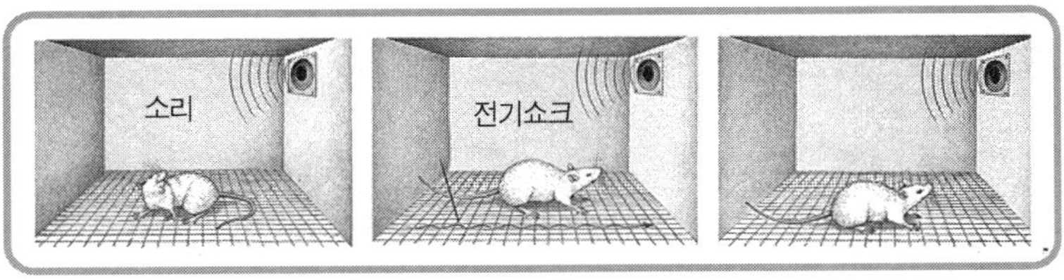

[그림 6-6] 공포조건화되고 있는 쥐

쥐에게 처음 소리를 들려주면 소리가 나는 쪽을 쳐다보지만, 몇 번 더 들려준 후에는 무시하는 반응을 보인다. 다음으로 소리와 짧고 약한 전기충격이 몇 차례 함께 제시된다. 이후에는 소리만 들려줘도 조건적인 공포 반응이 일어날 것이다. 전기충격과 연합된 소리는 공포 반응을 일으키는 학습된 유발자극이다. 이것은 사람들이 위험한 상황이나 외상적 경험에 노출되었을 때 일어나는 것과 유사하다. 위험한 상황이나 외상적 경험과 연합된 자극은 우리가 억제하고 있던 정서적인 반응을 폭발시키는 유발자극이 된다. 쥐의 공포조건화에 대한 연구들을 통해 인간의 정서(공포)가 학습되는 양상을 설명해 줄 것이다.

시 겪게 되는 문제라고 할 수 있다. 우리는 출발점(귀에서 뇌까지의 연결부)과 도착점(방어적인 행동 반응과 그 밖의 자율적으로 수반되는 반응)을 알았지만 뇌에서의 입력과 출력을 연결하는 점들은 명확하게 알아내지 못했다. 기존 연구들에서 여러 가지 연결 부위가 거론되곤 하였지만 실패하기 일쑤였다. 왜냐하면 그 지점들이 실제로 연결되어 있지 않아서 실제로 존재하는 점을 찾아내는 데 실패하였기 때문이다.[8] 공포조건화를 통해 공포와 관련된 신경적 원리를 밝혀내는 연구 역시 도 별로 활발하지 않았다.[9]

또한 공포조건화가 아닌 다른 방식의 연구를 통해 뇌에서 공포와 관련된 기관들을 밝히려는 연구가 이루어졌지만 결과는 그다지 확실하지 않았다.

흐름을 따라서 정서적 뇌에 대한 초기 연구가 대부분 뇌의 중심

부위인 변연계에서부터 시작되었다는 것은 별로 놀랄 일이 아니다. 이러한 연구는 변연계가 손상되면 정서적 행동에 이상이 생기고, 변연계를 자극하면 정서적 반응이 유발된다는 사실을 알려 주었지만, 이처럼 손상되거나 자극된 부위들이 뇌의 다른 영역과 어떠한 관계를 맺고 있는지에 대해서는 명확하게 제시하지 못했다. 또한 대부분의 초기 연구들은 뇌 부위에 독립적인 자극을 제시하는 데 어려움이 있었고, 따라서 앞의 이야기에서 나왔던 것처럼 조건화된 자극이 제시하는 단서가 있다고 할지라도 그것의 이점을 살리기가 어려웠다.

먼저 뇌를 통해서 흘러가는 자연스러운 정보의 흐름을 가이드 삼아 연구를 시작했다.[10] 다시 말해 내 연구는 조건화된 청각 자극이 뇌로 들어가는 지점에서부터 시작되었고, 청각계로부터 조건화된 공포 반응을 통제하는 종착지까지의 경로 추적을 시도했다. 이 방법이 최선일 뿐만 아니라 공포감이 이동하는 지도를 발견할 수 있는 가장 직접적인 방법이라고 생각하였다. 이 전략은 적중했던 것 같다.

연구는 아주 간단한 물음을 던지는 것에서부터 시작되었다. 청각 공포조건화(청각 자극이 CS가 되는 공포조건화 과제)를 일으키는 청각조직은 어느 부위에 있는 것일까? 다른 감각조직과 마찬가지로 청각 시스템 또한 피질이 가장 상위 수준에 해당된다. 대뇌피질 부위는 말초적인 감각 수용기에서 시작된 정보처리과정의 완성된 결과물과도 같은 것이다. 귀머거리 동물의 경우에 소리에 대한 학습은 전혀 할 수 없기 때문에 귀를 손상시키는 것은 별 의미가 없을 것이라고 추측하였고, 대신 청각 통로의 가장 최상위 부위를 파괴하는 것에서 시작하였다. 청각피질 손상이 공포조건화를 방해한다면 청각 자극이 청각 통로의 최상위 단계까지 처리되어야만 공포조건화가 일어날 수 있다는 결론이 가능할 것이다. 그리고 내가 그 다음으로 할 일은 청각피질의 출력 구조물을 살펴보는 것이 될 것이다. 하지만 만약 청각피질 손상이 조건화를 방해하지 않았다면 이번에는 청각피질보다 하위 구조물을 파괴함으로써 조건화가 일어나기 위해 청각 자극이 처리되는 가장 높은 수준의 구조물이 무엇인지를 찾아 가게 될 것이다.

실제로 청각피질의 손상은 동결 반응이나 혈압상승 반응 어느 쪽을 대상으로 실험해 보아도 조건화에 전혀 영향을 미치지 않는 것으로 나타났다. 따라서 나는 그 바로 아래 수준의 구조물인 청각시상(auditory thalamus)을 손상시켰고 이번에는 공포조건화가 완전히 억제되었다. 그 다음 구조물인 중뇌의 청각 중계핵들에 대한 손상도 마찬가지 결과를 가져왔다. 이를 통해 내린 결론은 청각 자극이 귀에서 시상에 이르는 청각 경로는 반드시 따라야 하지만 그 위의 청각피질까지 거쳐 갈 필요는 없다는 것이었다. 하지만 이 결론은 일종의 패러독스였다.

전통적으로 피질 아래의 감각처리영역들은 피질이라는 주인의 명령에 충실한 노예로 바라보는 관점이 지배적이었다. 감각처리구조물들의 주 업무는 정보를 피질로 전달하는 일이고, 신경정보 조각들을 입력으로 받아서 외부 세계를 지각하는 일과 같이 흥미로운 일들은 대개가 피질이 하는 일이기 때문이었다. 신경해부학 교과서를 보아도 피질하 구조물인 청각시상의 주된 목표는 청각 정보를 청각피질이라는 목표로 중계해 주는 기능이라고 서술되어 있다. 정서적 반응을 일으키는 데 청각피질이 굳이 필요하지 않다면 도대체 청각 정보가 시상을 지나서 향해 가는 곳은 어디인가?

돋보기를 통해 본 세상 감각 신호가 청각시상을 지나서 어디로 갈 것인지에 대한 논리적인 추측을 해보기 위해 우리가 사용한 방법은 뇌 안에서 뉴런 간의 경로를 추적해 보는 기법이었다. 이 기법에서는 우선 작은 양의 트레이서(tracer)를 관심의 대상이 되는 뇌 영역에 주입한다. 트레이서는 세포체에 의해 흡수되는 화학물질이므로 주입된 뇌 영역의 세포들은 트레이서를 흡수해서 축색을 따라 신경 말단으로

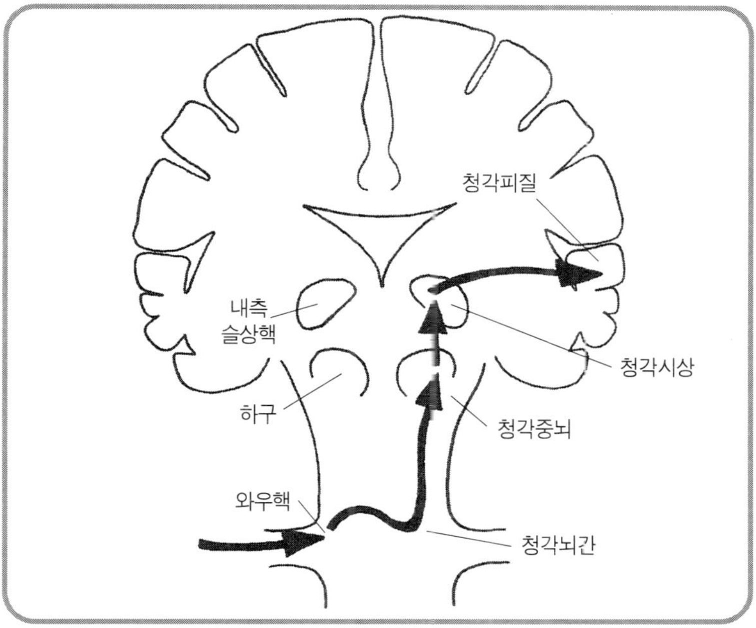

[그림 6-7] 청각 정보가 전달되는 통로

이것은 인간 뇌의 청각 통로를 매우 간단하게 그려 놓은 것이다. 유사한 조직도면이 다른 척추동물들에서도 동일하게 나타난다. 주위에서 들리는 소리 신호는 귀의 특수한 수용기에 의해 받아들여져(그림에서 생략) 청각 신경을 통해 뇌로 전달되며(아래 왼쪽 화살표), 청각을 담당하는 뇌간의 핵들로까지 이어진다(와우핵과 주위 부위들). 이 부위로부터 축색은 대부분 뇌의 반대편을 가로지르고, 중뇌의 하구(inferior colliculus)로 올라간다. 하구의 축색은 시상의 청각중계핵인 내측 슬상체(medial geniculate body)로 이어지고, 이것이 청각피질로 들어가는 주요한 입력이 된다. 청각피질은 많은 부위들로 구성되어 있다(그림에서 생략).

보낸다. 뉴런들은 끊임없이 여러가지 분자들을 내부적으로 생산하고 이동시킨다. 예를 들어, 정보전달에 가장 중요한 신경전달물질은 세포체에서 생산되어 축색을 따라 신경말단으로 운반된 후 시냅스를 통해 정보전달에 쓰인다. 트레이서가 세포체를 뚫고 들어간 후에는 신경전달물질들처럼 이동하는 분자들에 올라타서 축색의 종말까지 이동된 후에 거기에 축적된다. 이런 트레이서들이 뇌의 어느 부위에 존재하는지는 특수한 화학 작용을 거쳐서 이들이 염색된 후에야 관찰이 가능해진다. 이런 기법을 이용하면 한 영역에 있는 뉴런들이 어디로 신경섬유를 보내고 있는지 파악이 가능해진다. 신경정보가 다른 곳으로 전달될 수 있는 유일한 경로가 신경섬유이므로 주어진 영역의 신경섬유가 어디와 연결을 맺고 있는지 알게 되는 것은 결국 정보의 흐름을 알게 되는 것과 같다.

이런 원리를 이용해 우리는 청각 시상에 트레이서를 주입하였다. 우리가 트레이서로 사용한 물질의 명칭은 정교한 신경과학 실험실에서 사용되는 화학물질이라기보다는 자연식품 전문 식당에서 파는 샐러드에 들어가는 재료 같은 느낌을 주는데 그 거창한 이름은 밀 엿기름 응집소와 결합된 고추냉이 과산화효소 (wheat germ agglutinin conjugated horseradish peroxidase: WGA-HRP)이다. 주입한 다음날 동물에서 뇌를 분리하여 얇게 절편을 낸 뒤, 자른 조각들을 특수한 화학용액에 넣어 염색하였다. 염색된 뇌 절편을 슬라이드[11] 위에 올린 뒤 암시야 현미경(dark-field microscope)으로 관찰하였다. 암시야 현미경은 어두운 배경에서 간접적으로 슬라이드에 빛을 비춤으로서 절편에 들어있는 트레이서 알갱이들을 더욱 잘 볼 수 있게 한다.

처음으로 암시야 현미경을 통해 WGA-HRP를 들여다보던 순간을 잊을 수는 없을 것이다. 어두운 청회색의 시야를 배경으로 환한 오렌

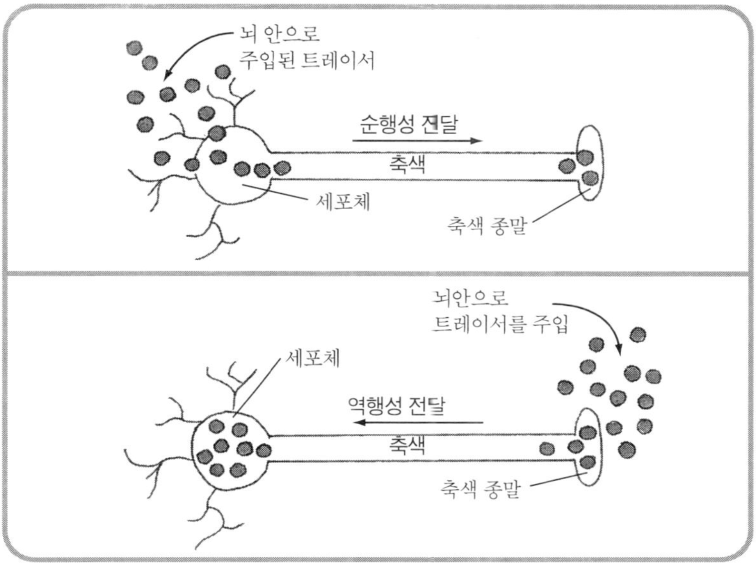

【그림 6-8】 뇌의 축색 전달 통로 추적

뇌의 다른 두 부위의 뉴런들이 어떻게 연결되어 있는지 알아보기 위해서, 트레이서를 그중 한 부위에 주입한다. 트레이서는 투입된 부위의 뉴런에 의해 흡수된다. 흡수된 트레이서는 축색을 통해 이동한다. 어떤 트레이서는 세포체에 의해 흡수되어 축색종말로 이동되며(순행성 전달), 다른 트레이서들은 종말에서 흡수되어 세포체로 이동한다(역행성 전달).

지색의 알갱이들이 때로는 물결처럼 때로는 반점처럼 빛나고 있는 광경이었다. 그 모습이 너무 아름다워서 몇 시간 동안 현미경만 바라보고 있었던 기억이 난다.

한참 동안을 염색된 절편의 아름다움에 도취되어 있다가 비로소 하려던 일이 무엇이었는지를 기억해 냈다. 청각시상이 청각피질 말고 어디로 투사하고 있는지 알아내야 한다. 아주 작은 오렌지색 점들을 뿌려 놓은 것처럼 보이는 네 군데의 피질하 영역을 발견했다. 이 영역들이 청각시상으로부터 투사를 받는 구조물들이다. 이것은 놀라운 발

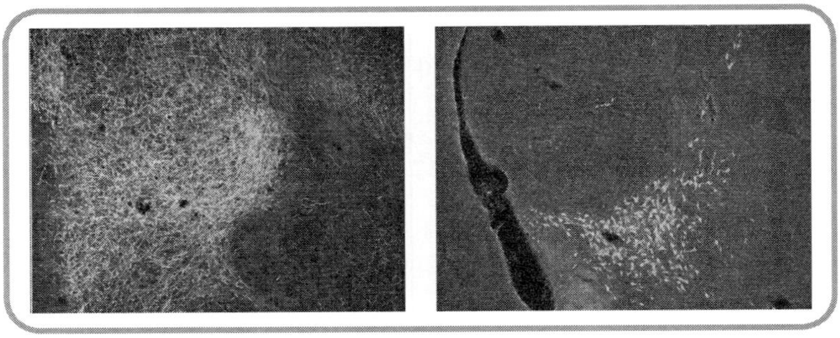

[그림 6-9] 시상-편도체 통로에서 순행성 전달과 역행성 전달의 예시

왼쪽 사진은 청각시상에 트레이서가 주입된 후에 외측 편도체에서 순행성 트레이서로 표지된 종말들을 관찰하였다. 따라서 이렇게 표지된 종말들은 청각시상의 세포체에서 시작된 것들이다. 순행성 종말 표지의 작은 반점들에 주목하라. 오른쪽 사진은 편도체 외측핵에 트레이서를 주입함으로써 역행성으로 표지된 청각시상의 세포체이다. 표지된 세포들은 삼각형 모양으로 군집을 이루고 있는 밝은 흰색의 구조물들이다. 청각시상의 세포들은 외측 편도체로 축색을 보낸다. 왼쪽의 사진과 비교하여 표지된 세포체의 사이즈가 훨씬 크다는 사실에 주목하라. 두 장의 이미지는 암시야 현미경을 통해 본 뇌 절단면의 흑백사진이다.

견이었다. 청각피질이 시상으로부터, 100퍼센트는 아니지만 거의 대부분의 정보를 받는 영역이라는 것이 지금까지의 주된 견해였기 때문이다.

이 네 영역들 중 하나가 공포조건화 회로에서 중요한 구조물인 것이 분명해 보였다. 시상을 지난 정보는 그 구조물로 전달되는 것이다. 그래서 이번에는 손상 연구를 통해 시상에서 이들 영역으로 전달되는 정보의 흐름을 차단해 보기로 했다. 그중 세 영역으로의 손상은 공포조건화에 조금도 영향을 주지 않았다. 네 번째 영역인 편도체와 청각시상 사이의 경로를 손상했을 때, 마침내 조건화가 일어나지 않았다.

기쁨의 아몬드 편도체는 전뇌에 위치한 작은 영역으로 아몬드 모양의 형태를 가지고 있다고 해서 초기의 해부학자들이 붙인 이름이다 (영어 이름 amygdala의 어원은 라틴어 아몬드에서 비롯되었다). 편도체는 변연계의 일부로서 오랫동안 다양한 종류의 정서행동에 관여한다고 알려져 왔다. 그 한 예가 클뤼버-부시 증후군(Klüver-Bucy syndrome)이다(4장 참조). 또 다른 예는 아래에 소개할 자극 연구이다.

시상에서 편도체로 직접 정보를 보내는 경로의 발견은 조건화된 공포 자극이 피질로부터의 도움을 받지 않고도 공포 반응을 일으키는 것이 가능함을 의미했다. 이 경로를 통해 시상 입력이 피질을 건너뛰어 편도체로 직접 전달되는 것이다. 뇌는 복잡한 연결망이며, 해부학적인 발견들은 이 복잡한 미로 속을 여행하면서 새로운 경로들을 찾게 해 준다.

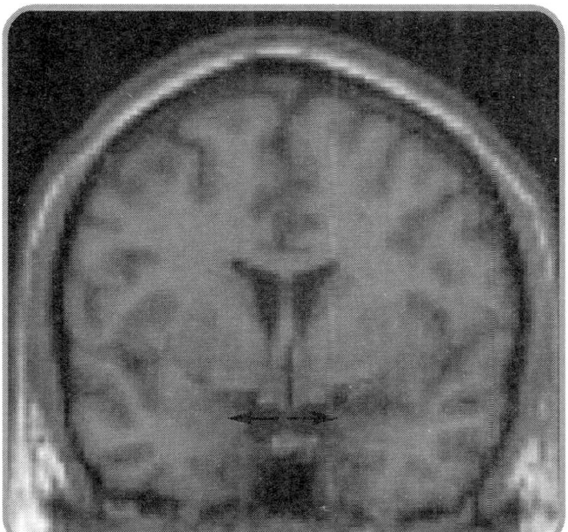

[그림 6-10] 인간 뇌에서 편도체의 위치를 보여 주는 자기 공명 이미지 스캔
뇌의 양쪽에 화살표로 표시된 지역이다.

처음 연구를 시작할 때 편도체를 염두에 두고 있었던 것은 아니었다. 해부학적으로 뇌의 경로들을 분리해 나가다 보니 거기에 이르게 된 것뿐이다. 하지만 연구가 처음 발표되었을 때, 나의 발견들은 캡(Kapp, B.)이 편도체의 한 영역인 중심핵(central nucleus)을 대상으로 한 연구에서 얻었던 결과들과 일치한다는 것을 알게 되었다. 중심핵이 심장박동을 비롯한 기타 자율신경계 반응들을 통제하는 뇌간 영역과 연결을 맺고 있다는 사실에 기반하여 그는 이 영역이 조건 자극과 자율신경계 반응이 연결되는 고리를 제공한다고 제안했다. 이를 증명하고자 토끼의 중심핵을 손상시키는 실험을 했고 그 결과는 예상대로였다. 전기충격과 짝지워진 소리 자극에 대한 심장박동 조건화가 극적으로 방해 받은 것이다.[12)]

캡은 계속해서 편도체 중심핵의 자극이 심장박동 및 자율신경계 반응을 촉진함을 보였고 이는 중심핵이 뇌간에서 이루어지는 자율신경계 반응을 통제하는 중요한 전뇌 회로의 일부임을 지지하는 증거였다. 그러나 그는 또한 중심핵 자극이 동결 반응을 유발하는 것을 관찰하였으며 이는 편도체 중심핵이 단순히 자율신경계 반응뿐 아니라 일반적인 방어 반응 체계에 관여하는 구조물일 수 있음을 시사하는 증거였다.

실제로 다른 실험실들에서 행해진 후속 연구에서 중심핵의 손상이 거의 모든 종류의 조건화된 공포 반응—동결 반응, 자율신경계 반응, 통각 억제, 스트레스 호르몬, 반사 반응의 증가 등—에 영향을 미친다는 사실을 보여 주었다. 또한 이들 각각 다른 종류의 조건화된 반응이 중심핵에서 각기 다른 출력 경로를 통해 매개된다는 사실도 발견되었다. 예를 들어, 중심핵에서 두 가지 다른 경로를 독립적으로 손상했을 때 동결 반응과 혈압이라는 두 가지 조건 반응에 미치는 영향은 각각 달랐다. 즉, 한 경로(중뇌수도 회백질 periaqueductal gray로 투사하는 경로)를 손상했을 때에는 동결 반응이, 다른 경로(외측 시상하부 lateral hypothalamus로 투사하는 경로)를 손상했을 때에는 혈압 반응이 방해 받았다. 두 경우 모두 다른 반응에는 영향을 미치지 않았다. 제 3의 경로(침대핵 bed nucleus of stria terminalis)는 이 둘 중 어느 반응에도 영향을 미치지 않았는데, 나중에 다른 연구자들이 이 영역이 CS에 의해 스트레스 호르몬이 방출되는 반응과 관련됨을 밝혔다.

편도체 중심으로의 여행 편도체 중심핵과 여기서 생성되는 출력 정보에 대한 연구는 어떻게 반응이 표현되는지를 밝혀 주는 듯 보였다. 그러나 자극이 편도체의 중심핵에 도달하여 반응을 통제하는 방식에 대해서는 여전히 알려진 바가 적다. 트레이서인 WGA-HRP를 사용하여 청각 자극이 청각시상에서 바로 편도체의 중심핵으로 전달이 되는지 살펴보고자 했다.

중심핵에 트레이서인 WGA-HRP를 주입하고 이번에는 반대로 축색 말단에서부터 세포체에 이르는 통로를 탐색하고자 했다. 이런 역방향 탐색에서도 트레이서는 마찬가지로 다른 분자들에 실려서 이동한다. 현미경을 통해 절편을 조사하던 중 트레이서를 머금어 밝은 오렌지 빛의 세포를 청각시상 근처에서 발견하였으나 청각시상 안에는 없었다. 결과적으로 공포 반응을 조절함에 있어 청각시상이 청각 자극을 바로 편도체의 중심핵에 보낸다고 갈할 수는 없게 되었다.

그러나 편도체의 외측핵(lateral nuclues)에 트레이서를 주입했을 때는 청각시상 안에 오렌지 빛의 세포를 발견할 수 있었다. 이런 오렌지 빛으로 표지된 세포들이 모여 있는 영역에 트레이서를 주입하면 반대로 외측핵에 오렌지색 얼룩이 생기는 것을 관찰할 수 있었다. 이 오렌지색 얼룩은 신경 말단에 트레이서들이 도달하여 있음을 의미한다(그림 6-9 참조). 청각 자극은 시상을 통해 편도체의 외측핵에 도달하는 것으로 보인다. 이 가설을 검증하기 위해 외측핵을 손상시켰는데 중심핵을 손상시킨 것과 마찬가지로 공포 학습을 방해하였다.

손상 연구를 통해 얻은 결과와 해부학적 경로 추적 연구결과를 통합하여 볼 때, 편도체의 외측핵은 공포 학습 중 CS를 받아들이며 중심핵은 반응 조절 시스템과 상호작용을 하는 매체로 생각할 수 있다. 이

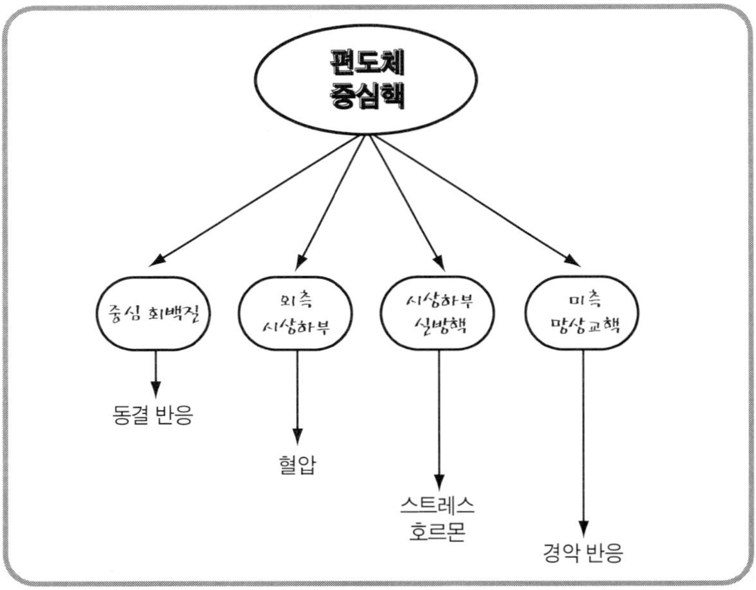

[그림 6-11] 편도체로부터의 다양한 출력은 각각 다른 공포 반응을 통제한다.

위험을 경고하는 신호나 위험 그 자체에 직면하면 자율신경계와 내분비계에서 반응이 일어나며 반사적인 행동을 취하게 된다. 이러한 반응들은 편도체 중심핵으로부터 나오는 다른 종류의 출력에 의해 표현된다. 중심핵의 손상은 모든 종류의 반응을 막는다. 그러나 각각의 반응 신호가 나가는 통로를 선택적으로 손상하면 그에 해당하는 반응만이 표현되지 않는다. 몇몇 예들을 선택하여 도식으로 만들었다.

제 어떻게 자극이 들어오고 어떻게 그에 대한 반응이 산출되는지는 밝혀졌다.

그러나 여전히 중요한 연결 통로는 밝혀지지 않았다. 만약 외측핵을 통해 CS가 편도체로 전달이 되고 CR은 중심핵을 통해 빠져나간다면, 외측핵에서 받아들여진 정보는 어떻게 중심핵으로 전달되는가? 비록 완전하지는 않지만 해부학적인 발견들이 몇몇 단서를 제공해 준다. 외측핵은 중심핵으로 직접적인 투사를 하기도 하고, 중심핵으로 투사하는 나머지 다른 두 개의 편도체핵(기저핵 basal nucleus과 부속핵 accessory nucleus)으로도 투사하여 간접적인 영향을 미치기도 한다. 이렇게 외측핵에서 중심핵으로 전달되는 경로는 여러 가지가 있다. 그러나 정확하게 어느 경로가 결정적인 역할을 하는지는 아직 알려지지 않았다.

편도체는 12개 이상의 하위 영역으로 구분할 수 있는데, 모든 하위 영역이 공포 학습에 관여하는 것은 아니며 학습 회로에 관계하는 편도체의 영역에 손상을 입혔을 경우에만 공포 학습에 방해를 준다. 외측핵과 중심핵은 절대적으로 관여한다. 그러나 다른 영역들의 역할은 여전히 연구 중이다.

간선도로와 고속도로 신피질을 거치지 않는 신경 통로에 의해 정서 학습이 일어날 수 있다는 사실은 사고, 이성, 의식 등에 관여한다고 여겨지는 두뇌의 고등한 처리 영역의 개입 없이 학습이 이루어질 수 있음을 시사한다. 그러나 이러한 개념을 받아들이기 전에 공포 학습에서 청각피질의 역할을 깊게 고려할 필요가 있다.

지금까지 언급된 실험들은 전기충격과 연합된 간단한 청각 자극을 사용하였다. 이러한 간단한 처리에 청각피질은 필요치 않음이 확실하다. 그러나 보다 복잡한 상황을 가정해 보자. 전기충격과 연합된 간단한 청각 자극 하나만을 사용하기보다 매우 유사한 두 개의 청각 자극을 사용하여 하나는 전기충격과 연합시키고 하나는 연합시키지 않았다는 가정이다. 이때 두 소리를 구분할 필요가 생기게 되는데 이 경우 청각피질이 필요할까? 쉬나이더만(Schneidermann, N.)과 맥케이브(Mccabe, P.)는 공포 학습에서 토끼의 심장박동을 측정한 실험을 통해 이에 대한 답을 구하고자 하였다. 충분한 훈련을 거듭하면 토끼는 전기충격과 연합된 청각 자극이 제시될 경우에만 심박의 변화를 보인다. 하지만 청각피질을 손상할 경우 두 자극을 구분하여 반응하는 능력은 사라진다. 흥미롭게도 청각피질의 손상은 전기충격과 연합한 소리에 대한 반응을 억제하는 식으로 조건화를 막는 것이 아니라, 전기충격과 연합된 적이 없는 청각 자극에 대해서도 전기충격과 연합된

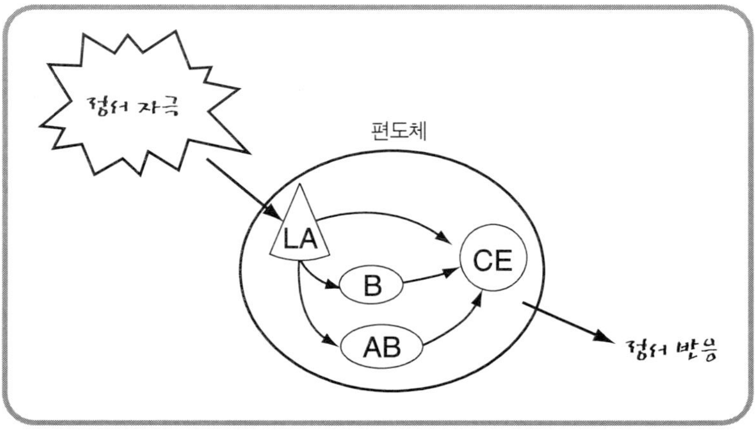

[그림 6-12] 편도체에서 이루어지는 정보처리통로의 통합

외측핵은 편도체로 들어가는 대문이다. 외부의 자극은 외측핵(LA)으로 전달되고 일단 외측핵에 수용된 자극은 기저핵(B)과 부기저핵(AB) 및 중심핵(CE)으로 보내진다. 중심핵은 정서 반응을 조절하는 두뇌의 영역과 연결되어 있다. [그림 6-11]에서 볼 수 있듯이 중심핵에서 출력되는 각각의 신호들은 각각 다른 종류의 반응을 유발한다.

자극처럼 반응하게 만든다.

이러한 결과는 시상에서 청각피질로 정보를 보내는 뉴런과 편도체로 정보를 보내는 뉴런을 대조하여 볼 때 이해가 가능하다. 만약 두뇌에 전극을 심는다면, 청각 자극에 반응을 하는 개별 뉴런의 신경활동을 측정할 수 있다. 시상 내의 뉴런 중 청각피질로 정보를 보내는 뉴런들은 반응하는 대역폭이 좁다. 이 뉴런들은 반응하는 자극이 한정적이다. 그러나 편도체로 투사하는 뉴런들은 반응을 하는 자극의 폭이 보다 크다. 비틀즈나 롤링스톤의 음악이(취향에 따라, 오아시스나 크랜베리스의 음악이) 시상의 투사에 의해 편도체로 전달될 경우, 시상은 이들 음악들 간의 차이를 구분할 수 있는 정보를 투사하지 않는다. 그러나 청각피질로 전달이 될 경우 이들 음악 간의 차이가 지각된다. 그러므로 두 가지 유사한 소리가 사용된 실험에서 시상은 어떤 소리가 주어지든지 편도체로 동일한 정보만을 보내게 된다. 그러나 청각피질을 통해 청각 자극의 차이가 지각될 경우 청각피질은 편도체로 이러한 차이에 대한 정보를 전달하게 된다. 만약 청각피질이 손상된다면 실험 동물은 단순히 시상 경로만을 이용하게 될 것이고, 편도체는 두 가지 소리를 같은 것으로 여기게 되어 두 소리 모두에 공포 반응을 보일 것이다.

빠른 자는 살고 느린 자는 죽는다 뇌는 왜 이런 방법으로 조직되어야만 했는가? 뇌에는 왜 고차원의 피질 경로와 더불어 저차원의 시상 경로가 함께 존재하는가?

우리는 먼 옛날 동물들의 뇌가 어떠했는지 그 후손들의 뇌를 통해 정보를 얻을 수 있다. 살아 있는 물고기, 양서류, 파충류에 대한 연구들은 원시동물의 뇌가 감각정보를 피질하 영역보다 피질 영역에 상대적으로 더 약하게 투사했을 것이라고 제안했다. 현재 포유류의 뇌에서는, 시상에서부터 피질로 투사하는 경로가 정보처리를 위해 훨씬 더 정교하고 중요한 채널이다. 그 결과 편도체로 바로 뻗은 시상 경로는 단순히 진화적인 자취, 즉 맹장처럼 기능은 없이 흔적만 남은 기관일 수도 있다. 그러나 나는 그러한 것이 아니라고 생각한다. 만약 시상과 편도체를 연결하는 직접적인 경로가 필요하지 않았다면 퇴화되고도 남을 만큼 충분한 시간이 있었기 때문이다. 그러나 이 경로는 퇴화되지 않았다. 수백만 년 동안 그들이 시상-피질 경로와 함께 존재해 왔다는 것은 무언가 유용한 기능을 하고 있기 때문일 것이다. 그럼 그 기능은 무엇인가?

시상체계는 정보를 명확히 구별하지는 못하지만, 피질로부터 입력을 받아 편도체까지 전달하는 경로보다 유리한 점을 가지고 있다. 그것은 바로 시간이다. 쥐의 뇌에서, 시상 경로를 통해 청각 자극을 편도체까지 도달하게 하는 데에는 12밀리세컨드(1000분의 12초)가 걸리고, 피질 경로를 통해서는 거의 2배의 시간이 걸린다. 그러므로 시상 경로가 더 빠르다. 즉, 위험한 물체에 대해 정확한 정보를 전달하는 것은 아니지만 무언가 위험한 것이 있다고 경고하는 신호를 빠르게 전달할 수가 있는 것이다. 이것이 바로 정보를 빠르고 대략적으로 처리하는 시스템이다.

숲을 걷고 있다고 생각해 보라. 발 밑에서 우지끈하는 소리가 들려온다. 이 소리는 시상 경로를 타고 곧장 편도체로 전달될 것이다. 소리는 또한 시상에서 피질로 전달되어 그 소리가 건조한 잔가지가 꺾여서 난 소리인지 아니면 방울뱀이 꼬리를 흔들어서 난 소리인지 판단하게 될 것이다. 그러나 피질이 그 소리가 무엇인지 파악할 때쯤은 편도체가 이미 뱀을 피하기 위해 작동하고 난 뒤이다. 시상에서 받은 정보는 아직 여과되지 않은 단순히 유발된 반응에 가까운 정보이다. 피질이 맡은 일은 적절한 반응을 일으키는 것보다는 부적절한 반응을 막는 것이다. 이번에는 얇고 구부러진 모양의 무언가가 길 위에 놓여 있다고 생각해 보라. 구부러지고 얇은 모양에 대한 정보는 시상에서 편도체로 도달하는 반면, 그것이 뱀인지 막대인지는 오로지 피질만이 구별할 수 있을 것이다. 만약 그것이 뱀이라면 편도체가 게임에서 앞

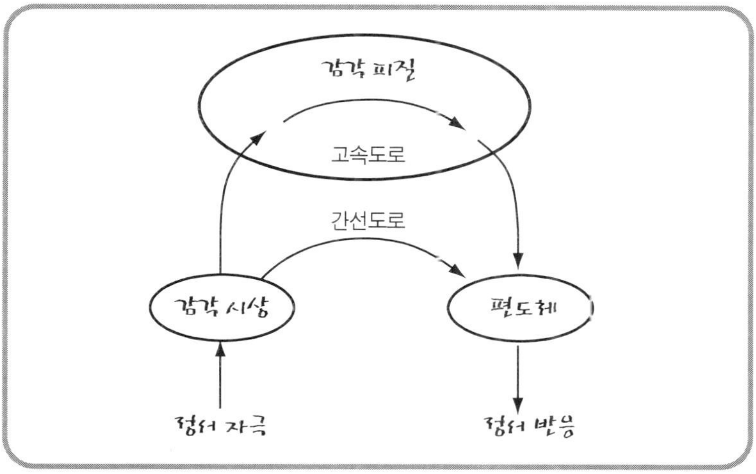

[그림 6-13] 편도체로 가는 저차원 도로와 고차원 도로

외부의 자극에 대한 정보는 시상에서 바로 편도체에 도달하는 방법과(간선 도로) 시상에서 대뇌피질을 거쳐 편도체로 가는 방법이 있다. 시상에서 편도체로의 직접연결 통로는 대뇌피질을 거쳐 편도체로 가는 통로보다 짧고 빠른 전달 경로이다. 그러나 직접 통로는 대뇌피질을 건너뛰기 때문에 피질 처리의 이점을 얻는 것은 불가능하다. 결과적으로 그것은 단지 있는 그대로의 자극 표상을 편도체에 전달할 뿐이다. 따라서 빠르고 성긴 처리 경로이다. 직접 통로는 우리가 자극이 무엇인지 충분히 알기 전에 잠재적으로 위험한 자극에 바로 반응할 수 있게 해 준다. 이것은 위험한 상황에서 매우 유용할 수 있다. 우리가 미처 의식적으로 이해하지 못하는 정서 반응들이 이 경로를 통해 표현될 수 있다. 우리 모두 무의식적인 정서 반응을 하게 되는 때가 있긴 하지만, 공포증 등 특정한 정서 장애를 가지고 있는 사람들은 이렇게 무의식적으로 처리되는 정서 자극에 보다 민감하게 반응할 것이다.

서게 된다. 생존의 관점에서 보면 반응을 하지 않는 것보다는 그것이 마치 실제로 일어난 것처럼 행동하는 편이 낫다. 더 나아가 막대를 뱀으로 인식하는 것이 뱀을 막대로 보는 것보다 치러야 할 대가가 적다.

따라서 우리는 공포 반응 관련 시스템에 대한 대략적인 윤곽을 살펴볼 것이다. 이 시스템은 감각시상과 감각피질로부터 편도체까지 이어지는 정보전달을 포함한다. 피질하 경로들은 외부세계의 아직 처리되지 않은 이미지를 전달하는 반면, 보다 자세하고 정확한 표상들은 피질로부터 전달된다. 시상으로부터 시작되는 경로는 단지 하나의 연결로만 이루어져 있지만 피질이 포함된 경로는 편도체를 활성화시키는 데 여러 가지 연결이 필요하다. 연결이 많아질수록 시간도 더 소요되므로 시상경로가 더 빠르다. 흥미롭게도 시상-편도체 경로와 피질-편도체 경로는 편도체의 외측핵에 모이게 된다. 두 경로의 대부분은 조건화된 공포 자극에 대한 감각 처리들을 통합하는 데 중추적 역할을 하는 외측핵으로 신호를 전달할 것이다. 그리고 일단 정보가 외측핵에 도달하면, 편도체 내부의 경로를 통해 중심핵으로 전달될 것이며, 중심핵은 가능한 방어 반응을 모두 일으키게 될 것이다. 내 연구 외에도 다른 이들(특히 데이비스, 펜슬로우, 와인버거, 캡)의 연구 또한 우리가 공포조건화의 신경학적 기초를 이해하는 데 상당히 도움을 주었다.

어느 장소든 나타나는 한 마리의 해마[13] 또 다른 예를 생각해 보자. 길을 걷고 있는데 누군가 당신에게 달려오는 것을 깨닫는다. 그 사람이 당신의 머리를 때리고 지갑을 훔친다. 다음 번에 또 다시 누군가 당신에게 달려오면 전형적인 공포 반응들이 작동하게 된다. 당신은 아마 꼼짝도 못한 채 당신 스스로를 방어할 준비를 할 것이다. 혈압과 심장박동은 상승하고, 손바닥과 발에서 땀이 날 것이며, 스트레스 호르몬들이 혈관을 따라 흐르기 시작할 것이다. 누군가 당신에게 달려오는 모습이 조건화된 공포 자극이 된 것이다. 그러나 습격당한 그 길에 나중에 당신이 다시 들른다면 달려오는 사람이 없음에도 불구하고 당신의 신체가 방어 반응을 보일 것이다. 그 이유는 당신이 정신적 충격과 직접적으로 연결된 자극(강도가 당신에게 달려오는 모습)에 조건화되었을 뿐만 아니라 우연히 사건 발생과 연관된 다른 자극들에도 조건화되었기 때문이다. 이러한 다른 자극들은 강도를 당했던 맥락을 형성하고 맥락과 외상적 경험 사이에 조건화가 이루어진다.

심리학자들은 맥락조건화에 대해 널리 연구해 왔다. 쥐를 상자에 집어넣고 소리를 들려주면서 약한 전기충격을 주면 쥐는 우리가 이미 앞에서 살펴보았던 것처럼 소리에 조건화될 것이다. 그러나 또한 상자에도 조건화될 것이다. 따라서 다음번에 또 다시 쥐가 상자 안에 놓이게 되면 소리가 들리지 않더라도 동결 반응, 자율신경계와 내분비계의 각성, 고통 억제, 반사작용의 증가 등을 포함하는 조건화된 공포 반응들이 나타날 것이다. 맥락이 CS가 된 것이다.

맥락공포조건화 실험에서 맥락은 외현적 CS를 제외한 다른 모든 자극들로 구성된다. CS는 전경(foreground)이다. 가장 두드러진 자극이며 전기충격에 대한 예언력도 가장 높다. 다른 모든 자극들은 CS의 배경에 존재하며 맥락을 구성한다. 맥락은 언제나 존재하지만 CS는 때때로 제시된다. 이러한 이유로 한 번도 전기충격과 연합된 적이 없는 새로운 맥락에서 제시된 CS의 효과를 시험해 볼 필요가 있다. 항상 제시되는 맥락에 의해 유발되는 공포 반응이 가끔씩 제시되는 CS에 의해 유발되는 진정한 반응을 정확히 측정하지 못하도록 방해할 수도 있기 때문이다.

어떻게 보면 맥락조건화는 부수적인 학습이다. 조건화 과정에서 피험자는 가장 명백하게 제시되는 자극(소리 CS)에 집중하지만 다른 자극들에도 집중하게 된다. 이는 진화의 관점에서 볼 때 매우 유용하다. 여우로부터 탈출한 토끼는 여우와 즉각적이고 직접적으로 연합된 자

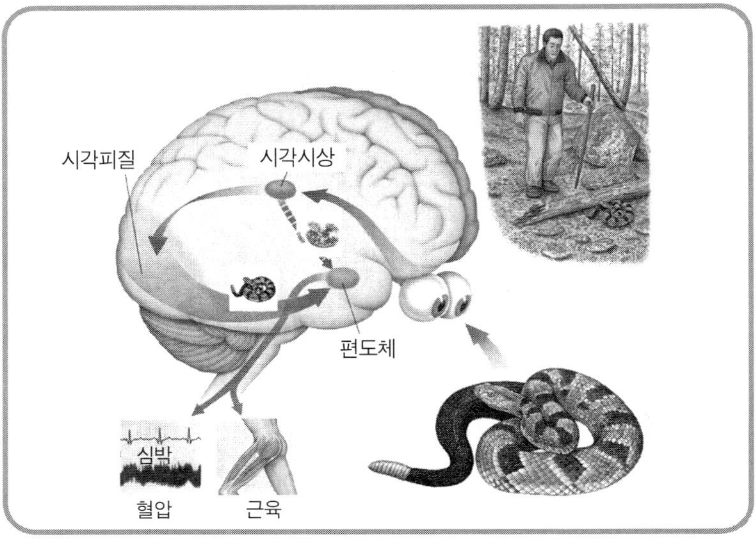

[그림 6-14] 방어 행동의 뇌 회로

숲을 산책하다가 길 위에서 나무 아래 똬리를 틀고 있는 뱀에 갑자기 마주쳤을 때(위 오른쪽 그림), 시각 자극은 먼저 시상을 통해 뇌에서 처리된다. 시상의 한 부분을 거쳐 있는 그대로의 거의 원형의 정보들이 직접 편도체로 들어간다. 이러한 빠르고 거친 전달은 가늘며 꼬여 있는 물체에 의해 일어날 수 있는 위험에 대하여 뇌가 즉각적으로 반응할 수 있게 해 준다. 이때 이 물체는 뱀일 수도 있고 단순한 막대기일 수도 있다. 한편 시상은 시각 정보를 시각피질에도 보낸다(시상의 이 부분은 편도체로 입력을 보내는 부분에 비해 자극의 세밀한 부분들까지 부호화하는 대단한 능력을 가지고 있다). 그리고 시각 피질은 자극의 상세하고 정확한 표상을 만들어 내는 일을 한다. 피질 처리의 결과는 편도체에도 공급된다. 피질 경로가 직접 경로보다 편도체에 보다 정확한 표상을 제공하기는 하지만, 정보가 피질을 거쳐 편도체에 도달하는 데 더 오랜 시간이 걸린다. 위험한 상황에서 빠르게 반응할 수 있는 것은 매우 유용하다. 시상에서 편도체로 직접 연결됨으로써 절약된 시간은 피질에서의 입력을 기다리는 것과 비교하면 삶과 죽음을 갈라놓을 수도 있는 것이다.

극, 즉 모습, 냄새, 공격할 때 나는 소리뿐만 아니라 여우와 마주친 장소, 물웅덩이 및 그 주변에 대해서도 조건화된다. 이러한 추가적인 자극들은 가장 명백하고 직접적인 자극을 뛰어넘어 조건화의 영향을 확장시키는 데 매우 유용하다. 별로 상관없는 단서들이라도 위험으로부터 탈출하고 회피하기 위해 사용하도록 하는 것이다.

맥락에 관련하여 재미있는 것은 이것이 특정한 자극 하나가 아니라 많은 자극들의 집합이라는 것이다. 자극 각각의 요소들을 포함하기보다는 하나의 전체적 맥락으로 별개의 자극들을 통합하는 것이 바로 해마의 역할이라는 의견들이다. 편도체와 다르게, 해마는 빛이나 소리 같은 감각 자극을 처리하는 뇌 영역으로부터 직접 정보를 받지 않는다. 대신 장소의 모습이나 소리들은 해마에 도달하기 전에 통합된다. 해마는 개별 자극 하나하나 대신에 자극들 간의 관계를 포함하는 맥락에 대한 표상을 만들어 내는 것이다

해마에 대한 이러한 관점에서 펜슬로우와 동료들을 비롯하여 필립스(Phillips, R.)와 나는 배경으로 주어진 자극과 사건들에 대한 공포 반응을 조건화하는 데 해마가 결정적인 역할을 하는지 연구해 보았다. 즉, 해마를 손상시킬 경우 소리와 전기충격이 연합되는 실험 상자 안에서 공포 반응을 조건화하는 데 방해가 일어나는지 알아보았다. 정상적인 쥐는 실험 상자 안에 놓이자마자 동결 반응을 보였다. 해마가 손상된 쥐는 동결 반응을 거의 보이지 않았다. 그러나 소리가 들리자 해마가 손상된 쥐도 동결 반응을 보이기 시작했다. 다시 말해, 해마 손상은 소리에 의해 유발되는 공포 반응은 제외하고, 맥락 자극에 의해 유발되는 공포 반응만 선택적으로 제거하는 것이다. 여기에서 소리가 여전히 영향을 미치는 이유는 편드체로 직접 전달되기 때문이다. 한편, 편도체 손상은 소리에 대한 조건화와 맥락 조건화 모두를

방해했다.

공포라는 바퀴의 중심 편도체는 바퀴살이 한 곳에 모이는 바퀴의 중심과 같다. 특정한 시상 영역으로부터는 저차원의 정보를 입력 받고, 특정한 피질 영역으로부터는 고차원의 정보를 받는다. 일반적인 상황에 대한 좀 더 고차원적인(특정 감각에 얽매이지 않는) 정보는 해마로부터 받는다. 이러한 신경연결을 통해, 편도체는 복잡한 상황뿐만 아니라 개별 자극의 정서적 의미도 처리할 수 있다. 편도체는 본질적으로 정서적 의미를 해석하는 데 관여한다. 자극이 반응을 유발할 것인지 말 것인지를 결정하는 곳이 편도체인 것이다.

어떠한 인지적 표상들이 공포 반응을 일으키는지 알아보기 위해서 우선 편도체로 입력정보를 보내는 영역들을 파악하고 각 영역들이 인지과정에서 어떤 기능을 수행하는지 연구하는 것이 한 방법이 될 수 있다. 같은 원리로 뇌에서 인지 기능들을 수행하는 영역들이 어디에 있고 그런 영역들이 편도체와 어떻게 연결되어 있는지 알 수 있다면, 공포가 어떻게 그러한 인지작용들에 의해 유발되는지 추정해 볼 수 있을 것이다

편도체와 관련 영역의 기능 저하가 어떻게 정서 장애를 유발하는지 쉽게 상상해 볼 수 있다. 시상 경로가 너무 우세하거나 피질과 연결되지 않을 경우에는 피질에 의해 중재되는 의식적 지각에 관계 없이 자극이 되는 사건만을 기반으로 정서 기억을 형성하게 될 것이다. 즉, 피질 수준에서 의식적인 지각이 일어나기 이전에 편도체로 이어지는 시상 경로가 이미 감각 시스템을 빠져나가기 때문에, 단순히 자극의 대략적 부분들만 파악이 가능한 피질하 경로와 지각을 담당하는 피질 간에 괴리가 일어나는 것이다. 이러한 불일치를 가진 사람들은 그들

의 감정에 대해 굉장히 약한 통찰력을 가지고 있을 것이다. 반면, 시상과 피질로부터 편도체까지 투사하는 경로와 해마가 연결되지 못한 사람은 사회적 맥락을 비롯한 즉각적인 맥락에 대해 부적절한 정서를 표현하게 될 것이다. 이러한 생각들은 아직까지는 순전히 추측된 제안이지만 어느 정도는 사실에 근거한 가설이다.

언제나 그랬듯이

쥐 공포조건화 연구를 통해 공포 반응에 기저하는 뇌 메커니즘을 상당히 자세히 그릴 수 있게 되었다. 쥐의 공포를 연구하는 이유는 분명하다. 인간의 공포가 어떻게 일어나는가를 알고 싶은 것이다. 다만 이것이 합당한 접근법인가에 대해서는 아직 의문의 여지가 있다. 쥐의 뇌를 연구함으로써 인간의 공포에 대해 진정 무언가를 알 수 있는가? 나는 알 수 있을 것이라고 믿는다.

비록 공포조건화 연구 대상으로 쥐 외의 다른 동물이 많이 사용되지 않았고 연구 테크닉에 있어서도 조건화에만 집중되었던 면이 있기는 하다. 그러나 여러 종에 걸친 증거 및 실험 결과를 종합해 보건대 공포의 바탕이 되는 뇌 기제는 많은 진화 발전 단계에 걸쳐 본질적으로 같을 것이라는 피할 수 없는 결론에 도달하게 된다.

공포의 기본 모델인 공포조건화부터 시작해 보자. 공포조건화에 대한 편도체 손상 효과는 새와 쥐, 토끼, 원숭이, 그리고 사람을 대상으로, 자율신경계 활동을 조건 반응으로 하여 연구되었다. 이 각각의 종들에서 편도체가 손상되자 조건화 공포 반응이 지체되었다. 편도체 없이는 CS는 CR을 도출하지 못했다.

비둘기는 공포조건화에 대한 편도체 박탈 효과를 연구해 본 유일한 비포유류 종이다. 그 효과가 포유류와 유사했다는 것은 다음 2가지 중 하나를 의미할 것이다. 하나는 편도체가 척수 동물 뇌의 방어 시스템의 핵심 요소로 선택된 것은 조류 및 포유류가 파충류에서 분리되기 이전이라는 것, 혹은 다른 하나는 편도체의 기능은 조류나 포유류 둘 다에게서 독자적으로 진화했으리라는 것이다. 이 문제를 해결하는

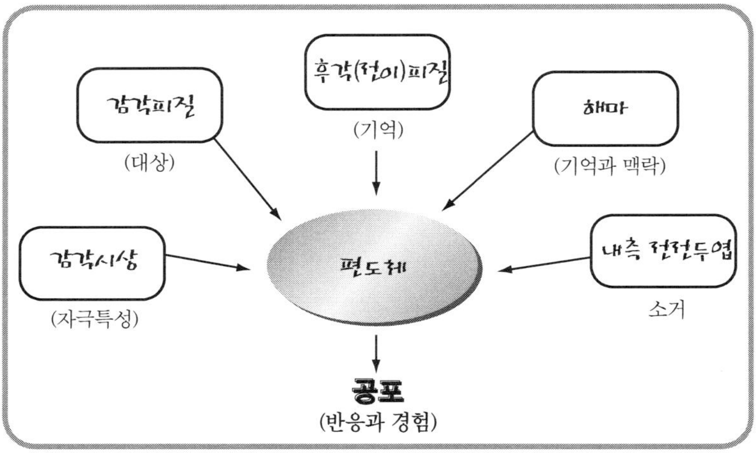

[그림 6-15] 편도체 : 공포 수레바퀴의 축

편도체는 인지 처리의 많은 단계에서 정보들을 수용한다. 시상의 감각 영역으로부터의 정보는 낮은 수준의 자극 특성으로서 편도체를 정서적으로 활성화시키고, 반면에 피질의 감각처리 시스템으로부터의 정보는 (대상 및 사건 같은) 보다 복잡한 측면의 자극 처리를 통해 편도체를 활성화시킨다. 해마로부터의 정보는 정서적인 맥락을 설정하는 중요한 기능을 수행한다. 또한 해마 및 주변 피질 부위는 외현 기억의 생성 및 회상과 연관되며 편도체와 연결되어 정서가 이러한 외현 기억에 의해서도 일어나도록 한다. 전전두엽 내측 피질은 소거(extinction)라고 알려진 과정과 연관된다. 소거란 조건 자극을 무조건 자극 없이 반복적으로 노출시킴으로써 조건화된 공포 반응을 도출하는 조건 자극의 능력을 약화시키는 것을 일컫는다. 내측 전전두 피질에서 편도체로 전달되는 정보는 이 과정에 기여한다고 볼 수 있다(8장 참조). 어느 피질 영역이 편도체로 이어지는지를 알게 됨으로써, 그리고 이들 영역이 관여하는 기능을 알게 됨으로써 어떻게 이러한 기능들이 공포 반응에 기여하는지를 예측해 볼 수 있다. 해부학은 달리 말하자면 심리학을 증명한다.

가장 좋은 방법은 편도체 박탈이 파충류의 공포조건화를 방해하는가를 알아보는 것이다. 그러나 불행하게도 이 실험은 실시된 적이 없다. 결과적으로 이에 대한 해답을 위해 다른 종류의 증거를 찾아 보아야 한다.

공포, 혹은 방어 행위에 대한 뇌 기제를 파악하기 위한 또 다른 테크닉으로 뇌 자극이 있다. 이 기술은 포유류 및 조류뿐 아니라 파충류에게도 적용되었으므로 편도체가 방어에 관여하게 된 것이 적어도 조류 및 포유류와 파충류의 분리 시점에 대한 질문에 해답을 제공할 수 있을지도 모른다.

우선은 포유류에서 밝혀진 공포조건화 회로가 뇌 자극 연구에 의해서도 확인이 되는가를 살펴보아야 할 것이다. 포유류의 뇌 자극 연구는 흥미롭고도 긴 역사라서 여기서는 단지 일부만 언급하려 한다. 여기서 초점은 공포조건화 연구를 통해 밝혀진, 공포 시스템의 심장이자 영혼인 편도체의 자극이 포유류에서 방어 반응을 일으키는가의 여부이다. 이는 확실히 그렇다. 편도체를 자극하자 마취 상태의 포유류는 자율신경계 반응을 산출했으며 깨어 있는 포유류는 자율신경계 반응 외에 얼어붙고, 도망치고, 방어적 공격 반응을 보였다. 이러한 실험은 쥐, 고양이, 개, 토끼, 원숭이에게 행해졌으며 모두 비슷한 결과를 도출했다. 특히 조건화된 공포 반응을 통제하는 뇌간 부분과의 의사소통 영역인 편도체 중심핵을 거쳐 방어 반응들이 표현되는 것으로 보인다. 공포조건화와 뇌 자극 연구는 공포 반응 표출 시 공통된 출력 경로를 밝혔다.

이제 계통 발생학적으로 하등 동물로 내려가서 파충류의 편도체를 자극하면 무슨 일이 발생하는가를 알아보자. 포유류가 분기될 당시의 파충류 조상의 표본으로 현재 살아 있는 파충류를 이용하는 것은 신중을 요하는 문제이다. 현재 파충류는 이미 그 선대 파충류에서 분기되어 나온 계통을 따르기 때문이다. 그럼에도 불구하고 화석에 뇌나 행동이 남아 있지는 않으므로 이것이 뇌 기능에 대한 비교 연구를 수행할 수 있는 유일한 방법이다. 도마뱀은 편도체를 자극하자 천적에게 위협당할 때 특징적으로 나타내는 방어 행위를 보였고, 편도체를 박탈하자 자연적인 유발 자극에 대해서 방어 행위 표출이 감소하였다.

이제는 계통 발생학적 고등 동물인 인간에 대한 편도체 자극의 효과를 고려해 보자. 이러한 연구는 치유 불가능한 간질의 뇌 수술과 연계되어 수행된다. 자극은 환자가 깨어 있는 동안 전달되므로 반응 표현을 기록할 수 있을 뿐 아니라 피험자가 자신의 경험을 진술할 수 있게 한다. 흥미롭게도 그들은 위험의 예감, 혹은 두려움을 가장 빈번히 보고하였다. 두려움은 편도체에서 생성되는 자연발생적 전기 자극으로서 간질 발작시 가장 흔한 경험으로 보고되는 것이다.

최근에 실시된 인간의 편도체 손상에 대한 연구 또한 편도체가 공포에서 특별한 역할을 담당한다는 것을 시사하고 있다. 오직 편도체만 손상된 환자를 접하기란 극히 드물지만 편도체를 포함하는 뇌 손상 환자는 심심찮게 접할 수 있다. 특히 측두엽의 간질 영역을 제거하는 수술을 받은 환자에게서는 매우 흔한 일이다. 라바(LaBar, K.), 펠프스(Phelps, L.), 그리고 나는 이러한 손상 유형 환자들을 대상으로 공포 조건화 연구를 실시하였다. 쥐가 아닌 인간이 대상이었으므로 US로서 전기충격 대신 정말 시끄럽고 고약한 소음을 사용하기로 하였다. 자율신경계 반응을 야기하는 데 있어 소음의 효과는 통제군에 사용된 좀 더 부드러운 소리에 비해 확실히 나타났다. 중요한 결과는 조건화된 자율신경계 반응은 측두엽이 제거된 환자들에서 감소하였다는 것이다. 흥미롭게도 환자들은 CS와 US 간 관계를 의식적으로 '알고 있었다' 실험에 어떤 일이 있었냐고 묻자 모두 비슷하게 대답한 것이다. "오, 소리가 들리고 또 하나의 다른 정말 놀라게 만들 만큼 큰 소리가 뒤따랐지요." 비록 수술에서 편도체 외의 다른 부위도 제거되었지만 편도체가 손상된 것이 공포조건화에 있어 결함을 야기한 원인일 것임은 동물 연구 결과들로 미루어 추정할 수 있다. 이것은 동물 연구가 왜 그리 중요한지를 잘 보여 준다. 동물 연구 없이 인간 실험은 해석이 불가능하다.

인간 뇌 손상이 편도체에만 국한된 경우는 매우 드물지만 아이오와 대학의 다마지오와 동료들은 그러한 환자를 만나게 되어 매우 중요하고 근사한 연구를 실시할 수 있었다. 예를 들어, 한 연구는 얼굴에 나타난 정서 표현을 감지할 수 있는가를 검증하였다. 그 여성 환자는 거의 대부분의 감정 표현들을 알아맞힐 수 있었지만 두려운 표정은 읽지 못했다. 또한 가장 중요한 연구는 공포조건화 능력이 저해되었는가를 검토한 것이다. 그리고 실지로 그렇게 나타났다. 바로 이런 종류의 실험들이 풍부한 동물 실험 데이터로부터 영감을 얻은 실험들이다. 만약 어떤 동물 실험도 행해지지 않은 20년 전에 이 실험이 실시되었다면 공포조건화에 관여하는 편도체의 경로는 거의 이해할 수 없었을 것이다. 동물 연구가 그러한 연구 배경을 설정해 주지 않았다면 인간 연구는 실시조차 되지 않았을 것이다. 동물 실험을 통해 얻게 된 조건화된 공포에 편도체가 미치는 영향에 대한 인식 없이 어느 누가 편도체 손상 환자와 이러한 실험을 고려해 보겠는가?

이 논의의 요지는 편도체가 모든 종에서 공포 반응의 조절이라는 동일한 역할을 하는 것으로 보인다는 점이다. 그것이 편도체의 유일한 기능은 아니지만 분명 중요한 임무이다. 이 기능은 아마도 까마득히 옛날, 최소한 공룡이 지구를 지배하던 그때부터 이미 확립되어서 진화의 많은 단계를 거치며 지속되어 온 듯이 보인다. 위험에 대한 방어는 유기체에게 첫째로 중요한 문제였을 것이다. 그리고 이제까지 주요 척추 동물들(파충류, 새, 포유류)로부터 얻어진 연구결과들로 보아 뇌는 공통된 구조 계획을 가지고 이 기능을 수행한다고 볼 수 있다.

다양한 종들이 위험에 처해서 저마다의 방식으로 방어를 해 왔지만 편도체의 역할만은 일관적이었다는 점은 놀라운 사실이다. 다양한 동물들이 저마다 다양한 행위를 함으로써 동일한 진화적 기능을 수행할 수 있게 한 것은 의심할 바 없이 여러 종에 공통된 신경 연결망이다. 이러한 기능적 동질성과 신경 연결망은 인간을 포함한 많은 척추 동물의 뇌에 적용된다. 위험을 감지하고 대응하는 것에 관한 한 뇌는 많이 변하지 않았다. 어떤 의미에서는 인간도 한 마리의 정서적 도마뱀이다. 따라서 쥐의 공포 반응 연구는 우리 인간 뇌의 공포 기제가 어떻게 작동하는가에 대해 상당히 많은 것을 말해 준다고 꽤 자신 있게 말할 수 있다.

진화를 넘어서

편도체 및 그 입력과 출력 간의 연결을 통해 뇌는 우리 선조들이 일상적으로 경험해 왔고 또 우리들 각자가 개개인으로서 학습해 온 위험들을 감지하고, 우리의 특유한 몸 유형에 가장 효과적인 반응을 내놓도록 프로그램되어 왔다. 이때의 반응들은 물론 현대가 아닌 진화적으로 오래 전의 환경 상황에서 유리했던 반응들을 의미한다.

준비된 방어 반응들은 진화되어 오면서 다듬어지고, 반사적으로 일어나게끔 만들어져 왔다. 다윈의 표현을 빌리면 '비자발적' 으로 일어나게 되었다. 그것들은 뇌가 무엇을 해야 하는지에 대하여 생각을 시작하기 전에 일어난다. 생각하는 데는 시간이 소요되고, 때로는 위험에 반응하는 결정이 숙고 없이 빠르게 일어날 필요가 있다. 다윈이 런던 동물원에서 아프리카산 큰 독사와 마주쳤던 것을 떠올려 보자. 뱀이 다윈을 물려고 덤벼드는 순간 다윈은 순식간에 뒤로 물러났다. 만약 뱀이 유리 뒤에 있지 않았다면, 다윈의 목숨은 그의 무의식적인 반응에 좌우되었을 것이다. 만약 반응이 충분히 빨랐다면 그는 살았겠지만, 너무 느렸다면 그는 죽었을 것이다. 그에게는 뱀이 물려고 한 순간 뒤로 물러날 것인지 아닌지를 결정할 시간이 없었다. 그리고 설령 물러나지 않기로 결정했더라도 멈추지 못했을 것이다.

많은 동물들이 주로 정서 반응의 주도권을 자동적인 메커니즘에 맡기고 살아가는 것에 비해, 자동적인 반응에서 의도적인 제어로 빠르게 전환할 수 있는 동물들은 엄청난 이점을 가지고 있다. 이 이점은 정서와 인지기능의 결합에 달려 있다. 준비된 정서 반응을 유발시킬 수 있는 신호의 출처로서 인지적 처리의 역할은 중요하다. 인지는 또한 우리가 어떤 상황에 처해 있으며 다음에 어떤 행동을 해야만 하는지에 대한 결정을 내릴 수 있게 해 줌으로써 정서에 기여한다. 인지가 매우 유용한 정신적 도구인 이유 중의 하나는 '수동적 반응' 에서 '능동적 행동' 으로의 전환을 가능하게 해 주기 때문이다. 이렇게 전환이 가능한 능력은 생존에 큰 이점을 제공하고 아마도 이점이 영장류, 특히 인간에게 있어 인지의 폭발을 가져온 이유를 설명할 수 있을 것이다.

가장 성공할 가능성이 높은 방향으로 행동함으로써 뇌는 시간을 번다. 이것은 뇌가 시간을 벌기 위한 목적으로 일단 자동적인 반응을 한다는 얘기는 아니다. 일단 자동적인 반응이 나오는 것은 진화되어 온 감각 덕분이지 후에 전개되는 반응들을 준비하기 위한 목적으로 존재하는 것은 아니다. 시간을 벌게 된 것은 뇌 회로가 정보를 처리하는 방식에서 나온 운 좋은 부산물이다.

당신이 프레이리 도그라고 불리는 작은 포유류라고 상상해 보라. 당신은 저녁식사 거리를 찾기 위해 여기저기 땅을 파고 있다. 그러다가 갑자기 살쾡이와 맞닥뜨리면, 당신은 그것이 심상치 않은 적임을 알게 되고 즉시 모든 움직임을 멈추게 된다. 동결 반응은 당신을 위한 진화의 선물이다. 당신은 결정을 내리기 위해 생각할 것 없이 그렇게 행동한다. 그것은 바로 일어난다. 살쾡이의 모습과 소리는 당신의 편도체로 곧장 들어가고 동결 반응이 나온다. 만약 당신이 무엇을 할지에 대해 신중한 결정을 내리고자 했다면, 가능한 선택들의 성공과 실패 가능성을 고려하느라 결정을 내리기도 전에 잡아 먹히게 될 것이다. 물론 동결 반응이 유일한 자동적인 반응은 아니다. 그러나 동물의 왕국을 통틀어서 위험을 감지했을 때 보이는 가장 보편적이고 초기적인 반응이다(5장 참조). 동결 반응과 같은 자동적인 반응들은 무수히 많은 세대를 거쳐 테스트된 반응이다. 시간이 걸리는 신중한 결정과 같은 반응들은 이러한 테스트를 거치지 않았다.

아마도 진화는 인지처리의 속도를 높여서 사고가 언제나 행동보다 빨리 일어나게 하고 행동 목록에서 모든 자동적인 행동들을 없애는 방향으로 진행되었을 수도 있다. 그러나 이것은 비용이 많이 드는 방식이다. 걸을 때 한 발 앞에 다른 발을 둔다든지 물체가 눈 가까이 왔을 때 눈을 감는다든지 날아오는 공을 잡기 위해 글러브를 정확한 지점으로 가져간다든지 위험에 빠르고 적합하게 반응한다든지 등 우리가 생각하지 않아서 더 좋은 예는 매우 많다. 만약 사고가 모든 행동들에 앞서야 된다면 행동과 정신 작용들은 매우 느려질 것이다.

그러나 자동적인 반응들이 아무리 유용해도 이는 눈앞에 닥친 문제를 임시로 해결하기 위한 방법일 뿐이다. 결국 책임을 지는 것은 우리 자신이다. 스스로가 계획을 세우고 그것을 수행해야 한다. 이것은 인지적인 자원을 정서적인 문제에 돌리는 것을 필요로 한다. 위험이 발생하기 이전에 생각하고 있던 것을 멈추고, 이제 직면한 위험에 대해 생각하기 시작해야만 한다(그리고 이때 이미 반응은 자동적으로 일어난 뒤가 될 것이다). 블랜차드 박사 부부는 이런 행동을 '위험 평가(risk assessment)' 라고 불렀다. 우리는 항상 상황을 평가하고, 이득을 극대화하고 손실을 최소화하기 위해 계획을 세운다. 생존은 우리가 야수와 맞닥뜨렸을 때만 발생하는 문제가 아니다. 사회적 상황에서도 늘 발생한다.

우리는 인간의 뇌가 어떻게 상황을 평가하고, 가능한 행동 목록을 만들고, 서로 다른 행동을 통해 나오는 가능한 결과들을 예상하고, 행동의 우선순위를 정하고, 특정 행동을 선택하는지 완전히 이해하지는 못한다. 그러나 이러한 행동들이 매우 복잡한 인지 기능이라는 것에는 의심의 여지가 없다. 그것들은 자동적 반응에서 능동적 행동으로의 중대한 전환을 가능하게 한다. 우리가 현재 알고 있는 지식으로서는 전전두피질 주변 영역이 그것을 담당하는 것으로 보인다. 전전두 피질은 영장류에서 가장 넓은 대뇌 피질의 한 부분이다. 이 영역이 손상된 사람들은 계획을 세우는 데 매우 어려움을 겪는다. 소위 전두엽 환자들은 같은 일을 계속 반복해서 하는 경향이 있다. 그들은 현재에만 집중할 뿐 자신의 미래 모습을 그려 보지 못한다. 전전두 피질의 어떤 영역들은 편도체와 연결되어 있는데, 가능한 다른 영역들과 함께 이 부분들은 정서적인 행동들을 계획하고 실행하는 데 있어 중요한 역할을 한다. 우리는 9장에서 정서적 의식을 살펴볼 때 전전두엽의 역할에 대해 다시 살펴볼 것이다. 이와 관련된 다른 영역으로는 기저핵(basal ganglia)을 들 수 있는데 이는 전뇌 피질하 구조이다. 이 영역은 운동을 조절하는 데 관여하며, 최근의 연구들은 편도체와 기저핵의 상호작용이 도구적 정서 행동(능동적 행동)에 얼마나 중요한지를 보여 주고 있다.

정서적인 계획은 정서적인 자동성에 덧붙여져 나타난 굉장한 기능이다. 그것들은 우리가 단지 반응자가 아닌 정서적인 행위자가 되게 해 준다. 그러나 이를 위해 그만한 대가를 치른다. 일단 당신이 생각하기 시작하면 육식 동물(사회적 약탈자도 포함하여)이 할 만한 여러 행동들에 대처할 수 있는 최선의 행동을 계산해 내야 할 뿐 아니라, 계획이 실패할 경우 발생할 일에 대해서도 생각해야 한다. 뇌가 커질수록 계획을 잘 세울 수 있지만 많은 걱정거리들 또한 생길 것이다. 이러한 주제는 8장에서 살펴볼 것이다.

평가이론가인 라자루스는 정서적 대처에 대해 언급했다. 정서적 대처는 무의식적인 정서 반응의 와중에서 자발적인 행동을 인지적으로 계획하려는 우리의 노력을 대표한다. 진화되어 온 프로그램은 정서라는 공을 굴러가게 하지만 그 순간부터 운전자석에 앉아 방향을 찾아나가는 책임자는 다름 아닌 우리이다. 우리가 이러한 책임을 얼마나 효과적으로 다루는가 하는 문제는 우리의 발생학적 체질, 과거 경험, 인지적 창조성, 그 외 여러 가지 요인들에 달려 있다. 우리가 정서를 이해하려면 이러한 모든 것을 이해할 필요가 있겠지만 우선은 첫 단계를 밝히는 것이 중요하다고 본다. 그 첫 단계란 바로 준비된 정서 반응이 본능적인 혹은 학습된 유발자극에 의해 튀어나오는 메커니즘을 밝히는 작업이다. 정서를 이해하기 위해서 진화의 역사 이외에 고려해야 할 것들이 많이 있지만, 우선 진화가 기여한 바를 잘 이해하는 것은 중요하다. 적어도 공포라는 정서에 대해서는 그 일을 완수했다고 생각한다.

1) 원제는 a few degrees of separation 이나 의미상 6단계 이론으로 번역한다. 6단계 이론(six degrees of separation)은 지구상에 존재하는 모든 사람들이 6단계를 거치면 간접적으로 서로 아는 사이라는 이론이다. 1929년 헝가리의 작가 프리기에스 카린시가 최초로 언급했고 실제로 과학적으로 증명하려는 실험들도 행해진 바 있다. 사람들 간의 관계가 생각하는 것보다 가깝다는 사실을 강조하기 위해 쓰인다. 역주

2) 우리식으로 표현하면 “자라보고 놀란 가슴 솥뚜껑 보고도 놀란다.”가 될 수 있겠다. 즉, 자라와 비슷한 형상을 가진 솥뚜껑이 조건 자극이 된다. 역주

3) 그러나 여기서 공포 경험이 의식적으로 인식되는가는 중요하지 않다. 왜냐하면 어차피 공포 시스템은 암묵적이거나 무의식적으로 학습되는 시스템이기 때문이다. 외현적, 암묵적 학습 시스템은 7장에서 논의될 것이다.

4) 이것은 오캄의 면도날(Occam' s Razor) 또는 단순성의 법칙(law of parsimony)이라고 불린다. 이는 보다 간단한 것이 있을 때 복잡한 설명이나 처리를 도입하지 않는 것을 의미한다. 동물의 의식에 대한 최근의 인간중심적인 사고의 부활은 의도적으로 이 법칙을 깨고 있다(McDonald, 1995; Masson & McCarthy, 1995 참조). 이것은 잘못이다. 의식을 증명할 수 없다면 행동을 설명하는 데 의식이라는 개념을 사용하지 말아야 한다.

5) 이것은 언제나 논쟁의 여지가 많다. 그러나 최근 위만(Ö hman)의 연구에 의하면 CS 혹은 CS와 US의 연관성에 대한 의식적인 인식 없이도 조건화가 일어날 수 있다고 한다. 그는 역방향 차폐(backward masking)라는 절차를 사용하여 CS가 뇌에는 입력이 되더라도 의식에는 도달하지 못하게 함으로써 이를 증명하였다.

6) 실패에 대한 공포나 공포상황에 빠질지도 모른다는 생각에서 오는 공포는 공포조건화로 설명하기 어렵다.

7) '동결 반응(freezing)'으로서 갑자기 닥친 위험에 대한 반응이다. 많은 종에 걸쳐 일어나지만 주로 쥐의 조건 반응으로 연구된다.

8) 대부분의 오래된 데이터들은 뇌 영역의 손상 연구를 기반으로 했다. 손상을 받은 뇌 조직은 변질되고 이어서 여기서 비롯되는 신경 섬유들도 변질된다. 특수한 염색 방법을 이용하여 변질된 섬유들을 관찰할 수 있다. 그러나 다른 영역으로 지나가던 섬유들(손상된 영역에서 비롯되지 않은)마저 손상되므로 잘못된 결과를 얻을 수도 있다. 경로를 추적하는 화학물질들을 이용하면 이러한 문제 없이 추적이 가능하다. 하지만 이러한 트레이서들도 어느 정도는 지나가는 축색 섬유에 의해 흡수될 수 있다.

9) 그러나 코헨의 비둘기 연구와 캡의 토끼 연구는 공포 학습의 메커니즘을 이해하기 위해 공포조건화를 이용했고 이는 초기에 실험을 디자인할 때 나에게 중요한 자극이 되었다(D. H. Cohen, 1980; B. S. Kapp et al, 1979).

10) 여기서 기술된 많은 손상 연구와 추적 연구들은 맨하탄에 있는 코넬(Cornell) 약학대학의 신경생물학 실험실에서 나온 것이다. 돈 라이스는 이 실험실의 책임자이자 공동연구자이다. 해부학에서 가장 큰 역할을 했던 공동연구자는 데이비드 루게리오와 클라우디아 파브이다. 아키라 사카구치, 지로 이와타, 피에라 시게티 같은 많은 연구자들이 행동 연구를 수행했다.

11) 세포조직을 붙이는 데 사용하는 얇은 유리판이다.

12) 캡은 이 영역에서 초석을 다지는 연구를 하였다. 1979년에 그는 편도체의 중심핵을 손상시키면 공포조건화를 방해한다는 첫 번째 연구 결과를 발표했다. 그 이후의 연구들은 편도체 중심핵이 공포조건화에 중요한 구조임을 보여 주기 위해 자극, 추적, 신경활동 기록 기법 등을 이용하였다(Kapp, Pascoe & Bixler, 1984의 연구에 요약).

13) Sea horse 우리말로는 둘 다 해마지만 여기서는 뇌 구조물 해마(hippocampus)를 바다에 사는 해마에 비유해서 지칭한다. 역주

07 추억 속의 느낌들

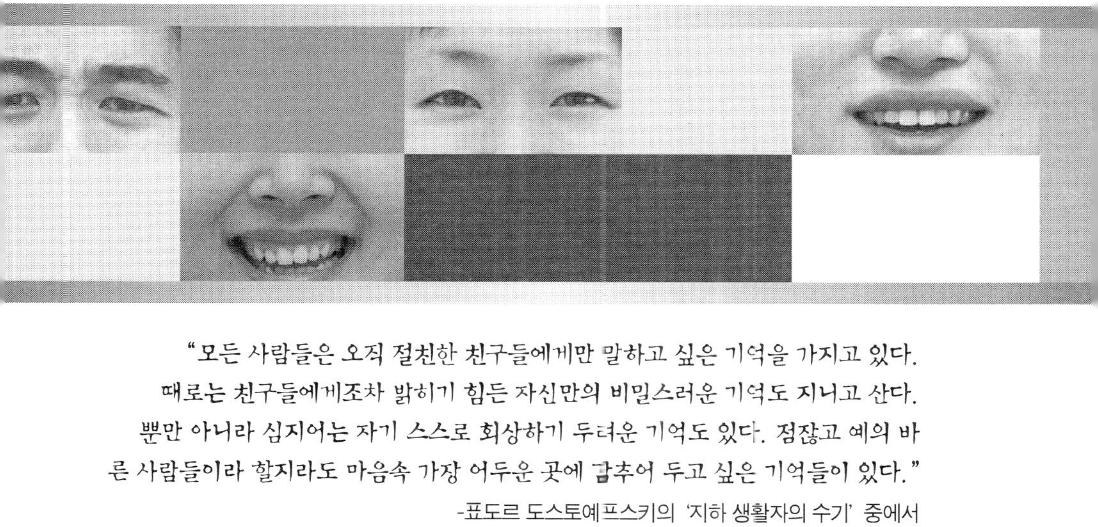

"모든 사람들은 오직 절친한 친구들에게만 말하고 싶은 기억을 가지고 있다. 때로는 친구들에게조차 밝히기 힘든 자신만의 비밀스러운 기억도 지니고 산다. 뿐만 아니라 심지어는 자기 스스로 회상하기 두려운 기억도 있다. 점잖고 예의 바른 사람들이라 할지라도 마음속 가장 어두운 곳에 감추어 두고 싶은 기억들이 있다."

-표도르 도스토예프스키의 '지하 생활자의 수기' 중에서

자전거 타기. 영어로 말하기. 국기에 대한 맹세. 구구단 중 7단. 도미노 게임의 법칙. 똥오줌 가리기. 시금치에 대한 선호. 뱀에 대한 두려움. 똑바로 서 있기. 'halcyɔn days[1]' 라는 단어의 의미. '밑바닥 인생의 향수병' 이라는 노래의 가사.[2] 치과 드릴 소리에 대한 불안감. 바나나 푸딩의 냄새.

위에서 나열한 것들의 공통점은 과연 무엇일까? 그 공통점이란 이들이 모두 학습에 의해 습득된 지식 혹은 행동들로서 내 머릿속에 저장되어 있다는 것이다. 일부는 그렇게 행동하거나 기대하도록 배운 것들이고, 또 어떤 것들은 개인적인 경험을 기억해 낸 것이다. 그리고 나머지는 그저 단편적인 사실들이다.

오랫동안 사람들은 무언가를 학습할 때 뇌 안에 연관된 시스템이 단 하나만 존재한다고 생각해 왔다. 예를 들어, 행동주의가 지배적이었던 시대의 심리학자들은 학습을 연구하는 데 있어서 동물을 사용할 수 있으며 이 결과를 적용하여 인간이 어떻게 학습을 하는지 밝혀낼 수 있다고 가정하였다. 이러한 논리는 먹을 것을 찾고 위험을 피하는 것과 같이 사람과 동물 모두 할 수 있는 간단한 행동들뿐만 아니라 말하기처럼 사람들은 쉽게 할 수 있지만 동물들은 전혀 하지 못하거나 하더라도 간신히 할 수 있는 행동들에까지도 적용 가능하다고 생각하였다.

그러나 지금은 서로 다른 종류의 기억을 담당하는 다중 기억 시스템이 있다는 것이 밝혀졌다. 우리가 야구를 할 때 공을 제대로 맞추는 동작을 학습할 수 있도록 해 주는 기억작용은 타석에 들어서 헛스윙에 그치고 말았던 과거 경험을 떠올리게 해 주는 기억작용과 서로 다르다. 또한 이들은 이전 타석에서 데드볼에 맞은 다음 다시 타석에 들어섰을 때 밀려오는 긴장감과 불안감을 유발하는 시스템과도 다르다.

분명히 이러한 기억들은 모두 장기기억(수초 이상 지속되는 기억)에 해당하지만 서로 다른 신경망에 의해서 조절된다. 다양한 종류의 정서나 감각이 있는 것과 마찬가지로 다양한 종류의 기억이 서로 다른 뇌 시스템으로부터 만들어지고 있는 것이다.

이 단원에서 우리들은 정서적인 경험에 대한 기억을 형성하기 위해 뇌가 사용하는 두 가지 학습 시스템에 대해서 논의해 볼 것이다. 그 둘 중 하나의 시스템이 손상되었음에도 다른 시스템은 여전히 정상적으로 기능하는 유명한 사례연구를 고찰해 봄으로써 뇌에서 두 가지 기억이 독립된 존재라는 것을 명쾌하게 밝혀 보고자 한다.

당신 손에 쥐고 있는 것은 압정입니까 아니면 나를 만나서 반가운 겁니까?

20세기 초에 프랑스의 내과의사인 클라팔드(Claparede, E.)는 뇌 손상으로 인하여 새로운 기억을 생성하는 능력을 잃은 것으로 보이는 여성환자를 진찰하게 되었다. 클라팔드는 병실에 들어설 때마다 그녀에게 다시 자기소개를 해야만 했는데 그녀가 이전에 의사를 만났던 경험을 기억하지 못했기 때문이다. 이와 같은 그녀의 기억 문제는 클라팔드가 병실을 떠난 지 채 몇 분도 지나지 않아 다시 찾아왔음에도 불구하고 마치 처음 본 것처럼 의사를 대할 정도로 심각하였다.

어느 날 클라팔드는 새로운 것을 시도해 보았는데, 우선 늘 하던 것처럼 병실에 들어가서 그녀에게 악수를 청하는 것이었다. 그녀는 평범하게 악수를 하기 위해 손을 뻗었는데 손이 닿자마자 재빨리 손을 뺐다. 왜냐하면 클라팔드가 손바닥에 조그만 압정을 숨겨 두었다가 그녀의 손바닥을 따끔하게 찔렀기 때문이다. 그 다음 진료에서 그녀와 악수하기 위해서 병실에 왔을 때 그녀는 역시 클라팔드를 알아보지 못하였지만 완강히 악수하기를 거부하였다. 허나 왜 자신이 의사와 악수하고 싶지 않은지에 대해서는 설명하지 못했다.

그녀는 클라팔드를 위험으로 받아들였던 것이다. 그는 더 이상 사람도 아니고 의사도 아니었다. 단지 특정 정서적인 의미를 가지는 자극에 불과했던 것이다. 비록 이 환자는 악수하는 상황에 대한 의식적인 기억은 없었지만 잠재의식적으로 클라팔드의 손을 잡는 것은 자신에게 아픔을 준다는 것을 배웠고, 그녀의 뇌는 불쾌한 사건이 다시 일어나는 것을 막기 위해서 저장된 정보, 즉 기억을 사용하였다.

위와 같은 기억의 보전과 상실은 안타깝게도 클라팔드 시대에는 완전히 이해되지 못했다. 얼마 전까지만 해도 생존을 위한 반사나 단일한 학습 및 기억 시스템 중에서 특정 부분의 손상으로 인하여 위와 같은 사례가 일어날 수 있다고 해석하였다. 그러나 기억의 뇌 기제에 대한 최신의 연구들은 이와는 다른 견해를 제시하고 있다. 현재에는 클라팔드가 두 개의 다른 기억 시스템을 관찰한 것이라고 생각한다. 하나는 일정 시간이 흐른 뒤에 의식적인 회상을 통해서 경험에 대한 기억을 상기시킬 수 있는 시스템이고, 다른 하나는 과거에 학습한 것에 대하여 명백하게 자각하지 못하는 상태에서 행동을 통제할 수 있는 잠재의식적으로 작동하는 시스템이다.

의식적인 회상은 '어떤 일을 했던 것을 기억하고 있어' 나 '기억력이 좋지 않아서 생활하는 데 불편해' 와 같은 말을 할 때와 같이 일상적으로 대화하는 동안에 우리들의 마음속에 가지고 있는 기억의 한 종류이다. 과학자들은 의식적인 회상을 선언적 기억(declarative memory) 또는 외현적 기억(explicit memory)이라고 부른다.[3] 이러한 방식으로 만들어진 기억은 마음속으로 언제든 떠올릴 수 있고, 말로 설명할 수 있다. 때때로 사람들이 무언가를 생각해 내는 데 어려움을 겪는 기억들도 있지만 이것은 불현듯 떠오를 수 있는 가능성이 있기 때문에 의식적인 기억으로 분류된다. 클라팔드의 환자는 뇌 손상으로 인해서 바로 이러한 종류의 기억에 문제가 있었던 것이다.

그러나 악수를 거절함으로써 위험 가능성이 있는 상황으로부터 자신을 보호하고자 했던 환자의 능력은 의식적 기억과는 다른 종류의 기억 시스템이 작동하고 있다는 것을 반영한다. 이 기능과 관련된 기억 시스템은 위험하거나 위협적인 상황들에 대해서 비선언적(nondeclarative) 또는 암묵적(implicit) 기억을 형성한다. 이전 단원에서 보았듯이 이런 종류의 기억은 공포조건화를 통해서 형성되는데, 클라팔드를 보는 것이 핀에 찔리는 고통과 연합됨으로써 학습된 반사 반응을 일으키는 촉발 자극(조건화된 공포 자극)이 되기 때문이다. 또한 학습은 의식적으로 지각하고 있지 않더라도 일어날 수 있다는 사실과 조건화된 정서 반응을 일으키는 데는 의식적인 지각이 필수적이지 않다는 사실을 통해서, 조건화된 공포 반응에 암묵적 혹은 무의식적인 과정이 포함되어 있음을 알 수 있다. 공포조건화가 일어났다는 것을 안다고 할지라도 조건화된 반응이 일어나는 것을 통제하거나 일어나는 동안에 의식적인 접근을 할 수는 없다. 클라팔드의 환자도 이와 유사한 반응을 보여 준다. 그녀는 뇌 손상을 입어서 비록 의식적인 기억은 할 수 없었으나 다시 핀에 찔리는 것을 막기 위해서 공포 자극에 대한 조건 반응을 암묵적으로 습득하였다.

그러므로 뇌 손상으로 인하여 정서적으로 학습된 경험에 대한 외현적, 의식적인 기억을 사용할 수 없을 때에도 암묵적인 정서기억이 작동한다는 것을 볼 수 있었다. 어떠한 손상도 입지 않은 정상적인 뇌에서는 외현적 기억과 암묵적인 정서기억 체계가 동시에 작용하며 각자 자신의 고유한 기억을 형성한다. 따라서 만약 당신이 이 구식 속임수를 사용하는 클라팔드를 만난다면, 괴짜 노인으로부터 핀으로 찔렸다는 외현적인 의식 기억뿐만 아니라 암묵적인 무의식적 기억 또한 같이 형성할 것이다. 우리는 앞으로 암묵적이고 조건화된 공포 기억을 '정서기억(emotional memory)' 으로 그리고 외현적이고 선언적인 기억을 '정서에 대한 기억(memory of an emotion)' 이라고 부를 것이다. 앞에서 이미 공포조건화가 어떻게 작동하는지 알아보았기 때문에 지금부터는 외현적 또는 선언적 기억 시스템의 신경 조직에 대해서 탐구해 보고, 나아가 의식적인 기억 신경망과 무의식적인 공포조건화 시스템 사이의 상호작용을 탐구해 나가도록 하겠다.

기억하는 헨리[4]: H.M.의 삶과 시대

현대 생리심리학의 아버지이자 뇌 연구에 지대한 영향을 미친 사람 중 한 명인 래쉴리(Lashley, K.)는 20세기 초 쥐의 뇌에서 기억의 위치를 발견하기 위해서 여러 연구를 수행하였다.[5] 어떤 특정한 신경 시스템에 의해서가 아니라 여러 장소에 걸쳐 퍼져 있는 신경 시스템에 의해서 기억이 조절된다는 그의 결론은 당시에 널리 인정받았다. 20세기 중반의 연구자들은 기억의 위치를 발견하려는 연구는 가시적인 성과를 내기 어렵고 방향이 잘못된 연구인 것으로 결론 내리고 더 이상의 노력을 중단하였다. 그러나 1953년에 극심한 발작으로 고생을 하던 한 청년이 코네티컷의 하트포드에서 수술을 받은 것을 계기로 하여 이 분야의 연구에 새로운 전기가 마련되었다.

뇌과학자들과 심리학자들에게 H.M.이라고 알려진 이 환자는, 본인이 의도한 바는 아니었겠지만 40여 년 동안 외현적(의식적) 기억의 뇌

기제에 대한 연구에 그 어느 누구보다도 큰 공헌을 하였다. 그는 경련성 간질로 6년간 고통을 겪다가 27살에 뇌 수술을 받았다. 당시에 모든 가용한 약물로 발작을 멈추려 하였지만 끝내는 치료에 실패하였다. 간질의 심각성과 돌발성으로 인하여 H.M.은 발작의 주요 근원 지점인 뇌 영역을 제거하는 급진적이지만 최후의 수단을 택해야만 하는 처지에 놓이게 되었다. 그의 경우 양쪽 뇌반구의 측두엽 상당 부분을 제거해야만 했다.

소기의 의료적 목적을 이루었다는 점에서 수술은 매우 성공적이었다. 수술 후에는 항경련성 약물로 간질 발작을 억제할 수 있게 된 것이다. 그러나 한 가지 아무도 예상치 못했던 불행한 결과가 있었다. 기억을 잃게 된 불상사가 H.M.에게 일어났던 것이다. 더 자세하게 말하자면 그는 외현적, 선언적 또는 의식적 장기기억을 형성할 수 있는 능력을 잃어버렸다. 외현적 기억과 암묵적 기억의 구분은 그의 증상이 알려진 뒤 한참 후에 이루어진 것일 뿐 아니라 사실은 H.M.에 대한 연구가 그 증거의 상당 부분을 차지한다(H.M.과 그의 기억 장애에 대해서 보다 자세하게 이해하기 전까지는 이 차이에 대해서 잠시 잊도록 하자).

H.M.의 기억 장애, 즉 기억상실증에 대해서 수년에 걸쳐 연구가 진행되어 왔고, 여러 분야에서 논문이 작성되었다. 기억 연구의 선도자들인 코헨(Cohen, N. J.)과 아이켄바움(Eichenbaum, H.)은 최근에 H.M.의 상태를 다음과 같이 요약하였다. "수술 이후 지금까지 40여 년간 H.M.은 자신의 나이와 날짜를 모르고 있다. 그리고 어디에 살고 있는지 부모님은 어떻게 지내고 계신지(예전에 돌아가셨지만) 모른다. 또한 자신의 옛 기억도 모르고 있다……." 그리고 이 분야에서 또 다른 선두주자인 스콰이어(Squire, L.)는 이렇게 기술하고 있다. "그의 간질 상태는 놀라울 정도로 호전되었지만 어떠한 새로운 학습도 전혀

이루어지지 못하고 있다. 새로운 것을 학습하지 못하는 장애는 지속적으로 누군가가 돌봐 주지 않으면 안 될 정도로 심각하다. 그는 반복적으로 만나는 사람들의 이름과 얼굴을 기억하지 못한다. 수술 이후 나이가 들어 외모가 변해 가면서 자신을 찍은 사진조차도 인식하지 못한다." 그러나 아마도 가장 진솔하게 H.M.의 장애를 묘사한 것은 바로 그의 불행을 첫 번째로 기술한 책에 나타나 있는 구절일 것이다. 외과의사인 스코빌(Scoville, W.)과 최초로 H.M.을 연구한 심리학자 밀너(Milner, B.)는 H.M.이 일상에서 일어나는 모든 사건들을 그 사건이 일어나자마자 즉시 잊었다고 회고하고 있다.

밀너의 연구로부터 알 수 있는 명백한 사실은 H.M.의 기억문제는 지적인 능력의 손실과 아무런 관련이 없다는 것이다. 수술 이후 H.M.의 지적 능력은 실제로 정상인보다 높은 수준을 수년간 유지하였다. 그의 마음속에 한가운데 자리 잡고 있는 기억의 블랙홀은 사고하고 추론하는 능력까지 앗아간 것은 아니었던 것이다. 그는 멍청하지 않았다. 단지 기억하지 못했을 뿐이었다.

수많은 연구를 수행하면서 H.M.의 기억 결함이 클라팔드의 환자가 겪었던 장애와 유사하지만 기억을 이해하기 위해서는 H.M.의 사례가 더 중요하다고 말할 수 있는데 여기에는 두 가지 이유가 있다. 첫째로 1950년대 중반부터 바로 얼마 전까지 광범위하게 H.M.을 연구할 수 있었다. 신경학의 역사에 있어서 H.M.만큼 기꺼이 실험에 참여하는 환자는 없었다. 최근에는 고령으로 인하여 이런 실험에 참여할 능력이 떨어지기는 했지만 그는 의욕이 넘치고 능력 있는 실험참가자였다. 두 번째로 H.M.의 사례가 중요한 이유는 그가 우연한 사고에 의해 뇌 부위가 손상된 것이 아니라 정교한 제거 수술을 받았기 때문에 손상당한 뇌의 정확한 위치가 알려져 있다는 점이다. 당시의 수술 기록을 통해서 어느 부위를 제거했는지 알 수 있었다. 또한 최근의 뇌 영상화 기법을 사용하여 그의 두개골 내부를 볼 수 있었다. 이처럼 손상당한 뇌의 위치를 정확히 확인해 줄 수 있는 신경학적 정보와 기억의 여러 시스템 중 망가진 부분과 온전히 남아 있는 부분에 대한 비교 분석을 통해서, 연구자들은 기억이 뇌 안에서 조직되는 방식에 관한 중요한 통찰을 얻을 수 있었다.

긴 것과 짧은 것

기억이 수초간 지속되는 단기저장과 몇 분에서 몇 시간까지 혹은 평생에 걸쳐 유지되는 장기저장으로 구분될 수 있다는 학설은 오늘날 널리 받아들여지고 있다. 지금 당신이 의식하는 것은 잠시 단기기억에 저장되고(이는 단기기억의 특별한 형태로 작업 기억working memory이라고 부르며 9장에서 논의할 것이다), 이 저장된 정보가 장기기억으로 넘어갈 수도 있다. 이렇게 기억을 두 가지로 구분한 것은 19세기 후반에 제임스에 의해 제안되었다(당시 그가 사용한 용어는 달랐다). 그러나 단기기억과 장기기억이 서로 다른 뇌 시스템에 의해서 조절되는 별개의 처리과정이라는 결정적인 증거는 바로 밀너가 수행한 초기 H.M.의 연구로부터 밝혀지게 되었다.

H.M.은 자신에게 일어나는 거의 모든 것을 잊어버리는 것처럼(장기기억이 형성되지 않았다) 보였지만, 그럼에도 불구하고 몇 초 동안만큼은 정보를 유지하고 있을 수 있었다(단기기억은 보존이 되었다). 예컨대 그림이 그려 있는 카드를 그에게 보여 주었다가 숨긴 후에 곧바로 무엇을 보았는지 물어보면 답할 수 있었지만, 1분 정도만 지나도 전혀 대답하지 못했고 심지어 무언가를 보았다는 사실 자체도 기억하지 못

했다. 여러 가지 다양한 검사 결과를 통하여 측두엽 제거가 장기기억을 방해하지만 단기기억에는 영향을 미치지 않는다는 사실이 분명해졌고 이는 단기기억이 어딘가 다른 뇌 시스템을 통해 구성되어 있다는 것을 시사해 주었다.

또한 H.M.은 우리들에게 장기기억을 새로이 형성하는 데 관여하는 뇌 시스템은 이전에 이미 형성되어 있는 장기기억을 유지하는 시스템과 다르다는 것을 가르쳐 주었다. H.M.은 어린 시절이나 성인 초기의 사건들은 상당히 잘 기억할 수 있었다. 사실 수술을 받기 2년 전까지의 기억은 잘 유지되었다. 이러한 결과를 토대로 H.M.은 심각한 순행성 기억상실증(anterograde amnesia, 새로운 정보를 장기기억에 저장하지 못하는 장애)과 가벼운 역행성 기억상실증(retrograde amnesia, 과거, 즉 수술 이전에 일어난 일들을 기억하지 못하는 장애)을 겪고 있다고 결론 내렸다. 그러므로 H.M.의 주요 결함은 장기기억이라는 은행에 이미 예금해 둔 정보를 인출하지 못하는 장애라기보다는 새로운 학습을 적립하지 못하는 장애라 할 수 있겠다.

따라서 H.M.을 연구하여 발견한 사실로부터 단기기억과 장기기억을 명확하게 구별할 수 있었고, 나아가 장기기억은 H.M.에게서 제거된 측두엽이 필수적으로 요구되는 초기 단계와 신피질과 같은 다른 뇌 영역을 사용하는 후기 단계, 이렇게 최소한 두 단계로 구성되어 있다는 것을 알 수 있었다. 측두엽은 장기기억을 형성하기 위해서 필수적이지만 이렇게 형성된 기억은 점차 시간이 지남에 따라서 측두엽을 포함하는 뇌 체계로부터 독립하게 된다. 지금까지 살펴본 연구 결과는 기억에 관한 뇌 기제를 이해하는 데 있어 필수적인 중요한 개념이다.

기억 모델을 찾아서

H.M.이 손상당한 뇌 부위는 측두엽 영역 중에서도 주로 해마와 편도체 및 그 두 영역의 주변 영역들을 포함한다. 이 세부 영역 중 일부는 예전에 맥클린이 변연계의 구성요소로서 확인하였다시피 정서 체계와 관련되어 기능하고 있다고 알려져 왔다. 그러나 H.M.의 연구 결과는 정서에 대한 변연계 이론에 반론의 여지를 제공해 주었고, 변연계의 일부 영역은 정서뿐만 아니라 인지 기능에도(기억과 같은) 상당한 영향을 미친다는 증거를 보여 주었다.

측두엽의 일부 영역에 손상을 입은 H.M.의 희생을 토대로 해마의 손상이 근본적으로 기억 장애를 초래한다는 관점이 출현하게 되었다. H.M.과 유사한 수술을 받은 다른 환자들을 대상으로 한 실험은 기억 장애의 범위가 해마를 얼마나 많이 제거하였는지와 직접적으로 연관된다는 것을 보여 주었다. 이로 인하여 해마는 새로운 기억의 형성에 관여하는 뇌 영역으로 주목 받기 시작하였다. 현재의 외과의사들은 측두엽을 수술해야 할 때, 해마와 관련된 영역을 완전히 보존하거나 최소한 한쪽 영역은 보존하는 방법을 채용함으로써 기억 기능을 손상시키는 불상사가 발생하지 않도록 최선의 노력을 기울이고 있다.

1950년대 후기까지 기억 연구자들 앞에 놓인 과제는 명확하고 간단명료한 것처럼 보였다. 그것은 실험 동물을 대상으로 과연 어떻게 해마가 기억을 완성시키는가를 밝혀내는 것이었다. 동물 연구에서는 학습한 것을 기억하는지 그렇지 않은지 직접 물어볼 수 없기 때문에, 이전의 학습경험이 이후 행동수행에 영향을 주는지 여부를 판단함으로써 기억을 측정하였다. 다양한 종의 동물들을 대상으로 그들의 수행을 측정하여 해마의 제거가 기억에 미치는 영향을 실험하는 연구들이 셀 수 없을 정도로 쏟아져 나왔다. 그러나 그 결과는 일치하지 않았고 때때로 실망감마저 안겨다 주었다. 예컨대 동물을 대상으로 해마를 손상시킨 후 학습한 것을 다시 기억하도록 했을 때, 어떤 경우에는 기억능력의 결함이 관찰되기도 하였고, 반대로 그렇지 않은 경우도 있었다. 이는 사람의 뇌와 동물의 뇌 사이에 서로 다른 기억 기제가 존재한다거나 동물을 대상으로 기억을 측정하는 정확한 방법을 연구자들이 아직 찾지 못했다는 것을 의미하였다.

그러나 1970년대 초기 옥스퍼드의 심리학자인 개펀(Gaffan, D.)이 원숭이를 대상으로 해마 의존적인 기억 기능을 측정할 수 있는 방법을 개발해 냈다. 이것은 '선행자극과 다른 자극 찾기(delayed non-matching to sample, DNMS)' 라 불리는 실험이었다. 실험 절차는 다음과 같다. 원숭이에게 장난감 병정과 같은 하나의 자극을 보여 주었다가 없앤다. 그리고 얼마간의 시간이 지난 후에는 한 번에 두 개의 자극을 동시에 보여 준다. 이때 하나는 장난감 병정이고 다른 하나는 똑같은 크기의 장난감 자동차였다. 만일 원숭이가 이전에 나왔던 자극이 아닌 새롭게 제시된 자극(여기에서는 장난감 자동차)을 고른다면 건포도나 과자와 같은 달콤한 강화물을 받게 된다. 반대로 이전에 나왔던 자극(장난감 병정)을 고른다면 아무런 강화물도 받지 못하게 된다.

맛있는 음식을 먹을 수 있기 때문에 원숭이들은 위와 같은 일종의 게임을 매우 좋아하였다. 정상 원숭이들은 매우 잘하였고 심지어 자극을 보여 준 이후 두 개의 자극이 나오는 데 걸리는 지연 시간이 상당히 긴 경우에도 곧잘 수행하였다. 해마가 손상된 원숭이들도 짧은 지연에서는 아무런 무리없이 잘해냈다 그러나 지연 시간이 길어지자 불일치 자극을 선택한 경우와 일치 자극을 선택한 경우가 거의 비슷해졌는데, 이는 두 자극 중 아무거나 하나를 선택한 정도의 형편없는 수행을 의미하였다. 긴 지연시간에서 원숭이들이 적절히 반응하지 못한 이유는 단순히 규칙(불일치하는 자극을 선택하는 것)을 학습하지 못했기 때문이 아니었다. 이 원숭이들은 이미 해마를 제거하기 전에 학습을 통해서 규칙을 알고 있었기 때문이다. 게다가 이들은 상대적으로 짧은 지연 조건에서는 규칙을 잘 사용하였다. 따라서 진정한 문제는 원숭이들이 '자극에 대한 기억을 불일치 자극을 선택해야 하는 순간까지 유지할 수 있느냐' 였던 것이다.

엄밀하게 말해서 DNMS 실험은 기억상실증 환자와 정상인을 대상으로 실시하는 일반적인 기억검사들과 같다고는 할 수 없다. 사람을 피험자로 하는 기억검사는 과제를 어떻게 수행해야 하는지 직접 말로 알려 주지만 동물을 대상으로 한 기억검사는 그렇지 못하기 때문에 동물에게 과제의 규칙을 학습시키는 데 몇 주에서 몇 달이 걸린다. 사람들은 대체로 말로 평가 받고 심지어 비언어적인 자극에 대해서도 말로 반응하도록 요구 받지만 동물들은 오로지 행동수행을 통해서만 기억을 표현한다. 또한 동물들은 올바르게 반응할 때마다 강화물을 받지만 사람들은 그렇지 못하다. 이렇듯 이 실험은 H.M.의 기억문제를 드러내는 데 사용하였던 다른 종류의 검사들과 완전히 일치하지는 않는다. 그럼에도 불구하고 선행자극과 다른 자극 찾기 실험은 동물을 대상으로 해마 의존적인 기억을 드러내 주는 실험절차로서 신뢰할 만한 매우 중요한 수단이다. 이러한 이유로 해서 DNMS 절차는 인간의 측두엽 손상으로 야기되는 기억상실증을 원숭이에서 테스트해 볼 수 있는 최고의 동물 모델로 인정받았다.

DNMS 절차는 여러 다른 동물들에도 적용되었는데 그중에서 특히 쥐를 대상으로 실험했을 때 해마 의존적인 기억을 측정하는 데 좋은 방법임이 확인되었다. 하지만 쥐를 사용한 연구들에서는 다른 종류의 과제들 또한 해마와 관련되어 있음이 밝혀졌다. 이런 과제들은 대부분 공간적인 단서를 사용하여 다양한 형태의 학습과 기억을 형성하도록 요구하는 실험들이다. 그러한 과제들 중 하나가 방사형 미로(radial arm maze)로 중심에서 사방으로 뻗어 있는 여러 개의 통로들로 구성되어 있는 미로이다. 쥐를 중앙에 놓으면 여러 통로들 중에서 하나의 통로를 선택해 탐색행동을 벌인다. 쥐들이 해야 하는 일은 이전에 들어가지 않았던 통로를 기억하였다가 그 통로로 들어가서 먹이를 먹는 것이다. 만약 이전에 갔던 통로에 다시 들어가면, 그 통로에 있던 먹

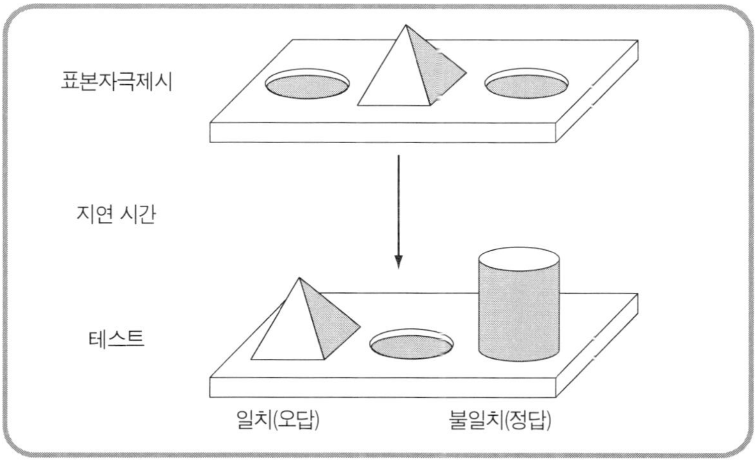

[그림 7-1] 선행자극과 다른 자극 찾기 절차

받침대의 중앙에 표본 자극을 올려놓고 원숭이에게 보여 준다. 지연시간이 지난 후에 이 자극을 다른 새로운 자극과 함께 다시 보여 준다. 만약 원숭이가 새로운 자극(불일치 자극)을 선택하여 들어 올리면 이 자극 밑에 미리 놓아든 강화물(땅콩, 과자, 건포도 등)을 먹을 수 있게 된다. 이러한 절차는 동물을 대상으로 기억에 관련된 해마 및 그와 연결되어 있는 피질 영역의 역할을 연구하는 데 널리 사용되었다.(국립 정신 건강 협회에서 머레이(Murray, E. A.)가 설계한 예를 기초로 한 것이다.)

이는 이미 먹어치운 뒤이므로 쥐들은 아무것도 얻지 못한다. 이 과제를 해결하는 단 한 가지 방법은 미로 밖으로 보이는 여러 물체들의 위치를 기준으로 통로의 위치를 파악하여, 이전에 선택했던 통로인지 여부를 판단하는 것이다. 즉, 공간적 단서를 잘 활용해야만 한다. 그 밖의 다른 과제는 수중미로(water maze)로써 쥐를 우유빛 물이 담겨져 있는 큰 물통에 넣는다.[6] 쥐들은 수영을 꽤 잘하긴 하지만 좋아하진 않기 때문에 가능하면 빨리 안전한 장소를 찾기 위해서 여기저기로 헤엄쳐 가는 행동을 한다. 실험 초기에 수면 위로 도피대를 보이도록 해 두어서 쥐들이 도피대가 어디에 있는지를 학습하게 되면, 다음부터는 도피대를 수면 밑으로 잠기게 한다. 더 이상 도피대가 보이지 않기 때문에 안전한 장소를 찾으려면 방 주변에 있는 공간적인 단서를 사용하여 도피대가 있는 곳을 기억해야만 한다. 지금까지 알아본 방사 미로와 수중 미로 실험에서 해마를 손상당한 쥐들은 공간 기억을 형성하지 못하기 때문에 형편없는 수행결과를 보이게 된다.

1970년 후기가 되어서야 오리무중 속에 빠져 있던 것들이 서서히 베일을 벗기 시작하였다. 동물과 사람을 대상으로 수행된 수많은 연구들은 마침내 해마가 기억에서 중요한 역할을 하고 있음을 강력히 시사해 주고 있었다. 국립 정신 건강 연구소의 미쉬킨(Mishkin, M.)은 기억에서 해마가 담당하는 역할에 대한 이렇듯 깔끔하고 단순한 이론에 대해 한 가지 문제점을 보고하였다. 측두엽 손상으로 기억상실증에 걸린 H.M.을 포함한 모든 환자들은 해마뿐만 아니라 편도체도 손상을 입었다는 중요한 점을 지적하였다. 그렇다면 편도체 또한 중요한가? 라는 의문을 던져 보지 않을 수 없게 되었다. 미쉬킨은 원숭이를 대상으로 해마와 편도체를 동시에 손상시킨 후 이것이 행동에 미치는 영향과 두 영역 각각 따로 손상시킨 결과들을 서로 비교 실험해 봄으로써 의문점에 답해 보고자 하였다. 결과는 매우 명확하였다. 편도체와 해마 모두를 손상당한 원숭이가 DNMS 실험에서 각각 따로 하나씩만 손상당한 원숭이에 비해서 훨씬 형편없는 수행 결과를 보여

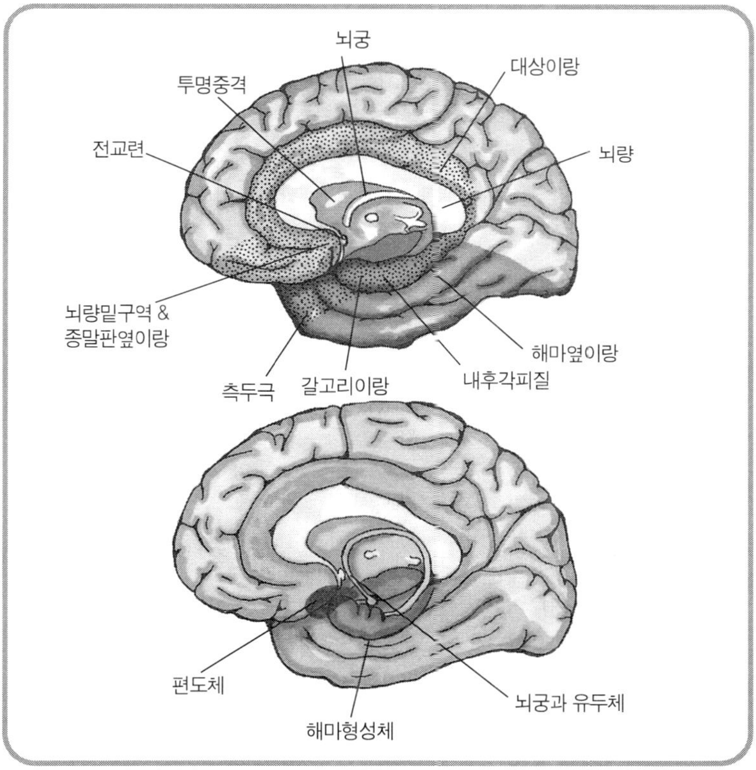

[그림 7-2] 해마와 편도체 그리고 그들을 둘러싸고 있는 피질 영역의 위치
두 그림은 인간 뇌의 내측을 보여 주고 있다. 점으로 찍혀 있는 부분이 변연계이다(4장 참조). 편도체와 해마는 측두엽 내측의 안쪽 깊숙한 곳에 자리 잡고 있으며 갈고리이랑(uncus), 내후각피질(entorhinal cortex), 해마옆이랑(parahippocampal gyrus)과 같은 구조물들의 아래에 위치한다(위). 아래는 해마와 편도체의 위치를 보여 주기 위해서 피질 영역들을 제거한 그림이다.(Martin, J. H.(1989). 신경해부학.)

주었다. 편도체나 해마와 같은 변연계가 인지보다는 정서에 관련되어 있다는 이론은 이미 해마가 인지능력에 기여하고 있다는 발견에 의해서 도전을 받고 있었다. 거기에 더해서 위 실험 결과가 발표됨으로써 다시 한 번 편도체가 기억 체계의 일부분일 수 있다는 가능성이 제시되었고 이는 변연계의 기능이 정서와 인지 사이에 모호하게 위치한다는 것을 지지했다.

그러나 다른 연구자들은 편도체가 기억 체계의 일부분이라는 견해를 완전히 받아들이지 않았다. 그리고 1980년대 후반의 시대 조류는 오히려 후퇴하여 해마가 장기기억 체계의 핵심위치를 차지하고 있는지에 대해서 회의의 시선을 보내고 있었다. 샌디에고의 스콰이어(Squire, L.), 졸라-모간(Zola-Morgan, S.), 애머럴(Amaral, D.)은 H.M.과 매우 비슷한 기억 장애를 가지고 있는 환자를 관찰하였다. 얼마 후 이 환자는 사망하였으나 조사를 위해서 자신의 뇌를 기증하였다. 그의 뇌를 관찰해 본 결과 해마에만 손상이 발견되었고, 그 이외의 다른 부위에서는 아무런 손상도 관찰되지 않았다. 해마에 있는 세포에만 손상을 입은 이른바 선택적 손상의 원인은 산소공급이 감소하는 산소결핍증(anoxia) 때문이었다. 이 사례는 해마의 손상만으로도 기억상실증을 일으킨다는 것을 보여 준다.

그렇다면 이전 원숭이 실험에서는 왜 해마와 편도체 모두의 손상이 해마의 단일 손상보다 더 심각한 결함을 만들어 냈던 것일까? 샌디에고에 있는 학자들이 이 논쟁점에 관심을 기울였다. 그들은 외과의사들이 편도체를 제거할 때 신피질과 해마를 연결해 주는 중요한 피질지역을 종종 손상시켜 왔음을 지적하였다. 아마도 미쉬킨의 결과는 편도체의 손상 때문이 아니라 신피질과 해마 사이에 정보가 들어가고 나가는 흐름을 차단했기 때문이었을 것이다. 샌디에고 연구자들은 이번에는 해마와 관련되어 있는 피질 지역을 침해하지 않고 편도체만을 제거하는 방법을 고안해 냈다. 이렇게 순수 편도체만의 손상은 DNMS 과제의 수행에 아무런 영향을 미치지 않았다. 그렇지만 편도체의 단일 손상이 클뤼버-부시 증후군(Klüver-Bucy syndrome)[7]의 증상들 중 특히 공포가 감소되는 증상을 유발시켰다는 점은 주목할 만하다. 이 실험을 통해서 해마가 기억에 관여함은 증명되었으나 편도체가 인지 기능을 담당한다는 가설은 지지 받지 못했다.

그렇다면 주변 피질 영역의 역할과 비교할 때 해마를 상대적으로 중요하게 만드는 역할은 무엇인가? 미슈킨과 머레이(Murray, B.)는 주변 피질의 손상이 DNMS 실험에 장애를 유발한다는 것을 입증하였다. 사실상 주변 피질의 손상이 해마의 손상보다 더 많은 결함을 유발시켰다. 이러한 실험 결과에 기초하여 머레이와 미쉬킨은 기억에 있어서 해마의 주요 역할은 무엇인지 의구심을 품었고, 주변 피질이 특히 더 중요하다고 주장하였다. 그러나 다른 연구자들은 DNMS 절차를 이용한 실험 결과만을 가지고 결론을 내리기는 성급하다고 지적하였고, 이 실험이 모든 것을 지지해 줄 수 있는 해결책은 아니라고 주장하였다. 결정적으로 사람에게 있어서 해마의 단일 손상만으로도 기억상실증을 유발시킬 수 있다는 강력한 증거들이 있었다(위에서 기술한 산소결핍증 사례를 떠올려 보라). DNMS가 해마보다는 주변 피질의 기능을 측정하는 절차인 것만은 분명해 보이며, 이러한 증거들은 해마와 해마 주변 피질이 각각 다른 방식으로 기억에 특별한 기여를 한다는 것을 시사해 준다.

세부 사항에 대한 논쟁은 끊임없이 계속될 것이다. 그러나 이 분야에 있는 대부분의 연구자들은 측두엽 기억 시스템이 어떻게 작동하는지에 대해 거시적으로는 대체로 일치된 견해를 보인다. 피질의 감각

처리 영역들은 외부 사건에 대한 정보를 받아들이고, 자극에 대한 지각 표상을 만들어 낸다. 이후에 이 표상들은 주변 피질 영역으로 옮겨지고, 피질 영역은 표상들을 한 번 더 가공하여 해마로 보낸다. 그런 다음 해마는 다시 주변 영역들로 정보를 보내고, 이들은 신피질로 전

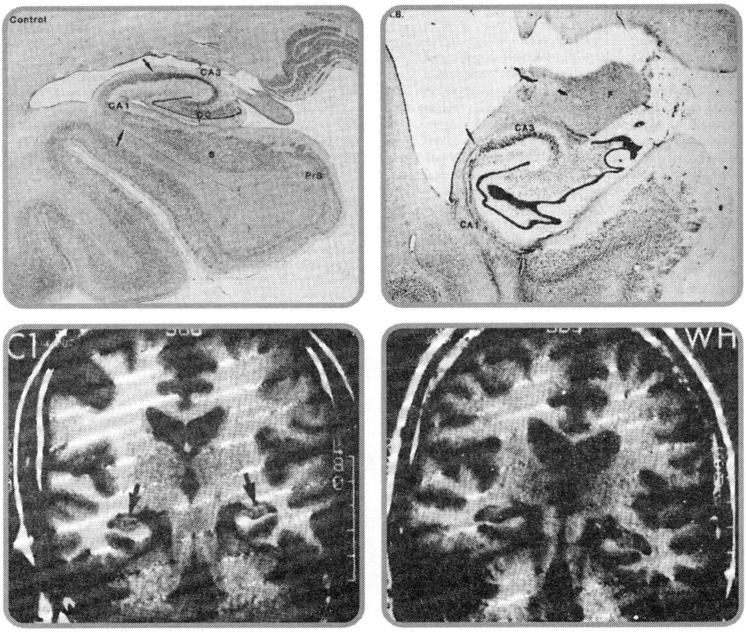

[그림 7-3] 정상인과 해마 손상을 입은 환자의 자기공명 영상촬영

정상인(위, 왼쪽)과 기억상실증 환자(위, 오른쪽)의 해마 절편. 정상인 뇌의 화살표는 해마의 CA 1 지역을 표시하고 있다. 기억상실증 환자에서는 CA 1 지역이 손상되어 있는 것을 볼 수 있다. 정상인(아래, 왼쪽)과 기억상실증 환자(아래, 오른쪽)의 자기공명 촬영. 기억상실증 환자의 경우 해마의 모양이 확연히 줄어들어 있다(위-Squire, L. R. (1986). Mechanisms of Memory, *Science 232*, 1612-1619, 아래-Press, G., Amaral, D. G., & Squire, L. R. (1989). Hippocampal abnormalities in amnesic patients revealed by high-resolution magnetic resonance imaging. *Nature 341*, 54.)

달된다. 기억을 몇 년 정도 유지하려면 이러한 측두엽 기억 시스템이 완전히 갖추어져야 한다. 그 이유는 측두엽 시스템에 속해 있는 요소들은 기억이 지나간 흔적을 저장하고, 측두엽 시스템과 신피질 사이의 상호교류를 통해서 이 흔적을 유지시키기 때문이다. 점차적으로 여러 해가 지나면서 해마는 기억에 대한 통제권을 신피질에게 넘겨준다. 그러면 기억은 신피질에 오랫동안, 어쩌면 평생 동안 남아 있게 된다.

이렇게 기억상실증 동물과 사람 연구로부터 그 실체를 드러내기 시작한 기억 모형은 시간이 지남에 따라 알츠하이머병 환자들의 정신상태가 어떻게 변화하는지를 이해하는 데 좋은 통찰을 제공해 준다. 이 질병은 초기에 측두엽에 있는 뇌 영역들을 공격한다. 특히 해마를 공격하는데 이는 왜 건망증이 알츠하이머병의 초기 증상이 되는지를 설명해 줄 수 있다. 이후에 이 질병은 점점 신피질 쪽으로 넘어가며, 그러한 손상은 병이 경과함에 따라서 모든 종류의 기억(오래된 기억과 최신의 기억들을 포함한)이 망가지는 이유를 짐작하게 한다. 사람과 동물을 대상으로 한 기억상실증에 대한 연구가 없었다면 알츠하이머병이 전뇌 방향으로 퍼져 나가면서 일으키는 여러 인지 장애를 쉽게 해석해 낼 수 없었을 것이다. 알츠하이머병을 통한 뇌와 마음이 손상되어 가는 과정에 대한 통찰을 기반으로 알츠하이머병을 예방하거나 인지 기능의 쇠퇴를 막는 치료법을 개발하는 데 도움이 될 것이다.

기억 주머니

H.M.은 초기에 그가 받은 모든 실험에 대한 장기기억을 형성할 수 없었다. 단어, 그림, 혹은 소리 등 그 어떤 방법으로 검사를 받았다 할

지라도 그는 기억하지 못했다. 따라서 그의 기억 불능은 '전반적 기억상실증' 이라고 일컬어져 왔다. 초기에 그가 기억할 수 있는 소수의 것들은 파편들처럼 서로 관련 없는 기억 조각들이었다. 그러나 다양한 종류의 기억 검사를 통해서 점점 더 많은 사실들을 알게 되었고, H.M.안에 아직 망가지지 않고 남아 있는 기억 주머니들이 있다는 것이 비로소 밝혀지기 시작하였다. 이러한 발견들로 인하여 측두엽 기억상실증은 더 이상 새로운 모든 형태의 학습에 영향을 미치는 전반적 기억 장애로 여겨지지 않게 되었다. 기억상실증에 걸린 후 손상된 기능과 그렇지 않은 기능을 밝혀냄으로써 연구자들은 기억에 관여하

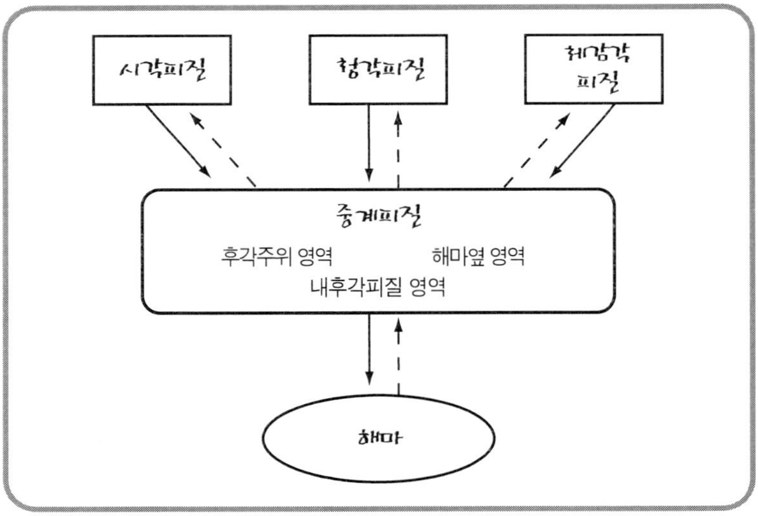

[그림 7-4] 해마로 들어가는 피질 입력정보

신피질의 주요 감각 처리 영역들은 해마와 신피질의 중계영역으로 신경을 투사하고 있다(즉, 후각주위 영역perirhinal area과 해마옆 영역parahippocampal area). 이들 감각 영역들은 내후각피질(entorhinal area) 영역으로 정보들을 보낸다. 내후각피질 영역은 해마로 입력정보를 제공하는 공급자 역할을 한다. 해마는 동일한 중계피질 경로를 통하여 신피질로 정보를 다시 내보낸다.

는 측두엽 체계의 역할을 특징화할 수 있게 되었다.

손상되지 않은 학습능력이 있다는 것을 보여 준 첫 번째 관찰은 밀너가 H.M.에게 거울을 보면서 별 모양 그림의 윤곽을 따라 그리는 과제를 하도록 한 것에서 비롯되었다. 이 과제는 거울에 비쳐 거꾸로 맺힌 손의 상을 피드백으로 삼아 손의 움직임을 조절하는 능력을 요구한다. H.M.은 처음에 물론 형편없이 별 모양을 그렸지만 연습을 해나가면서 점차 향상될 수 있었다. 그러고는 지속적으로 향상된 수행을 표현할 수 있는 능력을 보유하게 되었다. 다음으로 MIT의 코킨(Corkin, S.)도 또 다른 학습 과제를 사용해, 연습을 통해서 점점 H.M.의 수행이 향상되어 가는 것을 발견하였다. 이 과제는 동그란 회전판을 따라 돌고 있는 작은 점에 손으로 바늘을 올려 놓는 것이었다. 거울 그림 과제와 마찬가지로 횟수가 늘어나면서 그의 수행은 좋아졌다. 두 가지 과제 모두에서 학습 경험에 대한 의식적인 기억은 없었지만 수행이 향상되었다. 이러한 발견은 손 기술을 학습하고 기억하는 것이 측두엽 시스템이 아니라 다른 시스템에 의해서 조절된다는 것을 시사해 준다.

이후에 코헨(Cohen, N. J.)은 기억상실증 환자에게 남아 있는 기술학습능력이 정신적 과제와 관련된 능력, 즉 인지 기술이라 불리는 범위까지 확장 가능한지의 여부를 검사하였다. 그는 기억상실증 환자가 연습을 통해 거울에 반사된 단어를 읽는 능력(예: 'egral' 은 'large' 이 거울에 맺힌 상)을 향상시킬 수 있다는 것을 실험으로 보여 주었다. 또한 특정한 규칙을 적용해야만 풀 수 있는 수학적인 문제나 수수께끼를 환자들이 학습할 수 있음을 보여 주었다. 주로 거론되는 대표적인 예는 하노이의 탑이라고 불리는 퍼즐이었다. 이 문제를 풀기 위해서는 3개의 막대 기둥이 있고, 서로 다른 크기의 원판을 한 기둥에서 다른 기둥으로 옮겨야 하는데 이때 작은 원판 위에 큰 원판을 놓을 수 없다는 규칙을 알아야 한다. 정상인들도 정답을 찾기 힘들어 할 정도의 퍼즐이었다. 그러나 수많은 연습으로 H.M.을 포함한 기억상실증 환자들이 이 퍼즐을 풀 수 있게 되었다. 다른 학습 과제에서처럼 환자들은 여전히 자신들이 이 퍼즐을 사용했다는 기억이 없었는데 말이다.

영국의 와링톤(Warrington, E.)과 와이스크랜츠(Weiskrantz, L.)가 수행한 실험을 통해 기억상실증 환자들에게 점화효과(priming)[8]가 여전히 유지되고 있다는 것이 밝혀졌다. 손상되지 않은 학습능력과 기억에 대한 다른 사례들과 마찬가지로, 점화효과는 이전 학습에 대한 외현적 기억 이외의 요소가 이후 행동 수행에 영향을 미친다는 것을 증명해 주었다. 예컨대 점화효과의 한 가지 형태로 환자들에게 단어 목록을 제시해 주고 얼마의 시간이 지난 후 목록에 어떤 단어들이 있었는지 회상해 보라고 요구하면, 기억상실증 환자들은 거의 맞추지 못한다. 그러나 학습 목록에 있었던 단어의 일부를 보여 주고 전체 단어가 무엇인지 생각해 보거나 완성해 보라고 하면, 정상인과 마찬가지로 수행을 더 잘하였다.

또한 와이스크랜츠와 와링톤은 고전적으로 조건화된 눈꺼풀 반응을 기억상실증 환자들이 습득할 수 있다는 것을 보여 주었다. 이 과제에서 소리를 혐오적인 자극(보통 눈에 공기를 분사함)과 연합시킨다. 수백 번의 습득 훈련 후에 소리를 제시하자 공기 자극이 나오기 전에 눈꺼풀을 감는 조건화가 유발되었다. 이렇게 정확하게 일정 시간이 지난 후에 눈을 감는 반사 반응은 섬세한 조직으로 이루어진 눈을 공기 분사로부터 보호하는 역할을 한다. 이렇게 기억상실증 환자들이 정상적인 눈꺼풀 조건화 능력을 갖고 있음이 입증되었다. 눈꺼풀 조건화 학습 자체는 뇌간에 있는 회로와 관련되어 있고, 중뇌 이상의 뇌 조직 제거에 영향을 받지 않는다는 것을 동물 연구를 통해 이미 알고 있었기 때문에 우리에게 그다지 놀랄 단한 사실이 아니긴 했다. 이때도 역시 환자들은 조건화 기계 장치를 보았다는 기억조차 갖고 있지 않았다.

기억의 다양성

그렇다면 이렇게 손상되지 않은 학습과 기억 기능들의 공통점은 무엇인가? 그리고 이러한 기능들이 측두엽 기억상실증에서 나타나는 붕괴된 기능들과는 어떻게 다른 것일까? 코헨과 스콰이어는 모든 실험 결과들을 통합하여 하나의 결론을 도출해 냈다. 측두엽 기억 시스템의 손상으로 인해 의식적으로 회상하는 능력은 저하되지만 특정 기술을 배울 수 있는 능력은 온전하게 남아 있다는 제안을 하였다. 그리고 그들은 이러한 두 가지 처리과정을 선언적 기억과 절차적(procedural) 기억이라고 명명하였다. 이와 유사하게 하버드 대학교의 샥터(Schacter, D.)는 외현기억과 암묵기억으로 구분할 것을 제안하였다. 학습과 기억의 기본이 되는 의식적인 자각은 외현기억에서 일어나고, 반면에 무의식적인 요소들은 암묵기억으로 처리된다. 기술학습, 점화 그리고 고전적 조건화는 모두 암묵적이고 절차적 학습의 예이다. 이러한 학습들은 측두엽 기억상실증에 걸린 환자라 할지라도 완전하게 수행 가능하며, 측두엽 기억 시스템이 아니라 다른 뇌 영역의 시스템을 사용한다. 나중에 기억을 분류하는 다른 방식도 제안되긴 했지만, 기억의 한 부류를 의식적이고 외현적이며 선언적인 기억으로 다른 부류를 무의식적이고 암묵적이며 절차적인 기억으로 구분하는 것은 현재까지

기억에 대한 연구에 지대한 영향을 미쳐 왔다. 여기에서는 이 구분을 강조하고자 한다.

외현기억과 암묵기억의 구분은 스콰이어와 그의 동료들이 수행한 연구에 의해서 극적으로 입증되었다. 그들은 단지 어떠한 지시를 내렸느냐에 따라서 기억상실증 환자들이 기억 검사에서 성공할 수도, 실패할 수도 있다는 것을 보여 주었다. 다시 말해서 환자들에게 외현적인 기억 경로를 사용하도록 지시내용이 만들어진 경우에는 수행에 장애가 있었다. 반대로 지시내용이 암묵적인 기억에 접근하도록 유도한 검사에서는 성공적인 결과를 얻었다. 두 조건 모두에서 자극은 동일했으나 단지 기억을 이끌어 내는 지시만 변하였을 뿐이었다. 실험에 참가하는 환자들에게 먼저 암기해야 하는 단어 목록을 제시하였다. 그리고 몇 분 후에 '목록에 있는 단어들을 가능한 많이 회상해 보시오' '당신이 기억하는 데 도움이 되도록 밑에 있는 단서를 사용하여 가능한 많은 단어를 떠올려 보시오' '밑에 있는 단서를 보았을 때 첫 번째로 떠오르는 단어를 말해 보시오' 와 같은 3개의 지시문 중 하나를 환자들에게 질문하였다. 이 실험에서 사용한 단서는 목록에 있었던 단어에서 뽑아낸 것으로 각 단어들의 앞부분에 있는 3개 낱자였다. 예를 들어, MOTEL에서 MOT를, ABSENT에서 ABS를, INCOME에서 INC 등 3개의 낱자를 추출하여 단서를 만들었다. 물론 MOT가 MOTEL뿐만 아니라 MOTHER나 MOTLEY에서 나왔을 가능성이 있는 것처럼 3개의 낱자들은 다른 수많은 단어들과 연결될 수 있었다. 기억상실증 환자들이 단서 없이 단어를 회상할 때에 형편없는 수행을 보여 주었는데 이는 충분히 예상했던 결과였다. 또한 단어를 기억하는 데 도움이 되는 단서를 사용하라고 지시하였을 때에도 결과는 매우 저조하였다. 그러나 단서를 보고 마음속에 떠오르는 첫 번째 단어를 말해 보라고 하였을 때에는 정상인과 대등할 정도로 잘하였다. 마지막 조건에서 단서는 기억 보조물이라기보다는 점화물이었던 것이다. 때문에 암묵기억 시스템을 사용하여 점화 과제를 수행하는 것처럼 잘 기능하였던 것이다. 그러나 이미 측두엽 기억 시스템이 손상되었기 때문에 단서의 도움이 있었음에도 불구하고 의식적으로 기억하지는 못하였다. 아이켄바움은 쥐를 대상으로 실험하여 이와 유사한 결과를 발표하였다. 그는 쥐에게 제시하는 지시에 따라서(다른 훈련 경험을 가지게 함으로써), 해마의존적이거나 비의존적인 학습 상황을 만들어 낼 수 있다는 것을 보여 주었다.

코헨과 스콰이어는 외현적, 선언적 기억은 측두엽 기억 시스템에 의해서 조절되며 그 이외에도 각기 다양한 암묵적, 절차적 기억 시스템이 존재한다는 것을 제안하였다. 그러므로 점화 과제를 수행하는 뇌 시스템은 기술 학습 또는 고전적 조건화를 조절하는 시스템과 다르다. 더 나아가 고전적 조건화의 여러 다양한 형태들은 서로 다른 신경 회로들에 의해서 조절된다. 예를 들어, 눈꺼풀 조건화는 뇌간의 회로에 의해서 그리고 공포조건화는 편도체와 여러 연결에 의해서 조절된다. 분명히 뇌는 다양한 기억 시스템을 가지고 있으며 이들 각각은 서로 다른 종류의 학습과 기억을 담당한다.

돌이켜 볼 때 동물에게 해마의존적인 기억 과제를 찾는 것이 매우 어렵다는 사실은 기억 시스템이 다양하다는 점을 내포하는 것이지만 사람들은 그 점을 간과했다. 지금까지 소수의 해마의존적인 과제가 밝혀지긴 하였지만, 동물의 기억을 연구하기 위해서 사용한 대부분의 주요 기억 과제는 해마 없이도 수행 가능한 것들이었다. 만약 어떤 과제에서는 해마의존적이고 다른 과제에서는 해마의존적이지 않다면, 기억은 단일한 현상이 아니며 뇌 안에 다양한 기억 시스템이 존재한다는 것을 드러내 주는 확실한 사례라 할 수 있겠다. 그러나 1960년대와 70년대에는 다양한 기억의 현상들을 이해할 만한 명료한 이론체계가 없었으며 혼란한 상태의 연속이었다. 다중 기억 시스템에 대한 이론이 이러한 혼란을 종식시키고 기억에 대해서 보다 잘 이해할 수 있도록 도와주었다.

그렇다면 해마는 무엇을 표상하는가?

해마가 신피질로부터 받는 입력정보를 조사해 봄으로써 해마가 기억과 관련하여 그렇게 중요한 기여를 하도록 만들어 주는 것이 무엇인지 알 수 있게 된다. 위에서 언급했다시피 해마와 신피질 간에 주요 연결고리는 해마 주변에 있는 중계 피질(transition cortex)이다(그림 7-4). 이 지역은 주요 감각 영역으로부터 고차단계의 신피질 정보처리를 거친 입력정보들을 받아들인다. 그래서 피질의 감각 시스템이 빛이나 소리와 같이 받아들인 모든 자극을 처리하게 되면, 자극은 정보로 변형되어 중계 피질로 전송된다. 이곳에서 서로 다른 감각 영역에서 온 정보들이 섞이게 된다. 이것이 의미하는 바는 중계 회로에서는 더 이상 시각, 청각 또는 후각적인 요소에 국한되지 않는 표상이 형성되기 시작한다는 것이다. 정보들은 순수한 지각의 범주를 뛰어넘어 뇌의 개념적인 영역으로 들어간다. 그러고 나서 이들 중계 회로는 개념적인 표상을 해마로 전달해 한층 더 복잡한 표상들로 변형시킨다.

해마가 어떻게 작용하는지에 대한 첫 번째 단서 중 하나는 1970년대 초에 런던대학교의 오키프(O' Keefe, J.)가 연구한 것에서 비롯되었다. 그는 쥐가 실험용 상자의 특정한 부분으로 이동할 때마다 해마에 있는 세포들이 매우 활성화되는 것을 발견하였다. 반면 쥐가 그 이외의 지역으로 옮겨가면 이 세포들은 활동하지 않았다. 그는 이러한 세포를 많이 발견하였고, 각각의 세포들은 서로 다른 위치에서 활성화되고 있었다. 오키프는 이 세포들을 '장소 세포'라 명명하였다. 상자는 뚜껑이 없는 것이어서 쥐들은 밖을 내다볼 수 있었고 실험실을 관찰할 수 있었다. 이후 쥐들이 자신의 위치를 파악할 수 있는 여러 가지 단서들을 제거하자 해마 세포의 활성화 패턴이 급격하게 변하는 것이 확인되었다. 이를 통해 오키프는 자신이 어디에 있는지 쥐들 스스로가 느끼는 감각에 의해서 해마 세포의 활성화가 조절된다는 것을 보여 주었다. 실험환경이 칠흑같이 어두울 때에도 이들 장소 세포들은 '장소 장(place field)' (장소 세포들이 활성화되는 위치)을 그대로 유지하는 것이 증명되었으므로 장소 세포들이 정확하게 시각 자극에만 반응하지는 않는다는 점이 중요하다고 할 수 있다. 오키프와 그의 동료 네이덜(Nadel, L.)은 1978년에 영향력 있는 책인 『인지 지도로써의 해마』를 발간하였다. 이 책에서 그들은 해마가 감각과는 독립적인 세상의 공간 표상을 형성한다고 제안하였다. 그들에 따르면 공간 표상의 중요한 한 가지 기능은 장소 기억에 대한 맥락을 형성하는 것이라고 기술하였다. 그리고 맥락은 자서전과 흡사하게 작용하는 것으로 언제 어디에 있었는지에 대한 기억이고, 이것이 해마의 역할과 관련되어 있다는 이론을 펼쳐 보였다. 그들은 해마에 의해서 조절되는 공간 기억 시스템과 해마 이외의 뇌 영역에 의해서 조절되는 다른 기억 시스템이 서로 구별될 수 있다는, 초기의 다중 기억 시스템 이론을 제시하였다. 그러나 당시에 오키프와 네이덜은 공간 기억 시스템에 주된 관심을 가졌을 뿐, 여러 형태의 학습의 근간을 이루는 뇌 시스템을 확인하려는 시도를 하지는 않았다.

오키프의 연구와 네이덜의 연구는 해마의 역할을 공간적인 단서의 처리과정에 연관시켜 이해하는 데 모든 노력이 집중되도록 한 촉발제 역할을 하였다. 방사미로와 수중미로에서의 학습이 해마 의존적인 기억이라는 것이 입증되자 직접적인 장소 세포를 찾는 방향으로 관심이 집중되었고, 어떻게 해마가 장소를 부호화하는지 정확히 밝혀내기 위해서 많은 실험들이 진행되었다. 오키프의 지속적인 연구와 더불어 투손의 맥노턴(McNaughton, B.)과 반스(Barnes, C.), 볼티모어의 올턴(Olton, D.), 에딘버그의 모리스(Morris, R.) 그리고 브루클린의 랭크(Ranck, J.), 큐비(Kubie, J.)와 뮬러(Muller, B.) 등의 연구들이 주목받았다.

그러나 해마가 공간 기억을 저장하는 장치라는 의견을 모든 연구자들이 받아들인 것은 아니었다. 예를 들어, 아이켄바움은 공간자극 처리에서 해마가 담당하는 역할에 대해서 의문을 던졌고 공간 기억이 해마의 주요 기능이라기보다는 단지 하나의 특별한 사례에 불과하며, 해마가 능숙하고 주요하게 담당하는 기능은 여러 단서들을 재빨리 통합하여 표상을 만드는 것이라고 주장하였다. 또한 루디(Rudy, J.), 서덜랜드(Sutherland, R.)와 같은 연구자들은 단일 자극들을 통합(configuration) 혹은 혼합하여 보다 고차원적인 표상을 만드는 것이 해마의 기능이라는 견해를 피력하였다. 이들이 제시한 가설은 단일 단서들 사이의 연결관계에 대한 표상이 아니라 단서들이 결합되어 새롭게 통합된 구성을 이룬 표상을 의미했다는 면에서 아이켄바움의 주장과 차이점이 있다고 하겠다.

해마에 관한 연구를 진척시키기 위해서 공간가설, 통합가설, 관계가설 중 하나를 선택해야 하는 필요성이 제기되었다. 최종적인 승리는 두 가지 의문점 즉, 해마에서 시각, 후각, 청각 자극들이 어떻게 표상되고 있는지, 시공간적으로 다양한 자극 및 사건들의 배열이 어떻게 해마에서 표상되는지에 대한 명쾌한 해답을 제시해 줄 수 있는 가설에 돌아갈 것이다.

한편 변연계 이론을 발표하면서 맥클린은 해마가 정서가 머무는 이상적인 장소일 것이라는 제안을 하였다. 그는 해마가 원시적이고 단순한 구조로 이루어져 있기 때문에 자극들을 정확하게 구분하기는 불가능하며 오히려 쉽게 혼합시켜 버릴 것이라고 가설적으로 제시하였다. 나아가 이러한 해마의 특성이 우리들의 비합리적이고 혼란스러운 정서적인 삶의 원인이라고 주장하였다. 그러나 최근의 연구결과는 해마가 혼란을 야기시키는 원시적인 기관이 아니라 섬세한 연산력을 가능하게 하는 매우 정교한 구조물임을 보여 준다. 실제로 가장 중요한 뇌의 인지 시스템 중 하나인 측두엽 기억 시스템의 핵심 연결통로 역할을 하고 있는 것이 해마인 것이다.

정서기억과 정서에 대한 기억, 그게 그거 아닌가?

지금부터는 외현기억 특성과 암묵기억 특성 사이의 관계에 대해서 탐구해 봄으로써 정서적인 상황에서 어떻게 기억이 형성되는지 알아보고자 한다. 당신이 차를 몰고 가다가 끔찍한 사고를 당했다고 가정해 보자. 도처에서 자동차 경적이 끊임없이 울려대고, 당신은 매우 고통스러워 하고 있다. 이 경험으로 매우 큰 충격을 받게 된다. 세월이 지나 언젠가 다시금 그 경적소리를 듣게 되면, 암묵적 그리고 외현적 기억 시스템이 활성화될 것이다. 조건화된 공포 자극이 되어 버린 경적소리(또는 소리에 대한 신경표상)는 곧바로 청각계에서 편도체로 전달된다. 그리고 근육 긴장(행동을 정지하는 동결 반응의 흔적), 혈압 및 심박률의 변화, 땀 분비 등과 같이 위험한 상황에 처했을 때 나타나는 암묵적인 신체 반응이 유발된다. 뿐만 아니라 이 소리는 피질을 통하여 측두엽 기억 시스템으로 전달되어 외현적, 선언적 기억을 활성화시킨다. 이로 인하여 머릿속에는 교통사고에 대한 기억이 떠오르게 된다. 사고 당시에 당신이 어디를 가고 있는 중이었는지 누구와 함께 있었는지와 같은 기억이 의식적으로 떠오른다. 그리고 당시 얼마나

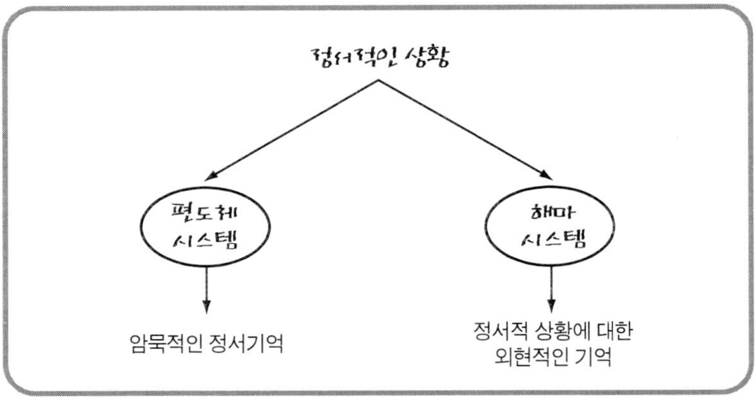

[그림 7-5] 정서기억 시스템과 정서에 대한 기억 시스템

일반적으로 뇌에는 다양한 기억 시스템이 있다고 알려져 있다. 의식적, 선언적 또는 외현적 기억은 해마와 이와 연결되어 있는 피질영역에 의해서 조절되는 반면에, 여러 가지 무의식적 암묵적인 기억 형태는 서로 다른 시스템들에 의해서 각각 조절된다. 한 가지 암묵기억 시스템은 편도체 및 이와 연결된 영역이 관여하고 있는 정서(공포)기억 시스템이다. 외상적 경험에서 암묵 및 외현기억 시스템은 동시에 기능한다. 시간이 흘러서 충격을 받았을 당시에 존재했던 자극에 다시 노출되면, 두 시스템은 다시 활성화된다. 해마 시스템을 통하여 당시 사건이 일어날 때 당신이 누구와 함께 있었는지 무엇을 하고 있었는지 기억하게 될 것이고, 아무런 정서적 요소도 가미되지 않은 냉정한 사실로써 당시 사건이 끔찍했다고 기억할 것이다. 한편 편도체 시스템을 통해 근육이 긴장되고, 혈압과 심박율이 변하고, 호르몬이 분비되는 일련의 신체적인 반응이 유발될 것이다. 이 시스템들은 동일한 자극에 의해 활성화되고 동시에 기능하기 때문에 두 종류의 기억들은 단일 기억 기능인 것처럼 보인다. 그러나 동물 실험 연구나 인간을 대상으로 한 사례연구를 통하여 두 시스템을 서로 분리해 보면, 우리들은 이 시스템들이 서로 독립적인 기억 기능으로써 어떻게 작동하는지 이해할 수 있게 된다.

무서웠는지 기억하게 된다. 그러나 선언적 기억 시스템 내에서는 당신이 한 친구와 함께 타고 있었고 사고가 끔찍했다는 사실만이 존재한다. 다시 말해서 아무런 정서적 기억이 포함되어 있지 않은 단순한 사실로 단지 정서적 경험에 대한 선언적 기억만이 떠오른다. 이러한 기억은 측두엽 기억 시스템에서 조절되며, 이 자체는 정서가 아닌 것이다. 신체적인 반응까지도 뒤따르는 정서기억을 갖기 위해서는 정서기억 시스템(지금의 예에서는 편도체를 포함하는 암묵적 공포기억 시스템)을 활성화해야만 한다(그림 7-5).

이 두 가지 기억, 즉 정서에 대한 외현적 기억과 암묵적 정서기억이 만나는 곳이 있다면 그곳은 작업기억으로 여기에서 즉각적으로 의식적인 경험이 생겨난다(작업기억과 의식의 관계는 9장 참조). 경적 소리는 암묵적 정서기억 시스템을 거쳐 정서적 각성의 배출구를 일제히 개방함으로써 공포 및 방어와 연합되어 있는 모든 신체 반응을 표출시킨다. 표출된 반응은 당신이 각성되었음을 의미하며, 그 자체로 또 다른 현재 경험의 일부가 된다. 정서적 각성은 교통사고에 대한 외현적 기억과 함께 의식(작업기억) 속에 나란히 머물게 된다. 암묵적 시스템을 통해서 발현되는 정서적 각성이 없다면, 의식기억은 정서 없이 단조롭고 무미건조한 것에 지나지 않을 것이다. 그러나 의식기억과 정서적 각성에 대한 표상이 동시에 일어나게 되면, 의식기억에 정서라는 색을 입히게 되는 것이다. 사실, 이러한 두 사건(과거의 기억과 현재의 각성)은 완전히 통합되어 하나의 의식경험을 형성하게 되고, 당신이 과거의 사건을 떠올렸을 때 얼마나 공포스러웠는지를 포함하는 새로운 외현기억을 만들어 낼 수도 있다. 이 경우 교통사고에 대한 기억 자체가 정서적 각성을 유발하지는 않는다. 암묵적인 정서각성이 외현기억에 정서적인 색채를 입히게 된다(그림 7-6).

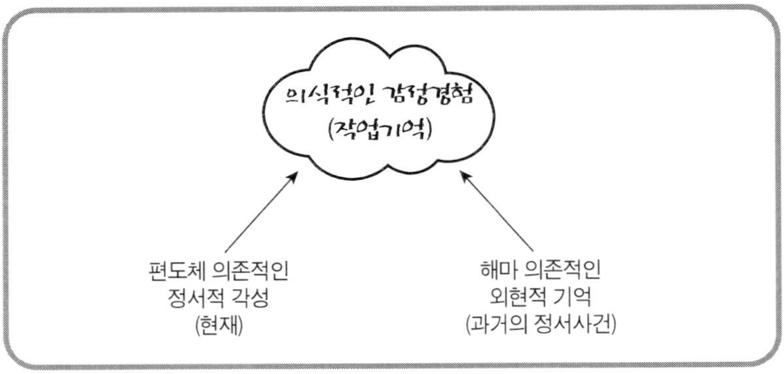

[그림 7-6] 의식적인 경험을 하는 동안 외현기억과 정서적 각성의 만남

해마의 외현기억 시스템이 활성화되면 저장된 지식이나 개인적 경험을 의식적으로 자각하게 된다. 편도체 시스템이 활성화되면 정서적(방어적)인 반응이 나타난다. 정서적인 반응이 나타날 때 우리는 자신이 정서적으로 각성되었다는 사실을 의식하게 되고, 활성화된 외현기억 덕분에 과거 일화와 현재의 정서적 각성이 의식 속에서 통합된다. 새로운 외현기억이 형성될 때마다 그 기억에 대한 정서적인 착색이 이루어지게 되는 것이다.

그럼에도 불구하고 부정적 경험을 의식에 떠올리는 것만으로도 긴장감을 유발하고 근심을 불러일으킬 수 있다는 것을 경험을 통해서 모두 알고 있을 것이다. 이 현상에 대해서도 설명할 필요가 있다. 이러한 일이 가능하기 위해서는 단지 외현기억 시스템에서 편도체로 이어지는 일련의 연결만 있으면 된다. 실제로 해마, 변연계와 더불어 여러 피질 영역에서도 편도체로 많은 신경을 투사하고 있다.

또한 암묵적으로 처리된 자극은 외현기억이나 의식과 관련된 뇌 영역들을 활성화시키지 않고도 편도체를 활성화시킬 수 있다. 2단원과 3단원에서 살펴본 것처럼 자극을 무의식적으로 처리하는 것은 자극 자체나 자극의 영향을 인식하지 못했기 때문에 일어날 수 있다. 예를 들면, 위에서 언급했던 교통사고가 오래 전에 일어났다고 가정해 보

자. 시간이 꽤 흘렀기 때문에 당신의 외현기억 시스템은 사고 당시에 경적이 지속적으로 울렸던 것과 같은 세부 사항들까지 모두 기억하지는 못한다. 수년이 지난 지금 현재 외현기억 시스템은 경적소리를 들어도 아무렇지 않은 듯 무시하고 있다. 그러나 정서기억 시스템이 경적소리를 기억하고 있다면, 이 자극은 편도체로 전달되어 정서 반응을 촉발시킬 것이다. 이러한 상황에 처하게 된다면 자신이 고통스러움을 느끼고 있다는 것을 알게 되겠지만, 그 이유가 무엇인지는 전혀 모르게 된다. 이유없는 정서적 각성은 일상에서 흔히 겪는 경험이며 바로 샥터-싱어 이론이 설명하고자 노력했던 현상의 핵심을 이룬다. 그러나 정서가 이러한 방식으로 각성되기 위해서는 암묵적 정서기억 시스템이 외현기억 시스템보다 더 오랫동안 잊혀지지 않고 지속되어야만 한다. 지금까지 밝혀진 것으로 판단해 볼 때 두 가지 사실이 위의 가정을 지지한다. 첫 번째는 외현기억 시스템은 잊혀지기 쉽고 부정확하다(밑에서 살펴볼 것이다)는 것이고, 두 번째는 조건화된 공포 반응은 시간이 지나도 잘 소거되지 않는다는 사실이다. 보다 정확하게 말하자면 공포 반응은 종종 시간이 흐르면서 그 위력이 점차적으로 증가하는데, 이러한 현상을 '공포의 숙성(incubation)'이라고 한다. 그렇다고 영구적으로 우리에게 영향을 미치는 것이 아니라 학습된 촉발인자인 CS를 US없이 반복적으로 제시하면 조건화된 반응이 나타날 가능성을 감소시킬 수 있다. 소위 말하는 소거 현상이다. 그러나 소거된 반응은 꼭 스트레스를 받는 사건에 의해서 다시 삶으로 표출되지 않더라도 대개 스스로 재발하는 경향이 있다. 이를 근거로 조건화된 공포 반응은 원상태로 회귀하는 경향이 있으며, 쉽게 지울 수 없는 표상을 형성한다는 결론을 내릴 수 있다. 이 결론은 다음 단원에서 살펴볼 특정한 유형의 정신병을 이해하는 데 매우 중요한 역할을 한다.

왜 유아시절의 경험은 기억하지 못하는가?

암묵적 정서기억과 정서에 대한 외현기억을 형성하는 데 서로 다른 시스템이 존재한다는 개념은 유아기의 기억상실, 즉 3세 이전의 경험을 기억하지 못하는 현상을 이해하는 것과도 관련 있다. 유아기의 기억상실은 최초로 프로이트에 의해 논의되었다. 그는 갓난아이들은 두 살 무렵이면 훌륭한 언어능력을 갖추고 집에서 다양한 형태의 심리적 상황을 경험함에도 불구하고 그에 대한 복잡한 기억이 거의 남아 있지 않음에 주목했다. 아이가 좀 더 자란 후에 당시에 자신이 했던 말을 이야기해 주어도, 이를 전혀 기억하지 못하는 것이다.

네이덜과 제이콥스(Jacobs, J.)는 유아기의 기억상실을 이해하기 위해서는 발달상에서 늦게 성숙되는 해마에 대해서 알아야 한다고 주장하였다. 뇌가 완전하게 기능하기 위해서는 세포들이 성장해야 하고, 여러 다른 영역들과 연결을 맺어야 한다. 해마는 대부분의 다른 뇌 영역들보다 더 긴 시간 후에 준비를 완료한다. 그러므로 제이콥스와 네이덜은 어린 시절의 외현기억이 없는 이유가 외현적 기억 시스템이 제대로 작동할 준비가 되어 있지 않기 때문이라고 주장하였다. 반면 이 기억상실 기간 동안 비록 아이들은 의식적인 기억을 갖지는 못하지만, 이외의 다른 뇌 시스템들은 충분히 성숙되어 작동할 준비를 갖추므로 지속적으로 생존해 나갈 수 있게 된다.

제이콥스와 네이덜은 유아기 때 받은 정신적 충격이 비록 기억나지는 않지만 아이들에게 지속적으로 해로운 영향을 미치는 경로에 대해서 관심을 가졌다. 충격적인 사건에 대한 무의식적인 기억을 형성하는 시스템이 해마보다 먼저 성숙된다는 가설을 제안하였다. 당시에는 충격 관련 기억과 학습을 담당하는 무의식적 시스템이 무엇인지 명확히 알아내지 못했지만, 지금의 우리들은 이 시스템이 편도체 및 그것의 신경연결과 관련되어 있다는 것을 알고 있다.

아직 편도체의 성숙이 어떻게 이루어지는지에 대한 생물학적인 연구가 부족하긴 하지만 실제로 편도체가 해마보다 먼저 성숙됨을 시사해 주는 여러 행동관련 연구들이 있다. 콜로라도 대학교의 제리 루디와 그의 동료들은 쥐가 해마 의존적인 과제와 편도체 의존적인 과제를 학습할 수 있는 나이를 관찰하였다. 편도체 과제가 해마 과제보다 일찍 습득 가능하다는 것을 발견하였다. 따라서 기능적으로 편도체가 해마보다 먼저 성숙되는 것으로 보인다.

해마와 편도체 사이의 기능적인 차이와 서로 다른 성숙기간은 정신병리학적 상태를 이해하는 데 중요한 관련이 있다. 이 주제에 대해서는 다음 단원에서 자세히 살펴보도록 하겠다.

섬광기억

만화가 랄슨(Larson, G.)은 자신의 만화집인 『먼 곳에서』[9)]에서 숲을 배경으로 여러 종의 동물들이 둘러앉아 있는 그림을 그려 넣었다. 이 그림에 대한 설명은 숲속에 사는 동물들은 밤비의 어머니가 총에 맞았다는 소식을 접했을 때, 자신이 누구와 함께 어디에 있었는지 알고 있다는 내용이었다. 이 만화는 케네디 대통령이 저격당했다는 소식을 들었을 때, 미국의 베이비붐 시대 아이들과 부모들이 그 순간 자신들이 하고 있던 일을 정확히 기억할 수 있었다는 것에서 착상을 얻었다는 것을 눈치 챘을 것이다. 이러한 현상을 심리학자들은 '섬광기억(flashbulb memory)' 이라고 표현하며, 이는 정서와 관련되어 있기 때문에 매우 생생하고 명확한 특징을 가지고 있는 기억이다. 최근의 연구결과로 어바인에 있는 캘리포니아 대학교의 매거(McGaugh, J.)와 동료들이 실험한 내용에 대해 알아 보도록 하자. 그들은 특정 상황에서 정서에 관련된 것을 탐지하는 시스템과 외현기억으로 정서적 상황을 표상하는 시스템이 다르다는 생각으로 실험을 실시하였고, 섬광기억의 생물학적 기초를 이해하는 데 충분히 도움을 줄 만한 실험을 수행하였다.

매거의 실험실은 오래 전부터 아드레날린과 같은 호르몬이 기억을 응고화(consolidation)시키는 과정에서 어떠한 역할을 하고 있는지 관심을 가져 왔다. 그의 연구들은 만약 쥐가 어떤 것을 학습한 이후에 아드레날린을 주입 받으면, 학습상황에 대한 기억이 증가된다는 것을 보여 주었다. 이 결과는 아드레날린이 자연적인 상황에서 분비되면, 이때의 경험이 특별히 잘 기억될 수 있다는 것을 암시해 준다. 일반적으로 정서적 각성은 아드레날린을 분비시키기 때문에 정서적 상황에 대한 의식적인 외현기억은 정서적이지 않은 상황과 관련된 외현기억보다 강력하리라는 것을 예상할 수 있다. 또한 반대로 아드레날린을 차단하면 정서적 각성이 기억을 증가시키는 효과를 무력화시킬 것이라는 예상을 해볼 수 있다.

매거와 캐힐(Cahill, L.)은 위의 가설을 시험해 보았다. 피험자들에게 자전거를 타고 있는 소년에 대한 이야기를 읽도록 지시하였다. 어떤 피험자 집단에는 소년이 자전거를 타고 집으로 가서, 엄마와 함께 의사인 아빠를 마중 나가려고 차를 타고 병원으로 갔다는 이야기를 보여 주었고, 다른 집단에는 자전거를 타던 아이가 차와 부딪혀서, 의사인 아빠가 일하고 있는 병원으로 갔다는 내용을 제시하였다. 두 이야기에 사용된 단어는 가능한 동일하도록 맞추었고, 유일하게 정서와 관련된 단어들만 조작하였다. 이야기를 읽고 회상능력을 측정하는 사이에 두 집단을 각각 반씩 나누어 아드레날린의 효과를 막는 약과 아무런 효과도 없는 위약을 투여하였다. 위약 처치 조건에서는 정서적인 이야기를 읽은 집단이 단조로운 글을 읽은 집단보다 더 자세한 것들을 기억하였다. 그러나 아드레날린을 차단하는 약을 처치받은 조건에서는 정서적인 이야기를 읽은 집단이든지 정서적이지 않은 이야기를 읽은 집단이든지 세부내용을 기억하는 데 아무런 차이를 보이지 않았다. 두 집단 모두 비정서적인 이야기를 읽고 위약 처치를 받은 집단과 비슷하게 수행하였다. 따라서 아드레날린을 차단하면, 정서적 각성시에 기억을 증가시키는 효과가 저해된다는 것을 확실히 알 수 있다.

매거는 이러한 놀라운 결과와 관련된 실용적인 응용을 제시하였다. 구조대원들과 전쟁에 참여한 군인들은 종종 끔찍한 장면을 본 기억이 지워지지 않아 고통을 겪곤 한다. 만약 무서운 경험을 한 직후 아드레날린의 효과를 차단한다면 고통을 줄이는 것이 가능할지도 모른다.

그렇다면 우선 '정서적인 상황이 어떻게 아드레날린을 방출시키는가?' 에 의문을 가져 보아야 하겠다. 그리 놀랄 만한 것도 아니지만 이 질문에 답하려면 다시 편도체로 돌아가야 한다. 지속적으로 보아온 것처럼 편도체가 혐오적인 정서 상황을 탐지하게 되면, 자율신경계를 포함하는 모든 종류의 신체 관련 시스템을 작동시킨다. 부신에 있는 자율신경계 역시 활성화되고, 그 결과 아드레날린이 분비되어 혈액으로 들어가게 된다. 그 후에 아드레날린은 간접적인 방법이긴 하지만 뇌에 영향을 미치게 된다. 이러한 피드백은 곧바로 여러 시스템과 상호작용하고, 상황에 대한 외현적 기억을 형성시키는 해마 시스템 역시 활성화된다. 피드백이 외현기억을 강화시키는 방식은 아직 완전하

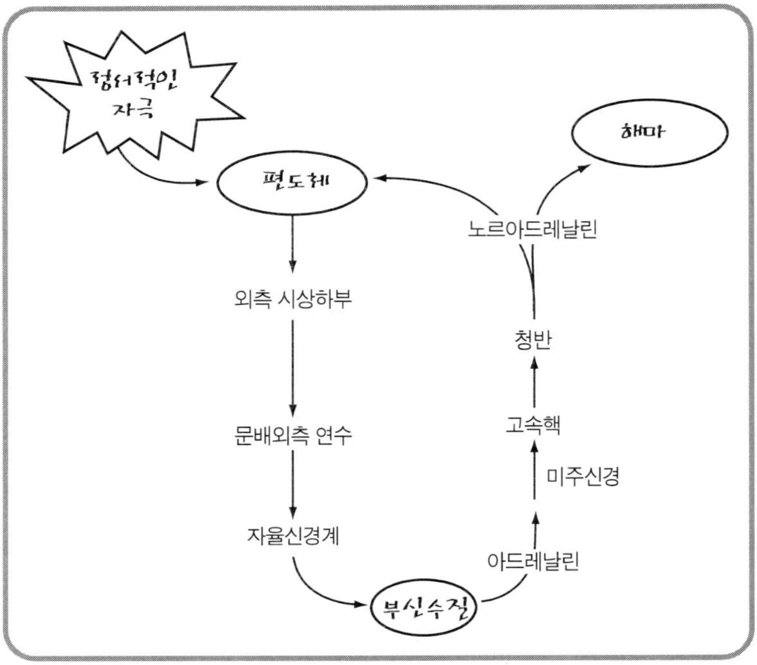

[그림 7-7] 아드레날린에 의한 기억회로 조절

매거와 그의 동료들은 스트레스를 받는 동안에 분비되는 아드레날린이 기억을 안정 및 강화시킨다고 제안하였다. 그러나 아드레날린은 보통 혈액을 통해서 뇌 안으로 들어가지 못하기 때문에(아드레날린 분자는 그 크기가 매우 커서 뇌를 보호하고 있는 혈뇌장벽을 통과하지 못한다), 이 호르몬이 직접적으로 영향을 미치지는 못한다. 위 도표는 아드레날린이 뇌에서 어떻게 간접적으로 작용하는지 보여 주고 있다. 공포와 연합되어 있는 자극은 편도체 반응을 촉진시킨다. 외측 시상하부에서 문배외측 연수(rostral ventral lateral medulla)로 이어지는 통로를 통해서 자율신경계가 활성화된다. 자율신경계에 의해 활성화되는 표적 중의 하나가 부신수질이며 여기서 아드레날린이 분비되어 온몸으로 퍼져 나간다. 그중에서도 특히 미주신경에 영향을 주는데, 기억을 조절하는 데 매우 중요한 영향을 주는 것으로 알려져 있는 미주신경은 연수에 있는 고속핵(nucleus of the solitary tract: NTS)으로 신경을 투사한다. 연이어서 NTS는 청반(locus coeruleus)으로 자극을 전달하고, 이 청반에서 편도체와 해마를 포함하는 전뇌부위로 노르아드레날린을 분비한다. 이렇게 아드레날린은 편도체와 해마의 기능에 영향을 미침으로써 암묵적인 정서기억과 정서에 대한 외현기억을 조절하게 된다.

게 밝혀지지 않았지만, 뇌로 들어온 아드레날린이 측두엽 기억 시스템에 영향을 미쳐서 이 지역에서 생성되는 기억을 강화시키는 것처럼 보인다(그림 7-7 참조).[10]

몇 가지 주의점들

우리들에게 중요하거나 정서를 유발시키는 것들을 더 잘 기억한다는 개념은 직관적으로 생각해 봐도 이치에 맞을 뿐만 아니라 많은 연구들을 통해 지지되어 왔다. 그러나 이 개념에 대해서 우리가 꼭 기억해야 하는 중요한 조건들이 있다.

기억은 선택적이다 모든 경험이 동등하게 기억되는 것은 아니며, 정서적 각성에 의해서 형성된 기억이 보다 많은 영향을 미친다. 만약 당신이 권총으로 위협 받으면서 돈을 빼앗겼다면 아마도 같은 날에 당신에게 발생했던 다른 어떠한 사건보다도 강도와 관련된 것을 더 구체적으로 기억하게 될 것이다. 간과해서는 안 될 점은 중요한 사건에 대한 세부사항들을 얼마나 생생하고 정확하게 기억해 낼 수 있는가는 개인에 따라 상당한 차이가 있다는 것이다. 일반적으로 다소 지엽적인 것들(머리 색, 눈 색, 수염의 여부, 도망칠 때 사용한 차의 모델이나 색 등)에 관한 기억은 용의자를 색출하거나 범인을 정확하게 확인하는데 중요함에도 불구하고 사건의 주된 것들(총의 모양과 같은)이나 특별히 명백한 것들(범인의 인종이나 체형과 같은)보다 기억하기 어렵다.

기억될 수 있는 세부사항들은 당시에 피해자가 집중하고 있던 부분이 어디였느냐에 따라서 달라지는 것으로 보인다. 피해자가 범인의 얼굴이 아니라 권총에 더 집중을 하고 있었다면, 권총의 모양이 범인의 얼굴보다 잘 기억될 것이다. 이와 달리 우연히 길을 지나던 사람이 현장을 목격하였을 때 피해자와 다른 것에 집중하였다면, 피해자와는 다른 외현적 기억을 가지고 있을 것이다. 외현적 기억은 경험하고 있는 동안에 무엇에 주의를 두고 있었는지에 밀접하게 관련되어 있다.

한편, 주의와 인식이 미처 알아차리지 못한 경험의 부분들은 암묵적 정서기억에 의해 기록될 수도 있을 것이다. 3장에서 이미 보았듯이 자율신경계 반응은 의식적으로 부호화되지 못하는 정서기억이라는 존재를 보여 주는 데 유용하였다. 따라서 피해자의 자율신경계 반응을 생리학적으로 측정해 보는 것이 외현기억으로 범인을 식별해 내는 것보다 더 민감한 판단방법이라고 생각해 볼 수 있겠다. 자율신경계 기능을 측정하는 거짓말 탐지기는 비록 신뢰성이 그리 높지는 않지만, 때때로 죄의식을 느낄 때 용의자가 보이는 무의식적이고 불수의적인 반응을 측정하는 도구로 사용된다. 이에 대응하는 방법으로 거짓말 탐지기를 이용하여 이번에는 용의자가 아닌 피해자의 불수의적이고 무의식적인 반응을 측정해 보는 검사 역시도 가능하겠으나, 여기서 나온 결과 역시 확실한 것이라고 보기는 힘들 것이다.

기억은 경험의 불완전한 재구성이다 정서경험에 대한 기억이 확실하고 생생하다 할지라도 반드시 정확한 것은 아니다. 우선, 외현기억의 경우 실제 경험이 있는 그대로 기억되는 것은 아니다. 이것은 단지 회상을 통해서 재구성된 것에 지나지 않는다. 그리고 회상을 할 당시의 뇌의 상태가 인출된 기억을 회상하는 방식에 영향을 미칠 수 있다. 바틀렛(Bartlett, F.) 경이 오래 전에 입증해 보인 것으로, 경험의 학습을 통하여 외현기억이 생성될 때 단순화, 첨가, 정교화 그리고 합리화 기제가 사용되며 또한 어떤 부분들은 생략되기도 한다. 요약하자면 기억은 바틀렛이 인지도식(cognitive schema)이라고 명명했던 맥락에서 만들어지는 것으로서, 이러한 기억 속에는 개인적인 기대와 편향이 포함되어 있다.

기억은 형성된 이후에 발생하는 새로운 사건에 의해서 공격을 받아 쉽게 변형된다. 이 점은 여러 연구와 일화에 대한 보고를 통해서 상세히 보도되었다. 기억의 유연성 연구로 널리 알려진 심리학자인 로프터스(Loftus, E.)와 그의 동료들은 저서를 통해 여러 예들을 제시하였다. 한 예는 진주만 폭격을 목격했던 쏘르프(Thorpe, E.) 육군 준장과 관련된 것이다. 그는 퇴역할 당시에 진주만 폭격에 대해서 기술하였는데, 사건 직후의 초기 회고록과 비교해 보았을 때와는 매우 상이한 견해를 발견할 수 있었다. 두 글은 같은 사건에 대해 쓴 글이라고 도저히 믿을 수 없을 정도로 모순된 점이 많았다. 다른 예는 스웨덴의 수상인 팔메 부인과 함께 영화를 보고 집으로 걸어가는 도중에 피살되었는데, 이 사건에서 살인혐의로 기소된 칼 구스타브 크리스터 피터슨의 재판이 진행될 때의 일화이다. 피고측에는 살인 후 시간이 지나면서 팔메 부인의 증언이 어떻게 변하는지를 평가했던 기억심리학자가 있었다. 그는 전문가 증언으로 출두하여 팔메 부인의 증언이 시간이 지남에 따라 더욱 생생하고 자세해지고 있음을 입증하였고, 범죄현장에서 획득한 경험이 아닌 다른 요소들로 인해서 그녀의 기억이 왜곡되었다고 주장하였다. 그녀가 신문과 텔레비전에서 보도된 정보를 짜깁기해 기억으로 집어넣은 것일 수 있다는 의문이 제기되었다. 세 번째 예로 선구적인 인지심리학자인 나이서(Neisser, U.)가 연구한 것을 꼽을 수 있겠다. 그는 우주왕복선 챌린저호가 폭발했던 참사를 기억하고 있는 사람들을 대상으로 사건 직후와 그로부터 몇 년이 지난 후, 이렇게 두 번에 걸쳐 실험을 진행하였다. 대부분의 피험자들은 그들이 무엇을 하고 있었고, 언제 뉴스를 접하게 되었는지 매우 잘 기억하고 있었다. 그러나 많은 경우에 몇 년이 지난 후의 기억과 사건 직후에 보고된 기억이 서로 상이하다는 것이 드러났다. 어떤 경우든 간에 정서적인 충격을 주는 사건을 경험하는 동안 형성된 기억이 매우 생생하다는 사실에는 변함이 없는데, 그러므로 머릿속에 남아 있는 사건의 세부적인 기억들이 중대한 결과를 초래할 가능성이 있는 경우라면 그 사건과 관련된 외현기억의 정확성을 전체적으로 의심해 보아야 하고, 정서적 충격을 안겨 준 바로 그 사건에 관한 외현기억이라 할지라도 일단은 한 번 의심해 봐야 한다.

정서적인 사건에 대한 기억도 빈약할 수 있다 때때로 충격을 안겨 주는 정서적인 사건들은 생생하게 기억되기보다 선택적인 기억상실을 유발하기도 한다. 이러한 일화에 대한 수많은 문서들은 강간, 근친상간 및 폭력범죄의 피해자들이나 전쟁에 참여한 군인들이 가지고 있는 충격적인 기억들에 대한 외현적 기억이 매우 약하거나 존재하지 않을 수 있음을 넌지시 시사한다. 이러한 관찰은 불쾌한 사건들을 억압하고 의식으로 떠오르는 것을 회피하려 한다는 프로이트의 이론과 일치하는 것이다. 기억을 촉진시키는 것과는 달리 기억손실을 야기하는 조건들은 아직 이해하지 못하고 있으나, 정서적 충격의 강도나 지속기간과 관련되어 있을 것이다. 우리는 다음 단원에서 이 주제로 되돌아가 충격적인 기억에 대한 기억상실이 어떤 생물학적 메커니즘을 통해서 일어나는지 살펴볼 것이다.

감상적인 기억들

어떤 상황이나 상태에서 발생한 학습은 일반적으로 그와 똑같은 상황이나 상태에 있을 때 가장 잘 기억된다. 만약 당신이 마리화나의 여운이 남아 있는 상태에서 단어목록을 암기하였다면, 맑은 정신 상태에서보다 마약에 흠뻑 취해 있는 상태에서 단어를 더 잘 기억할 것이다. 이러한 소위 상태의존적인 학습은 단지 약물중독 상태뿐만이 아닌 여러 상황에 적용 가능하다. 단어를 암기했던 바로 그 방에서 기억 여부를 측정 받는 것이 새로운 방에서 측정 받는 것보다 단어 암기에 더 효과적이다. 또한 학습을 할 때와 같은 기분상태일 때 회상하도록 요구된다면 더 좋은 결과를 얻을 수 있다. 이로부터 한 가지 추론을 하자면 우리들이 슬플 때 불쾌한 기억을 주로 하게 되고 기쁠 때 기분 좋은 기억을 주로 하게 된다는 사실이다. 소위 기억의 정서합치성(mood congruity)은 매번 눈물이 흘러내릴 듯한 감상적인 기억만을 하는 우울한 사람들에게는 몇 배나 강력한 효과를 갖는다. 암묵적인 정서기억과 정서에 대한 외현적 기억을 개별적으로 저장하는 시스템이 존재한다는 사실은 어떻게 기억의 맥락이 정서상태에 의해 영향 받는지를 이해하는 데 도움을 준다.

대부분의 심리학자들은 기억의 여러 요소들이 각각 개별적으로 표상되어 다시 통합적으로 연결되는 연합 네트워크, 즉 인지구조를 이루어 저장된다고 믿고 있다. 기억이 의식으로 떠오르기 위해서는 연합 네트워크가 특정한 수준까지 활성화되어야만 한다. 이때 네트워크가 활성화되는 정도는 기억을 이루는 요소들의 수와 각각의 요소들의 영향력에 비례한다. 여기에서 한 요소의 영향력이란 네트워크 안에 있는 전체 기억을 구성하는 데 기여하는 정도이다. 어떤 기억을 이루는 핵심 요소들은 주변 요소들에 비해 더 강한 영향력을 갖고 있을 수 있다. 학습시 제시되었던 단서들이 가능한 한 많이 제시될수록 그리고 단서에 의해 활성화되는 기억의 요소들의 영향력이 강할수록 기억이 잘 일어날 것이다.

지나간 정서경험에 대한 외현적 기억을 구성하는 한 요소는 정서적인 연관성이다. 이 연관성을 활성화시키는 단서들은 연합 네트워크의 활동을 촉진시킨다. 여기에서 활성화에 관여하는 단서들은 외현기억 시스템과 암묵적 기억 시스템 모두에 작용하는 자극들로서, 당시 외현기억 시스템이 학습을 하는 동안에 일어났던 정서와 동일한 상태에 처해 있다는 것을 알려 주게 된다. 그러한 단서에 의해 야기된 정서가

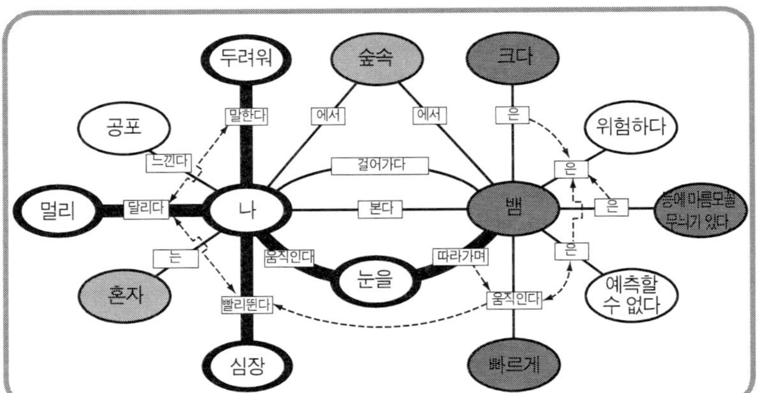

[그림 7-8] 공포에 대한 연합 기억 네트워크

연합 네트워크 모델에서 기억은 단편적인 지식들 사이의 연결로 저장되어 있다고 가정한다. 여러 지식들과 광범위하게 연결되어 있을수록 보다 생생한 기억을 더 쉽게 인출해 낼 수 있다. 위 그림은 뱀 공포의 기초를 이루는 가설적인 연합 네트워크를 보여 주고 있다. 이 모델에서는 언어적인 명제들로 이루어진 정보에 의해서 공포가 유지되고 있다. (Lang, P.(1984). *Cognition in emotions, Cognition, & behavior.*)

외현기억의 일부분으로 저장되어 있는 정서와 일치하면 외현기억의 활성화는 더욱 촉진된다. 그러므로 암묵적 정서기억이 함께 활성화됨으로써 학습을 하는 동안뿐만 아니라 기억을 되살리는 동안에도 외현기억 시스템을 도와주게 된다.

강력해지는 시냅스

우리는 지금까지 신경계의 관점에서 학습과 기억을 살펴보았다. 앞으로는 뇌가 작동하는 기제를 더 깊이 들여다보고 뉴런들과 시냅스들이 학습과 기억 기능에 어떠한 기여를 하고 있는지 알아보는 시간을 가져보겠다.

학습에는 시냅스 연결의 강화가 관련되어 있다고 널리 알려져 있다. 단순한 구조적 관점에서 시냅스는 뉴런들 사이의 벌어져 있는 작은 공간에 불과하지만 이 공간을 통해서 뉴런들 간의 정보 교환이 이루어지는 매우 중요한 곳이다.

잘 알려져 있듯이 시냅스는 한 뉴런의 종말단추와 다른 뉴런의 수상돌기가 맞닿아 있는 곳이다. 세포체에서 축색의 종말단추 방향으로 전기자극이 흘러내려 간다. 그 다음에 종말단추에서 신경전달물질이라는 화학물질이 분비되어 시냅스 사이로 퍼져 나가 정보를 받아들이는 뉴런의 수상돌기에 있는 수용기(특정 신경전달물질을 받아들이는 목적에 알맞도록 만들어져 있다)와 결합하게 된다. 충분한 양의 신경전달물질이 수용기와 결합하게 되면 전기자극이 촉발되어 축색을 따라 전해 내려가게 된다. 이러한 방식으로 다음 뉴런으로 정보를 전달하게 된다.

1949년에 유명한 캐나다의 심리학자인 헵(Hebb, D.)은 시냅스 수준에서 어떻게 학습이 일어나느냐에 대해서 한 가지 제안을 하였다. 이해를 돕기 위해서 우선 X와 Y라는 두 개의 뉴런이 있다고 상상해 보자. 두 뉴런은 해부학적으로 서로 연결되어 있긴 하지만 정보전달 차원에서 약한 시냅스 관계를 형성하고 있다. 다시 말해서 X가 발화할 때 Y는 약한 연결을 이루고 있기 때문에 발화될 가능성은 가지고 있지만 실제로 발화되지는 않는다. 그러나 수시로 Y가 발화하는 때와 동일한 시간에 X의 전기자극이 Y에 도달하게 되면 기능적인 결합이 만들어진다. 그 결과로 다음 번에 X가 발화하면 Y 역시 발화할 가능성이 높아지게 된다. 이러한 방법으로 두 세포 간의 연결이 강해지게 되는데 이를 헵의 시냅스(Hebbian synapse)라고 한다. "함께 발화하는 세포는 서로 연결된다." 라는 유명한 표현은 헵 이론의 진수를 잘 표현하고 있다. 헵의 가소성은 [그림 7-9]에 나타나 있다.

학습이 일어나는 방법에 관련된 헵의 가설은 오랫동안 많은 이들의 관심을 불러일으켰지만 이를 뒷받침해 줄 만한 근거가 없었다. 사실적인 근거가 필요한 가설이었다. 마침내 1970년대 초에 모든 사람들에게 환영 받을 만한 실제적인 추진력을 얻게 되었다. 이 추진력은 블리스(Bliss, T.)와 로모(Lomo, T.)가 수행한 해마의 시냅스 기능에 관련된 연구로부터 나오게 되었다.

당시에는 해마 주변에 있는 중계 영역과 해마를 연결하는 경로에 전기자극을 주면, 해마 내부에 있는 뉴런의 활동을 이끌어 낼 수 있다고 알려져 있었다. 이 활동은 장전위(field potential)라 불리는 신경반응으로써 측정될 수 있다. 여기에서 장전위는 입력자극에 의해서 활성화되는 해마의 여러 세포들의 시냅스 반응의 전체 합을 나타낸다. 블리스와 로모는 간단한 조작을 가하여 장전위의 크기를 증가시킬 수 있음을 보였다. 이는 시냅스 반응의 크기가 증가함을 의미한다. 그들은 해마의 통로에 버스트(burst)라 불리는 짧은 시간 동안 빠르게 진동하는 자극(1초에 100개의 펄스를 발생하는)을 주었다. 이 자극을 준 이후에 단 한 개의 펄스에 의해서 발생하는 시냅스 반응의 크기를 측정해

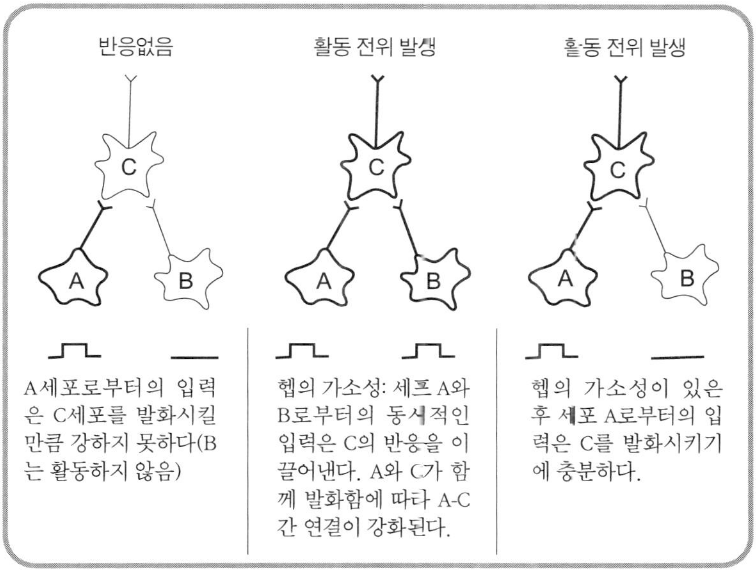

[그림 7-9] 헵의 가소성

1949년 도널드 헵은 두 세포가 동시에 발화될 때 일어나는 뉴런 기능의 변화와 관련되어 있다는 주장을 하였다. 오늘날 소위 헵의 가소성은 학습과 기억이 개별세포 수준에서 어떻게 일어나는지를 설명해 주는 대표적인 이론이다. 그림에서 보는 바와 같이 헵의 가소성은 두 세포(A와C)가 동시에 발화할 때 일어난다. 보통상태에서 A는 C를 발화시키지 못하지만 B는 C를 발화시킬 수 있다. 그래서 B가 C를 발화시키고 이와 동시에 A도 발화된다면 A와 C사이의 연결에 어떠한 변화가 일어나서, A 스스로 C를 발화시킬 수 있는 능력을 얻게 된다. 얼마 전까지 A와 C 사이에 일어나는 변화의 정확한 속성은 밝혀지지 않았다. 그러나 신경과학 분야에서 최근에 이루어진 연구들은 헵의 가소성이 가능하도록 만들어 주는 기제를 발견해 냈다. 이 기제는 장기 상승 작용(LPT)으로 알려졌으며, 글루타메이트 및 그 수용기와 관련되어 있다. LTP와 글루타메이트 수용기의 기능은 [그림 7-10]과 [그림 7-11]에서 설명하도록 하겠다.

보았는데, 자극을 주기 전보다 반응 크기가 훨씬 증가되었다. 다시 말해서 강력한 자극이 중계 영역과 해마 사이의 시냅스 연결을 향상시켰다. 무엇보다 중요한 것은 이렇게 향상된 반응 크기는 일시적이지 않

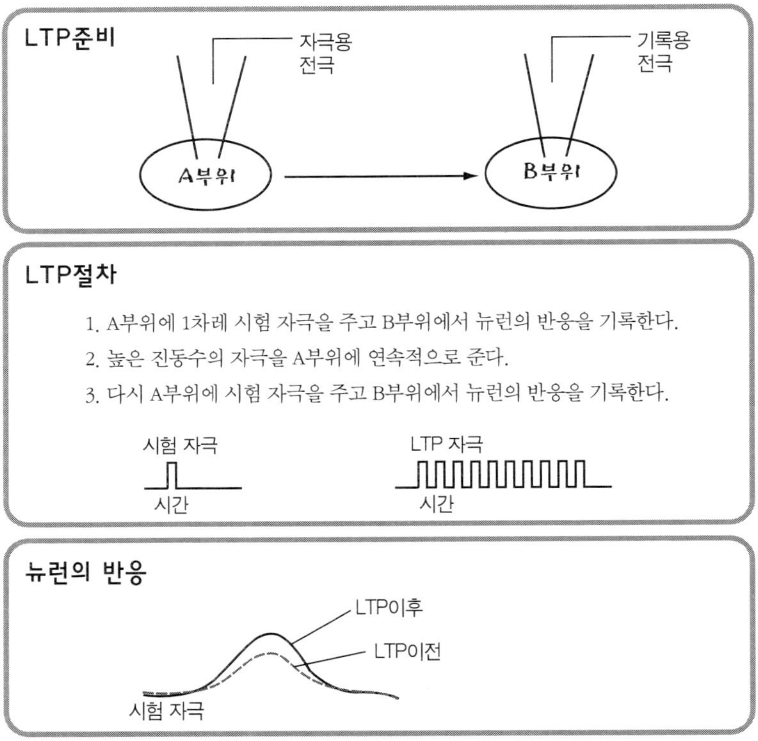

[그림 7-10] 장기 상승 작용(LTP)

LTP는 두 개의 뇌 영역(A와 B영역)사이의 기능적인 연결이 강화되는 것이다. 뇌 영역들 사이의 연결이 시냅스로 이루어져 있기 때문에, LTP는 시냅스를 통한 정보 전달 능력의 증가와 관련되어 있을 것으로 여겨진다. 실험실에서는 A영역에 단숨에 여러 번의 전기자극 버스트를 줌으로써 LTP를 유도할 수 있다. 이러한 처치의 결과로 단일한 시험자극에 대한 뉴런의 반응은 증폭된다. 버스트 처치 이후 동일한 자극에 대해서 더 큰 반응을 일으키기 때문에 버스트 자극이 전달을 향상시켰다고 볼 수 있다.

고 지속되는 특성을 나타낸다는 점이다. 단기간의 자극의 결과로서 시냅스 강도가 변화하는 현상을 '장기상승작용(long-term potentiation: LTP)' 이라고 한다(그림 7-10 참조).

뉴런들 사이에 잠깐 동안 일어난 사건이 오랫동안 지속되는 활동상의 변화를 일으킨다는 사실은 어쩌면 LTP가 기억의 주요 재료일지도 모른다는 암시를 던져 주었다. 처음에는 다소 기상천외하고 비현실적이라고 여겨졌지만, LTP의 특성에 대해서 많은 연구들이 진행될수록 이 개념은 신뢰를 얻게 되었다.

LTP의 특성들 중 하나는 특이성(specificity)이다. 하나의 뉴런은 수많은 뉴런들로부터 입력정보를 받는다. 예를 들어, Z뉴런이 X, Y 그리고 다른 뉴런들에게서 입력을 받는다고 가정해 보자. 만약 X-Z 통로를 자극하여 발생된 LTP가 X-Z 시냅스뿐만 아니라 Y-Z 시냅스도 촉진시킨다면 이 현상에는 아무런 특이성도 없는 것이다. 또한 특별한 학습 경험을 통해서 기억이 형성되는 방법을 설명하는 모델로 사용하기에도 부적절하다. 그러나 실제로 X-Z 통로를 자극하게 되면 Y-Z 연결 강도에는 아무런 영향을 미치지 않고, 오로지 X-Z 시냅스 연결 강도만을 변화시킨다. LTP는 시냅스 이후에 있는 모든 뉴런을 변화시키는 것이 아니라 특정 입력정보에 선택적으로 작용한다. LTP는 경험과 관련되어 있는 시냅스 후 뉴런의 특정 시냅스만을 변화시킨다. 학습과 마찬가지로 LTP는 경험 특이적이다.

LTP의 다른 중요한 특성은 협동성(cooperativity)이다. LTP를 일으키기 위해서는 다수의 입력정보들이 세포를 자극하여 시냅스를 충분히 활성화시켜야 한다. 세포들이 충분한 정도로 자극 받지 못하면 LTP는 일어나지 않는다. 즉, 입력정보들은 LTP가 일어나도록 협력해야 한다.

협동성의 한 가지 유형이자 LTP와 학습 사이의 연결을 이끌어 내는 데 특히 중요한 것은 연합성(associativity)이다. 다시 한 번 X와 Y로부터 입력을 받는 Z뉴런을 고려해 보자. X-Z와 Y-Z 통로를 동시에 자극하면 두 통로 모두 이전보다 더 큰 반응을 얻을 수 있다. 이 반응의 크기는 두 통로를 독립적으로 자극할 때보다 훨씬 크게 나타난다. 이것은 두 통로 사이의 협동성이다. 이로써 두 통로는 서로 연결되고 연합되었음을 의미한다.

LTP의 연합성은 헵의 학습원리와 LTP가 연결될 수 있는 원리를 제시해 주고, 일상생활의 학습경험에서 사건들 간의 연합이 어떠한 방법으로 형성될 수 있는지 시사해 준다. 더욱이 LTP와 해마가 관여하는 학습의 분자적 기초가 밝혀지기 시작하면서, 헵의 원리에 기초한 학습이론은 이전보다도 훨씬 더 많은 관심을 끌게 되었다.

기억의 접착제

해마의 분자적 기초에 대해서 이루어진 수많은 연구들은 글루타메이트(glutamate)라는 신경전달물질이 중요한 역할을 한다는 것을 알려주었다. 특히 해마의 LTP에는 독특한 종류의 글루타메이트 수용기가 필수적이라는 것이 밝혀졌다. 해마의존적인 기억도 바로 이 수용기를 필요로 하고 있다는 사실은 기억과 LTP를 연결시키는 데 중요한 의미를 가지고 있다.

종말단추에서 분비된 신경전달물질은 시냅스 반대쪽에 있는 수용기들과 결합하여 뉴런을 흥분시키거나 억제시키는 기능을 한다. 흥분성 신경전달물질은 시냅스 건너편에 있는 뉴런(시냅스 후 뉴런)들이 발화될 가능성을 높여 주고, 억제성 신경전달물질은 그 뉴런들의 발화가능성을 낮추어 준다. 글루타메이트는 뇌에서 주요한 흥분성 신경전달물질이다. 글루타메이트는 종말단추에서 분비되어 시냅스를 건너, 글루타메이트 수용기의 한 종류인 AMPA 수용기와 결합하게 된다. 이 과정이 일어난 이후, 시냅스 후 뉴런은 전기자극을 발화시켜 축색으로 내려 보낸다. 정상상태에서 글루타메이트는 다른 종류의 수용기인 NMDA와도 결합하나 아무런 영향을 미치지 못한다. 그러나 시냅스 후 뉴런이 발화하게 되면 글루타메이트와 결합되어 있는 NMDA 수용기는 비로소 효과를 발휘하기 시작한다(그림 7-11).

NMDA 수용기는 이 수용기를 가지고 있는 뉴런이 발화할 때에만 열리는 특성을 가지고 있다. 이러한 특성으로 인하여 NMDA 수용기는 자극들 사이에 연합을 형성하는 매체 역할을 하게 된다. NMDA 수용기는 헵의 법칙(함께 발화하는 세포는 서로 연결된다)이 실제로 뇌 안에서 어떻게 실현되는지를 보여 준다.

신경 신호가 어떤 한 입력경로를 통해 글루타메이트를 방출시키고, 이 신경전달물질이 시냅스 후 뉴런에 결합하여 그 뉴런의 발화를 촉발시키는 장면을 상상해 보자. 이 순간에 또 다른 뉴런이 동일한 시냅스 후 뉴런으로 글루타메이트를 방출한다면, 이 신경전달물질은 뉴런이 발화하였을 때 때맞추어 이곳에 도달하게 된다. 바로 이 상황에서 시냅스 후 뉴런의 NMDA 수용기가 잠시 열리게 되고(물론 AMPA 수용기도 열린다) 그 틈을 타서 글루타메이트가 NMDA 수용기에 가서 붙는다. 그 결과 두 자극 사이에 연합 또는 연결이 형성된다.

그러므로 NMDA 수용기는 LTP의 연합적 특성이자 헵의 학습원리가 이루어지는 기제, 즉 동시에 일어난 사건들이 서로 연합되는 기제를 설명할 수 있다. 따라서 NMDA 수용기와 글루타메이트가 결합하는 것을 차단하는 약물을 뉴런에 처치하면 해마 회로에서 LTP가 일어

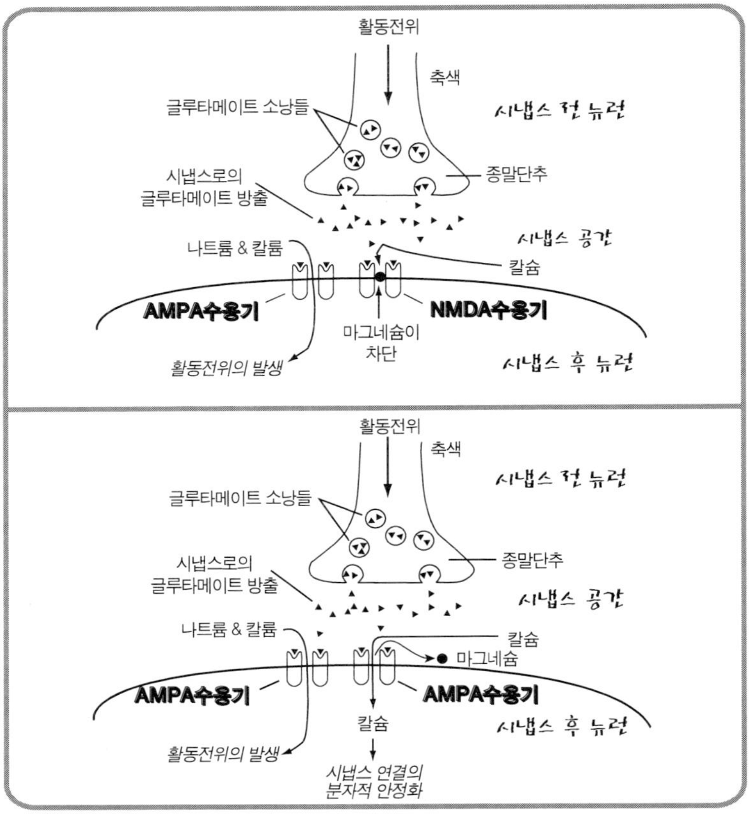

[그림 7-11] 글루타메이트 수용기

활동전위가 축색의 종말단추로 내려오면, 시냅스 전 뉴런의 종말단추에서 글루타메이트가 방출된다. 방출된 글루타메이트는 시냅스 공간으로 확산되고, 시냅스 후 뉴런의 AMPA나 NMDA 수용기와 결합하게 된다. 글루타메이트가 AMPA 수용기와 결합하면, 나트륨 이론이 시냅스 후 뉴런으로 들어가 활동전위를 발생시킨다(위 그림). 한편 NMDA 수용기와 결합한 글루타메이트는 아무런 작용도 하지 않는데 이는 평상시 NMDA 수용기가 마그네슘에 의해서 막혀 있기 때문이다. 하지만 AMPA 수용기를 통해 발생한 활동전위에 의해서 마그네슘이 떨어져 나가게 되고 그후 칼슘 이온이 세포로 유입된다. 칼슘은 여러 단계에 걸친 분자적 변화를 일으키고 그 결과 시냅스 전과 시냅스 후 뉴런 사이의 연결이 강화 및 안정화된다.(Edwards, F. A.(1992). Potentially right on both sides. *Current Opinion in Neurobiology 2*, 299-401.)

나는 것을 막을 수 있고, 또한 해마의존적인 학습(예컨대 수중미로에서 공간학습)을 방해할 수 있다. 현재 NMDA 수용기가 LTP와 기억에 관여하는 정확한 방식은 신경과학 분야에서 가장 중요하게 연구되고 있는 주제 중 하나이다. 또 한 가지 주목할 만한 사실은 이 과정에서 시냅스 후 뉴런에 칼슘 이온의 유입이 일어나는데, 이는 일련의 분자적인 연쇄반응을 일으켜 시냅스 연결을 안정화시키고 결과적으로 시냅스 반응을 상승시킨다(밑 부분에서 논의할 '분자 수준에서의 기억상실'을 보라).

많은 연구자들이 LTP와 기억을 직접적으로 연결시키려는 노력을 하고 있다. 그중에는 한 경로에서 LTP를 유도하면, 그 경로에 의존적인 학습과정에 영향을 미친다는 것을 보여 준 연구가 있다. 다른 연구자들은 학습에 의해서 LTP가 유도되는 정도가 변화될 수 있음을 보였다. 그리고 또 어떤 연구에서는 학습을 하는 동안 LTP와 매우 유사한 변화가 그 학습과정에 관련된 경로들에서 발생한다는 것을 밝혀냈다.

LTP와 실제 학습 간의 일치에 대한 연구가 활발히 진행되고 점점 더 강력한 증거들이 계속 발견되고 있기는 하나, 학습의 근본이 바로 LTP라는 결론을 뒷받침할 만한 증거는 아직까지 제시된 적이 없다. 어떠한 연구도 LTP에 의해서 유도된 변화가 학습을 설명할 수 있음을 실제로 보여주지는 못하였다. 현 시점까지의 중간 결론인 LTP와 학습 간의 상관관계를 향후 인과적인 연결로 변화시키기 위한 연구들이 여러 실험실에서 활발하게 진행되고 있다. 이 분야의 많은 사람들은 인과적인 관계가 있을 것이라고 확신하고 있으며, 단지 이 관계를 증명하기 위한 적절한 방법이 언제 발견되느냐가 중요한 문제일 것이라 생각하고 있다.

분자 수준에서의 기억 상실

초기에 연구자들은 주로 해마에서만 LTP가 일어난다고 믿었다. 이러한 믿음은 기억에 있어서 해마의 역할을 밝히기 위해 더 좋은 동물 모델을 개발하려 노력하던 학자들을 더욱 부추겼다. 그러나 현재는 해마 의존적인 학습 시스템뿐만 아니라 뇌의 여러 영역과 여러 학습 시스템들 모두에서 LTP가 일어난다는 것이 알려졌다. 여기에서 우리가 관심을 가지는 부분은 공포조건화를 일으키는 경로에서 LTP가 유도될 수 있음이 증명되었다는 사실과 편도체에서 NMDA 수용기를 차단시키면 공포조건화가 일어나지 않는다는 결과이다.

NMDA 의존적인 시냅스 가소성은 분자적 수준에서 뇌가 정보를 학습하고 저장하는 보편적인 방법일 것이다. 물론 어떤 형태의 가소성은 NMDA 수용기에 영향을 받지 않기도 하지만(심지어 해마에서 조차), 그럼에도 불구하고 NMDA 의존적 가소성은 뇌에서 사용되는 몇 안 되는 주된 학습 메커니즘 중의 하나일 가능성이 많다.

기억들이 얼마나 안정적으로 유지되고 있는가를 좀 더 자세히 들여다보면 여러 종류의 기억을 형성하는 데 보편적인 메커니즘이 사용되고 있다는 생각에 동의하지 않을 수 없다. 달팽이, 쥐, 초파리와 같은 종을 대상으로 수행한 연구들은 학습경험을 장기기억으로 전환시키기 위해서 분자 단위의 작용이 필수적이라는 결과를 지지한다. 여기에는 세포핵의 유전정보에 의해서 합성되는 단백질이 매우 중요한 역할을 하고 있는 것처럼 보인다. 단백질 합성을 차단하면 장기기억은 더 이상 형성되지 않게 된다. 다시 말해서 경험의 장기기억은 학습이 일어난 이후 세포에서 만들어지는 단백질에 의해서 생성, 보존된다고 할 수 있다. 단백질은 유전자를 구성하기 때문에 중요하며, 특히 일부 유전자들은 기억을 안정화시키는 데 필요한 특정 화학물질의 합성을 통제한다. 단백질 합성을 방해 받은 동물들은 장기기억을 형성하는 데 실패하였다. 또한 LTP 역시 장기간 지속되지 못하였다.

특히 중요한 한 가지 화학물질은 cAMP(cyclic AMP)이다. 시냅스 후 뉴런에서 신경전달물질이 수용체와 결합한 뒤에는 cAMP가 다음 단계를 맡아 진행한다. 신경전달물질이 X세포와 Y세포가 Z세포와 서로 소통하도록 만들어 주면, cAMP는 Z에서 X와 Y가 서로 동시에 했다는 사실, 즉 X와 Y가 연합되어 있다는 것을 기억하도록 도와준다. cAMP는 세포들 사이에서 작용하기보다는 세포내부에서 여러 지역 간에 의사소통하는 데 관여한다. 기억에 관한 신경생물학의 선두 연구자인 캔델(Kandel, E.)이 군소(aplysia)라는 바다달팽이를 대상으로 한 실험에서 cAMP의 역할을 최초로 밝혀냈다. 또한 캔델은 cAMP 발현을 차단하는 약물이 해마 기억과 LTP를 방해한다는 것을 증명하였다. cAMP를 합성하지 못하는 동물을 만들기 위해 새로운 유전자 기법들이 동원되었다. 예를 들어, 털리는 cAMP 합성에 관여하는 유전자를 손상시킨 초파리가 특정 장기기억 과제에서 기억상실을 보인다는 것을 증명하였으며 캔델과 실바(Silva, A.)는 각각 cAMP를 만들지 못하도록 유전자 조작된 쥐가 해마 LTP에 결함이 있고, 해마의존적인 과제에서 새로운 장기기억을 형성하지 못한다는 것을 증명해 보였다. 기억이 고착되는 메커니즘은 다양한 종들에 그리고 여러 가지 학습 절차에 걸쳐 놀랄 만큼 유사하게 나타난다. 이외에도 다른 메커니즘이 존재할지도 모르지만 그러한 메커니즘들의 수는 많지 않을 것으로 보인다.

무수히 많은 종류의 동물들이 존재하고 각 동물마다 수많은 학습 네트워크가 존재하지만, 분자적 수준에서는 전 자연계를 통틀어 하나 또는 소수의 메커니즘만이 사용되고 있다는 발견은 중요한 의미를 지니고 있다. 이는 학습의 형태가 다르다고 해서 반드시 분자적 수준에서 다른 메커니즘을 사용할 필요가 없으며, 그보다는 학습이 일어나는 신경 회로의 독특한 특성에 의해 학습 형태의 특수성이 나타남을 의미한다. 시스템 수준에서는 기억의 다양성이 존재하지만 분자적 수준에서는 기억의 보편성 혹은 적어도 일반성이 존재할 것이다.

클라팔드로 되돌아가서

이제 클라팔드의 환자가 외현적인 의식 기억을 가지고 있지 않았음에도 불구하고, 어떻게 압정에 대한 암묵적 기억이 형성할 수 있었는지 분명히 이해할 수 있을 것이다. 그녀의 측두엽 기억 시스템이 손상되었을 것으로 추정할 수 있다. 그리고 공포조건화를 형성할 수 있었던 암묵기억으로 판단하건대 그녀의 편도체는 잘 기능하고 있었던 것으로 보인다. 하지만 그녀의 뇌 어느 부분에 손상을 입었는지 알 수 없고 지금에 와서 그녀의 뇌를 검사하는 것은 불가능한 일이므로 이것은 단지 추측에 불과하다. 그러나 이러한 추측은 기억의 신경 기반에 관한 40여 년간의 연구를 토대로 한 것이다. 따라서 이와 같은 추측이 클라팔드의 환자의 경우에 딱 들어맞지는 않는다 하더라도 다른 비슷한 기억상실증 사례들에는 어느 정도 들어맞는 경우가 있을 것으로 확신할 수 있다.

시스템 수준에서 기억의 다양성은 하나의 기억이 그 밖의 다른 기억과 구별되는 이유를 설명해 준다. 예컨대 해마는 광범위한 신피질과 상호연결되어 있기 때문에 수많은 사건들을 시공간상으로 관련 있는 것들끼리 결합시켜 복잡한 기억을 형성하는 데 매우 적합하다. 아이켄바움에 의하면 이 회로의 목적은 정보를 표상하는 과정에서 유연성을 제공하는 것이라고 한다. 특정한 반응만이 이 회로와 관련되어 있는 것이 아니라, 여러 가지 다른 상황들에 따라 서로 다른 많은 방

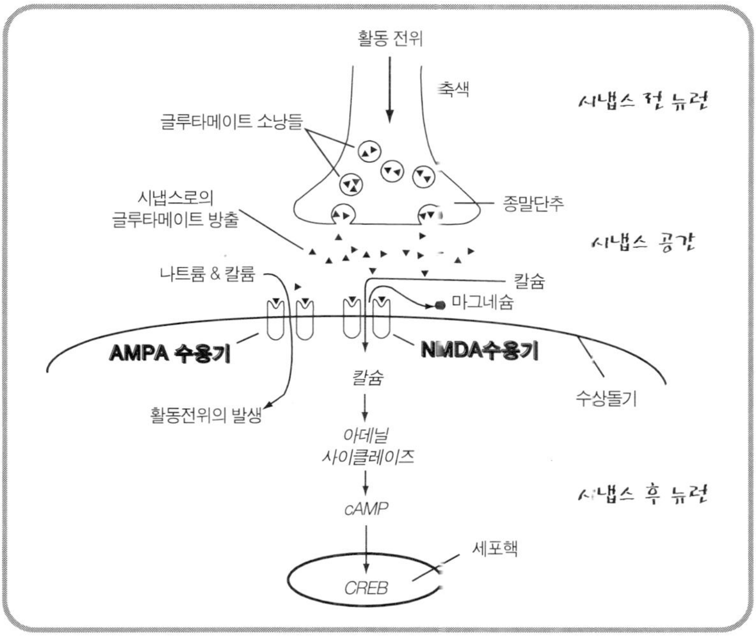

[그림 7-12] 시냅스 가소성의 분자적 안정화와 기억

글루타메이트가 발화한 세포의 NMDA 수용기와 결합하게 되면, NMDA 수용기를 막고 있던 마그네슘이 제거되고 칼슘 이온이 들어오게 된다. 칼슘의 유입은 아데닐 사이클레이즈(adenylyl cyclase)를 활성화시키고, 이것은 다시 cAMP를 증가시킨다. 그 다음으로 cAMP가 증가하면 세포의 핵안에 있는 CREB이라는 유전자 전사 인자를 통해서 cAMP-유도성 유전자를 활성화시킨다. CREB은 시냅스 작동체 단백질(synaptic effector protein)과 같은 단백질 합성을 유도하며, 이 단백질은 시냅스 후에 있는 수상돌기 구조의 변화를 안정화시킴으로써 LTP의 장기 유지에 기여한다.(Mayford, M., Abel, T., & Kandel, E. R.(1995), Transgenic approaches to cognition. *Current Opinoin in Neurobiology 5* 141–48.)

법으로 이러한 해마의존적 기억이 사용될 수 있다. 반대로 편도체는 생존 반응을 유발하는 장치에 보다 적합하다. 편도체의 학습 및 기억 기능을 통하여 자극상황과 이에 따른 특정 반응 간에 강력한 연결이 만들어지고, 위급한 상황에서 어떠한 대응을 해야 하는지 생각할 필요도 없이 신속하게 반응하도록 해 준다.

위에서 언급한 해마와 편도체의 기능들은 지나치게 간략화한 것으로 볼 수 있다. 특히 이 구조물들이 선언적 기억과 정서기억에 기여하는 방식을 지나치게 단순화한 경향이 있다. 그러나 그러한 결론들은 모두 해마와 편도체의 행동적 연구에서 얻어진 결과들과 일치하는 내용이고 각각의 영역들이 어떤 종류의 기억 형성에 기여하고 있는지에 관해 부분적으로 들어맞는 그림을 제공하고 있다.

분자수준에서는 암묵적(무의식적) 정서기억과 정서에 대한 외현적(의식적) 기억 사이에 아무런 차이가 없을 것이다. 그러나 신경 시스템과 기능 수준에서 이것들은 분명히 구분되는 뇌의 기능이다. 현재 우리들은 독립적으로 작용하는 기억 시스템에 관하여 이전보다 훨씬 많은 것을 알고 있지만 앞으로는 이것들이 어떻게 상호작용하고 있는지도 밝혀내야 한다. 바로 이러한 상호작용이 정서와 관련된 과거의 사건을 떠올렸을 때 그 기억에 정서적인 성질을 부여하는 역할을 하는 것이다.

CHAPTER 7 | 주

1) 동지를 전후한 2주간의 평화로운 날씨를 의미하는 단어이다.
2) 미국의 포크가수 밥 딜런이 부른 노래제목이다. Subterranean Homesick Blues. 역주

3) 선언적 기억과 외현적 기억은 둘 다 무의식적인 처리를 기반으로 한 기억으로부터 의식적인 회상을 구별하기 위해 사용되는 용어들이다. 그러나 두 용어는 서로 다른 종류의 연구로부터 제시되었다. 선언적 기억은 우리가 앞으로 많이 이야기할 측두엽 기억 시스템의 기능을 이해하려고 시도했던 연구에서 등장한 용어이다. 이와는 대조적으로, 외현적 기억은 기억의 신경기반보다는 기억의 심리학적 연구로부터 나온 용어이다. 최근 의식적 기억이 명확하게 측두엽 기억 시스템의 작용 때문이라고 이야기되었고, 이 책에서는 앞으로 두 용어를 구분 없이 사용할 것이다.

4) 여기 등장하는 환자 H.M.의 본명은 사생활 보호를 위해 한 번도 공개된 적이 없고 아무도 알지 못한다. Henry Mnemonic 이란 이름은 저자가 상상력을 발휘해 재치 있게 갖다 붙인 것이다. 아마도 이 환자의 이름이 Henry 인 것만은 확실한 것 같긴 하다. 역주

5) Lashley(1950a). 래쉴리는 기억은 뇌의 어느 한 시스템에 국지화된 것이 아니라고 결론지었다. 나중에 이 결론은 완전히 잘못된 것이라고 밝혀졌다. 어떻게 뇌과학의 역사상 가장 주의 깊은 연구자 중의 하나인 래쉴리가 이런 큰 실수를 저질렀을까? 다른 대부분의 연구자들처럼 래쉴리도 기억을 측정하기 위해서는 어떤 종류의 학습과제를 사용하든 무관하다고 가정하였다. 어떤 경험 후에 일정 시간이 흐른 후 행동변화를 측정할 수만 있으면 된다고 생각하였다. 그가 선택한 과제는 미로 학습 과제였다. 하지만 우리는 이제 이러한 미로들이 다른 여러 가지 방식으로 해결될 수 있다는 사실을 알고 있다. 예를 들어, 눈이 안 보이는 동물은 촉각이나 후각을 이용할 수 있다. 미로를 벗어나는 데 여러 가지 방법이 있다는 것은 복합적인 기억 시스템이 학습에 관여한다는 것을 반증한다. 그 결과 하나의 뇌 영역을 손상시키는 것만으로는 수행에 영향을 끼칠 수 없다. 래쉴리는 따라서 기억이 분산되어 저장된다는 잘못된 결론을 내렸다. 이는 그가 여러 뇌 영역에 위치한 다양한 기억 시스템들이 관여되는 행동검사를 사용했기 때문이다. 현재는 래쉴리의 데이터를 뇌에 복합 기억 시스템이 존재하는 증거로서 해석한다.

6) 수중미로를 뿌옇게 하기 위해 실제로 아기들이 먹는 분유를 물에 탄다. 따라서 수중미로라기보다는 우유미로라고 하는 편이 더 정확하다. 역주

7) 클뤼버와 부시는 원숭이에서 편도체를 포함한 측두엽의 앞부분을 양측 모두 제거한 후 감정과 관련된 행동이 극적으로 변화하는 양상을 보고 하였다(클뤼버-부시증후군). 야성적이던 원숭이가 수술 후 매우 온순해졌으며, 평상시 공포를 나타내던 사물에 대해 전혀 공포심을 보이지 않는 등 정서성이 없어졌고 소리치거나 인상을 찡그리는 감정적 표현도 사라졌다(Klüver & Bucy, 1937).

8) 먼저 본 자극에 의해 떠올려진(점화된) 개념으로 인해서 이후에 접한 정보를 해석할 때 영향을 받게 되는 현상. 역주

9) The Far Side. 게리 랄슨은 인간의 본성을 다양한 동물들에 비유해서 촌철살인의 한 컷짜리 만화로 잘 표현하기로 유명하다. 역주

10) 아드레날린은 보통 뇌에 직접 작용하지 않는다. 매거는 아드레날린이 미주신경을 통해서 편도체나 해마와 같은 뇌 구조물에 영향을 미친다고 주장한다. 매거는 주로 편도체를 강조하지만 외현적 기억이 영향을 받는 것으로 보아 해마도 포함될 가능성이 있다. 그의 실험에서는 주로 동물이 사용되었으므로 동물의 경우에는 편도체가, 사람의 경우에는 해마가 더 영향을 받을 가능성도 있다. 사람에서는 동물과 조금 다른 과제가 사용된다. 다른 가능성은 해마에 미치는 영향이 편도체에 의해 매개되는 것이다. Paul Gold(1992)는 아드레날린과 기억에 대해 다른 견해를 가진다. 그에 따르면 아드레날린은 글루코스를 혈류로 방출한다. 글루코스는 혈액을 따라 뇌로 들어가서 해마와 같은 영역의 뉴런들에게 에너지를 제공한다. 그는 이렇게 해마에 에너지가 풍부해지는 것이 측두엽 기억 시스템에서 기억이 강화되는 것을 돕는다고 주장한다.

08 야수들이 사는 나라[1]

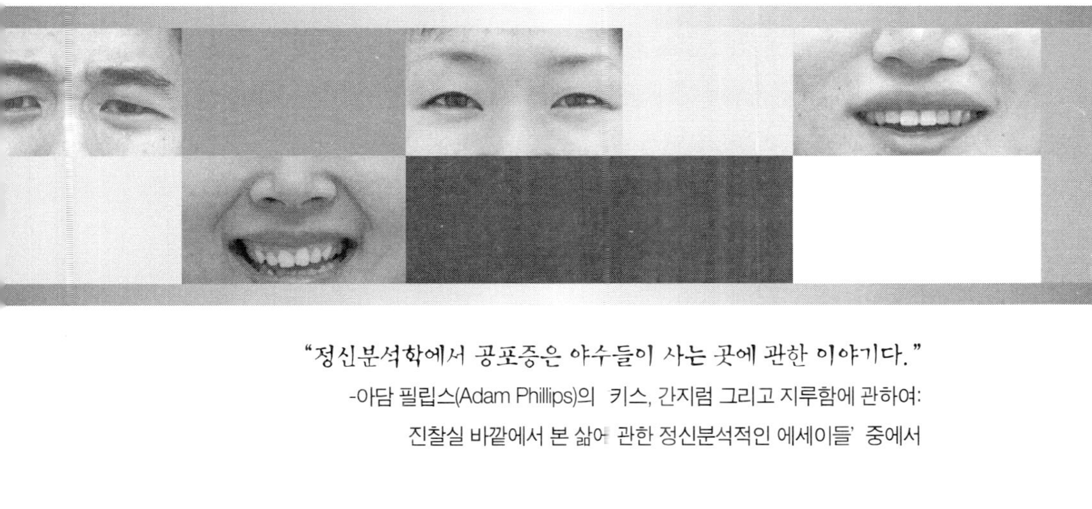

"정신분석학에서 공포증은 야수들이 사는 곳에 관한 이야기다."

-아담 필립스(Adam Phillips)의 키스, 간지럼 그리고 지루함에 관하여:

진찰실 바깥에서 본 삶에 관한 정신분석적인 에세이들' 중에서

1793년 파리에는 혁명의 기운이 감돌았다. 그러나 우리가 여기서 관심을 가져야 할 혁명의 종류는 거리에서 일어난 것이 아니라 정신병원에서 일어난 것이다. 피넬(Pinel, P.)은 정신병을 앓고 있는 이들에 대해 당시 사람들과는 상당히 다른 견해를 가지고 있었다. 그는 정신병자는 가두고 고문해야 하는 야수가 아니라 품위 있게 대해야 할 사람들이고, 그들을 존중해 줘야 한다고 생각했다. 이와 같은 피넬의 주장을 들은 혁명 감옥의 감독관은 "이 짐승들을 풀어 주라니. 당신이 미친 것 아닙니까?" 하고 물었다. 이에 대해 피넬은 "나는 이 '사람들' 이 자유롭게 숨쉴 수 있다면 치료될 수도 있다고 확신합니다." 라고 답했다. 그 '짐승들' 중 몇몇은 피넬의 지도 아래 회복되었고, 그들 중 한 명은 피넬의 수행원이 되었다.

1800년경의 피넬은 파리에서 가장 영향력 있는 내과의 중 한 명이었다. 어느 날 인간 관찰 학회로부터 완전히 야생의 모습을 한 11세가량의 소년을 진단해 달라는 부탁을 받았다. 그 소년은 몇 달 전 프랑스 남부의 작은 마을에서 붙잡혔다. 『아베롱의 야생 소년』이라는 책에서 저자인 쉐턱(Shattuck, R.)이 이야기한 바에 따르면 그 사건은 다음과 같다.

> 1800년 1월 9일 새벽녘에 어떤 생명체 하나가 남 프랑스의 생 세르넹(Saint-Sernin)마을 근처 숲에 출현했다. 누구도 예상하지 못한 바였고, 그 누구도 그것이 무엇인지 알아보지 못했다. 그것은 인간의 모습을 하고 두 발로 서서 걸었지만 그 외의 다른 모든 것은 동물처럼 보였다. 그는 누더기가 된 셔츠 외에는 아무것도 걸치지 않은 상태였고, 전혀 부끄러워하지 않았고 주위의 사람들과 자신이 같은 인간임을 인식하지 못하는 것처럼 보였다. 그는 말을 할 줄 몰랐고 그저 의미 없는 이상한 울음소리만을 낼 뿐이었다.

이전의 성과에도 불구하고, 피넬은 이 야생 소년을 다시 인간답게 만드는 것은 불가능하다고 생각했다. 쉐턱에 따르면 일반적인 경우였다면 피넬이 환자의 상태에 관해 그 원인이 '기질적' 인 것인지 아니면 '기능적' 인 것인지 구분을 했겠지만, 이 야생 소년의 경우 주의 깊게 생각해 보지 않았던 것으로 보인다. 그러한 분석을 시도했다면 보다 많은 정보를 바탕으로 이 소년을 치료할 수 있을 것인지의 여부를 판단할 수 있었을 것이다. 뇌 손상과 같은 기질적인 문제라면 소년의 동물적인 행동을 치료하는 것은 불가능했을 것이다. 그러나 유아기의 영양부족, 사회적 자극의 부재, 야생 환경에서 살아남기 위해 겪어야 했던 긴장과 위험의 스트레스 등과 같은 환경적인 문제가 원인이라면 치료가 가능했을 것이다. 쉐턱도 인정하였듯이 아무도 그 답을 알 수 없다.

소위 '기능적' 으로 분류되는 장애는 기질적 원인에 의한 것보다 훨씬 더 치료하기 쉽다. 그러나 기질적 질환과 기능적 질환의 차이는 조심스럽게 구별되어야 한다. 어떤 정신장애는 뇌에서 일어난 발작이고, 다른 것은 마음에서 일어난 발작이라는 식의 구별은 안 된다. 세익스피어는 뇌는 영혼이 머무르는 곳이라 하였다. 정신장애 역시 정상적인 정신 활동과 마찬가지로 뇌의 활동을 반영하는 것이다.

사실 셰익스피어의 표현은 건강한 정신과 병든 정신 사이에 놓여 있는 인간 영혼의 연약함을 뜻한다. 때때로 우리는 슬퍼하고, 걱정한다. 하지만 이러한 정서들이 과도해지고 상황에 적합하지 않게 될 때, 정상에서 병적인 정서들로 바뀌게 된다.

이 장에서는 특별히 불안장애라 불리는 병적인 정서들에 대해 살펴볼 것이다. 이러한 장애들은 정신질환의 가장 일반적인 형태이다. 나의 주장은 이러한 장애들이 뇌의 공포 시스템과 관련 있다는 것이며,

따라서 공포 시스템이 정상적으로는 어떻게 작동하는지 밝혀냄으로써 무엇 때문에 불안장애에 이르게 되는지를 이해하고자 한다. 야수와 같은 우리 내부의 원시적인 충동을 마음 한 구석에 가두어 두고 억제하던 대뇌가 공포 시스템에 대한 통제력을 잃어버릴 때, 불안장애가 발생한다고 볼 수 있다.

정신질환의 간략한 역사

정신장애의 진단은 19세기 후반 크레펠린(Kraepelin, E.)의 연구로부터 시작된다. 그는 정신분열증과 조울증이 서로 다른 양상을 보이는데 근거하여 두 장애를 구분하였다. 크레펠린과 동시대의 인물인 프로이트는 정신분열증과 같은 정신병적[2)]인 상태보다 신경증(neurosis)에 더 많은 관심을 기울였다. 또한 프로이트는 심리내적인 갈등과 이로 인해 발생하는 불안을 강조하였다. 정신과 의사인 크레이머(Kramer, P.)에 따르면, 20세기 중반의 미국 정신과 의사들은 프로이트보다 더 불안의 역할을 강조하였다. 그들은 정신질환의 연속성 모델을 채택했는데, 이 모델에서는 정신병리의 모든 형태가 불안의 2차적인 모습이라 가정한다. 전형적인 프로이트적 관점에서는 신경증은 몇 가지 증상들을 동반하는 불안을 부분적으로 방어한 결과라고 본다. 그러나 연속성 모델에서는 신경증뿐 아니라 정신병도 자아가 무너지고 퇴행되어 나타나는 과잉불안의 결과로 본다. 이 모형에서는 불안의 정도에 따라서 정신의 건강함과 정신질환을 구분하고, 모든 질환에 동일한 치료방법—심리치료를 통한 내부 갈등의 감소—을 적용하였다.

이후 이러한 경향에 변화가 일어났다. 정신건강 전문가들은 이제 눈이 휘둥그레질 정도로 다채로운 정신질환 분류체계를 갖추게 되었다. 어떤 새로운 변화가 있었는지 알고자 한다면 간단히 미국 정신의학회에서 발간한 정신질환의 진단과 통계에 관한 참고서(Diagnostic and Statistical Manual of Mental Disorders: DSM)를 들추어 보기만 하면 된다. 1980년에 처음 출판되어서 현재 4판에 이르고 있는 DSM은 이 분야의 바이블로 여겨지는 책이다. 이 책에는 주로 공포증(phobia)과 여러 가지의 공황장애(panic attacks), 다양한 기분 및 사고장애, 신체화장애(somatization disorder), 반사회성 성격장애, 여러 형태의 물질남용 그리고 그 외의 상태들이 기술되어 있다. 거기에 더해서 광장공포증(agoraphobia: 개방된 장소나 사람들이 많은 장소를 두려워 하는 증상)을 동반한 공황이나 코카인 의존적인 조울증 등과 같은 복합적인 증상에 대해서도 기술되어 있다.

다양한 정신질환 중에서 어떤 유형의 것은 다른 질환보다 더 자주 발생한다. 미국 공중 위생성은 높은 빈도의 정신장애를 집계 및 분류하고 있다. 1994년에 18세 이상의 미국인들 중 약 5,100만 명이 어떤 형태로든 정신질환을 가진 것으로 진단되었다. 그들 중 약 1,100만 명은 약물남용에 의한 질환이었다. 나머지 4,000만 명 중 절반 이상은 불안장애의 범주에 속하고, 그 나머지는 정신분열증 또는 기타 질환을 동반한 기분장애(특히 우울증)로 진단되었다.

불안과 같은 정신장애의 비율이 높다고 해서 연속성 이론의 정당성이 입증되는 것은 아니다. 우울증이나 정신분열증을 불안장애의 한 형태로서 치료하는 것보다는 각각 독립적인 장애로 보는 것이 더 유리할 수 있다. 어쨌든 연속성 모형 이론은 불안의 특징과 다양한 유형을 이해하는 것이 중요하다고 강조한다. 다행히도 지금까지 얻어진 공포 시스템에 관한 이해는 불안장애가 어떻게 생기는지 설명해 줄 수 있고 또한 불안장애를 치료하는 방법을 찾는 데 도움을 줄 수 있으며, 어쩌면 아예 처음부터 장애를 예방하는 데에도 이바지할 수 있을 것이다.

공포, 혐오 그리고 불안

불안과 공포는 상당히 유사하다. 두 가지 모두 유해하거나 잠재적으로 유해한 상황에 대한 반응이다. 일반적으로 불안은 반응을 이끌어 내는 외부 자극이 없다는 점에서 공포와 다르다. 불안은 우리 내부에서 생기고, 공포는 외부에서 생긴다. 뱀을 보았을 때에 생기는 것은 공포이지만, 뱀과 관련된 경험을 떠올리거나 뱀과 마주칠지도 모른다는 예감에 의한 것은 불안이다. 또한 불안은 해결되지 않은 공포를 의미하기도 한다. 이러한 관점에서 보면 공포는 위협적인 상황에서 도피 혹은 회피하는 행동과 연관이 있다. 그리고 이러한 행동이 방해되는 경우에 공포는 불안이 된다.

공포와 불안은 위험(진짜이든 상상이든)에 대한 일반적인 반응이다. 그리고 이것 자체는 병적인 것이 아니다. 공포와 불안이 그럴 만한 상황에서 일어나는 것보다 더 빈번하고 지속적으로 나타날 때 혹은 공포와 불안이 정상적인 삶을 방해할 때, 공포장애 및 불안장애가 있다고 본다.

프로이트는 불안 혹은 불안에 대한 방어, 즉 전환(conversion), 억압(repression), 전위(displacement)를 반영하는 상태를 신경증이라고 했다. 오늘날의 정신의학 분야에서는 이전처럼 프로이트의 의견을 맹목적으로 따르지 않는다. 또한 신경증이라는 용어도 DSM에서 중요하게 다루어지지 않는다. 이는 불안장애의 증상들이 항상 프로이트적 방어기제와 관련되어 있는 것은 아니기 때문이다. 결국 DSM에서 정의하는 불안장애는 프로이트가 말한 불안신경증을 포함하고 있을 뿐만 아니라 보다 현대적인 진단들도 함께 싣고 있다.[3)] 보완된 DSM에 수록된 불안장애들은 공황장애, 공포증, 외상 후 스트레스 장애(Post-traumatic stress disorder: PTSD), 강박신경증(obsessivecompulsive disorder), 범불안장애(generalized anxiety)이다.

이러한 장애들은 심한 불안감과 불안을 일으키는 상황을 피하려고 하는 특징을 공통적으로 갖고 있다. 공포증은 특정한 자극이나 상황에 대해서 과다한 공포를 보이는 것이다. 공포감을 주는 대상이나 상황에 노출되면 사람들은 불안감을 느끼게 된다. 이렇게 불안을 느낀 사람은 불안을 유발하는 물체나 상황을 어떻게 해서든 피하려 할 것이다. 공황장애는 심한 불안과 불쾌감이 불규칙하게 나타나는 특성을 보인다. 이런 고통을 겪는 사람은 종종 질식할 것 같은 기분을 느낀다. 공포증과는 달리 공황은 발작을 예측하기가 어렵고, 특정한 외부 자극이나 상황에 상관없이 발생하기도 한다. 종종 공황은 광장공포증과 함께 나타나기도 한다. 심한 경우 불안유발 상황으로부터 도피하기 위해서 바깥으로 외출을 하지 않는 생활로 이어지기도 한다. PTSD에서 나타나는 불안은 과거 어떤 심각한 외상을 겪는 동안 받았던 자극에 다시 노출되거나 어떤 식으로든 그러한 외상성 경험과 관련된 자극에 의해 유발된다. 또한 외상을 겪는 동안 발생했던 것과 유사한 자극에 의해 촉발되기도 한다. 이 장애는 참전 군인들에게서 흔히 볼 수 있지만 신체적 혹은 성(性)적으로 심한 학대를 당한 사람이나 자연재해 피해자들에게서도 나타난다. 이런 사람들은 외상을 연상시키는 상황을 피하려 하고 생각조차 하지 않으려고 한다. 강박신경증은 반복적이고 지속적으로 떠오르는 어떤 생각들이 머릿속을 어지럽히거나 강박적인 생각에 대한 반응으로써 동일한 행동을 반복하는 특성을 보인다. 때로는 이러한 생각과 행동이 동시에 나타나기도 한다. 강박적인 행동은 나름대로 불안을 해소하기 위해 행하는 것이지만 상황에 적합하지 않은 과잉반응으로 표출된다. 부유불안(free-floating anxiety)이라고도 알려진 범불안장애는 서로 연관이 없는 것들을 오랜 기간 동안 과도하게 걱정하는 모습을 보인다.

DSM은 다양한 불안장애들을 구별하도록 증상과 상황적 요소들에 대한 윤곽을 제시해 준다. 그러나 공포와 불안 연구의 전문가인 위만(Öhman, A.)은 최근, "두려워하는 물체에 노출된 공포증 환자들이 보이는 생리적 반응, 장애의 원인이 되었던 외상 장면과 비슷한 장면에 노출된 PTSD환자들의 생리적 반응 그리고 공황발작시의 생리적 반응들을 서로 비교해 보면, 차이점보다는 유사점에 더 놀라게 될 것이다." 라고 주장했다. 이 정서 장애들은 모두 '단일한 증상 그리고 동일한 불안 반응' 을 보인다고 제시했다. 이것이 바로 내가 말하고자 하는 이야기의 본질적인 부분이다. 그러나 나는 증상들보다는 두뇌 시스템에 관련지어 이야기할 것이다. 불안장애들은 뇌의 공포 체계의 작용을 반영한다. 위만은 범불안장애를 그의 불안 목록에 넣지 않았다. 왜냐하면 이 장애는 사소한 일들에 대해 지나치게 걱정하는 개인의 성격적인 특성에서 비롯되기 때문이다. 그러나 범불안장애 역시 다른 불안장애들과 부분적으로는 동일한 뇌 시스템을 공유하고 있을 것이다.

리틀 알버트 리틀 한스를 만나다

불안장애는 언제나 일어날 수 있다. 그러나 대부분의 경우에는 성인기의 초기에 발생한다. 어떻게 해서 뇌는 특별히 불안감을 느끼지 않는 상태에서 병적으로 걱정하는 상태로 혹은 걱정을 억누르려 하는 신경증적인 상태로 발전하게 되는 것일까?

프로이트를 비롯한 대부분의 이론가들은 임상적으로 병적인 불안은 불쾌한 기억을 만드는 외상적 학습 경험의 결과로 생겨난다고 가정했다. 예컨대 유명한 안나(Anna O.)[4] 의 케이스처럼 브로이어(Breuer)와 프로이트는 "히스테리[5]환자들은 주로 과거의 기억을 떠올리면서 고통스러워 한다."라고 주장했다. 에덜라이(Erdelyi, M.)는 '의식에서 지웠던 외상에 대한 기억' 이라고 표현했다. 공포조건화 과정 없이는 외상적 학습이 일어날 수 없기 때문에 공포조건화가 병적인 불안을 일으키는 근원이라는 의견은 놀라운 것이 아니다. 아직까지 논쟁의 여지가 남아 있긴 하지만 공포조건화가 불안장애의 중요한 원인임을 설득력 있게 보여 주는 여러 실험결과가 발표되었다.

불안을 설명하는 조건화 이론은 1920년대에 출현했다. 이 당시의 심리학자들은 학습 경험, 특히 파블로프의 조건 반사 입장에서 행동의 대부분을 설명하려 했다. 행동주의의 아버지로 불리는 왓슨(Watson, J.)은 생후 11개월 된 리틀 알버트(Little Albert)를 대상으로, 쥐와 즐겁게 놀고 있는 동안 금속 파이프를 망치로 쳐서 큰 소리를 들려줌으로써 쥐에 대한 공포증을 조건화시켰다고 주장했다. 그 이후 알버트는 쥐와 놀려 하지 않았고 쥐가 가까이 다가오면 울어 버렸다. 이 실험을 설명하기 위해 왓슨은 특정한 자극(시끄러운 소리, 고통스러운 자극 등)이 공포 반응을 이끌어 낼 수 있다는 의견을 제시했다. 이런 무조건 자극과 함께 제시되는 자극들은 조건화된 공포를 이끌어 내게 된다. 왓슨에 따르면 신경증은 이러한 외상적 학습 상황의 결과로 생겨나고 그 후 전 생애에 걸쳐 지속적으로 행동에 영향을 미친다.

행동주의와 마찬가지로 왓슨의 불안 이론은 파블로프의 조건 반사 학습에 기반을 두고 있다. 그런데 1930년대 즈음 행동주의 학자들은 도구적 조건화라는 다른 형태의 학습 이론을 중요하게 받아들이기 시작했다. 도구적 조건화는 호기심에 막대를 누른다거나 미로 속을 돌아다니는 것과 같은 자발적 행동들이 강화를 받음으로써 향후 동일한 행동을 할 경향이 높아지게 되는 학습이다. 행동의 강화는 학습으로 이어지고 학습이 일어난 이후에는 보상을 얻거나 처벌을 피하기 위해서 동일한 행동을 반복한다. 파블로프 조건형성은 중성적 자극이 정서적인 자극으로 의미의 전환을 일으키는 것이지만 도구적 조건형성에서의 연합은 정서 자극과 중성적 반응 사이에 일어난다.

행동주의와 정신분석학은 접근 방법에서 근본적인 차이가 있다. 그러나 두 가지 모두는 왜 우리가 어떤 특정한 방식으로 행동하는지 알아내고자 한다. 유명한 행동주의 심리학자인 마우러(O. Hobart Mowrer, O. H.)는 두 가지 접근 방법 모두 의미 있다고 생각했다. 그리고 그는 1940년대에 불안 신경증에 대한 프로이트의 이론을 학습 이론의 관점에서 살펴보기 시작했다. 파블로프 조건형성과 도구적 조건형성의 원리를 이용하여, 마우러는 '신경증적 역설(neurotic paradox)'이라 부른 문제를 해결하고자 했다. "정상적인 분별력을 갖춘 사람, 혹은 동물이라도 자신의 지적 능력을 최대한 발휘한다면 자신의 행동이 가져올 결과들을 서로 비교하며 경중을 따져서 판단할 것이다. … 만약 기대되는 효과가 별로라면 그 결과를 가져오는 행동은 감소될 것이다. 그러나 신경증의 경우에는 그러한 행동들이 매우 바람직하지 못한 결과를 가져온다는 것을 뻔히 알면서도 그러한 행동들을 몇 달, 몇 년, 혹은 일생 동안 계속 반복한다."

마우러에 따르면 불안은 외상을 일으키는 사건에 미리 대처하도록 준비시킨다. 불안의 감소는 편안함과 안전으로 이어지기 때문에 불안 감소는 도구적 행동의 강력한 강화물이다. 불안을 감소시키는 행동은 이런 방식으로 학습되고 유지된다.

마우러는 불안이 처음에 학습되는 과정은 왓슨이 제안한 대로 조건화 과정을 따른다고 보았다. 즉, 고통스러운 외상 상황에 존재했던 자극은 공포를 유발하는 영향력을 획득하게 된다. 일상생활에서 불안을 유발하는 자극이 존재하는 경우 불쾌감을 느끼기 때문에 사람들은 상황을 변화시키거나 그러한 상황에서 벗어나고자 할 것이다. 그리고 이후에도 그 사람은 계속해서 이 상황을 피하려 할 것이다. 그 결과 불안이 줄어들면 회피행동들이 강화되고 계속해서 그러한 행동들을 하도록 한다. 이런 행동은 유용하긴 하지만 때때로 신경증적 증상들로 이어지기도 한다.

실제 생활에서의 예를 생각해 보자. 한 남자가 엘리베이터에서 강도를 당했다. 그날 이후로 그는 엘리베이터에 타는 것을 두려워하게 되었다. 그는 가능한 한 엘리베이터에 타지 않으려 한다. 그를 상담한 심리치료사는 사람들이 많이 다니는 시간이라면 엘리베이터에서 다시 강도를 당하지 않을 것이라며 그를 안심시키려 한다. 그러나 별다른 도움이 되지 못한다. 13층에 있는 자신의 사무실에 올라가야만 한다는 사실이 이 남자를 불안하게 만든다. 불편을 감수하고도 그는 매일 걸어서 사무실에 올라간다. 마우러의 이론에 따르면 계단 이용을 통해 얻은 불안 감소가 그 남자로 하여금 계속해서 계단을 이용하도록 하는 신경증적인 행동을 유지하게 하는 것이다.

마우러는 실존주의 철학자들과 마찬가지로 불안을 인간존재의 중요한 부분이자 인간을 특별한 존재로 만드는 그 무엇으로 보지만 동시에 인간의 나약함을 드러내는 단서로도 본다.

대체로 불안을 감소시키는 행동은 예견된 위험을 줄인다. 퓨마의 냄새를 맡은 영양은 퓨마의 냄새가 나는 범위 밖으로 벗어나면, 덜 불안해 할 것이고 더 안전하다고 느낄 것이다. 약탈자들이나 짐승들의 위협을 받던 원시의 부족들은 마을 주변에 깊은 웅덩이를 파거나 튼튼한 울타리를 두른 후에 더 잘 잠들 수 있었을 것이다. 현대의 어머니들은 아이에게 무서운 병에 대한 예방 접종을 한 후에 안도감을 느낀다. 외상적 경험들이 실제로 발생(혹은 재발생)하기 이전에 그러한 경험에 대한 그저 예상하는 것만으로도 불쾌감을 느끼게 된다. 실질적인 주의를 기울이게 되므로 이는 의심할 여지없이 매우 중요하고 유용한 심리학적 메커니즘이다. 앞날을 예상하고 불안을 쉽게 느끼는 경향이 진화적으로 하등한 동물보다 인간에서 훨씬 발달되었다는 사실은 아마도 인간이 오늘날 이렇게 번성하게 된 이유를 잘 설명해 줄 것이다. 동시에 이것은 인간의 가장 두드러진 결점이기도 하다.

마우러는 프로이트를 행동주의적으로 해석할 수 있는 토대를 마련하였다. 그리고 이러한 연구는 다른 행동주의 심리학자인 밀러(Miller, N.)에 의해 가장 성공적으로 이루어졌다. 배고픔, 성욕과 같은 욕구는 그것을 감소시키는 방향으로 행동하게 하는 내부 신호이다. 밀러는 어떻게 공포가 그러한 동기로서 작용하는지 자세히 알고자 노력했다. 배고픈 동물이 먹이를 찾듯이 공포를 느낀 사람은 공포를 유발하는 자극에서 벗어나려 한다. 밀러는 칸막이로 나뉘어진 조그만 방안에 쥐들을 넣고 경고음이 울릴 때마다 전기충격을 주어 쥐들이 칸막이를 뛰어넘어 충격을 피하도록 훈련시켰다. 첫 번째 단계는 공포조건형성이다. 경고음이 울리면 쥐들은 전기충격을 받는다. 처음에 쥐들은 어찌할 줄을 모르다가 경고음이 울리는 동안에 칸막이를 뛰어넘으면 전기충격을 피할 수 있다는 것을 학습한다. 이 사실을 알아낸 다음부터 쥐들은 전기충격을 가하지 않더라도 경고음이 들릴 때마다 칸막이를 뛰어넘는다. 전기충격은 더 이상 가해지지 않았기 때문에 결과적으로 쥐들을 움직이게 한 요인이 아니다. 마우러가 주장한 대로 다음에 전기충격이 오리란 것을 예상하는 것, 다시 말해 경고 신호에 의해 유발된 공포 때문에 이러한 회피 반응이 유지되는 것으로 보인다. 밀러는 동기유발 요인이 공포라는 것을 더욱 확실히 증명하기 위해 쥐를 다른 방식으로 훈련시켰다. 일단 먼저와 마찬가지로 쥐가 칸막이를 뛰어 넘으면 경고음이 꺼지도록 훈련시켰다. 그리고 이번에는 쥐가 칸막이를 뛰어넘었음에도 불구하고 경고음을 계속 울리도록 하고, 쥐가 레버를 눌러야만 경고음이 꺼지도록 했다. 일단 쥐가 바뀐 방식을 학습하면, 경고음을 끄기 위해서는 또 다른 반응을 학습해야만 하도록 훈련 방식을 바꾸었다. 최초에 학습한 뛰어넘기 반응을 강화한 것은 전기충격으로부터의 회피라고 할 수 있지만 그 이후에 학습한 반응들은 결코 전기충격과 연합된 적이 없다. 이후에 학습한 반응들은 경고음이 꺼졌다는 사실로 인해 강화 받은 것이다. 밀러의 발견은 공포는 동기이고 행동을 하도록 만드는 내부의 요인이라는 것을 보여 준다. 또한 공포를 감소시키는 행동들은 강화되고 점차 습관적인 행동으로 발전한다(이 이론에서의 공포는 배고픔과 같은 신체 내부의 신호이며 주관적이고 의식적으로 경험한 공포를 의미하는 것이 아닐 수도 있음에 주목하기 바란다).

밀러는 공포를 동기로 바라보는 새로운 관점을 통해 정신분석원리에 진정 과학적 방법으로 접근할 수 있는 실마리가 되었다고 생각했다. 또한 밀러는 숙련된 정신분석가인 달라드(Dollard, J.)와 함께, 신경증적인 갈등에 의해 무의식적으로 나타나는 증상들을 동물학습원리로 설명했다. 쥐가 불안 유발 상황을 피할 수 있는 반응을 학습할 수 있었던 것처럼, 인간도 신경증적 갈등에 의해 유발된 불안과 죄책감을 피할 수 있는 모든 종류의 반응을 학습한다. 밀러와 달라드는 다음과 같이 말한다.

> 신경증의 증상들은 환자들이 가지는 가장 뚜렷한 측면들이다. 환자들은 이러한 증상들을 늘 경험하며 자신들이 거기에서 벗어나야 한다고 느낀다. 신경증 환자의 공포증, 억지, 회피, 강박행동, 합리화 그리고 정신신체 장애적 증상들이 그들을 괴롭힌다. 환자 자신뿐 아니라 그들 주변의 여러 사람들도 괴롭힌다. … 어떤 증상이 성공적으로 나타날 때, 그 증상은 신경증적인 갈등에서 오는 고통을 줄여 주기 때문에 강화된다. 그리고 증상은 학습되어 습관이 된다.

불안을 설명하는 공포조건화 이론은 1960년대 초기에 새로운 전환을 맞이하게 된다. 프로이트가 그다지 과학적이지는 못하지만 옳은 이론을 제시했다고 생각하는 마우러와 밀러의 이론적 전통과는 다르게, 새로운 이론가들은 불안에 대한 정신분석적인 관점을 거의 받아들이지 않았다. 볼페(Wolpe, J.)가 이들 중 하나이다. 그는 원래 프로이트에 의해 보고된 유명한 케이스인 리틀 한스(Little Hans)라는 공포증의 유명한 사례를 파블로프 조건형성 입장에서 재해석했다. 다섯 살 소년인 한스는 어떤 무서운 사건을 겪게 되는데, 그 와중에서 말이 넘어지는 장면을 목격한 이후 말을 두려워하게 되었다. 프로이트는 말에 대한 공포증을 해소되지 않은 오이디푸스적 갈등으로 생각했다. 어머니와의 성적 관계를 원하는 것 때문에 아버지에게 거세당하는 것을 두려워하는 공포가 말에 대한 공포로 전이된 것이고, 말이 넘어지는 것을 목격한 외상을 계기로 근원적인 갈등을 감추려는 공포증이 나타나게 되었다고 보았다. 그러나 볼페는 동의하지 않았다. 기타 다른 조건형성 이론가들과 함께 그는 외상이 발생할 때, 동시에 말과 같은 중성 자극이 제시되어서 공포 반응을 이끌어 내게 된 것이라고 주장했다. 또한 공포증들은 의미 없는 사건들에 의해 조건화된 공포(불안)에 불과하다고 주장했다. 볼페는 프로이트가 자신의 이론을 뒷받침해 주는 사실만을 선택적으로 사용하고, 이론에 반대되는 사실은 무시했다고 강하게 비판했다. 예를 들어, 추측하건대 말이 넘어지는 장면을 보았을 때 '한스는 견디기 힘든 상태' 를 동시에 경험했을 것이고, 한스의 아버지 역시, 한스가 불안해지기 시작한 것이 그 사건 직후부터였다고 증언했다. 볼페는 프로이트와는 달리 사건들 간의 관계를 단순한 조건형성이론으로 설명하려 하였다. 볼페에게는 리틀 한스는 또 하나의 리틀 알버트에 지나지 않았다. 볼페에 의해 조건화 이론은 당당하게 복귀했다.

왓슨과 볼페가 행한 순수한 파블로프적인 접근과 마우러와 밀러가 행한 정신분석적 해석은 어떻게 불안이 발생하는가를 다른 방식으로 설명하는 데 그치지 않았다. 두 이론은 어떻게 불안을 치료해야 하는가에 관해서도 중요한 영향을 미쳤다. 프로이트학파는 무의식적 갈등 해소를 치료의 목표로 삼은 데 반해 볼페로 대표되는 학파는 무의식적 설명을 전혀 사용하지 않았다. 그리고 신경증의 증상을 조건반응 이상도 이하도 아닌 것으로 보았다. 이러한 입장을 취하는 또 다른 두 명의 선구적 연구자인 라흐만(Rachman, S.)과 아이젠크(Eysenck, H.)는 "증상을 제거하라. … 그러면 신경증은 소멸되리라." 라고 말하였다.

많은 두드러진 차이점들에도 불구하고 정신분석학자와 여러 조건형성 이론가들 사이에는 공통된 주제가 있었다. 불안은 외상적 학습 경험의 결과라는 것이다. 외상적 학습은 적어도 부분적으로나마 공포

조건형성 과정을 포함하기 때문에, 동물에게 공포조건화를 일으키는 뇌 메커니즘은 인간에게 병적인 불안을 유발하는 메커니즘과 유사할 것이다. 만약 그렇다면 동물 실험에서 발견한 것들을 이용하여 인간에게서 불안이 어떻게 학습되고 혹은 잊혀지는지 그리고 어떻게 조절되는지를 이해할 수 있을 것이다. 그러나 이러한 일반화는 다소 과격한 주장일 수 있고 아직 논쟁의 여지가 있다. 따라서 성급하게 이를 받아들이기 전에 불안장애와 공포조건화의 연관성에 관한 추가적인 이론들과 공포 시스템의 조직과 기능에 관련된 부가적인 사실들을 고려해 봐야 한다.

준비된 공포

1970년대 초반 동물의 공포조건화에 대해 연구한 실험주의 심리학자 셀리그만(Seligman, M.)은 인간의 불안과 실험실에서 조건화된 공포 사이에 현저한 차이가 있음을 지적하였다. 그가 특히 중요하게 생각한 것으로, 동물들이 불쾌한 자극에 대해 회피 및 도피 반응을 하지 못하거나 여타 대안적인 해결 방안의 기회가 주어지지 않으면 회피 조건화는 빠르게 소거된다는 사실이다. 밀러가 실험했던 쥐들이 전기충격이 없었음에도 불구하고 경고음이 울리면 계속해서 장애물을 뛰어넘었다는 사실을 기억해 보자. 만일 실험자가 어느 순간부터 전기충격을 주는 일을 중단한다 해도 쥐들은 계속해서 장애물을 뛰어넘느라 전기충격이 중단되었다는 사실을 알 도리가 없다. 그러나 셀리그만은 만약 장애물을 벽으로 바꿔서 회피 반응을 하지 못하도록 가로막는다면, 쥐들은 경고음 후에 전기충격이 더 이상 따라오지 않는다는 것을 금방 깨닫게 되고 경고음을 무시하게 될 것이라고 지적하였다. 만약 그러고 나서 벽 대신에 다시 뛰어넘을 수 있는 장애물을 제시한다 하더라도 더 이상 회피 반응을 하게 되지는 않을 것이다. 경고음이 위험을 가져오지 않는다는 것을 쥐들에게 강제적으로 알게 함으로써 공포는 소거되고 신경증적인 회피 반응 역시 소거된다. 그러나 고소공포증 환자를 대상으로 엠파이어 스테이트 빌딩에서 사고로 떨어진 사람은 아무도 없으니 꼭대기에 올라가도 괜찮다고 말하거나 이를 증명하기 위해 꼭대기로 끌고 올라가는 것은 아무런 소용없다. 이것은 오히려 높이에 대한 공포를 더 심하게 만들 수 있다. 인간의 공포증은 동물들의 조건화된 공포보다 더 없애기 힘들고 더 비논리적으로 보인다.

셀리그만의 관점에서 인간과 동물의 차이는 실험실 동물의 경우 임의의 의미 없는 자극(불빛이나 경고음)을 사용하지만, 사람의 공포증은 매우 의미 있는 대상이나 상황(곤충, 뱀, 높이)과 연관되어 있다는 점이다. 그는 사람들이 진화를 통해 다른 종들보다 더 쉽게 무언가를 학습하고 오래 지속시킬 준비가 되어 있는 것이라고 주장한다. 공포증은 진화적으로 위험을 학습하고 학습된 정보를 특별히 강하게 유지할 준비가 되어 있음을 반영해 준다.

비교적 안정된 환경에서는 어떤 종이 마주치는 위험이 서서히 변화해 간다고 가정하더라도 무리가 없다. 그렇기 때문에 선조들에게 위협적인 존재였고, 여전히 자신에게도 위험할 수 있는 대상에 대한 공포를 빠르게 학습하게끔 미리 잘 짜인 메커니즘이 있다는 것은 개체 보존을 위해서 매우 유용하다. 그러나 현재 우리가 살고 있는 환경은 선사시대의 조상들이 살았던 환경과는 판이하게 다르고, 따라서 과거에나 존재했던 위험요소를 신속하게 배우도록 갖추어진 유전적 준비성은 오늘날에 있어서는 그다지 위험하지 않은 것에 대해서 공포를 유발시킴으로서 문제를 만들어 낼 수 있다.

셀리그만은 '준비(preparation)'의 개념을 포함시킴으로써 왓슨과 그 이후의 행동주의 학자들이 대중화시킨 단순하고 기본적인 조건형성이론에 생물학적 사실주의를 첨가하였다. 아이러니하게도 준비 현상은 왓슨의 리틀 알버트 실험에서도 중요한 역할을 했던 것으로 보인다. 왓슨 이후의 몇몇 연구들은 그의 실험을 재연하는 데 실패했다. 이러한 부정적 결과들은 공포조건형성이론을 공격하는 무기로 사용되었다. 그러나 조건 자극으로서 털 달린 동물을 선택했다는 점에서 왓슨은 우연히도 준비된 자극을 사용했을지도 모른다고 셀리그만은 지적하였다. 그리고 이후의 연구들이 실패를 한 것은 생기없고 의미없는 자극을 사용했기 때문인지도 모른다고 주장하였다.

준비성 이론은 곧 미네카(Mineka, S.)의 연구에 의해 강한 지지를 받게 되었다. 원숭이는 처음 뱀을 보았을 때에도 두려워하는 행동을 보이고 스스로를 보호하려 하기 때문에 뱀에 대한 본능적인 공포를 가지고 있다고 알려져 왔다. 그러나 미네카는 실험실에서 사육된 원숭이들이 처음 뱀을 보았을 때 두려워하지 않는다는 사실을 발견했다. 이전 연구들의 대부분은 어미 원숭이와 함께 있는 어린 원숭이들을 대상으로 실험을 했던 것이다. 어린 원숭이가 어미로부터 떨어진 상태에서 뱀을 보면 두려워하는 모습을 보이지 않는다. 이런 실험 결과는 어미가 두려워하는 것을 봄으로써 어린 원숭이는 뱀을 두려움의 대상으로 학습한다는 사실을 보여 준다. 이러한 사실을 통해 관찰학습을 잘하도록 하는 생물학적인 기제가 있다는 것을 알 수 있다. 인간은 사회적 상황에서 다른 사람들을 관찰하면서 많은 것을 학습하며 불안, 특히 병적인 불안은 종종 사회적 관찰을 통해 학습한다는 주장들이 있었다.

준비성 이론은 위만에 의해 절정에 이르렀다. 위만은 공포와 과거 조상들의 생존을 위협했던 상황을 연결하는 경향이 진화를 통해 현대 인간에게까지 내려져 왔다고 제안했다. 이러한 경향이 진화한 만큼 유전자 내의 변화도 일어나 유전적인 다양성이 존재하게 되었을 것이다. 결과적으로 대부분의 인간들은 위험에 대한 공포를 쉽게 학습할 준비를 갖추게 되었지만, 그중에서도 특히 일부의 사람들은 특정한 공포를 획득하는 데 다른 사람들보다 더 준비가 되어 있었음이 틀림없다. 이러한 준비된 사람들은 공포증에 약하다고 위만은 주장한다.

위만은 준비성 이론을 엄격하게 실험해 보았다. 우선 꽃은 보편적인 공포증의 대상이 아니지만 뱀과 곤충은 공포증의 보편적인 대상이라 여기고, '준비된 자극'의 적합한 예가 될 수 있을 것이라 가정했다. 그 후 인간을 대상으로 공포 관련 자극(준비된 자극)과 공포 무관 자극을 사용하여 조건형성 연구를 실시하였다. 위만은 (자율신경계 반응을 측정함으로써) 공포 관련 자극보다 공포 무관 자극에 대해 조건화된 공포의 소거가 훨씬 잘 일어난다는 사실을 발견했다. 이는 준비성 이론을 지지하는 결과이다. 그러나 현대에 등장한 공포 관련 자극(총과 칼)을 사용하자 소거는 정상적으로 잘 일어났다. 진화적으로 현 시점의 위험들은 본능적인 공포로 형성될 시간이 부족했음을 드러낸다. 그는 또한 공포증 환자들이 자신의 공포증과 구체적으로 관련된 자극을 보았을 때, 더욱 격렬한 반응을 보인다는 것을 보여 주었다. 예를 들어, 뱀 공포증 환자들은 거미 사진보다 뱀 사진에 더 큰 조건 반응을 보이고, 거미 공포증 환자들은 그 반대로 거미 사진에 더 큰 조건 반응을 보인다. 이것은 공포증 환자들이 공포를 유발하는 물체에 반응하도록 유전적으로 준비되어 있다는 위만의 주장과 일치한다. 종국에는 조건 자극을 의식적으로 받아들이지 못하도록 하는 특별한 절차를 사용한 실험에서 실험에 참여한 사람들이 '준비된 자극'을 의식적으로 인식하지 못했음에도 불구하고 공포 반응을 나타낸다는 것을 보고했다. 이것은 공포증이 무의식적으로 학습되고 표현될 수 있음을 보여 준다. 이러한 무의식 과정이 공포증 환자들의 비이성적으로 보일 수 있는 행동을 설명해 줄 수 있을 것이다.

준비성 이론은 불안에 대한 전통적인 공포조건화 이론의 단점들을 해결하기 위해 오랜 시간 노력해 왔다. 특히 공포를 쉽게 소거하지 못하는 불안장애 분야에 있어서 그렇다. 그럼에도 불구하고 공포증과 불안장애들의 중요한 측면들이 아직 충분히 밝혀지지 않은 채 남아 있다. 사람들은 자동차나 엘리베이터와 같이 진화적으로 준비되어 있지 않은 대상이나 상황에 대해서도 불안감을 느끼게 된다. 불안장애는 뚜렷한 외상 경험이 없는 상태에서도 나타날 수 있다. 이것은 외상적 조건형성이 그렇게 중요하지 않을 수도 있다는 사실을 암시한다. 때로는 불안장애 이전에 확실한 외상이 존재하는 경우에도 외상과 불안이 연관되지 않을 수 있다(예를 들어, 그소 공포증이 발생하기 전에 어머니가 돌아가셨다 하더라도 이는 연합되지 않는다). 그러나 조건화된 공포와 관련된 뇌 메커니즘과 스트레스의 영향을 알게 되면서, 이러한 간격을 메울 수 있는 단서를 발견하게 되었다.

불안에 대한 새로운 이해: 뇌로부터의 단서

불안장애의 본질을 더 자세히 알아 보기 위해서 앞 장에서 언급한 다중 기억 시스템 개념을 끌어 오려 한다. 외상적 학습 상황 동안 의식적 기억들은 해마 및 대뇌피질 시스템에 의해 처리 및 저장되고, 무의식적 기억은 편도체 기반 시스템으로 작동하는 공포조건형성 메커니즘에 의해 형성된다는 이론의 의미를 자세히 살펴볼 것이다. 이 두 가지 시스템은 동시에 작동되지만 각기 다른 종류의 정보를 처리한다. 초기의 외상 동안 존재했던 자극이 이후에 다시 나타나면 각 시스템은 당시 기억을 되살린다. 편도체 시스템의 경우 위험에 대비하는 신체적 반응으로 표출되고, 해마 시스템의 경우 의식적 회상을 불러 일으킨다.

불안장애가 어떻게 발생하고 지속되는지를 연구하려 할 때, 선언적 기억 시스템이 다른 기억 시스템으로부터 독립적으로 작동된다는 관점은 유용할 수 있다. 이런 관점은 1985년 제이콥스(Jacobs, J.)와 네이덜(Nadel, L.)에 의해 제안되어서 이후 스트레스와 공포 시스템 간의 관계에 관한 나의 생각에 지대한 영향을 끼쳤다.

스트레스에 의한 외상적 기억의 손상과 회복 임상적으로 불안을 느끼는 사람이 그 불안의 원인인 특정 외상적 사건을 기억해 내지 못한다는 사실은 조건형성이론의 약점이었다. 반면 프로이트의 정신분석학적 이론은 외상적 기억들이 마음의 무의식적 영역에서 처리되었을 때, 그 결과로써 불안이 나타난다고 가정한다. 억압과 같이 비과학적이고 증명되지 않은 것들을 완강히 거부했던 조건형성 이론가들은 여기서 외상을 일으켰던 기억이 없는 사례들을 설명해야 하는 상황에 처하게 되었다. 외상이 일어나지 않았기 때문에 조건형성도 일어나지 않았거나 외상은 일어났지만 기억되지 않았을 경우, 이 두 가지 가능성 중 하나인데 어느 쪽이 되었든 모두 조건형성 이론가들이 설명해야 할 것들이었다.

이러한 난제를 해결할 수 있는 방안이 최근의 한 연구에서 나타났다. 이 연구에서 스트레스 사건 때문에 해마가 제대로 기능하지 못할 수 있다는 것이 밝혀졌다. 발생했던 외상을 떠올리지 못하는 것은 해마에서 일어나는 기억 기능이 스트레스로 인해 고장을 일으켰기 때문이라고 주장하였다. 어떻게 왜 이런 고장이 발생하는가를 이해하기 위해 우리는 스트레스의 생물학적 효과를 살펴볼 필요가 있다.

사람이든 동물이든 스트레스 상황에 놓이면, 부신(adrenal grand)에서 스테로이드 호르몬이 분비된다. 이 호르몬은 몸의 에너지 자원을 동원하여, 스트레스 상황에 대처하는 역할을 담당한다. 6장에서 보았듯이 편도체는 부신의 호르몬 분비를 조절하는 데 중요한 역할을 담당하고 있다. 위험을 감지하게 되면 편도체는 시상하부(hypothalamus)에 메시지를 보낸다. 시상하부는 뇌하수체(pituitary gland)에 메시지를 보내고, 그 결과로 ACTH라 불리는 호르몬이 분비된다. ACTH는 혈액을 따라 부신으로 흘러들어가 스테로이드 호르몬의 분비를 유발한다. 분비된 스테로이드 호르몬은 신체의 여러 목표 부위에 영향을 미칠 뿐만 아니라 혈액을 타고 뇌로 들어간다. 뇌에서 스테로이드 호르몬은 해마, 편도체, 전전두피질, 그리고 기타 여러 부위에 있는 수용기를 자극한다. 이렇게 부신과 뇌하수체에서 분비되는 호르몬은 스트레스 사건에 의해 유발된 것이기에 스트레스 호르몬이라 불린다.

해마에 있는 스테로이드 수용기는 부신 호르몬의 분비량을 조절하는 데 관여하고 있다. 부신 스테로이드가 해마의 수용기를 자극하면, 이에 대한 반응으로 해마는 뇌하수체와 부신의 호르몬 분비속도를 늦추라는 메시지를 시상하부로 전달한다. 스트레스 상황에 처하여 편도체는 '분비하라' 해마는 '늦추라' 하고 계속 요구한다. 이러한 정교한 회로를 통해 혈액 속의 스트레스 호르몬의 농도는 스트레스 상황이 요구하는 바대로 적절히 조절된다.

만약 스트레스 상황이 너무 오래 지속되면, 해마는 스트레스 호르몬 분비의 조절을 비롯한 자신의 일상적인 기능을 잃기 시작한다.. 스트레스를 받은 쥐들은 해마의존적 행동 과제를 잘 학습하지 못하고 기억하지도 못한다. 예를 들어, 스트레스를 받은 쥐들은 앞 장에서 설명한 수중미로 실험에서 안전한 플랫폼의 위치를 학습하지 못한다. 스트레스는 또한 해마에서의 장기상승작용을 저하시킨다. 이것이 아마도 무언가를 기억해 내지 못하는 이유일 수 있다. 또한 스트레스는 인간의 외현적 의식 기억 기능을 손상시킨다.

스트레스를 생물학적으로 연구하는 연구자들 중 리더격인 맥큐웬(McEwen, B.)은 일시적인 심한 스트레스가 해마 내부의 수상돌기를 수축시킨다는 것을 밝혔다. 수상돌기는 뉴런의 한 부분으로서 입력신호를 받기도 하고 장기상승작용의 초기 단계나 기억의 형성에서 중요한 부분을 담당한다. 맥큐웬은 또한 스트레스가 지속되지 않는다면 이러한 변화는 원상태로 돌아갈 수 있다고 밝혔다. 그러나 스트레스가 길어지면 변화된 상태는 그대로 유지되고 해마의 세포들은 실질적으로 퇴화하기 시작한다. 이런 상황이 발생하면 잃어버린 기억은 되돌릴 수 없다.

해마에서 스트레스의 영향은 사폴스키(Sapolsky, R.)에 의해 처음 발견되었다. 그는 사회적 스트레스 효과가 원숭이의 행동에 미치는 영향을 연구하고 있었다. 서열이 낮은 원숭이들은 우두머리 수컷 아래에서 사회적으로 피지배층을 이루고 살고 있었다. 몇 년이 지난 후 죽은 피지배 원숭이들을 해부했을 때, 스트레스를 받으며 살았던 원숭이들의 위에서 궤양이 발견되었고 명백하게 퇴화되어 있는 해마를 관찰하게 되었다. 뇌의 다른 부분에는 손상을 입은 흔적이 거의 없었다. 이러한 기초적인 발견은 다른 종의 스트레스 연구를 통해서도 확인되었다.

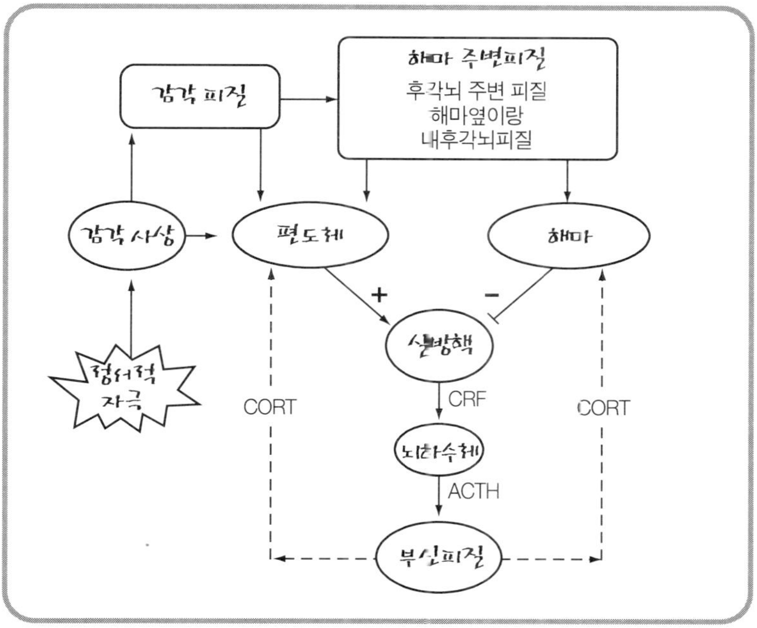

[그림 8-1] 스트레스 회로

위험과 연합된 자극은 편도체를 활성화시킨다. 편도체에서 시상하부의 실방핵으로 이어지는 경로를 통해 부신피질자극호르몬-방출요인(corticotrophin-releasing factor: CRF)이 뇌하수체로 분비된다. 이후 뇌하수체는 부신피질자극호르몬(ACTH)을 혈류 속으로 분비한다. ACTH는 이후 부신피질에서 스테로이드 호르몬(CORT)을 혈류 속에 분비하도록 자극한다. CORT는 혈액을 통해 뇌로 들어가 해마 및 편도체, 기타 여러 지역의 뉴런에 있는 특정한 수용기를 자극한다. 해마는 PVN에서 CRF가 추가적으로 분비되는 것을 막는다. 그러나 정서 자극이 존재하는 한 편도체는 PVN에서 CRF를 지속적으로 분비하도록 할 것이다. 편도체에서 PVN로의 흥분성 입력(+)과 해마에서 PVN으로의 억제성 입력(−) 사이의 균형이 CRF, ACTH, 그리고 궁극적으로 CORT를 얼만큼 분비할 것인가를 결정한다.

최근의 연구들에서 인간의 해마 역시 스트레스에 매우 약하다는 것이 밝혀졌다. 아동 학대 희생자나 외상 후 스트레스 장애를 보이는 베트남전 참전 군인과 같은 사람들의 해마가 수축되어 있었다. 이러한 사람들은 공통적으로 IQ나 다른 인지 기능의 손상을 보이지 않았음에도 불구하고 기억 능력이 현저하게 떨어졌다.

부신 스테로이드가 해마의 생리적 변화나 기억 문제의 원인임이 확실하다. 예를 들면, 쿠싱 증후군(Cushing' s disease)은 부신에 종기가 생겨 스테로이드 호르몬이 과잉 분비되어 발생한다. 이 병에 걸린 사람들은 오랫동안 기억력에 문제가 있다고 알려져 있다. 최근의 연구들은 이 질병에 걸렸을 때 해마가 수축된다는 것을 밝혀냈다. 또한 인위적으로 쥐나 사람에게 다량의 스테로이드를 주사하여 심한 스트레스 효과를 흉내 내게 되면 해마의 세포가 죽고 기억력에 문제가 생긴다. 그리고 스테로이드 효과를 억제하는 약물을 쥐에게 투여하면 해마와 기억력에 스트레스로 인한 악영향이 발생하지 않는다.

스트레스와 기억 사이에 주목할 만한 점이 한 가지 더 있다. 일상의 과도한 스트레스의 결과 중 하나는 우울증이다. 그리고 우울해진 사람들의 기억력은 때때로 나빠진다. 우울증 상태에서 나타나는 기억장애는 해마에 미치는 스트레스 영향과 밀접한 관련이 있을 가능성이 높다.

스트레스는 기억력을 높이는 데 도움이 되기도 하지만(섬광기억 가설을 기억해 보자), 외현기억을 엉망으로 만들기도 한다. 우리는 이제 이러한 역설을 그럴듯하게 설명할 수 있게 되었다. 아드레날린의 촉진 효과(7장 참조) 덕분에 약한 스트레스 상태에서는 기억력이 향상되는 것으로 보인다. 그러나 스트레스가 매우 강하고, 부신 스테로이드 수치가 높아져 해마에 영향을 미칠 정도로 스트레스가 지속된다면 기억력에 문제가 생길 수도 있다.

스트레스가 기억에 악영향을 미친다는 대부분의 증거는 며칠씩이나 계속되는 상당히 심각한 스트레스 상황에서 나타난다. 중요한 점은 강도를 당한다거나 강간을 당하는 것과 같이 반복되지 않는 한 번의 외상적 경험이 해마에 악영향을 미칠 만큼 충분히 스테로이드 수치를 높일 수 있고 그 사고에 대한 기억도 잊게 한다는 점이다. 아직 결정적인 근거가 있는 것은 아니지만, 최근의 연구들에서 단기간의 스트레스가 쥐들의 공간 기억력을 망가뜨릴 수 있고 해마에서 장기상승작용이 일어나는 것을 방해할 수 있음이 밝혀졌다. 이런 두 가지 효

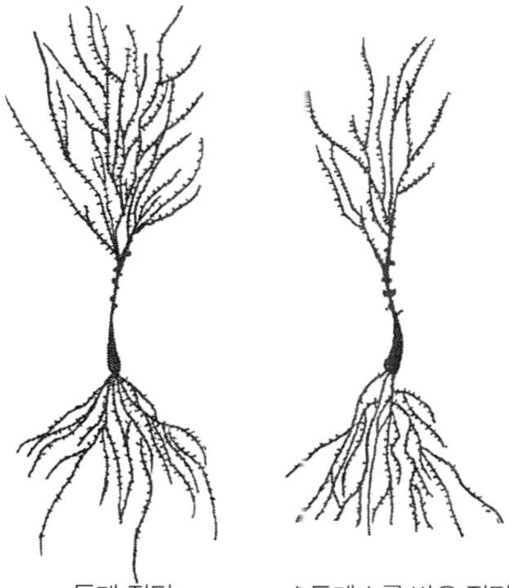

[그림 8-2] 사회적 스트레스에 의해 수축된 수상돌기

진화상 초기 영장류에 가까운 포유동물인 나무 두더지(tree shrew)의 뉴런을 비교한 것이다. 왼쪽의 뉴런은 스트레스를 받지 않은 집단의 뉴런이고, 오른쪽은 스트레스를 받은 집단의 뉴런이다. 이 실험의 스트레스는 서열이 낮은 수컷이 우두머리 수컷에게 노출되는 것이다. 이러한 종류의 반복되는 사회적 스트레스는 수상돌기의 가짓수와 길이를 감소시킨다. 스트레스를 받은 세포와 스트레스를 받지 않은 세포의 위쪽 절반을 비교해 보자.(Magarinos, A.M., McEwen, B.S., Flugge, G., & Fuchs, E.(1996). Chronic psychosocial stress causes apical dendritic atophy of hippocampal CA3 pyramical neurons in subordinate tree shrews. *Journal of Neuroscience 16*, 3534-40.)

과는 모두 부신을 제거하면 발생하지 않는다.

자, 이번에는 좀 까다로운 경우를 생각해 보자. 일시적인 외상으로 인해 그 경험에 대한 기억을 잃어버리는 것이 가능하다고 가정하자. 그렇다면 기억을 잃은 사람은 나중에 그 사건을 다시 회복할 수 있을까? 기억이 회복되는 조건과 그렇지 못한 조건을 일반적으로 기술하는 것은 가능하지만 어떤 특정한 경우를 들어 예언하기란 어렵다. 예를 들어, 심한 스트레스를 받아 해마의 활동이 완전히 멈췄다면 어떤 사건이 일어나는 동안 기억을 형성하는 것이 불가능할 것이고 따라서 그 사건에 대해 기억할 내용이 하나도 없을 것이다.[6] 기억이 애초에 생기지도 않았다면 인출이나 회복도 당연히 불가능하다. 반대로 외상에 의해 부분적으로만 영향을 받았다면 약하고 부분적인 기억만 형성되었을 것이다. 이런 상황에서 자신이 겪은 것을 재구성하는 것은 가능하다. 그러한 기억에서는 필수적으로 '빠진 부분을 채워 넣게' 된다. 그리고 기억의 정확성은 얼마만큼 얼마나 중요한 것을 채워 넣느냐에 따라 달라진다.

앞 장에서 강조했던 것처럼 외현적 의식 기억은 장기기억에 저장된 정보를 그 사람의 근래의 기억과 혼합하여 재건한 것이다. 해마가 완벽하게 잘 작동되어 형성된 기억들조차도 다른 경험에 의해 쉽게 망가질 수 있다. 이것은 로프터스(Loftus, E.)와 그녀의 동료들에 의해 여러 차례 증명되었다. 기억이 형성된 이후에 발생한 사건을 조작함으로써 잘못된 기억을 만들거나 심지어는 아예 일어나지도 않았던 기억들을 만들어 내는 것이 얼마나 쉬운가를 보여 주었다. 피험자들은 자신의 기억을 완전히 믿었지만 그 기억들이 잘 통제된 실험실에서 꾸며진 것이라는 사실을 알고 놀라워 했다. 처음부터 의식적으로 처리되고 저장된 정보들이 이후에 잊혀졌다가 다시 기억될 수도 있음을 보여 주는 실험실 연구도 있었다. 즉, 3장에서 살펴본 과기억증(hypermnesia) 현상이다.

실제 생활에서 기억 회복에 관해 유일하게 확실한 점은 기억이 정말로 존재하는 것인지 아니면 조작(여기서의 조작은 거짓말을 의미하는 것이 아니라 기억이 실제로 존재하지 않는다는 의미)된 것인지 입증할 만한 확실한 증거가 없는 한 객관적으로 확인할 방법이 없다는 것이다. 끔직한 사고에 대한 기억을 잊어버리는 사람은 확실히 존재한다. 그리고 잊어버린 기억을 나중에 이어 맞출 수 있는 사람이 있을지도 모른다. 그러나 단순히 자신의 생각만으로 조작된 기억과 진짜 기억을 구별하는 것은 간단하지 않다. 달리(Dali, S.)는 이렇게 말했다. "옳은 기억과 잘못된 기억 사이의 차이점은 진짜 보석과 가짜 보석의 차이점과 같다. 가장 진짜처럼 보이고 가장 빛나는 것이 항상 가짜다." 그의 말이 사실인가 아닌가는 논쟁의 여지가 있지만 2장과 3장에서 살펴보았듯이 사고의 과정을 자기 스스로 살펴보는 내성 관찰은 (외상적 경험이 아닌) 일반적인 상황에서조차 매우 부정확한 방법이다. 외상 경험처럼 혼란으로 가득할 때에는 더욱 그러할 것이다. 기억 회복으로 가는 길은 험난하며 매우 조심스럽게 전진하여야 한다.

지금까지 알려진 대로 스트레스는 편도체의 활동을 방해하지 않는다. 게다가 이제 살펴보겠지만 스트레스는 편도체의 기능을 향상시킨다고 볼 수 있다. 이 때문에 외상적 경험에 대해서 비단 불확실한 의식적 기억만이 형성되는 것이 아니라 편도체가 관여하는 공포조건화에 의해 암묵적이고 무의식적이며 강력한 정서기억 또한 틀림없이 만들어진다. 이후에 설명하게 될 스트레스의 또 다른 영향 때문에 이 강력한 무의식적 공포는 제거하기가 매우 어렵게 된다. 다시 말해서 스트레스의 효과들은 일생에 걸쳐 암울하고 사악한 영향을 미치는 심각한 불안의 무의식적인 근원이 될 수 있다. 하지만 이러한 암묵적 기억들이 의식적인 기억으로 전환되는 것은 불가능하다. 앞에서 한 이야기의 되풀이지만 처음부터 생성되지도 않은 의식적 기억이란 나중에 회복될 수도 없는 것이다.

때때로 외상적 경험의 측면이 의식으로는 직접 접근할 수 없는 기억 체계에 저장된다는 프로이트의 믿음은 거의 옳은 것처럼 보인다. 오히려 확실치 않은 것은 프로이트적인 억압이 그 과정에 연루되어 있는가 하는 문제이다. 아직 증명된 것이라고 볼 수는 없지만, 외상적 사건에 대한 기억을 하지 못하는 이유는 스트레스로 인해 해마가 제대로 작동하지 못하기 때문으로 볼 수 있다. 따라서 이러한 관점에서 보면, 불안의 외상적 근원을 항상 기억하지 못한다고 해서 조건화이론을 적용하지 못할 이유가 없다. 물론 불쾌한 경험을 억압하는 것은 정말로 존재하는 현상일 수 있고 단지 우리가 과학적으로 이해하지 못하는 것일 수도 있다. 그리고 실제로 어떤 불안장애들은 처음부터 아무런 외상 없이 생겨나기도 한다. 어쨌든 우리는 마침내 이해하기 쉬운 생물학 용어를 통해서 불안장애들을 설명할 수 있는 메커니즘을 가지게 되었다.

관련 없는 스트레스 자극에 의한 정서기억의 증폭 강한 스트레스가 의식적 외현기억을 방해하는 현상에는 반대의 측면도 있다. 기억상실(amnesia)을 유발할 만큼 강한 스트레스는 외상적 사건에 대해 형성되는 무의식적 암묵적 기억을 증폭시킨다.

예를 들어, 쥐들이 매우 심각한 스트레스를 받았을 때와 같은 수준으로 부신 스테로이드 주사를 맞으면, 시상하부에서 부신피질자극호르몬-방출요인(corticotrophin-releasing factor: CRF)이라 불리는 화학물질의 분비량이 극적으로 감소하는 것이 최근 연구를 통해 밝혀졌다. CRF는 ACTH의 분비를 자극하는 신경전달물질이다. 이 경로에서 CRF의 감소는 해마의 부적 피드백이 스트레스 호르몬의 분비를 조절하였음을 의미한다. 혈액 속의 부신 스테로이드의 수치가 특정한 수치에 도달하면 해마는 시상하부에 분비를 늦추라고 명령한다. 스테로이드의 수치가 임계점에 도달하면 해마의 회로는 무너지기 시작한다. 이와는 완전히 반대로 편도체 중심핵 내의 CRF 수치는 극적으로 증가한다. 혈액 내의 스테로이드 수치가 증가함에 따라 편도체는 더욱 더 활성화된 상태를 유지할 것이다. 분명한 것은 스트레스가 편도체에 미치는 영향은 해마 시상하부 회로에 미치는 영향과 다르다는 사실이다.

이러한 관찰을 기반으로 코로디마스(Corodimas, K.), 슐킨(Schulkin, J.)과 나는 심각한 스트레스를 받는 동안에는 편도체에 의해 조절되는 학습과 기억이 보다 쉽게 일어날 것이라고 예상했다. 그리고 우리는 조건화된 공포 행동에 있어서 과도하게 분비된 스트레스 호르몬의 효과를 실험했다. 우리의 예상대로 스테로이드 주사를 맞지 않은 다른 쥐들과 비교해서, 스테로이드 주사를 맞은 쥐들은 학습된 공포의 강도가 증가된다는 것을 알았다. 우리의 결과는 아직 초보적이지만 다른 연구실에서 다른 형태의 파블로프 조건 형성을 이용한 연구 역시 스트레스는 조건 반응을 증가시킨다는 것을 밝혀냈다.

스트레스에 의해 해마가 손상되고 편도체의 활동이 촉진된다면, 위험상황에서 스트레스는 '생각하기' 보다는 '반응하기' 쪽으로 우리의 행동 양식을 바꾼다고 볼 수 있다. 그러나 이런 변환이 과연 일부러 만들어진 적응방식인지 아니면 고등사고기능이 멈출 때 자연스럽게 전환되는 것인지는 확실하지 않으며, 이는 앞으로 오랜 세월에 걸친 진화과정을 통해 답을 얻을 수 있을 것이다.

스트레스 호르몬이 공포 조건 반응을 증폭시킬 수 있다는 발견은 불안장애를 이해하는 데 중요한 힌트를 준다. 특히 왜 불안장애가 아무런 관련 없는 스트레스적인 사건에서 발생하기도 하고, 또 악화되는지를 보다 자세히 이해하는 데 중요하다. 스트레스를 받는 동안 미약한 공포 조건 반응은 더 심해질 수 있다. 이 반응들은 약하게 조건화되었거나 이전에 소거되었거나 그렇지 않으면 치료를 통해 완화되었기 때문에 약한 것일 수 있다. 어떤 경우든 이러한 미약한 공포 반응의 강도는 스트레스에 의해 강해질 수 있다. 예를 들어, 뱀에 대한 공포가 완화된 지 수년이 지났더라도 배우자의 사망으로 인해 공포증이 다시 생길 수 있다. 또한 스트레스가 증가하면 일상생활에서 그다지 문제가 되지 않았던 높이에 대한 공포도 병적인 공포로 바뀔 수 있다. 하지만 스트레스가 공포 장애를 진행시키는 것은 아니다. 대신에 스트레스는 불안장애가 발생하는 한계점을 낮춤으로써 개인이 불안을 일으키는 원인들에 취약해지도록 만든다. 스트레스가 불안장애의 본질 자체를 좌지우지하는 것은 아니라는 뜻이다. 불안장애의 본질은 아마도 사람의 마음속에 숨어 있는 공포의 종류와 그 외 다른 약한 모습들에 의해서 결정되는 것으로 보인다.

뇌의 기능 장애로 인해 준비되지 않은 학습이 소거되지 않고 지속될 수 있다 신경증적 공포는 떨쳐내기 어렵기로 유명하다. 신경증적 공포는 심리치료사의 한계를 드러낼 정도로 치료하기 어렵지만 의사들을 먹여 살리는 밥줄이기도 하다. 준비성 이론이 이러한 딜레마에서 탈출할 수 있는 한 방안을 제시해 주었다. 만약 편도체 쪽으로 신경투사하고 있는 대뇌 영역 중 한 부분이 손상되면, 쥐들에게 임의의 소리나 빛으로 조건화된 공포 반응을 소거시키기는 매우 어렵게 된다. 이는 피질 영역이 제대로 작동하지 못하게 되면, 평범한 자극이라 할지라도 소거되기 어려운 병적인 불안을 유발할 수 있음을 시사해준다.

몇 년 전에 우리는 쥐의 시각피질 손상이 시각 자극에 대한 조건화 능력에 어떤 영향을 미치는지 실험하고 있었다. 시각피질이 손상된 쥐는 조건화를 문제 없이 해냈는데 이 결과는 조건형성이 일어나는 동안 감각 정보를 편도체로 전달하는 피질하 경로가 있다는 우리의 주장을 뒷받침하는 것이었다. 그러나 이 쥐에게서 공포 반응을 제거하려 할 때 뭔가 이상한 일이 일어났다. 우리는 공포 반응을 제거할 수 없었다. 전기충격 없이 불빛을 며칠 동안 바라보고 나면, 일반적인 쥐들은 불빛이 켜지는 것을 더 이상 두려워하지 않는다. 그러나 시각피질이 손상된 쥐들은 마치 건전지 광고의 토끼 같았다. 그들의 공포 반응은 멈출 줄을 몰랐다.

우리는 절대로 시각피질에서 소거가 일어나리라고 생각하지 않았다. 대신에 시각피질은 소거에 필수적인 다른 고차피질영역과 시각세계를 연결하는 데 필요한 곳일 것이라 예상했다. 소거를 조절할 가능성이 있어 보였던 영역은 내측 전전두피질(medial prefrontal cortex)이었다. 이 역영은 대뇌피질의 감각 영역과 편도체로부터 신호를 받고, 편도체와 편도체가 투사하는 여러 영역으로 다시 신호를 되돌려 보낸다. 그렇기 때문에 내측 전전두피질은 외부세계의 사건들과 그들의 해석을 바탕으로 편도체 출력 신호를 조절하기에 적절한 영역이다. 모건(Morgan, M.)이 수행한 실험에서 이 영역에 손상을 입히자 쥐들은 조건 자극에 노출되어도 계속해서 두려워하는 행동을 보였다. 이 영역에 손상을 입지 않은 쥐들이라면 그 정도로 조건 자극에 노출되기 전에 이미 공포 반응을 멈추는 것이 정상이다.

신경증 환자와 비슷하게, 피질을 손상당한 쥐의 편도체는 자극이 더 이상 위험과 연합되어 있지 않음을 보여 주는 정보에도 아랑곳하지 않고 공포 기억을 고집스럽게 표현한다. 소거는 피질에 의한 편도체 조절이 필요한 것으로 보이고, 편도체가 피질의 통제를 벗어나면 준비된 자극뿐 아니라 평범한 자극에 의해 조건화된 공포조차도 소거되기 어렵게 된다.

전두엽을 손상당한 사람들의 특징 중 하나는 반응고집(perseveration)이다. 즉, 어떤 행위가 더 이상 적절하지 않음에도 멈추지 못하고 계속하는 증상이다. 예를 들어, 어떤 규칙을 따라야 하는 작업을 전두엽 손상 환자가 수행하고 있을 때, 그 환자들은 규칙이 변하면 자신들의 행동을 바꾸는 데에 매우 큰 어려움을 느낀다. 이 실험에 참여한 환자들은 한 더미의 카드를 받게 된다. 각각의 카드에는 하나 이상의 색이 칠해진 기호가 표시되어 있다. 환자들은 각각의 반응이 옳은가 그른가를 알려 주는 피드백에 기초해서, 어떤 단서(색, 모양, 혹은 숫자)가 현재 주어지는 문제의 해법인지를 찾아내야 한다. 일단 그들이 하나의 원칙(예를 들면, 모양)을 발견해 내면 과제를 잘 수행해 나간다. 그러나 원칙이 갑자기 바뀌게 되더라도(모양에서 색깔로) 그들은 여전히 이전의 규칙을 따른다. 때때로 그들은 자신이 무엇을 해야 하는지 알고 있기는 하지만 자신이 아는 것과 자신의 행동을 일치시키지는 못한다. 그들은 고집스럽고 생각을 잘 바꾸지 못한다. 그리고 그러한 행동이 상황에 적합하지 않은 것이 분명할 때조차 자신들의 방법대로 계속 행동한다. 전두엽 손상 환자들은 실제 삶에서도 이러한 행동 특징을 보인다.

반응고집은 보통 인지 혹은 사고 장애의 개념이지만 전전두피질이 손상된 쥐들에게서 나타나는 공포 소거에 관한 실험 결과가 반영해 주듯이 정서 영역에서도 비슷한 식으로 반응 수정에 어려움을 겪는 것처럼 보인다. 사실 우리는 쥐들이 공포의 조건 반응을 소거하는 데 실패한 것을 '정서적 반응고집' 이라는 말로 설명하였다. 인지적 반응고집은 전전두피질의 외측 영역 손상에 의해 나타나는 것이지만, 정서적 반응고집은 내측 전전두피질 지역이 손상을 입었을 때 나타난다. 두 영역 둘 다 비슷한 기능, 즉 상황변화에 맞추어 행동을 변화시키는 역할을 맡고 있다. 내측 피질은 전전두피질의 한 부분으로써 정서를 담당하는 편도체와 연결되어 있기 때문에, 정서 정보에 의해서 반응을 조절하는 행동과 관련된다. 롤스(Rolls, E.)는 원숭이를 대상으로 특정한 반응과 연합된 강화물(보상 혹은 처벌)이 자주 바뀌는 과제를 실험하여, 내측 전전두피질이 정서에 미치는 역할을 뒷받침하였다. 그러나 이러한 전전두피질의 역할에 관한 다른 의견들도 있다. 그중에서도 안토니오 다마지오의 연구가 특히 주목할 만하다. 이런 의견들의 몇몇은 다음 장에서 정서적 의식과 관련하여 살펴볼 것이다.

전전두피질도 해마와 마찬가지로 스트레스로 인해 변형될 수 있다. 최근에는 전전두피질도 너무 많은 스트레스 호르몬이 분비되지 않도록 조절한다는 결과가 발표됨으로써 해마와의 또 다른 유사성이 밝혀졌다. 지속적인 스트레스가 이러한 부적 피드백 통제 기능을 망가뜨리기 때문에 전전두피질과 해마 모두 악영향을 받는다. 스트레스로 인해 전전두피질의 기능에 문제가 생기면 편도체를 누르고 있던 브레이크 역할이 풀어지면서 새로 학습한 것을 소거되기 더 어렵게 만들 수 있다. 또한 이로 인해 이전에 소거되었던 조건화된 공포가 다시 나타날 수 있다.

임상적인 공포증을 소거시키기 어렵다고 해서, 소거가 쉬운 공포조건화 시스템과는 별개의 공포 학습 시스템이 존재한다고 보지는 않는다. 실제 생활에서의 공포증의 소거와 실험실에서의 조건화된 공포의 소거 간 차이는 두 가지 종류의 공포 반응이 다른 시스템에 의해 학습된다기보다는 어떤 공통의 공포 시스템이 다르게 작동하여 나타나는 결과라고 할 수 있다. 그렇다고 불안을 느끼는 사람들이 실험실의 쥐들처럼 전전두피질에 구멍이 뚫린 채 살아가고 있다는 말은 아니다. 뇌에 영향을 미치는 전기적 화학적 기능의 붕괴로 인해서 미묘한 변화가 사람들에게 일어났기 때문이다. 뇌의 손상은 이런 변화의 극단적인 예일 뿐이다.

사라졌지만 잊혀지지 않는 정서기억 내측 전전두피질이 손상을 입었을 때, 일상적인 공포조건형성을 소거하기 어려워진다는 실험결과는 또 다른 중요한 의미를 내포하고 있다. 이는 소거를 통해 조건화된 공포 반응이 발현되는 것은 차단하지만 근원적인 암묵기억은 지우지 못한다는 것을 의미한다. 다시 말해서 소거는 편도체의 기억 기록판을 닦아 지우는 것이 아니라 편도체의 출력 신호를 피질 통제로 덮어 버리는 것이다.

소거가 정서적 기억을 삭제하는 것이 아니라 표현을 막는 것이라는 이론은 조건 반응에 관한 많은 실험결과들과 일치한다. 예를 들어, 파블로프는 소거된 반응들은 시간이 흐름에 따라 자연적으로 회복(spontaneous recovery)된다는 것을 발견했다. 한 상자에서 소리와 전기충격을 연합시켜 조건화한 쥐를 다른 상자로 옮겨 소리로 인한 공포 반응을 완벽히 소거시켰다 하더라도 처음에 훈련 받았던 상자로 쥐를 다시 옮겨 놓으면, 소리에 의한 조건 반응이 다시 나타나는 '재기(renewal)' 현상도 잘 알려져 있다. 무조건 자극(US)에 노출시키거나 다른 형태의 스트레스 자극에 노출시킴으로써 소거된 자극이 '복원(reinstatement)' 될 수 있다. 다시 말해서 소거된 반응들, 혹은 소거되진 않았지만 약하게 형성되었을 조건 반응들이 스트레스로 인해 다시 나타날 수 있다. 이러한 예들은 실험실에서 행해지는 손상 연구와 함께 정서적 기억은 소거에 의해 지워지는 것이 아니라 단순히 억제되어 있음을 시사해 준다. 라자루스의 표현을 빌리면 소거된 기억들에 새 생명을 불어넣을 수 있는 것이다.

나는 최근에 "아하!" 하고 무릎을 칠 만한 과학적 경험을 했다. 선명하고 확실한 방법으로 꼬여 있던 문제를 갑자기 이해하게 해 주는 매우 드물고 놀라운 순간이었다. 나의 학생들인 쿼크(Quirk, G.), 리파(Repa, C.)와 공포조건형성을 하기 전후에 각각 편도체의 전기적 활동을 기록하는 실험을 하고 있었다. 우리는 조건형성이 일어난 이후, 조건 자극으로 들려준 소리가 편도체의 전기적 반응을 극적으로 증가시킨다는 것을 발견했다. 그리고 이러한 증가는 소거에 의해 다시 감소하였다. 우리는 여러 개의 뉴런들을 각각 동시에 측정하고 있었기 때문에 세포 간의 활성 관계에 대해서도 살펴볼 수 있었다. 조건형성은 뉴런들 사이의 기능적 상호작용을 증가시켜서, 두 개의 세포가 동시에 발화할 가능성을 극적으로 증가시켰다. 이러한 상호작용은 자극에 대한 반응으로 일어나는 경우와 특별한 일 없이 세포가 자발적으로 흥분하는 경우 모두에서 관찰되었다. 가장 흥미로운 점은 몇몇의 세포들에서 이러한 기능적 상호작용이 소거에 의해 감소하지 않았다는 것이다. 조건형성은 헵이 '세포연합(cell assemblies)' 이라고 일컬었던 상태를 만드는 것 같았고 그리고 이러한 상태 중 몇몇은 소거가 잘 일어나지 않는 것처럼 보였다. 소리가 더 이상 세포를 발화시키지 않았음에도 불구하고(소리는 소거되었다), 세포들 간의 기능적 상호작용은 여전히 남아 있었다. 이것은 세포가 자발적으로 발화할 때 분명히 관찰되었다. 이것은 마치 기억을 일깨우는 외부의 방아쇠(예를 들어, 공포 자극)가 기억 및 기억과 연합된 행동(예를 들어, 공포증의 증상들)을 활성화시키는 데 더 이상 효과적이지 않을 때조차 기능적 상호작용은 기억을 붙들고 있는 것처럼 보였다. 아직까지는 가설에 지나지 않지만 이러한 관찰 결과는 기억이 외부의 자극에 의해서는 접근할 수 없을 때, 어떤 방식으로 존재할지에 대한 단서를 제공한다(그림 8-3). 기억을 다시 일깨우는 것은 세포조합으로 입력되는 자극의 강도 변화일 것이다. 여기에는 스트레스가 영향을 미칠 것으로 생각된다.

편도체를 통해 형성된 무의식적 공포 기억은 뇌에 깊이 각인되어 있는 것처럼 보인다. 아마도 그런 기억들은 평생 동안 우리와 함께할 것이다. 이것은 안정적이고 변화가 없는 세계에서는 특히 매우 유용할 때가 많다. 똑같은 위험을 반복적으로 배워야만 하는 것을 우리는 원하지 않기 때문이다. 그러나 편도체의 회로에 각인된 것들은 때때로 부적절할 수도 있으며, 이 경우 공포 시스템의 놀라운 효율성에 대한 혹독한 대가를 치러야 하는 상황에 직면하기도 한다.

정신과 의사인 피트먼(Pitman, R.)은 쥐를 이용한 공포조건형성 실험들에서 얻어진 결과들을 분석함으로써 불안장애 환자들을 치료하는 방법에 대한 예리한 통찰을 제시하였다. 마우러와 밀러의 이론에 기초한 고전적인 치료법은 불안 유발 자극에 환자를 강제적으로 노출시켜 그 자극이 유발하는 불안을 소거하는 것이었다. 이러한 치료법에서는 불안 유발 자극을 회피하거나 모면하려는 어떤 행동도 허락되지 않았다. 그러나 편도체에 보관되어 있는 외상적 기억들은 지울 수 없다는 관점에서 피트먼은 훨씬 더 비관적인 평가를 내놓는다. 우리는 어쩌면 불안장애의 근원인 암묵기억들을 없애지 못할 수도 있다. 만약 그렇다면 우리가 할 수 있는 최선의 방법은 그러한 기억들을 통제하도록 연습하는 것이다. 그것이 아마도 현실적일 해결책일 것이다.

공포 시스템과 특수한 불안장애

매우 근래까지도 다양한 불안장애들은 서로 구별되지 않았고, 치료법에도 서로 큰 차이가 없었다. 예를 들어, 공황장애와 PTSD는 1980년까지 DSM에 포함되지 않았다. 공포증들은 오랫동안 신경증으로 묶여 있었고 특정 종류의 불안장애라기보다는 신경증의 하위유형이라고 여겨졌다. 이후에 불안장애의 종류에 따라 확실한 진단적 차이가 나타났고, 장애에 따른 공포조건형성이론들이 제시되었다. 나는 앞으로 다룰 내용에서 공포조건형성의 뇌 메커니즘에 대한 발견을 이용해 공포증, PTSD, 공황장애에 대한 장애별 이론들을 보충하려 한다.[7)]

공포증 공포증에 대한 최근의 이론들은 준비성 개념을 중심으로 하고 있다. 일반적으로 조건형성의 강도는 대부분 무조건 자극이 얼마나 큰 충격인가에 따라 결정된다. 그러나 준비된 공포조건형성에서는 조건 자극 역시 정서적 충격에 어느 정도 영향을 미친다. 결과적으로 동일한 무조건 자극에 대하여 연합되는 조건 자극이 생물학적으로 위험과 조건화되기 쉬운 자극일 경우에 더 강력한 조건 반응을 유발한다. 어떻게 뇌에서 그런 일들이 일어날까?

준비된 자극을 처리하는 편도체의 뉴런들은 정서 반응을 관장하는 뉴런들과 아마도 어느 정도 사전에 연결되어 있을 것이다. 외상은 편도체의 입출력 뉴런들 사이에 새로운 시냅스 연합을 만들어내기보다

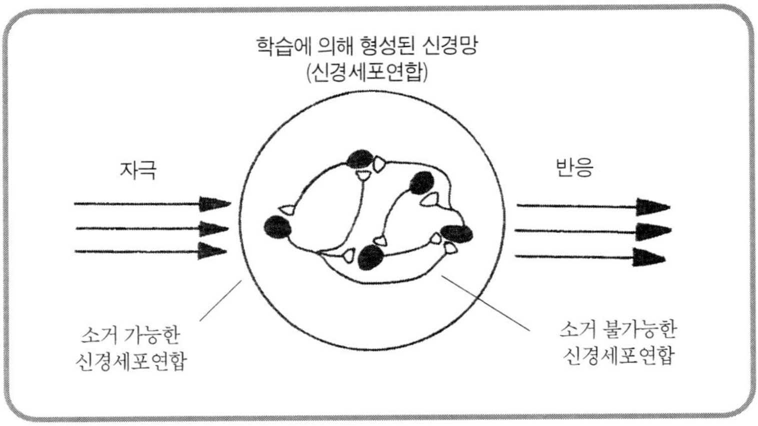

[그림 8-3] 뇌에서의 소거-저항 학습 형성

최근의 연구들은 조건형성과 소거가 일어나는 동안 편도체에서의 신경 활동을 기록해왔다. 조건형성 이후에, 조건 자극에 대한 개별 세포들의 반응은 증가했다(입력신호는 같았지만 출력신호는 더 커졌다). 게다가 세포들 간의 상호연결은 더욱 강해져서 한 세포가 흥분하면 다른 세포들도 함께 흥분한다. 이렇게 상호연결된 뉴런들을 세포조합(cell assemblies)이라고 부른다. 소거가 일어나는 동안 조건 자극에 대한 각각의 세포들의 반응은 감소하지만, 조건화된 상호연결은 그대로 지속되는 경우도 있었다. 편도체에서 혹은 편도체와 대뇌피질 사이에 존재하는 이러한 세포조합은 공포조건화에 의해 나타나는 장기(소거에 저항하는) 암묵기억의 중요한 하나의 측면을 구성하는 것으로 보인다.

는 사전에 연결되어 있는 통로를 슬쩍 주물러 줌으로써 연결을 강화할 것이다. 이러한 방법으로 같은 수준의 외상이라 할지라도 준비된 자극이 주어질 때가 그렇지 않을 때와 비교하여 훨씬 더 많은 조건화가 이루어질 것이다.

준비된 공포조건형성에서 편도체의 역할에 대해 실험한 연구는 없지만, 편도체가 특별히 종 특유의 정서적 신호와 같은 준비된 자극에 반응한다는 증거는 있다. 예를 들어, 쥐들은 고양이에게 노출되면 다른 쥐들에게 경고음을 보낸다. 이 소리는 사람이 들을 수 없는 초음파

범위이다. 고양이 역시 이 범위의 소리를 들을 수 없기 때문에, 이런 경고는 적진을 몰래 통과하는 암호화된 비밀 메시지와 같다. 최근 연구에서 보르디(Bordi, F.)와 나는 쥐를 대상으로 경고신호와 유사한 초음파에 특별히 활발하게 반응하는 편도체의 뉴런들을 발견하였다. 쥐의 편도체는 진화적으로 이러한 소리들을 학습하고 반응하도록 준비되어 있는 것으로 보인다. 실제로 모든 동물의 편도체는 종 관련 신호들에 반응하도록 준비되어 있다고 볼 수 있다. 예를 들어, 영장류에게 얼굴은 중요한 정서적 신호이다. 원숭이의 편도체 뉴런들은 다른 원숭이 얼굴을 봤을 때 활발하게 반응한다.

6장에서 보았듯이, 외부 자극에 관한 정보는 두 가지 경로를 통해 편도체에 도달한다. 하나는 피질하 경로이고, 다른 하나는 피질 경로이다. 피질하 통로는 짧고 빠르지만 부정확하다. 피질 통로는 그 반대이다. 또한 7장에서 보았듯이 이런 경로들에서 시냅스 전달의 상승작용으로 인해 학습과 기억이 일어나는 것으로 보인다. 시냅스 상승작용은 보통 두 경로 모두에서 일어나서 공포 반응의 형성과 표현을 위해 협력한다. 하지만 유전적 특성이나 과거의 경험 때문에 공포 학습이 피질 경로보다 피질하 경로에서 더 크게 나타난다고 가정해 보자. 이것은 공포증이 널리 일반화된 이유를 설명해 줄 수도 있다. 위만이 지적했듯이 공포증 환자들은 때때로 공포감이 일반화될 때, 자신들이 두려워하는 것이 무엇인지 모른다. 구별능력이 그리 뛰어나지 못한 피질하 경로에서 일어나는 학습은 쉽게 다른 자극으로 퍼져 나갈 수 있다. 이런 피질하 경로를 통한 공포는 의식적인 피질에 의한 통제가 어려울 것으로 예상된다. 흥미롭게도 편도체의 세포들을 그토록 효과적으로 흥분시키는 고주파의 소리들은 빠르지만 부정확한 피질하 경로를 통해 작동한다.

편도체가 관여하는 공포조건형성은 암묵적 학습이지만(어느 입력 경로가 사용되든 관계없이), 공포증 환자들은 자신들에게 공포감을 주는 자극을 의식적으로 두려워한다. 이것은 측두엽 기억 시스템을 통해 뱀이나 높이 등의 공포 유발 자극에 대한 뚜렷한 의식기억을 가지고 있다는 것을 의미한다. 이런 기억은 초기의 외상적 학습 상황 동안에 형성될 수 있다. 그러나 어떤 공포증 환자들은 그러한 학습 경험을 기억하지 못하는데, 이는 스트레스로 인한 기억상실 때문일 가능성이 있다. 이 환자가 차후에 다시 공포 자극에 노출되어, 자신이 두려워하고 있다는 의식적 기억을 형성하게 될 수도 있다. 공포 대상을 우연히 마주쳤을 때, 편도체는 무의식적으로 자극을 처리하고 신체적으로 공포심을 표현할 것이다. 샥터와 싱어의 이론에 따르면 이러한 신체적 반응을 자각했을 때 그 사람은 주변에서 가장 그럴듯한 대상을 찾아 신체적 정서 반응을 귀인(attribution)시키려 할 것이다. 이 과정에서 그 사람에게는 그 특정 대상을 두려워한다는 공포 기억이 생성된다. 흔히 알려진 공포 대상들(뱀, 거미, 높이)의 경우에는 일반적인 지식에 의해 사람들이 그런 자극들을 두려워하고 있다는 것을 이미 알고 있으므로 쉽게 공포의 원인이 되는 대상으로 등록될 가능성이 많다. 한번 이런 외현적 기억이 형성된 이후에는 이 자극들을 다시 의식으로 떠올리는 것 자체가 편도체를 활성화시키고 해마를 포함한 피질 영역과의 연결을 통해 불안을 만들어 내는 강력한 자극이 될 수 있다. 이런 방식으로 최초의 학습에서 의식적인 기억이 없었다고 하더라도 외현기억에 저장된 공포 상태를 자각하는 것은 가능하다.

외상적 사건에 노출된 모든 사람이 공포증을 보이는 것은 아니다. 유전적 요인이나 과거의 경험 때문에 어떤 사람들은 외상적 학습 경험에 쉽게 반응한다. 이러한 사람들의 편도체는 어떤 종류의 준비된 자극에 매우 민감하게 반응하거나 편도체 이상으로 인해 공포조건화가 비정상적으로 강력하게 일어날 가능성이 있다. 또 다른 가능성은 앞에서 보았듯이 전두엽의 기질적 변화로 소거가 일어나지 않는 공포가 형성되는 경우이다. 이 경우에는 준비되지 않은 자극에 대해서도 심한 공포가 발달될 수 있다.

외상적 스트레스 PTSD는 주로 참전 군인에게서 나타났기 때문에 전투피로증 혹은 전쟁신경증으로 알려져 있다. PTSD는 다양한 종류의 외상 피해자들에게서도 나타나며 아래에 인용한 베트남 참전 군인의 글에서 그 증상이 잘 드러난다.

> 나는 그 기억들을 지울 수가 없다! 문이 세게 닫히는 소리나 돼지고기 볶는 냄새같이 별로 대수롭지 않은 일들만으로도 촉발되어 자세하고도 생생한 장면으로 떠오른다. 지난밤 오랜만에 잘 자고 있었다. 그러고는 … 쾅! 하는 소리와 함께 천둥이 쳤다. 그 즉시 공포에 몸이 얼어붙어 잠에서 깨어났다. 나는 베트남으로 돌아가고 있다 … 내 손은 차갑게 얼어붙어 있지만, 온몸에서는 땀이 비오듯 흐른다. 목 뒤의 머리카락이 쭈뼛 일어선 것을 하나하나 느낀다. 숨을 내쉴 수 없고, 심장은 쿵쿵거린다. … 두 번째 천둥에 나는 펄쩍 뛰어 올랐다가 바닥에 떨어진다. …

정신과 의사들은 이러한 형태의 장애들과 실험실에서 조건화된 공포 사이의 유사점을 발견하였다. 사실상 조건화된 공포는 제1차 세계대전 참전 군인들이 호소하는 전쟁신경증을 설명하기 위해 제시되었다. PTSD를 연구하는 최근의 정신과의사들 중 가장 잘 알려진 두 명은 예일 대학의 차니(Charney, D.)와 하버드 대학의 피트먼(Pitmon, R.)이다. 그들은 공포조건형성이 이 장애와 관련되어 있다고 생각한다.

공포조건형성이론과 PTSD 사이의 차이점은 조건형성에 강한 영향을 미치는 요인이 무조건 자극이냐 조건 자극이냐이다. 준비된 공포 학습의 경우에 조건 자극이 그 학습을 특히 강하게 만든다. 무조건 자극은 대부분 불쾌하고 고통스럽지만 엄청난 것은 아니다. 그러나 PTSD의 경우 무조건 자극이 조건 자극보다 훨씬 두드러지게 나타난다. 실제로 PTSD는 일상 생활에서 겪는 것과는 매우 다른 외상을 포함하는 것으로 DSM에 정의되어 있다.

한때 연구자들은 PTSD에서의 외상을 엄청난 사건, 즉 강한 무조건 자극으로 볼 수 있다면 편도체가 관련된 공포조건화로 이 장애를 설명할 수 있으리라고 생각해 왔다. 물론, 뉴런 수준에서 도대체 어떤 요소들의 결합이 이런 끔찍하고 강한 무조건 자극을 만드는지 정확히 알지 못한다는 점은 인정해야 한다. 그러나 편도체를 강하게 활성화시킬 수 있는 자극이 이러한 종류의 파블로프 조건화에 강력한 강화물로 작용할 것이라는 것은 쉽게 생각해 볼 수 있다. 이렇게 강력한 강화 자극은 전쟁시의 소리, 장면, 냄새와 연합되어 편도체까지 도달하게 된다. 이후 동일한 조건 자극이나 그와 비슷한 자극이 나타나면, 강력하게 형성되어 있는 편도체 회로를 재가동시켜 심각한 공포 반응을 일으키게 된다.

조건 자극은 무의식적으로 편도체를 활성화시킨다. 그러나 동시에 측두엽 기억 시스템에 도달하고 초기의 외상을 상기시키거나 그 외상이 떠올려졌던 최근 사건들을 떠올리게 할 수 있다. 이런 강력한 정서 상태(편도체를 통한 무의식적 공포 반응들의 활성화로 인한)에 대한 자각과 더불어 의식기억은 의식적인 불안과 걱정을 일으킨다. 그리고 이러한 정서적 각성에 대한 인지는 신피질과 해마에서 다시 편도체로 흘러간다. 이에 더해서 편도체에 의해 일어난 신체적 표현은 정서적 각성이 일어나고 있음을 대뇌피질이 계속해서 알게 한다. 그리고 더 나아가서는 불안한 생각과 기억들을 촉진한다. 뇌는 정서적, 인지적 흥분의 악순환에 빠지게 되고, 폭주 기차와 같이 계속 가속력을 더해 간다.

또한 공포 학습에서 제안되었듯이 PTSD는 피질하 감각처리 영역에서 편도체로의 직접적인 투사와도 관련되어 있을 가능성이 있다. 만약 그렇다면 발작이 왜 그렇게 충동적이고 조절이 힘든지, 왜 다른 자극으로 확대적용되는 경향(총소리에서 천둥이나 세게 문닫는 소리로)이 있는지를 설명할 수 있을 것이다. 위에서 살펴보았듯이 피질하 경로는 빠르고 부정확한 전달 방법이다. 그 경로는 편도체를 흥분시키고, 대뇌피질이 무엇에 반응하고 있는지 알아차리기 전에 정서적 반응을 시작한다. 그리고 이러한 경로들은 자극들 간의 차이를 잘 구별할 수 없기 때문에 일반화가 쉽게 일어난다(이러한 회로에서 세게 문을 닫는 소리는 총소리와 거의 차이가 없을 것이다). 외상은 어떠한 이유에서든(유전적이든 경험적이든) 시상 경로가 피질 경로보다 더 우세한 영향력을 발휘하도록 뇌를 한쪽으로 치우치게 하는 것으로 보인다. 이런 상태에서 외상과 비슷한 자극에 노출되면, 번개처럼 빠르고 강해진 시상 경로를 통해 편도체를 자극하게 된다. 의식적으로 이런 피질하 경로를 조절하는 것은 상당히 어렵다. 또한 의식적 기억이 불안발작 동안 형성되었기 때문에 그러한 발작과 관련된 신체반응을 의식적으로 지각하게 되면, 그러한 지각 역시도 불안 유발 요소가 되거나 적어도 불안 촉진 요인이 된다. 다음에서 신체적 감각이 어떻게 불안을 유발하는지 공황장애의 경우를 들어 설명할 것이다. 공황장애는 때로 PTSD와 결합되어 나타난다.

공황 공황장애는 가장 일반적으로 진단되는 불안장애이다. 공포증이나 PTSD와 유사하게 교감신경계가 강력하게 활성화되고 격한 정서적 각성으로 고통받는 증상을 포함한다. 그러나 공포증과 PTSD의 반응이 외부의 자극이 있는 상황에서 나타나는 것에 비해, 공황발작은 내부 자극(신체감각)과 관련되어 있다. 또한 공황은 내부의 사건을 포함하기 때문에 공황을 일으키는 자극을 피하기 어렵다. 이러한 측면에서 공황장애 환자는 넓은 범위의 회피 행동을 보이는 PTSD 및 공포증 환자와 다르다.

환자에게 과호흡을 시키거나 이산화탄소가 다량 포함된 혼합기체를 들이마시거나 젖산나트륨을 정맥주사하게 되면 내부 신호(신체적 감각)가 발생하여 공황장애를 일으킨다. 이러한 내부 신호는 자연적으로 발작이 발생하는 동안 나타나는 신호들과 유사하다. 또한 심장 박동수에 대한 거짓 피드백을 주어 환자가 신체적인 각성이 일어나고 있다고 믿게 하기만 해도 공황은 발생한다. 공황이 발생하고 있다는 신념이 신체적 각성과 공황유발을 연결하는 중요한 고리인 것으로 보인다.

왜 공황이 발생하는가에 대해서 생물학적 설명(예: 이산화탄소에 대한 민감성)과 심리학적 설명(예: 아동기의 분리불안 병력) 등과 같은 많은 이론들이 있다. 여기에서 다양한 이론들을 평가한다거나 다시 살펴보지는 않을 것이다. 대신에 조건형성이론에 대해 논해 보고, 그 이론이 공황 환자들의 뇌에서 어떻게 작동하는지 생각해 볼 것이다.

신체적 흥분을 조건 자극으로 보는 것이 보편적 관점이다. 이전에 경험한 공황을 통해 환자는 경고신호를 학습한다. 이러한 내부 신호가 일어나면(인공적으로 유발된 것이라 하더라도) 환자는 공황이 시작되는 것을 느낀다. 신체적 흥분에 대한 이런 인지적 평가가 공황을 유발하게 된다. 이러한 관점에 의하면, 내부 홍분들은 준비된 자극이고, 자연적으로 일어난 공황은 내부 자극에 대한 조건 반응이 된다. 이러한 내부 감각들은 준비된 자극들일 수 있으며 이는 공황이 공포증과 마찬가지로 조건화 메커니즘에 기인한다는 증거이다. 클라인(Klein, D.)은 진화적으로 오래된 질식 경고 시스템의 활성화로 공황이 일어남을 주장하며, 내부 자극이 준비된 자극임을 지지하였다.

공황에 관해 가장 완성된 조건형성이론은 볼페(Wolpe)에 의해 발전되었다. 그는 첫 번째 공황발작은 과호흡을 경험한 결과라고 주장했다. 과호흡은 허파와 혈액 내의 이산화탄소를 증가시키고, 불쾌한 신체적 홍분(현기증, 심박증가, 질식할 것 같은 느낌)을 초래한다. 과호흡은 다양한 이유에서 일어날 수 있다. 코카인, 암페타민, LSD와 같은 특정한 약물의 복용이나 일터에서 유독성 화학물에 노출되는 것이 원인이 될 수 있다. 그러나 볼페에 따르면 가장 흔한 공황은 특별히 불안해 하거나 걱정하는 사람들, 심한 스트레스를 받는 사람들에게서 나타난다. 볼페가 인용한 한 연구에서 조사한 환자들 중 84%가 첫 공황발작이 발생하기 전에 몇 년간의 심각한 부부갈등이 있었다. 이는 인지적 요소가 역치 이상으로 불안을 높일 수 있음을 다시 한 번 시사해 준다.

볼페에 따르면 첫 번째 공황의 원인은 중요하지 않다. 그것은 기질적이거나 심리적일 수 있다. 여하튼 한 번 공황이 발생하면 그때 우연히 있었던 자극들은 공포의 조건 자극이 될 것이다. 그러나 전형적인 공포조건형성 상황과는 달리, 공황의 중요 자극은 외부적인 것이 아니라 내부적인 것이다. 예를 들어, 과호흡에 대한 반응으로 높아진 혈압은 공포의 조건 자극이 될 수 있다. 윗사람과 이야기를 한다든가 혹은 비슷한 사회적 긴장 상황에서 우연히 혈압이 높아지면, 과호흡과 혈압이 조건화되기 때문에 과호흡에 동반되었던 고통스러운 느낌이 되살아난다. 이러한 느낌이 감지되고 공황발작의 개시로 인지되는 것이다. 반면에 조건 자극(여기서는 혈압의 상승)은 쉽게 감지되지 않아서(사실 고혈압은 때때로 '조용한 살인자'라고 불린다), 공황은 자발적으로 일어나는 것처럼 보인다. 외부 자극 역시 공황의 조건 자극이 될 수 있다. 첫 번째 공황이 차 안에서 발생했다면 차 안에 있는 것은 공황이 발생할 가능성을 높일 수 있다. 어쨌거나 볼페의 모델에서는 내부 자극이 주도적인 역할을 한다고 본다.

이번에는 편도체가 조건화된 공황의 한 축을 담당할 때 일어날 일련의 사건들을 생각해 보자. 혈액의 이산화탄소 농도 변화에 매우 민감한 뇌간 영역은 편도체로 신경을 투사한다. 편도체는 또한 내부 장기의 상태에 관한 정보—현재의 심박률, 혈압의 정도, 그 밖에 신체의 중요한 신호—도 받는다. 내부 기관의 상태(조건 자극)와 혈액의 이산화탄소량(무조건 자극)에 대한 정보를 통합하여, 편도체는 두 자극 간의 연합을 형성한다. 편도체의 출력정보에 의해 교감신경계가 활성화되면, 신체적 흥분을 느끼고 과거에 공황을 겪었던 외현기억이 떠오르면서 다시금 공황이 시작되고 있다는 것을 자각하게 된다. 공황이 일어날 수도 있다는 이러한 의식적 기억들과 생각들은 해마 및 신피질에서 편도체로 이어지는 경로를 통해 더 강하고 지속적인 교감신경계 활성화를 유발한다. 결국 완전한 공황 발작으로 이어진다. 한편 심장박동이나 다른 신체 기능의 상태에 관한 거짓 피드백이 전달되었을 경우 사건의 전개는 아마도 피질의 인지(예: 심장이 빨리 뛰고 있다는 믿음)에서 시작될 것이다. 피질의 인지는 과거 공황발작의 경험에 관한 외현기억을 떠올리게 한다. 이러한 의식적 사고와 외현기억은 해마 및 신피질 영역에서 편도체로 들어가는 경로를 따라 교감신경계를 활성화시키는 방아쇠를 당기게 될 것이다.

물론 이러한 신경회로 시나리오는 가설에 불과하다. 지금까지 공황과 편도체 역할에 관한 연구가 없었기 때문이다. 그러나 이 회로 및 위에서 언급한 기능들은 실제로 존재하므로 위의 방식으로 공황이 일어날 수 있다는 설명은 상당히 그럴듯하다.

나쁜 습관과 불안한 생각

불안장애의 전형적인 특징인 회피 반응은 본능적인 정서반응(reaction)과 자발적인 정서행동(action) 사이의 중간에 해당하는 것이다. 회피 반응은 강화에 의해 학습되는 도구적 반응이다. 하지만 일단 학습이 일어난 이후에 적합한 자극이 발생하면, 습관적으로 혹은 자동적으로 회피 반응이 일어난다. 이런 의미에서 회피 반응은 본능적인 정서반응에 가깝다. 하지만 본능적 반응과는 다르게 회피 반응이 위험과 관련되어 있는 정도는 임의적으로 결정된다. 본능적 정서반응은(본능적 혹은 학습적 요인에 의해 촉발되는) 편도체의 흥분에 의해서 일어난다. 편도체에서 정서반응에 이르는 경로는 직접적으로 강하게 연결되어 있기 때문이다. 반면 회피 반응은 학습된 촉발인자가 본능적 반응을 유발시킬 수 있는 자극임에도 불구하고 학습된 어떤 임의의 반응이다. 예를 들어, 전기충격이 있을 것임을 알려 주는 소리를 쥐들이 들었을 때 그 쥐들은 동결 반응을 보인다. 머지않아 그 쥐들은 전기충격을 피하기 위해 소리가 들리는 동안 정확한 순간에 뛰어오르는 것을 학습할 것이다. 아니면 소리가 들리는 동안 칸막이를 뛰어넘는 것을 학습하거나 전기충격을 없애기 위해 바퀴를 돌릴 것이다. 이러한 반응들은 한번 학습되면 정서적인 각성을 막는다. 이런 반응들은 일상적으로 위험을 경고하는 자극에 대해 자동적으로 반응하는 습관으로 발전한다. 조건화된 공포 반응과 같이 이 반응들은 자동적으로 이루어지지만 그렇다고 본능적 타고난 반응은 아니다. 임의로 선택되어져 학습된 반응인 것이다.

정서적인 습관들은 매우 유용할 수 있다. 만약 당신이 어떤 물웅덩이는 피에 굶주린 짐승과 마주치기 쉽다는 것을 알게 된다면, 그곳에 가지 않는 것이 상책이다. 하지만 만약에 물을 찾을 때마다 느끼는 불안 때문에 모든 물웅덩이에 가는 것을 그만둔다면, 또는 물을 마시려 할 때마다 불안해져 생명을 위해 필요한 것보다 적은 양의 물을 마시게 된다면 당신의 회피 반응은 일상생활에 해로운 것이다. 이 경우라면 당신은 불안장애가 있는 것이다.

정서적인 습관의 자동적인 특성은 매우 유용할 수 있다. 당신이 일상의 위험들을 깊이 생각하지 않아도 피할 수 있게 해 주기 때문이다. 하지만 정서적인 습관들이 불안장애가 되어 소거되지 않을 정도로 굳어지게 되면 회피 반응은 오히려 부담이 된다.

대부분의 불안치료제들은 동물들에게서 회피 행동을 줄이는 효과 덕분에 발전되어 왔다. 예를 들어, 쥐가 실험상자에 설치된 플랫폼에서 내려올 때마다 전기충격을 받는다. 다음날 그 상자에 다시 놓으면 쥐는 플랫폼 위에 그대로 있는다. 하지만 둘째날 플랫폼에 놓기 전에 쥐에게 발륨(Valium)[8)]을 투여하면 그 쥐는 위험이 아직 있는지 알아보기 위해 플랫폼에서 내려오는 행동을 빈번히 나타낸다. 다시 말해서 약물로 인해 쥐들은 상황에 대해서 덜 두려워하고 덜 불안해 한다.

마우러와 밀러가 제안한 바에 따르면 회피 학습은 일반적으로 두 단계로 일어난다. 첫째로 공포조건화가 형성된다. 이후 조건화를 통해 학습된 공포를 감소시키는 반응을 우연히 발견하게 되고 습관화된다. 우리는 공포조건형성을 위해 편도체가 필요하다는 것은 알고 있지만, 도구적 회피 반응에 포함된 뇌의 메커니즘은 아직 밝혀지지 않았다. 기저핵, 전두엽, 해마와 같은 구조들이 관련되어 있는 것으로 보인다. 뇌의 어느 부분에서 발륨과 같은 약물의 항불안 효과가 나타나는지에 대해 많은 논란이 일고 있다. 그러나 실제로 이러한 약물들은 수많은 부위에서 작용할 것이다.

발륨과 같은 약물의 효과가 어떻게 편도체에서 나타나는지 생각해 보자. 발륨은 벤조디아제핀(benzodiazepine)계통의 약물이다. 뇌에는 선천적으로 이런 약물들의 수용기가 분포하고 있다. 발륨을 먹으면 발륨은 뇌의 벤조디아제핀 수용기와 결합한다. 이러한 수용기들은 매우 특수한 일을 한다. 이들은 억제성 신경전달물질인 GABA가 쉽게 효력을 발휘하도록 한다. 그럼으로써 뇌의 다양한 영역이 억제된다. 불안과 관련되어 있지 않은 뇌 영역이 억제된다고 해도 항불안 효과가 나타나지 않을 것이다. 그러나 불안과 관련되어 있는 영역에 이 약물이 결합하여 억제되었다면 불안을 야기할 수 있는 상황에 놓이더라도 덜 활성화될 것이다. 예컨대 편도체의 외측핵은 입력신호를 받아들이는 영역이다. 이 영역이 억제된 상태에서 불안을 유발시키려면, 더 많은 자극이 필요하게 된다. 따라서 편도체를 통해 공포 반응을 유발하는 자극들의 영향이 줄어들 것이다(그림 8-4). 그레이(Gray, J.)는 항불안 약물이 해마의 여러 부위에(간접적으로라도) 영향을 미친다고 주장했다. 우리를 불안하고 두렵게 만드는 외현기억들의 영향을 줄인다는 점에서 이 주장은 타당하다.

회피에 대한 뇌의 회로는 공포조건화 회로보다 알려진 것이 훨씬 적다. 회피 반응은 복잡하다. 회피는 공포조건화에 더해서 도구적 학습까지를 포함한다. 또한 회피조건형성 연구는 여러 방법으로 이루어질 수 있고, 매우 다양한 반응들이 조건화될 수 있다. 또한 회피 반응들은 임의적이다. 공포를 유발하는 사건에 노출되는 것을 줄일 수 있는 어떤 것이라도 회피 반응이 될 수 있다. 이러한 요소들은 회피에 대한 뇌 시스템을 밝히는 것을 어렵게 한다. 하지만 회피 학습의 첫 번째 단계(공포조건형성 단계)에 포함된 뇌 메커니즘을 꽉 잡고 있는 지금, 우리는 두 번째 단계(도구적 학습)에 보다 현명하게 접근할 수 있다.

심리치료: 뇌의 연결 배선을 수리하는 또 다른 방법

프로이트의 정신분석이론과 다양한 조건형성이론들은 모두 불안은 외상적 학습 경험의 결과라고 가정했다. 이런 관점에서 정신분석 그리고 조건형성이론들은 불안의 근원에 대해 비슷한 결론을 내렸다. 그러나 이 이론들의 치료법은 달랐다. 정신분석학은 환자들이 내부 갈등의 근원을 인식하도록 돕고자 했다. 반면, 조건형성이론의 영향을 받은 치료법의 명칭인 행동치료는 다양한 형태의 소거치료를 통해 환자의 불안증상들을 제거하려 노력했다. 정신분석학, 행동치료, 가장 최근에 나타난 인식치료 등 여러 분야에서 최선의 치료법을 찾기 위해 연구하고 있다. 그중에서도 소거치료는 단독으로 혹은 다른 분야의 치료법과 병행하여 불안장애 치료에 널리 이용되고 있다.

초기의 소거치료는 볼페가 고안해 낸 것으로 긴장완화훈련에서부터 시작한다. 일단 환자가 편안함을 느끼면 평범한 물체에서 시작해서 점점 무서운 정서적 물체를 상상하면서 긴장이완하는 훈련을 반복한다. 이를 체계적 둔감화(systematic desensitization)라고 부른다. 이후 이런 정신적 이미지에서 불안을 야기하는 실제 대상이나 상황으로 발전해 나간다. 이때도 역시 마찬가지로 가장 덜 무서운 것에서 시작해서 무서운 것으로 서서히 강도를 증가시킨다. 에덜라이는 체계적 둔감화를 조건형성의 언어로 해석했다. 조건화된 정서반응이 떨어져 나갈 때까지 단계적으로 조건 자극을 제시하는 것이 그 요지이다. 이 조건 자극은 안전이라는 새로운 무조건 자극과의 연합을 이루게 되고 이제 조건 반응은 공포 반응이 아니라 '무반응'이 되는 것이다. 에덜라이는 정신분석의 카타르시스 치료기법(최면술의 사용, 소파에 눕기, 치료사에 대한 신뢰, 이미지 상상)은 볼페의 치료(학습된 정서 반응의 소거)와 동일한 결과를 얻어낼 수 있다고 주장했다. 즉, 양쪽 기법 모두 학습된 정서반응의 소거를 추구한다.

뇌에서 소거의 메커니즘을 알아내는 것은 어떻게 치료효과가 나타나는지를 이해하는 데 중요한 부분이 될 것임이 명백하다. 이전에 보았듯이 소거는 내측 전전두피질과 편도체 간의 상호작용으로 일어난다. 그리고 데이비스(Davis, M.)의 연구를 통해 소거는 조건형성이 일어나는 것과 같은 종류의 시냅스 메커니즘을 통해 발생한다는 것이 밝혀졌다. 즉, 편도체에서의 NMDA 의존적 시냅스 가소성을 통해서 일어난다는 주장이다. NMDA 수용기가 차단되면, 어떤 특정한 정서기억을 억제하라는 전전두피질의 메시지를 편도체가 알아듣지 못하는 상태가 될 것이다.

이러한 연구결과들은 치료를 여러 가지 방법으로 이해할 수 있게 한다. 편도체가 마음대로 활동하지 못하도록 통제를 가할 수 있는 시냅스 연결을 만들어 내는 것이 바로 치료인 것이다. 알고 있다시피 편도체의 정서기억들은 반영구적으로 회로에 새겨진다. 우리가 바랄 수 있는 최선의 것은 이 회로의 발현을 통제하는 것이다. 이렇게 할 수 있는 방법 중 하나는 피질에 의한 편도체 통제를 향상시키는 것이다.

행동치료(소거치료)와 정신분석은 문제가 있는 사람들을 돕는다는 동일한 목표를 가지고 있다. 두 이론 모두는 피질이 편도체를 조절하도록 돕는다. 그러나 이때 사용하는 신경 경로는 다소 차이가 있다. 소거치료는 암묵적 학습 절차를, 정신분석은 의식적 통찰과 인지적 평가를 강조하면서 측두엽 기억 시스템과 관련된 외현기억 절차를 사용한다(9장에서 더 논의될 내용이다). 흥미롭게도 편도체에서 피질로의 연결보다 피질 영역에서 편도체로의 연결이 약하다는 것은 잘 알려져 있다. 이것은 왜 정서적 정보가 우리의 의식적 생각에 침투하는 것은 쉬운 데 반해 정서를 의식적으로 조절하는 것은 그토록 어려운지를 설명해 준다. 피질과 편도체 연결의 이러한 불균형 때문에 정신분석 치료과정은 상당히 길어질 수밖에 없다.

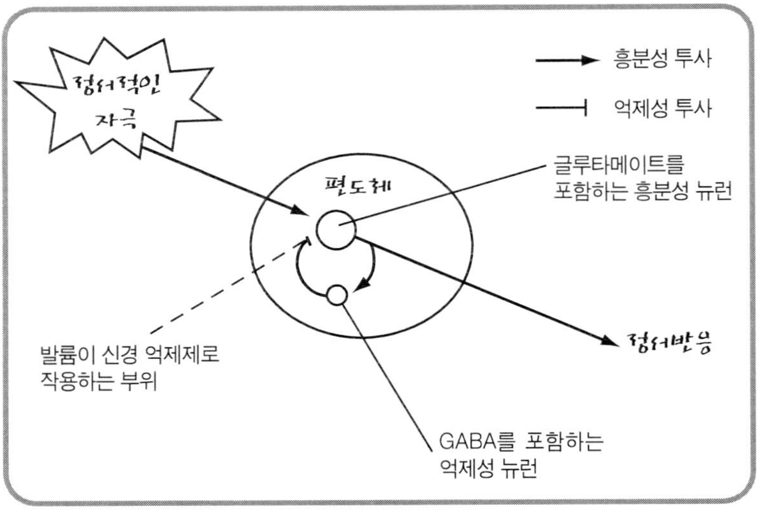

[그림 8-4] 발륨의 항불안 기제

발륨과 다른 항불안 약물들은 흥분성 신호전달을 막는 억제성 뉴런들의 영향력을 증가시킨다. 발륨이 우리 몸속으로 들어가면 편도체의 GABA성 억제 뉴런의 활동으로 인해서 외부의 정서적 자극(혹은 내부의 정서적 생각)에 덜 반응하게 된다.

기억에 대해 감사해야 하나(원망해야 하나)?

위험과 연합된 자극에 대한 기억을 빠르게 형성하는 능력, 그런 기억들을 오랫동안(어쩌면 영원히) 유지하고 비슷한 상황이 미래에 일어났을 때 자동적으로 대처하는 능력은 뇌의 가장 강력하고 효과적인 기능들 중의 하나이다. 그러나 이렇게 대단한 능력을 보유하기 위해 우리가 지불하는 비용도 만만치 않다. 우리는 느끼지 않아도 될 공포와 불안을 때때로 어쩌면 너무 자주 발달시킨다. 높이나 엘리베이터, 어떤 음식들, 비행기를 타는 것과 같이 특정 여행수단을 사용하는 것 등을 두려워하는 것이 뭐가 그렇게 유용할까? 물론 이 대상들은 어느 정도 위험을 내포하고 있지만 실제로 위험을 발생시킬 확률은 보통 무시할 수 있을 정도로 작다. 우리는 우리가 필요로 하는 것보다 더 많은 공포를 느낀다. 우리가 가진 터무니없이 효율적인 공포조건화 시스템은 공포를 의식적으로 떠올려 생각할 수 있는 능력과 그에 반해 일단 떠오른 공포를 마음대로 통제하지 못하는 무능력을 고려할 때 치명적인 결점을 지닌 시스템처럼 보인다. 그렇지만 다음 장에서 살펴볼 것처럼 우리의 뇌는 진화를 통해 이러한 불균형이 해결될 것이라는 희망을 가져도 좋을 듯하다.

CHAPTER 8 | 주

1) where the wild things are. 모리스 센닥이라는 작가가 만든 기괴한 괴물들이 등장하는 동화책 제목이다. 여기서 야수는 공포에 대한 비유로 쓰였다. 역주
2) Psychosis. Neurosis 보다 훨씬 중증의 정신장애이다. 역주

3) 프로이트는 우울경향(dysthymia)과 신체형질환(somatoform disorder)을 모두 불안증으로 구분하였다. 하지만 DSM-IV는 우울경향을 기분장애(mood disorder) 중 우울질환(depressive illness)의 하나로 분류하고 신체형질환은 따로 분리된 범주로 넣는다.

4) 브로이어에 의해 치료된 여성이다. 팔의 마비, 물을 마시지 못할 정도의 공포 등 다양한 신경증적 증상을 보였으나 최면하에서 그 증상들과 관련된 억압된 경험(예를 들어, 우연히 어떤 사람이 개가 마시고 난 컵에 든 물을 마시는 것을 보고 심한 혐오를 느낀 적이 있다든지 하는)을 말해 버린 뒤로 극적인 호전을 보였고 이 경험은 젊은 프로이트에게 깊은 인상을 주었다. 역주

5) 안나 O.의 경우처럼 정신적인 문제로 인해 신체적인 증상이 나타나는 경우를 일컫는 그 당시의 용어이다. 요즘의 분류로는 전환장애(conversion disorder)이다. 역주

6) 여기서 중요한 것은 해마 손상이 순행성 기억손상뿐 아니라 역행성 기억 손상을 일으키기도 한다는 사실이다. 이 사실이 특히 중요한 이유는 스테로이드 호르몬이 효과를 나타내기까지는 시간이 소요된다는 점이다. 해마는 외상적 사건이 일어난 직후 기억 형성의 초기 단계에 관여할 것이고 스테로이드가 효과를 나타내는 것은 시간이 어느 정도 경과한 후일 것이다. 일단 해마가 방해 받으면 이 효과는 이미 형성되어 응고되기 시작한 기억에까지 역행적으로 영향을 미칠 것이다.

7) 일반적인 불안증이나 강박신경증(obsessive compulsive disorder)에 대해서는 여기서 언급하지 않으려 한다. 일반적인 불안증에 관해서는 Gray(1982)를, Gray의 이론이 편도체를 포함하지 않는다는 비판에 관해서는 LeDoux(1993)을 보라. 한 가지 덧붙이자면 Neil McNaughton과 Gray가 새로 내놓을 『불안의 신경심리학』 책에서는 불안에 관한 편도체의 역할이 좀 더 많이 기술될 예정이다.

8) 가장 흔히 사용되는 항불안제 중 하나이다. Valium은 브랜드 이름이고 공식적인 성분명은 diazepam.

09 한 번 더, 감정을 넣어서

"사람들은 자신의 행동을 의식할 수 있다고 여기기에 자신이 자유롭다고 한다.
하지만 사실 그들은 그 행동을 유발하는 무의식적인 원인은 의식하지 못하고 있다."

- 스피노자(Baruch Spinoza)의 '윤리론' 중에서

"우주는 얼마나 작은가…
한 인간의 의식이나 기억 체계에 비해 얼마나 작고 보잘 것 없는가…."

- 나보코프(Vladimir Nabokov)의 '말하기, 기억' 중에서

지금까지 내가 묘사한 정서의 본질은 주로 자동성에 관한 것이다. 나는 우리의 뇌가 중요한 상황들에서 미리 결정된 특정한 방식으로 반응하도록 진화하였음을 보여 주려고 하였다. 상황의 중요성은 진화에 의해, 혹은 과거 경험을 토대로 하는 기억들에 의해 결정된다. 어떤 경우든지 중요한 자극에 대한 반응은 자동적이고, 자극에 대한 의식적인 자각이나 반응에 대한 제어 능력을 필요로 하지 않는다.

독자들은 이 상황이 신체적인 반사 작용에만 적합할 뿐, 정서의 본질에는 해당되지 않는다고 생각할지 모르겠다. 반응들은 단지 정서가 일어날 때 생기는 부차적인 작용에 불과하고, 정서 그 자체는 뭔가 다른, 더 대단한 것이라고 생각할 수도 있다. 대부분의 사람들이 알고 있는 정서란 주관적인 경험, 의식의 영역으로 침범한 열정, 즉 의식적인 감정이기 때문이다.

지금까지 대부분의 논의를 의식 밖에서 작용하는 정서의 원리를 설명하는 데에 할애했다. 이제는 정서와 의식 간의 관계를 설명하겠다. 즉, 다시 한 번 정서에 관해 이야기해 보되 이번에는 의식적인 감정을 함께 포함시켜 생각해 보기로 하겠다.[1]

간단한 아이디어

의식적으로 인식할 수 있는 정서적 경험에 대한 나의 생각은 매우 간단하다. 주관적인 정서적 경험은 뇌 정서 체계의 활성화를 인식함으로써 비롯된다는 것이다. 예를 들어, 두려움을 느낀다는 것은 방어체계의 활성화에 대한 인식이다. 이런 관계가 성립하기 위해서는 두 가지 요건이 필요하다. 하나는 방어체계이고 하나는 그 체계의 활성화에 대한 의식적인 인식 능력이다. 이 패러다임의 장점은 일단 의식을 이해하면 주관적인 정서적 경험도 이해할 수 있다는 것이다. 단점은 그러기 위해서는 의식을 이해해야만 한다는 것이다.

나의 관점에 따르면 정서적 경험의 문제는 정서의 문제가 아니다. 대신에 이것은 어떻게 의식적인 경험이 일어나는가에 관한 문제이다. 그러나 정서에 대한 과학적인 연구의 대부분은 의식적인 정서적 경험들을 대상으로 해 왔기 때문에, 정서를 연구하는 과학자들은 정신-육체 문제(mind-body problem)를 해결할 때까지 정서를 이해할 수 없는 처지가 되어 버렸다. 정신-육체 문제는 어떻게 뇌로부터 의식이 창조되는지에 관한 아마도 인류가 해결해야 할 가장 어려운 문제일 것이다.

문제가 이런 식으로 발전하게 된 것은 현대 심리학의 창시자인 제임스가 제안한 그 유명한, 곰에 대한 비유로부터 비롯된다. 그는 왜 사람이 곰을 보면 도망가는가에 대한 질문(정서에서의 '자극에서 반응'으로의 문제)에서 시작해서, 왜 사람은 곰을 보면 두려움을 느끼는가에 대한 질문('자극에서 감정'으로의 문제)에 이르렀다. 이후 정서에 대한 연구는 의식적인 감정이 어디서 비롯되는지에 대해 초점을 맞춘다.

심리학의 모든 분야는 의식과 관련되어 있다. 예를 들어, 지각과 기억도 의식적 경험을 일부로 삼는다. 사과를 지각한다는 것은 사과가 존재한다는 것을 의식적으로 인식하고 있다는 것을 의미하고, 사과를 기억한다는 것은 사과의 특징 중 어떤 것 하나를 인식한다는 것을 뜻한다. 지각, 기억, 정서과정 동안 발생하는 의식의 내용을 과학적으로 연구하는 데에는 많은 어려움이 따르기 때문에 행동주의 이론이 생긴 것이다. 그리고 인지주의가 행동주의의 대체사상으로써 성공할 수 있었던 가장 큰 이유는 무의식적 과정들로 마음을 설명하는 것이 가능했고, 따라서 의식의 내용이 어떻게 생성되는가라는 어려운 질문을 피할 수 있었다는 점이었다. 그러나 인지과학자들이 인지주의혁명에서 정서를 제외시키면서, 인간 정신을 의식의 내용이 아닌 무의식적 과정들로 보는 관점을 정서연구에 적용시킬 기회를 놓쳐 버리고 말았다. 결과적으로 정서에 대해 학자들은 주관적인 느낌이 어디서 나오는지에 대한 연구에 아직도 매달려 있고, 이러한 의식적 작용들을 만들어 내는 무의식적 작용에 대해서는 아직 부진한 상태이다.

정서를 의식 세계로 가끔 솟아오르는 무의식적 작용으로 이해함으로써 정서연구자들이 짊어지고 있는 정신-육체 문제의 부담을 덜 수 있고 그들 본연의 임무, 즉 뇌가 어떻게 무의식적인 정서 처리에 관여하는지를 밝혀내는가에 좀 더 집중할 수 있도록 해 줄 것이다. 그리고 의식적 정서경험이 어떻게 생성되는지에 관해서도 불완전하게나마 추측해 볼 수 있다. 다른 의식적 경험이 일어나는 과정이 그러하듯이 정서경험 역시 이를 지원하는 시스템들의 활동을 의식적으로 표상화하는 과정에 의해 생성될 것이다.[2] 이러한 의식적 표상이 어떻게 나타나는가의 문제는 아직 완전히 설명되어 있지는 않지만 최근의 연구 결과들이 중요한 단서들을 제공하고 있다.

짤막한 기억

의식에 대한 이론들은 무수히 많다. 아직까지 특정 이론이 정설로 채택되지는 않았지만 한 가지 보편적인 시각은 의식이 작업기억(working memory)과 관련되어 있다는 것이다.

여기서 간단한 실험을 해 보겠다. 783445라는 숫자를 기억하라. 눈을 감고 99에서 91까지 홀수만 센 다음, 다시 위 숫자를 상기해 보라.

아마 못할 것이다. 우리는 제한된 기억력으로 사고하기 때문이다. 이 실험에서 제한된 기억력으로 홀수만 세는 뺄셈 계산을 하면서, 처음 기억했던 숫자가 밀려 나가게 된 것이다. 작업용 공간 같은 이 제한된 기억력을 작업기억이라고 한다. 즉, 작업기억은 동시에 몇 가지 개별적 정보를 머릿속에 임시로 저장할 수 있게 해 주는 장치이며 정보들을 비교하고 대조하거나 서로 관련짓는 작업을 할 수 있도록 해 준다.

작업기억을 흔히 단기기억이라고 부르기도 한다. 하지만 작업기억이라는 용어는 단순히 정보의 임시저장장치가 아닌 사고와 논리에 필수적인 능동적인 제어 장치이기도 하다.

1970년대 초반 배들리(Baddeley, A.)에 의해 작업기억이론에 대한 초석이 마련되었다. 당시 통설은 유명한 인지학자 밀러(Miller, G.)가 내세운 것으로, 단기기억은 일곱 가지 정보 이상을 기억하기 어렵다는 것이었다. 배들리는 이를 토대로 여섯 가지 정보를 기억하면서 다른 작업을 수행해야 하는 실험을 설계했다. 만약 여섯 가지 정보를 기억하고 있다면 단기기억의 대부분이 쓰이고 있으므로, 임시로 기억을 저장하는 일이 필요한 작업 수행에 큰 장애를 겪을 것이라는 게 그의 가설이었다. 실험대상자들은 여섯 숫자를 큰 소리로 말하고 동시에 여러 문장까지 읽으면서, 문장의 내용이 참인지 거짓인지에 따라 버튼을 눌러야 했다. 하지만 결과는 예상 외였다. 독해력의 저하가 존재하기는 했으나 실험대상자들의 성적은 놀라울 정도로 기대 이상이었던 것이다.

배들리는 이 실험을 토대로 단기기억의 개념을 수정했다. 단기기억을 조금 더 복잡한 작업기억으로 대체한 것이다. 작업기억은 한 개의 일반적인 임시정보저장체제와 여러 개의 전문화된 임시정보저장체제를 갖추고 있는데, 전자는 모든 사고에 사용되고 후자는 특수하게 분화된 정보를 저장할 필요가 있을 때만 쓰인다고 주장하였다.

많은 기억연구자들은 컴퓨터 용어를 차용하여, 임시정보저장체제를 버퍼(buffer)라고 부른다. 여러 가지 버퍼가 존재한다는 것이 오늘날의 통설이다. 예를 들어, 각각의 감각체계마다 여러 개의 버퍼가 존재할 수 있다. 감각체계들은 지금 보고 듣는 것과 방금 전의 순간에 보고 들었던 것을 비교함으로써 지각이 원활히 이루어지도록 돕는다. 언어와 관련된 버퍼도 존재할 수 있다(예를 들어, 한 문장 전체를 제대로 이해하려면 문장의 뒷부분을 읽을 때 앞부분을 기억하고 있어야 한다). 분화된 기억 버퍼들은 서로 독립적으로 작용한다.

일반적인 임시정보체제는 특성화된 버퍼들로부터의 정보를 임시로 보관하는 작업공간과 정보들의 처리와 관련된 집행기능(executive functions)들로 이루어져 있다. 집행기능은 어느 버퍼를 언제 사용해야 하는 것인지의 문제, 작업공간들 사이에서 정보를 주고받는 등 작업기억의 원활한 활동을 위한 상호조율을 담당한다.

작업공간 안에 담을 수 있는 정보의 수는 제한되어 있어도 정보의 종류는 다양하다. 이런 이유로 서로 다른 여러 가지 정보들을 머릿속에서 일관된 경험으로 연합시킬 수 있다(어떤 대상의 모습, 소리와 냄새 등의 복합적 정보는 그 대상의 이름과 작업기억에서 연합된다). 또한 밀러가 '청킹(chunking)' 이라고 이름 붙인 인지책략으로 인해, 작업기억 용량의 한계점은 극복될 수 있다. 7이라는 숫자는 어떤 종류의 정보에도 해당한다. 그 정보는 문자나 숫자일 수도 혹은 아이디어의 가짓수일 수도 있다. 따라서 그 숫자가 한정되어 있더라도 실제로 7개의 정보가 암시하는 의미는 어마어마하다(7개의 나라 이름이 함축하는 정보의 양을 생각해 보라).

우리가 지금 생각하고 지금 신경 쓰고 있는 일이나 대상이 바로 작업기억의 내용이다. 그렇다고 작업기억이 지금 존재하고 있는 것들로만 구성되어 있는 것은 아니다. 과거의 경험과 지식도 작업기억의 일부이다. 한마디로 장기기억과도 관련되어 있다. 당신이 농구공을 바라보고 있다는 것을 자각하기 위해서는 농구공의 시각적 모양(검정색 줄이 쳐진 주황색의 공)이 표상되는 것만으로는 부족하다. 이 자극이 작업기억의 집행기능의 주의를 끌어야 한다. 다시 말해, 여러 가지의 감각 버퍼들 중에 작업기억의 집행기능이 선택적으로 집중하고 있는 버퍼는 바로 시각 버퍼라는 뜻이다. 나아가 이 패턴을 장기기억(비슷한 물체에 대한 객관적 사실 및 그 물체에 얽힌 과거 경험들)과도 대응시켜야만 비로소 시각적 자극을 농구공이라고 인지하게 된다. 반대로 장기기억은 다른 시스템들의 활동에 영향을 미치기도 한다. 일단 농구공과 관련된 기억이 활성화되면 이 정보는 작업기억에 동원될 수 있고, 이제 분화된 작업기억의 수행은 농구공과 관련된 정보들만을 수집하고 처리하도록 편향되게 된다. 기억이 감각에 영향을 주는 것을 하향식 정보처리(top-down processing)라고 하고, 반대로 감각정보들을 처리해서 통합된 지각을 만드는 것을 상향식 정보처리(bottom-up processing)라고 한다.

즉, 작업기억은 상향식 정보처리와 하향식 정보처리의 중간매개 역할을 하는 셈이고, 이는 곧 고차원적 사고와 논리적 추론을 가능하게 한다. 권위 있는 인지과학자 코슬린(Kosslyn, S.)은 이렇게 말했다.

> 작업기억이란… 결국 장기기억에서 활성화된 기억들과 단기기억에 저장된 정보, 그리고 결정 과정들로 이루어져 있다. 결정 과정이란 장기기억에서 어떤 정보가 활성화될 것인지 그리고 이렇게 활성화된 정보가 여러 가지의 단기기억 중 어디에 보관될 것인지를 결정한다. 이와 같은 시스템으로 인해 산수, 읽기나 문제 해결과 같은 행위가 가능

하다. 이런 모든 활동을 위해서는 임시저장창고만 필요한 것이 아니라, 임시로 저장된 소량의 정보와 이미 저장된 다량의 정보 사이의 상호작용이 필요하다.

뇌에서의 '여기'와 '지금'

그렇다면 과연 뇌 속에서 작업기억이 어떻게 작동하는가? 처음으로 이 문제를 과학적으로 다룬 실험은 제이콥슨(Jacobsen, C. F.)이 원숭이를 대상으로 한 지연반응과제(delayed response task)라는 실험이었다. 원숭이들은 의자에 앉아서, 실험자가 건포도를 두 물체 중 하나의 밑에 놓는 과정을 지켜본다. 그리고 나서 커튼을 내리고 일정 시간(지

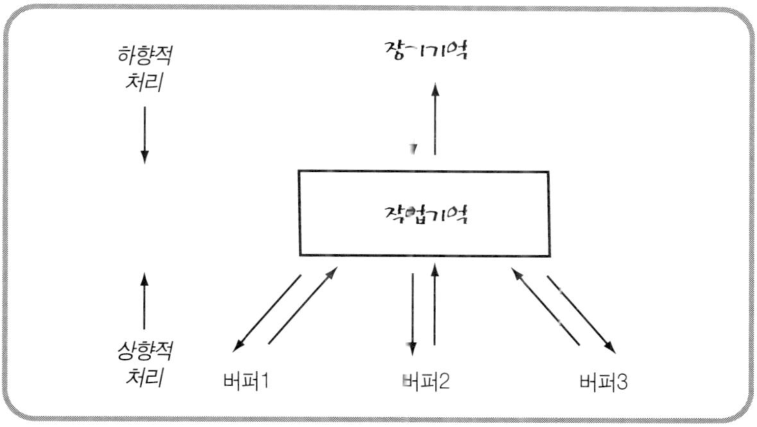

[그림 9-1] 전문화된 단기버퍼들, 장기 외현기억, 작업기억 간의 관계

감각적, 공간적, 언어적 자극과 같이 각각 다른 전문화된 시스템에서 처리되는 자극들이 단기버퍼들에 동시에 저장된다. 이런 여러 가지 버퍼들이 작업기억에 정보를 보낼 수 있으나 작업기억은 보통 한 번에 한 가지 버퍼의 정보를 가지고 작업할 때 가장 효율적이다. 작업기억은 단기버퍼로부터 받은 입력정보와 장기기억에서 인출된 정보를 통합한다.

연)이 지난 다음, 원숭이에게 건포도가 어디 있었는지를 기억하게 한다. 여기서는 어느 물체 밑이라기보다 건포도가 왼쪽과 오른쪽 중 어디에 있는지를 기억하는 것이 중요하다. 이때 원숭이의 머릿속에서 활성화되는 것은 건포도의 위치를 기억하는 공간 기억이다. 쉽게 예측할 수 있듯이 커튼이 내려가 있는 시간이 짧을 경우 원숭이들의 수행능력은 높았지만 시간이 길어질수록 떨어졌다. 하지만 전전두피질에 손상을 입은 원숭이들은 커튼의 시간과 무관하게 기억력이 형편없었다. 이 실험과 다른 후속 실험들을 바탕으로, 전전두피질이 임시기억과정인 작업기억과 관련 있다는 주장들이 제기되기 시작했다.

우리는 바로 전 장에서 내측(medial) 전전두피질과 정서기억 소거 간의 관계를 살펴보았다. 작업기억에서 가장 많이 언급되는 영역은 외측 전전두피질이다. 영장류만이 외측 전전두피질을 가지고 있고 다른 영장류보다도 인간에게 가장 발달되어 있다. 그러므로 가장 고차원적인 인지 활동이 이 영역과 관련되어 있다는 것은 그리 놀랄 만한 일이 아니다.

최근 캘리포니아 대학의 퍼스터(Fuster, J.)와 예일대학의 골드만-라키쉬(Goldman-Rakic, P. S.)가 외측 전전두피질과 작업기억의 연관성에 대한 많은 연구를 진행하였다. 두 연구자 모두 지연 반응 과제와 비슷한 실험을 하면서, 외측 전전두피질 세포들의 활동을 관측했고 지연시기 때 세포들이 가장 활발하다는 사실을 발견했다. 이 세포들은 지연시기 동안 정보를 임시로 저장하는 과정에 능동적으로 관여할 가능성이 높다.

외측 전전두피질과 작업기억의 관계에 대한 연구는 아직까지도 진행 중이다. 현재까지 외측 전전두피질이 작업기억의 집행기능 혹은 일반적인 용도와 관련된 기능을 담당한다는 증거들이 많이 축적되어 있다. 예를 들어, 이 부위에 대한 손상은 제시되는 자극의 종류에 무관하게 작업기억을 방해한다. 또한 여러 가지 종류의 작업기억 과제에 외측 전전두피질이 공통으로 활성화된다는 사실도 뇌 영상 실험을 통해 밝혀졌다. 최근 한 실험에서 실험대상자들에게 언어과제와 시각과제를 한 번에 하나씩 혹은 한꺼번에 하도록 요구하였다. 두 작업을 동시에 할 때, 외측 전전두피질이 활성화되는 것을 관찰할 수 있었으나 각각 따로 할 때에는 그러지 못했다. 이러한 결과는 작업을 동시에 할 때 필요한 집행기능이 외측 전전두피질에서 비롯됨을 시사한다.

뇌의 위치로 보았을 때에도 외측 전전두피질은 작업기억의 기능을 수행하기에 이상적인 곳에 위치한다. 시각이나 청각과 같은 감각 기관들과 연결되어 있고, 공간이나 언어기억과 관련된 신피질 시스템과도 가깝고, 해마 및 기타 장기기억와 관련된 피질 영역들과도 가깝다. 또한 운동 통제를 담당하는 피질 영역들과 연결되어 있어, 집행 기능에 의해 내려진 결정을 행동에 옮기는 것도 용이하다. 최근 연구 결과로 외측 전전두피질이 이런 부위들과 어떻게 의사소통 하는지 알게 되었는데, 이 중에서도 가장 성과 있는 연구는 시각피질에서 임시저장버퍼들 간의 상호작용에 관한 것들이다.

피질의 시각정보처리는 후두엽에 위치한 일차시각영역(primary visual area)에서 시작된다. 이 부위는 시상에서 들어오는 시각 신호를 처리하고, 다른 피질 영역으로 처리한 정보를 재분배한다. 시각 시스템은 매우 복잡하지만, 시각처리에 관한 두 가지 뇌 회로에 대해서는 비교적 많이 알려져 있다. 고차시각정보처리는 자극이 '무엇'인가를 처리하는 회로와 자극이 '어디' 있는지를 판단하는 회로로 기능적으로 분리되어 있다. 자극의 '무엇'이 대한 정보는 일차시각피질에서 측두엽으로 흐르는 회로를 따르며, '어디'에 대한 정보는 일차시각피질에서 두정엽으로 흐르게 된다.

골드만-라키쉬과 그의 연구원들은 두정엽에 있는 '어디' 뇌 회로의 활동을 관찰하기로 했다. 외측 전전두피질에서처럼 세포들이 지연기간 동안 활성화되는 것을 보고, 두정엽에서 시각 자극의 공간적 정보를 저장한다는 사실을 알게 됐다. 두정엽과 전두엽 부위는 해부학적으로 연결되어 있다. 두정엽은 전전두피질로 전전두피질은 다시 두정엽으로 신경 섬유를 투사하고 있다. 이는 작업기억에 공간적 정보를 임시저장하기 위해서 두정엽 시각 영역과 외측 전전두피질이 서로 협동한다는 것을 의미한다. 이와 유사하게 데시몬(Desimone, R.)은 어떤 물체를 최근에 봤는지의 여부를 재인하는 실험을 통해, 측두엽의 시각 영역('무엇' 회로)과 외측 전전두피질이 상호작용한다는 근거를 발견하였다.

작업기억에서 시각정보의 관리는 시각피질의 전문화된 영역들과 외측 전전두피질의 상호작용에 의해 결정되는 것으로 보인다.[3] 전문화된 영역들은 전전두피질에게 '무엇'이 '어디' 있는지를 알려 주고(상향식 정보처리), 전전두피질은 시각계가 어느 물체와 그 위치에 주의를 집중해야 할 것인지에 대한 명령을 내린다(하향식 정보처리). 지금까지 보아 왔듯이 감각계에 대한 이런 하향식 처리는 작업기억의 집행적 통제기능이 가지는 중요한 요소라고 여겨지고 있다.

골드만-라키쉬와 그의 연구원들의 최근 연구 결과는 일반 용도의 작업기억 처리자로서 전전두피질의 역할에 대해 의문점을 던져 주었다. 예를 들어, 외측 전전두피질의 몇몇 영역은 시각 자극이 '무엇'인지를 판단하는 작업기억 과제에는 참여하지만 자극이 '어디' 위치하는지에는 참여하지 않는다는 것을 발견하였다. 이는 전전두피질의 다른 영역들이 다른 종류의 작업기억 과제에 대하여 전문화되어 있음을

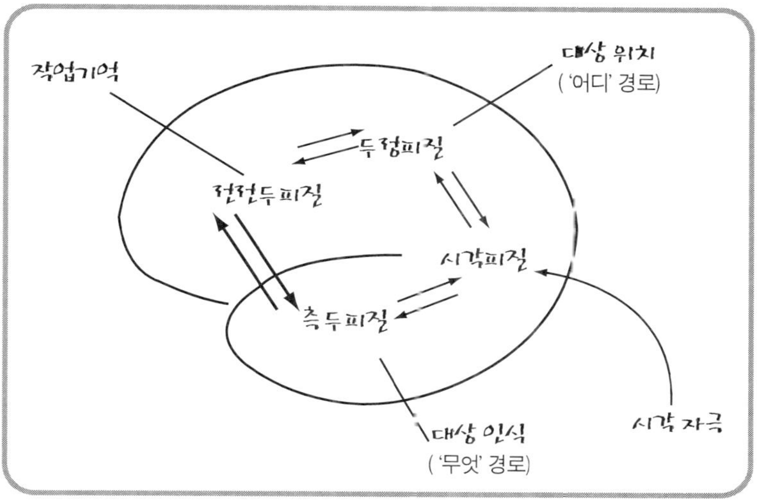

[그림 9-2] '무엇'과 '어디'와 관련된 시각 경로와 작업기억 간의 관계

신피질이 받은 시각정보는 시각과 관련된 전문화된 기능들을 수행하는 여러 피질 지역들로 재분배된다. 여기서 가장 많이 연구된 기능들은 대상재인('무엇' 경로가 중재하는)과 대상위치('어디' 경로가 중재하는)이다. 이 전문화된 시각 경로들이 작업기억에서 중요한 역할을 하는 전전두피질로 가는 입력을 제공한다. 이 전문화된 시스템들은 또한 역으로 전전두피질로부터 피드백 정보를 받아들이는데, 이는 작업기억의 내용이 후속 감각입력 정보들의 처리에 영향을 미침을 의미한다. 왼쪽으로 가는 화살표들은 상향식 정보처리를 의미하고 오른쪽으로 가는 화살표들은 하향식 정보처리를 의미한다.

시사한다. 물론 이 결과는 전전두피질이 작업기억과 관련된 과제들을 분담해서 처리하는 경우가 있다는 것으로 해석할 수도 있지만, 일반 용도를 위한 하나의 작업공간과 여러 가지의 분화된 단기기억을 조정하는 다수의 집행기능이 존재할 가능성을 완전히 부인하지는 못한다. 이 실험 과제 자체가 작업공간의 종류와 범위를 시험하도록 설계되지 않았기 때문이다. 하지만 좀 더 어려운 과제를 제시하고 뇌 영상화 기법으로 연구한 사례들을 살펴보면, 외측 전전두피질에 있는 뇌세포들은 일반 용도의 작업기억 네트워크의 일부분임을 시사해 준다. 한편으로는 골드만-라키쉬의 연구가 시사하듯이, 작업기억의 일반적인 면은 외측 전전두피질의 한 군데에 한정되어 있지 않고, 여러 지역에 걸쳐 분포되어 있을 가능성이 있다. 이런 가설에 대한 근거는 외측 전전두피질의 전문화된 영역들이 여러 가지 작업기억 과제에 참여한다는 사실이다.

일반 용도의 작업기억 기능들이 외측 전전두피질에 국한되어 있지 않다는 근거도 존재한다. 기능적 뇌 영상법(fMRI)을 이용한 연구에서 전두엽의 다른 부분인 전측 대상피질(anterior cingulate cortex)도 작업기억과 관련된 인지적 작업을 이행할 때 활성화됨이 밝혀졌다. 외측 전전두피질처럼 전측 대상피질은 전문화된 감각버퍼들로부터 신호를 받으며, 외측 전전두피질과 해부학적으로 연결되어 있다. 또한 두 부분 모두 선택적 주의, 정신적 자원 배분, 의사결정 과정, 수의적 행동 조절과 관련된 인지 체계인 전두엽의 주의 네트워크(attentional network)의 일부분이다. 즉, 일반 용도의 작업기억은 외측 전전두피질과 전측 대상피질에 있는 뇌 세포들의 협동으로 이루어진다는 추측이 가능하다. 4장에서 보았듯이 대상피질이 영혼(인식)의 자리라고 생각되었던 때가 있었다. 대상피질 영역이 작업기억에 기여하는 바를 보여 주는 최근 연구를 감안한다면 이 아이디어가 틀린 것만은 아니다.

또 다른 중요한 연구대상은 안와영역(orbital region)으로 전두엽 양쪽 옆 아래에 위치하고 있다. 이 부위에 손상을 입은 동물들의 경우 판단력이 저하되고 보상정보에 대한 단기기억이 방해를 받는다. 이 영역의 세포들은 자극이 보상이나 처벌과 관련 있는지에 따라 민감하게 반응한다. 안와전두피질(orbitofrontal cortex)이 손상당한 사람들은 사회적, 정서적 신호에 무감각해지고 반사회적 행위를 나타낸다. 이 부위는 임시 버퍼들을 포함하는 여러 가지 감각처리 시스템들로부터 정보를 받고, 편도체나 전측 대상피질과 긴밀하게 연결을 이룬다. 안와피질은 편도체에서 처리된 정서를 작업기억으로 보내어, 신피질의 감각지역에서 온 정보들과 연결을 맺도록 도와준다. 여기에 대해서는 차후에 더 논의하도록 하겠다.

작업기억과 그 뇌신경학적 기반에 대해서는 더 많은 연구가 필요하다. 아직까지 임시작업공간과 집행기능이 실질적으로 전두엽에 위치하고 있는지 확실하지 않다. 또한 전전두피질의 역할이 무언가를 저장하는 것이 아니라, 다른 부위의 활동을 감독하면서 어떤 활동들은 의식적인 인식의 범주까지 다가오도록 하고 다른 활동들은 인식의 범주 아래로 억제하는 기능을 수행하는 것일 수도 있다. 이 어렵고 중요한 수수께끼를 풀기 위해서는 아직도 갈 길이 멀지만, 많은 연구자들의 노력으로 상당한 진보가 이루어진 것이 사실이다.

인식의 기반

극작가 윌리엄스(Williams, T.)는 '인생은 기억이고, 기억이 아닌 것은 지나가는 것을 지각할 수 없을 정도로 빨리 지나가는 현재일 뿐' 이라고 말했다. 하지만 현재에 대한 인식도 기억에 얼마나 의지하는지 윌리엄스는 몰랐을 것이다. 우리가 현재에 대해 아는 것은 작업기억 안에 있는 것이다. 작업기억은 '지금 이 순간 여기서' 라는 자각이 실제로 '지금 이 순간' 에 일어나고 있으며 그 장소는 바로 '여기' 라는 사실을 알게 해 준다. 고로 많은 현대 인지학자들은 의식을 작업기억에 들어 있는 내용에 대한 인식이라고 정의한다.

코슬린(Kosslyn, S.)은 무엇을 인식하기 위해서는 그 무엇인가가 작

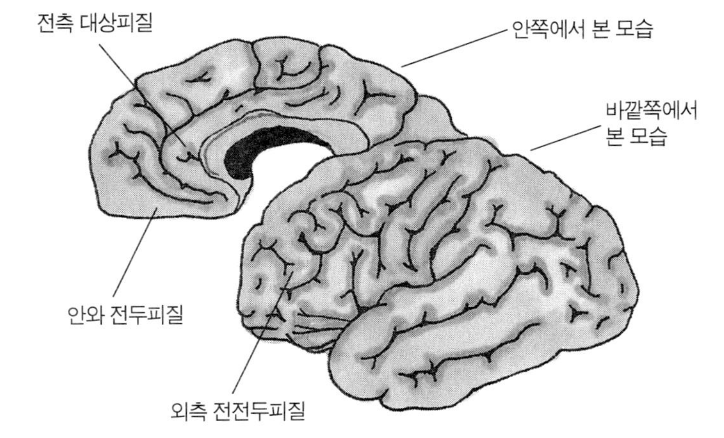

[그림 9-3] 작업기억에 관련된 전두엽 부위들

작업기억에 관련될 것이라고 추측되는 전두엽의 부위들은 외측 전전두피질, 그리고 안와전두피질과 전측 대상피질이다.

업기억 안에 있어야 한다고 말했다. 킬스트롬(Kihlstrom, J.)은 어떤 사건에 대한 정신적 표상과 인식 주체자의 '자아'에 대한 정신적 표상이 서로 연결될 때 그 사건에 대해 의식적으로 자각하는 것이 가능하다고 주장했다. 킬스트롬에 따르면 이렇게 통합된 표상들은 작업기억 내에 머물게 된다. 존슨-레어드는 작업기억의 내용 자체가 그 순간 인식하고 있는 내용이라고 말한다. 바스(Baars, B.)는 의식에 관한 인지적 이론(A Cognitive Theory of Consciousness)라는 유명한 저서에서 "의식이란 순간적인 작업기억의 일종이다." 라고 정의하고 있다. 그리고 많은 현대의 이론가들은 집중된 주의가 바로 의식이라는 주장에 동의하며, 작업기억이론에서 언급하는 집행적 혹은 관리적 기능을 통해 집중된 주의가 가능하다.

사고의 의식적 그리고 무의식적 양상을 병렬적인 혹은 직렬적인 기능들로 설명할 때가 있다. 의식은 직렬적으로 사고하는 경향이 있고, 여러 가지 시스템으로 구성된 무의식은 대략 병렬적으로 작동한다는 것이다. 어떤 인지과학자들은 의식이 병렬로 작동하는 특성화된 처리장치들보다 높은, 즉 인지 서열의 꼭대기에서 작동하는 제한된 용량을 가진 직렬제어장치라고 추측한다(코슬린과 데넷과 같은 인지과학자들은 의식을 가상직렬처리장치로 묘사했다. 즉, 직렬처리장치를 흉내내는 병렬처리장치인 셈이다). 직렬처리장치들은 상징들을 조정함으로써 표상을 만들고, 우리는 상징적으로 표상된 정보들만을 의식하게 된다. 존슨-레어드는 이렇게 말했다. "의식이 최상위에 있는 한 의식의 명령들은 분명한 상징적 표시들로 목표를 나타낼 수 있다. 예를 들어, 일어나서 걸어가라고 할 때 근육들을 어떻게 수축하는지에 관한 세부적인 지시를 내릴 필요가 없다. 이런 세세한 명령들은 하위처리장치들이 담당하게 된다. 의식은 하위장치들이 처리한 결과를 고차원적이고 상징적인 형태로 받는다." 즉, 이 때문에 우리가 처리의 결과를 인식할 수 있으나 처리하는 행위 자체는 인식하지 못하고, 근육의 미세한 움직임이 어떻게 통제되는지 모르면서도 행동을 생성해 낼 수 있는 것이다. 다시 말해서 의식처리장치는 상징 수준에서 작동하고 내성법으로 접근할 수 있는 부분이지만, 병렬처리장치들은 상징 수준 이하에서 작동하기 때문에 의식적으로 직접 접근할 수 없다. 그리고 모든 상징 수준 이하의 병렬통제장치들이 의식처리장치에 연결되어 있지는 않으므로, 의식적으로 접근하지 못하는 처리행위들이 존재하게 된다.

작업기억은 상징적 표상들을 만들고 다루는 제한된 용량을 가진 제어장치이다. 작업기억은 또한 다양한 종류의 전문화된 하위단계처리 절차들의 통합된 감시와 통제가 이루어지는 곳이다. 다시 말하면 작업기억은 의식을 가능하게 하는 체제의 중요한 일부분인 셈이다.

의식의 작업기억가설의 장점은 의식의 문제를 구체화시킬 수 있다는 것이다. 구체화를 위한 구체화는 가끔 오류의 위험을 초래하지만 여기서는 유용하게 쓰일 수 있다. 이 가설에서는 의식을 계산에 의해 정보를 처리하여 표상을 만들어 내는 시스템에 비유할 수 있다. 계산적인 접근을 취함으로써 의식은 심리학적으로만이 아닌 뇌신경학적으로도 접근할 수 있고 컴퓨터 시뮬레이션으로 모델링할 수도 있다.

그러나 의식이 계산적으로 이해될 수 있는지 여부는 아직 확실하지 않다. 존슨-레어드는 날씨에 대한 컴퓨터 시뮬레이션이 비나 햇빛과 같은 것이 아니라고 지적한다. 작업기억이론들은 의식을 내용보다는 처리절차로 취급한다. 그러한 이론들은 의식 경험에 이르게 되는 계산 기능을 설명하려 할 뿐, 그런 경험을 가진다고 하는 것이 어떤 느낌일지는 설명하지 못한다. 다시 말해서 인간의 마음이 작동하는 방식에 대한 일반적인 설명을 제공할 수는 있지만 특정 경험이 개개인에게 어떻게 받아들여지는지는 설명하지 못한다. 작업기억 내에서 표상이 어떻게 만들어지는지를 짐작하게 할 수는 있지만 그 표상을 느낀다는 것이 어떤 것인지를 깨닫게 하지는 않는다. 작업기억에서 의사결정과정이 어떻게 행동에 이르게 되는지를 예측하게 하지만 행동하기로 결정한다는 것이 어떤 느낌인지에 관한 정보는 제공하지 않는다. 작업기억이 의식의 중요하고 필수적인 요소인 것은 분명하다. 작업기억이 의식을 받쳐 주고 있는 기반이라고 이야기해도 과장은 아닐 것이다. 하지만 의식은, 특히 그 현상학적 혹은 주관적 측면은 현재 우리가 이해하고 있는 작업기억의 연산처리과정만으로는 설명하기 어렵다.

의식의 본질과 뇌세포의 집합에서 의식이 생기는 정확한 메커니즘을 이해하는 것은 중요한 과제이다. 뇌가 어떻게 작업기억을 조절하고, 의식이 작업기억 혹은 다른 뇌 시스템과 어떤 연관성을 가지는지는 아직 명확하게 밝혀지지 않은 문제이다. 하지만 이 문제는 정서연구자들의 영역이 아니고 정서를 이해하기 위해서 꼭 알아야만 하는 것도 아니다. 그들이 할 일은 정서적 정보가 작업기억에서 어떻게 표상되는지를 알아내는 것이다. 남은 과제들, 즉 작업기억의 내용이 어떻게 의식적인 경험이 되고 이런 주관적인 현상이 뇌에서 어떻게 발생하는가의 문제는 뇌과학자 모두의 과제이다. 정서연구자들은 의식의 문제에 많은 기여를 할 수 있지만 의식 문제는 그들의 영역이 아니다. 적어도 정서연구자들이 의식에 관한 연구를 주된 영역으로 삼아서는 안 된다. 반복해서 말하지만 지금껏 정서에 관한 연구는 정서적 의식 문제에 치우쳐 있었고, 정서의 본질적인 메커니즘에 대한 고찰이 소홀했던 경향이 있었다.

정서의 현주소

이쯤에서 내가 정서적 의식의 문제를 다른 데로 떠넘겨 버렸음을 인정해야 할 것 같다. 지금까지 정서적 느낌이 무엇인가 하는 문제를 작업기억 내에서 정서적 정보가 어떻게 표상되는가의 문제로 바꾸어 정의해 왔다. 이렇게 정의하는 것은 느낌이란 도대체 무엇인가 혹은 어떻게 느낌처럼 지극히 추상적인 개념이 뇌라는 물질적인 존재의 일부가 될 수 있는가라는 질문에 대해 별다른 도움을 주지 못한다. 다시 말해서 정신-육체 문제에는 큰 도움이 안 된다. 그러나 정신-육체 문제가 중요하다는 것은 연구할 가치가 있는 유일한 문제라는 뜻은 아니다. 또한 정신-육체 문제가 정서라는 정신상태가 왜 독특한지에 대해 설명해 줄 수 있는 것도 아니고, 왜 여러 가지 감정들이 다르게 느껴지는지를 설명해 주지도 못한다. 무엇이 잘못되어서 각종 정서장애들이 생기는지도 설명하지 못하고 그들을 치료하는 방법을 제공하지도 못한다. 정서가 무엇이고 어떻게 다양한 감정이 생성되는지를 알기 위해서는 특수하게 분화된 정서 시스템이 작동하는 방식과 이런 작동상태가 작업기억에서 어떻게 표상되는지를 이해해야 한다.

이러한 작업을 무모하다고 보는 사람들도 있을 것이다. 우리가 느끼는 감정은 인간의 가장 사적이고 비밀스러운 마음의 상태인데 작업기억이 의식을 이해하는 열쇠를 쥐고 있으리라는 가능성 정도에 의존해서 이를 이해하려는 것이 아닌가? 하지만 나의 의도는 작업기억이라는 기초적인 원리로서 감정을 설명하려는 것이다. 전문화된 정서 시스템이 의식을 담당하는 시스템에서 표상될 때 감정이 출현하게 된다면 이 '의식을 담당하는 시스템'을 작업기억으로 보자는 말이다. 이런 관점은 실제로 널리 받아들여지고 있다.

지금까지 우리는 여러 전문화된 정서 시스템 중의 하나인 방어체계에 대해서 집중적으로 상세하게 다루어 왔다. 이제 방어체계를 다시 예로 들어, 두려움을 담당하는 전문화된 정서 시스템의 활동이 어떻게 작업기억에서 표상되어 두려움이라는 정서를 유발하는지 알아보자.

의식적인 상황 평가에서 정서까지 숲 속에서 길을 걷다가 토끼를 발견한다. 토끼로부터 반사되는 빛이 눈 속으로 들어간다. 빛에 의한 물리적 신호는 시각시상을 거쳐 시각피질로 전해진다. 시각피질에서 토끼에 대한 감각적 표상이 생성되고 단기시각대상버퍼에 저장된다. 시각피질과 장기기억을 담당하는 피질 네트워크 간의 연결을 통해 토끼에 대한 장기기억이 활성화된다. 이렇게 활성화된 장기기억과 자극으로 활성화된 작업기억의 감각적 표상들이 통합되어, 지금 보고 있는 대상이 토끼라는 것을 인식할 수 있도록 한다.

길을 조금 더 걸어가다가 나무토막 옆에 또아리를 틀고 있는 뱀을 발견한다. 눈은 이 자극을 받아들인다. 토끼의 경우에서처럼 작업기억과 장기기억이 협동하여 뱀이라는 것을 인식하게 한다. 하지만 뱀의 경우에는 지금 바라보고 있는 동물에 대한 의식적인 자각에 더하여, 이 동물이 매우 위험할 수 있으며 따라서 지금 당신이 큰 위험에 처해 있다는 메시지가 장기기억으로부터 인출된다.

인지적 평가이론에 의하면, 위와 같은 과정을 통해 상황에 대한 평가를 내리고 그 과정만으로도 뱀을 보았을 때 느끼는 공포라는 감정을 설명하기에 충분하다. 토끼와 뱀을 봤을 때 느끼는 정서의 차이는 장기기억에 있는 뱀에 대한 정보가 위험성도 내포하고 있기 때문이라고 한다. 하지만 이런 인지적 표상이나 평가를 응용한 이론만으로는 어떻게 뱀을 목격하는 경험이 정서라는 완성된 경험을 불러일으키는지 설명할 수 없다. 3장에서 인용했던 데이비 크로켓의 아내를 향한 사랑을 표현한 문구를 기억하는가? "나의 사랑은 보일러를 날려 보낼 만큼 뜨거운 열정을 지닌다." 인지적 이론에는 폭발하는 보일러에 해당하는 그 무엇인가가 없다. 그렇다면 인지적 평가를 정서로 변환시키는 것은 무엇일까? 평범한 경험에 정서를 불어넣는 것은 무엇일까? 그 무엇이란 물론 진화에 의해 위험한 상황을 취급하도록 만들어진 시스템, 즉 편도체를 포함하는 회로이다.

대부분의 사람들이 뱀을 발견했을 때, 신체반응과 의식적 감정을 포함한 완전한 정서반응을 보이게 될 것이다. 완전한 정서반응은 뱀의 시각적 표상이 편도체를 활성화시킬 경우에만 일어날 것이고, 활성화된 편도체는 무수히 많은 다른 종류의 출력 회로들을 활성화시킬 것이다. 이러한 출력 회로들의 활성화가 바로 정서적 경험을 만들어 내는 것이다. 물론 대상이 토끼인 경우에는 그러한 출력 회로가 활성화될 이유가 없다(따라서 공포경험도 없다).[4)]

편도체 출력의 어떤 측면이 평범한 일상의 경험들에 정서라는 요소를 불어넣는가? 이 질문에 답하기 위해서는 편도체 출력이 어떤 결과들을 낳게 되는지 살펴볼 필요가 있다. 편도체 출력들이 바로 정서적 경험의 기본 요소인데, 이런 요소들이 작업기억 내에서 단기적인 감각표상뿐만 아니라 이들 감각표상에 의해 활성화된 장기기억과도 함께 어우러져 정서적 경험을 만든다고 볼 수 있다.

첫 번째 요소: 편도체가 피질에 끼치는 직접적인 영향 편도체는 여러 피질 영역에 영향을 끼친다. 사실 피질이 편도체에 미치는 영향보다 편도체가 피질에 미치는 영향이 더 크다(그림 9-4). 편도체는 자신에게 감각정보를 보내준 피질 영역으로 정보를 재투사한다. 뿐만 아니라 편도체는 신호를 받은 적이 없는 피질의 감각 영역에도 신호를 보낸다. 예를 들어, 시각 자극은 일차시각피질을 거쳐 제 2구역을 지난 다음, 측두엽에 있는 세 번째 피질 영역(시각 자극의 단기버퍼로 사용되는)으로 전달된다. 이 영역이 편도체로 투사되는 것이다. 하지만 편도체는 세 번째 영역뿐만 아니라 처음 두 개의 시각 영역에도 출력정보를 보낸다. 이렇게 편도체는 일단 활성화되면 자신에게 들어오는 시각 자극을 담당하는 부위들에 영향을 미칠 수가 있다(그림 9-4). 이러한 기능은 현재 편도체에 의해 중요도가 평가되고 있는 자극에 단기버퍼가 집중하도록 함으로써 정서적으로 중요한 자극에 주의를 집중시킬 수 있게 해 준다. 편도체는 또한 장기기억 네트워크와 많은 연

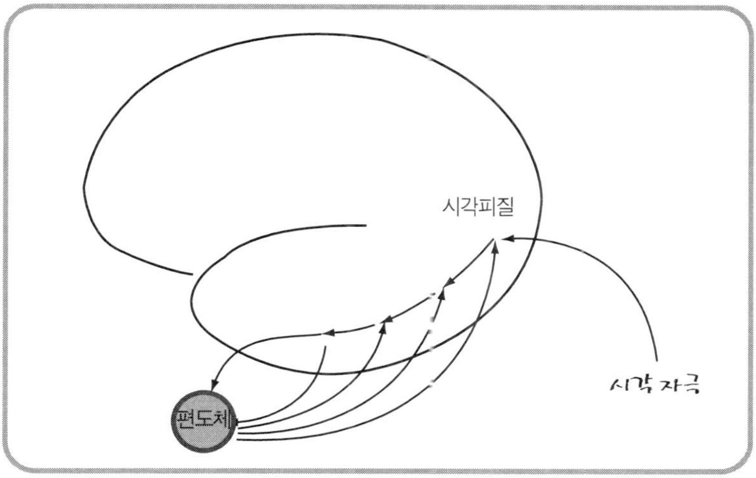

【그림 9-4】 편도체가 감각피질에 끼치는 영향이 감각피질이 편도체에 미치는 영향보다 크다
감각을 담당하는 피질 시스템의 마지막 단계에 있는 정보가 편도체로 입력된다. 편도체는 다시 피질로 재투사하는데 이때에는 마지막 단계만이 아니라 모든 단계에 영향을 미친다. 그림은 시각계를 예로 들었다.

결들을 가지고 있기 때문에, 장기기억과 관련된 해마 시스템이나 해마와 연결된 피질 지역과도 자주 소통한다. 즉, 편도체는 자극을 장기기억과도 연관시킬 수 있다는 것이다. 비록 외측 전전두피질과는 비교적 적은 수의 연결을 가지고 있지만 작업기억 집행기능과 관련된 또 다른 기관인 전측 대상피질과는 많은 연결을 가진다. 보상이나 처벌과 관련된 작업기억을 담당한다고 추측되는 안와전두피질과도 연결되어 있다. 이런 전문화된 기억 버퍼들, 장기기억 네트워크들 그리고 전두엽의 네트워크들과의 연결로 인해 편도체는 작업기억의 내용에 영향을 미칠 수 있다(그림 9-5). 이 시스템에는 중복된 연결이 많은 것처럼 보이는데, 이는 편도체의 활동을 의식적으로 자각할 수 있는 경로가 여러 가지 있음을 시사한다.

종합해 보자면 편도체는 피질과의 연결들을 통해 위험한 상황에서 주의, 지각, 기억에 영향을 미칠 수 있다. 하지만 이러한 연결들만으로는 정서적인 사건과 비정서적인 사건이 왜 다르게 느껴지는지 설명하지 못한다. 이 네트워크가 하는 일은 대상이 되는 자극이 좋은 것인지 나쁜 것인지에 관한 정보가 담긴 작업기억을 제공할 따름이며, 이러한 정보로 인해 느껴지는 감정을 만들기에는 부족하다. 이를 위해서는 뭔가 다른 연결들이 필요하다.

두 번째 요소: 편도체에 의해 촉발된 각성 편도체가 피질에 직접

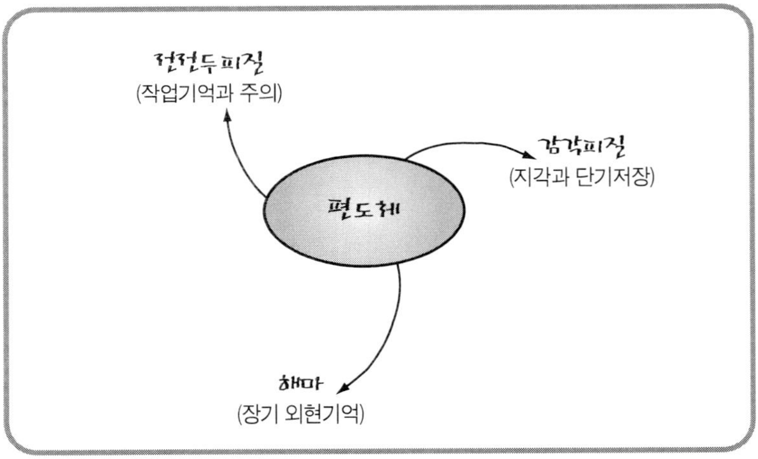

[그림 9-5] 편도체로부터의 출력정보와 그 기능들

편도체는 여러 피질 영역들로 출력정보를 보낸다. 편도체는 피질에서 일어나는 모든 단계의 감각처리과정으로 출력을 보내고(그림 9-4) 전전두피질, 해마 및 이와 관련 피질 영역으로도 출력을 보낸다. 이렇게 함으로써 편도체는 지각, 상상, 주의, 단기기억, 작업기억, 장기기억과 여러 가지 고차원적인 사고과정에도 영향력을 미친다.

적으로 미치는 영향 이외에도 간접적으로 영향을 끼칠 때가 있다. 뇌의 각성 시스템이 대표적인 예이다.

오랫동안 사람들은 깨어 있는 상태와 경계하고 있는 상태 사이의 차이 혹은 졸린 상태와 잠든 상태 사이의 차이는 피질의 각성 수준과 관련되어 있다고 생각해 왔다. 무엇을 경계하고 있거나 집중하고 있을 때 피질은 각성되어 있다. 졸리거나 집중하고 있지 않을 때 피질은 각성되어 있지 않다. 잠을 자고 있을 때 피질도 쉬지만 꿈을 꾸고 있을 때에는 각성된다. 꿈을 꾸고 있을 때의 상태는 바깥에서 자극을 받지 않는 것을 제외하면 깨어 있을 때와 유사하다.

사람의 머리에 전극을 붙임으로써 피질의 각성을 측정할 수 있다. 이때 나오는 뇌전도(electroencephalogram: EEG) 수치는 깨어 있을 때와 자고 있을 때 서로 다르게 나타난다. 피질이 각성되어 있을 때의 EEG는 빠르고 불규칙적이나 그렇지 않을 때에는 느리고 규칙적이다.

일단 각성상태가 되면 피질의 세포들과 피질에 대부분의 신호를 공급해 주는 시상의 세포들이 예민해진다. 기본상태에서는 매우 느리고 규칙적으로 발화하다가 자극이 들어오면 불규칙적으로 발화하며 그 중의 일부 뉴런들은 특히 입력 자극에 따라 발화율이 변화한다.

각성 시 대부분의 피질은 입력 신호에 예민해지는데 이 예민한 상태의 덕을 가장 많이 보는 시스템들은 자극과 관련된 정보를 처리하고 있는 시스템들이다. 예를 들어, 자극이 뱀이라고 하면 뱀에 대한 정보와 관련된 뇌세포들이 영향을 받게 된다. 뱀에 대한 장기기억들을 인출해서 뱀이라고 하는 대상의 작업기억 표상들을 만들어낸다. 이때 다른 뇌세포들은 활성화되지 않고 그대로 남아 있다. 이렇게 되면 불특정한 각성 시스템을 이용해서 특정한 정보에만 제한된 처리가 일어나게 된다(그림 9-6). 이 얼마나 기발한 구조인가?

각성을 조절하는 시스템에 대해서 알아보자. 이 중 네 가지 시스템은 뇌간(brain stem)에 있다. 이들 각자는 자신만의 화학적 신분증을 가지고 있는데 그것은 각 영역에 있는 뉴런들이 축색 말단으로부터 각각 다른 신경전달물질을 분비한다는 의미이다. 한 그룹은 아세틸콜린(acetylcholine: ACh)을 만들고, 다른 하나는 노르아드레날린(noradrenaline), 또 다른 하나는 도파민(dopamine), 그리고 마지막은

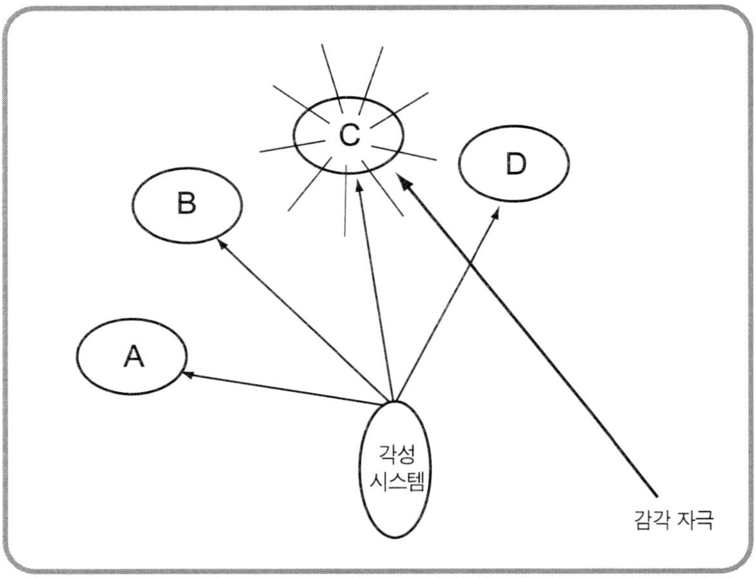

[그림 9-6] 무차별적인 각성이 차별적인 효과를 나타내는 방법

각성 시스템들은 전뇌 전체에 걸쳐서 무차별적인 각성을 일으킨다. 이 시스템들의 중요한 역할 중 하나는 영향 받는 세포들을 입력 신호에 대해 더 민감하게 만드는 일이다. 자극을 처리하는 세포들은 각성 시 특별히 더 활성화된다. 이런 식으로 해서 무차별적인 각성에 의해서 매우 차별적인 효과가 달성된다. 위 예에서 볼 수 있듯이 각성 시스템이 A, B, C, D 모두에 영향을 줄 수 있다. 하지만 각성의 효과는 자극을 처리하고 있는 C에서 가장 많이 나타난다. 다른 부위들은 이렇다 할 활동을 하고 있지 않기 때문에 각성 시스템이 보내는 신호에 큰 영향을 받지 않는다.

세로토닌(serotonin)을 만든다. 이에 더해서 다섯 번째로 편도체 근처에 있는 전뇌에 아세틸콜린을 만드는 세포 그룹이 있다. 각 그룹의 뉴런 축색들은 전뇌에 널리 분포하고 있으며 고유한 신호를 받아서 신경전달물질을 전뇌에 방출하여 피질 뉴런들을 각성시킨다. 각성된 뉴런들은 입력신호에 특별히 예민해진다.

각성은 모든 심리적 기능에 필요하다. 주의, 지각, 기억, 정서, 그리고 문제해결능력과 직접적으로 연관되어 있다. 각성이 없으면 작은 것에 신경을 쓰지 않게 되어 환경에 무슨 일이 일어나고 있는지를 모르게 된다. 하지만 과다한 각성도 좋지 않다. 너무 각성이 되어 있으면 긴장되고 비생산적인 행위를 하게 된다. 최고의 효율로 기능하기 위해서는 적당한 수준의 각성이 필요한 것이다.

보통 정서적 반응은 매우 각성된 피질상태를 동반한다. 20세기 중반쯤 뇌 각성 수준이 연속적인 스펙트럼상에 존재한다는 이론이 유행했는데, 이 각성 스펙트럼의 가장 낮은 바닥에는 혼수상태가, 그 위에는 수면상태, 졸린상태, 경계상태가 있고 그리고 가장 높은 부분에는 정서상태가 있었다. 제일 높은 각성상태에서는 다른 일을 하거나 집중할 수 없게 된다. 즉, 한 가지 정서적 상태에 빠져, 오래 머물게 된다. 이것은 매우 유용한 기능이지만(위험한 상황에 빠져 있을 때, 다른 것에 신경 쓰지 않게 된다), 성가신 면도 있다(일단 공포 시스템이 가동되면 중단시키고 안정된 상태로 되돌아가기가 어려워진다. 바로 이것이 불안의 기본 성향이다).

이런 여러 가지 각성 시스템이 위험 자극에 대해 각성 반응을 일으키겠지만 그중에서도 가장 중요한 그룹이 아세틸콜린을 방출하는 그룹일 것이다. 이 그룹을 기저핵(nucleus basalis)이라고 한다. 기저핵과 편도체의 상호작용이 위험과 관련된 자극에서 중요한 역할을 하는 것으로 추측된다. 편도체나 기저핵이 손상되면, 위험을 신호하는 자극이 주어지더라도 각성 반응을 일으키지 못한다. 또한 편도체나 기저핵을 인위적으로 자극했을 때, 각성 반응이 일어나는 것을 관찰할 수 있다. 그리고 아세틸콜린을 차단하는 약물을 피질에 투여하면, 조건자극에 대한 각성뿐 아니라 편도체나 기저핵 자극에 의한 각성도 차단된다. 결론적으로 여러 연구들을 종합해 볼 때, 편도체가 위험을 감지하면 기저핵을 활성화시키게 되고 이로 인해 기저핵은 아세틸콜린을 분비하고 이 ACh은 결국 피질을 각성시킨다. 편도체는 또한 뇌간에 있는 다른 각성 시스템들과도 협응하여 각성을 유도한다. 전체적인 각성 수준은 이러한 여러 각성 시스템들의 합으로 결정된다.

기저핵을 활성화시키는 방법에는 여러 가지가 있을 수 있겠지만, 위험한 자극에 의한 활성화는 편도체를 통해서이다. 다른 종류의 정서에 관여하는 네트워크들도 나름대로 각성 시스템과 작용하여 피질에서의 정보처리과정을 변화시킨다.

각성은 정서적 자극만이 아닌 모든 종류의 새로운 자극에 의해서도 일어난다. 새롭지만 중요하지 않은 자극으로 인한 각성은 일시적으로 나타났다 사라지지만 정서적 자극으로 인한 각성은 오랜 시간 지속된다. 그래야만 호랑이나 상어를 만났을 때 주변의 사소한 일들에 주의를 빼앗기지 않고 생존하는 일에 집중할 수 있을 것이다. 이런 이야기는 생각해 볼 필요조차 없을 만큼 당연하게 들리지만 당연하게 느껴진다는 사실은 그만큼 뇌가 위협에 대해 대처하는 방식이 자연스럽게 이루어지기 때문이다.

왜 다른 자극이 아닌 정서적 자극에만 이렇게 각성될까? 이것은 편도체와 관련 있을 것이다. 그저 새롭기만 한 자극에 의한 각성은 편도체의 개입을 필요로 하지 않는다. 대신 감각기관에서 각성 네트워크들로 바로 입력된다.[5] 이런 각성 효과들은 오래지 않아 습관화된다. 자극이 중요한 의미를 지닌다면(위험하다면), 편도체가 동원되어 각성 시스템을 가동하게 된다. 편도체의 동원으로 각성 시스템은 탄력을 받는다. 자극의 지속적인 존재는 편도체 활성화를 통해 각성 시스템을 지속적으로 가동할 것이며 이러한 각성은 자극처리를 담당하는 피질 네트워크를 초민감 상태로 계속 유지할 것이다. 여기서 짚고 넘어가야 할 점은 편도체가 각성 시스템들로부터 입력을 받는 경로가 존재해서 각성 시 편도체도 자극된다는 것이다. 이렇게 해서 끊임없이 순환하는 정서의 악순환이 유지될 수 있다. 각성은 어떤 정서상태가 출현하면 그 정서에 우리를 몰아넣고 가두어 둘 수 있다. 여기서 벗어나는 방법은 다른 유의미한 자극이 나타나서 관심이 그리로 옮겨 가는 수밖에 없다.

각성 시스템이 제공하는 정보는 빈약하기 짝이 없다. 피질은 각성 시스템에서 오는 신경 메시지만으로는 위험한 사건이 일어나고 있는지 아니면 다른 종류의 정서적인 사건(예를 들면, 놀라움이나 반가움)이 일어나고 있는지를 판별할 수 없다. 각성 시스템이 알려 주는 것은 무언가 중요한 일이 일어나고 있다는 정보일 뿐이다. 비구체적인 피질 각성과 편도체에서 들어온 구체적인 정보의 혼합을 통해 무언가 중요하고도 위험성을 내포한 상황이 벌어지고 있다는 작업기억이 형성된다. 이러한 위험에 대한 표상은 계속해서, 전문화된 단기기억버퍼에 들어있는 표상 및 활성화된 장기기억 표상들과 통합된다. 위험한 자극들은 편도체를 계속 활성화시키면서 각성상태를 지속시키고, 이러한 각성상태는 편도체와 피질 네트워크가 적극적으로 상황에 관여하도록 유지시킨다. 작업기억의 집행기능에 의해 통제되는 인지적 추론기능과 의사결정과정들은 정서상태를 분석하는 일에 집중하게 되며 무슨 일 때문에 정서반응이 시작되었는지, 어떻게 대처해야 하는지를 결정하려는 노력을 하게 된다. 작업기억의 제한된 자원을 차지하려고 경쟁하는 다른 자극들은 차단된다.

지금까지 여러 기본적인 요소들을 이야기했다. 이제 한 가지 요소만 더 있으면 완전한 정서적 경험에 대한 것이 된다.

세 번째 요소: 육체의 피드백 앞의 단원들에서 살펴보았듯이 편도체는 여러 가지 다양한 네트워크들을 자동적으로 활성화시켜 그들이 담당하는 반응들을 유발한다. 이러한 반응들에는 종특이 반응(동결 반응, 도망가기, 싸움, 표정 등), 자율신경계 반응(혈압이나 심장박동수의 변화, 털 세우기, 땀흘리기 등), 호르몬 반응(아드레날린이나 스테로이드 호르몬, 펩타이드계[6] 호르몬 등의 스트레스 호르몬을 혈류 속으로 분비) 등이 포함된다. 자율신경계 반응과 호르몬 반응은 뭉뚱그려서 체성 반응—신체 내부 장기와 분비샘의 반응—으로 간주된다. 행동 반응과 체성 반응이 일어날 때 나타나는 신체의 변화가 뇌로 다시 보내진다.

정서반응 동안에 신체에서 뇌로 피드백을 보냄으로써 뇌에서의 정보처리과정과 우리의 의식적 감정에 영향을 줄 수 있는 기회가 어마어마하게 많아지는 셈이다. 그럼에도 불구하고 피드백이 과연 정서적 경험에 얼마나 영향을 주는지의 여부에 관해서는 그동안 많은 논쟁이 진행되어 왔다(3장 참조). 피드백 이론의 창시자 제임스는 우리가 두려워서 도망을 가는 것이 아니라 도망을 가서 두려워하는 것이고 우리가 슬퍼서 눈물을 흘리는 것이 아니라 눈물을 흘리기 때문에 슬픈 것이라고 말했다. 캐논은 이를 비판하면서, 신체 내부로부터의 피드백은 순간순간 느끼는 감정을 설명하기에는 너무 느리고 구체적이지 못하다고 주장하였다. 사실 제임스가 주장한 피드백은 신체 내부 반응뿐 아니라 행동 반응을 포함하는 것이었으나 그에 관한 논의는 일단 덮어 두기로 하고, 캐논이 신체 내부 장기들에 대해 주장한 의견에 대해서 살펴보자.

캐논의 시대에는 신체 내부 시스템은 모든 상황에 일괄적으로 반응한다고 알려졌다. 하지만 지금은 자율신경계가 다양한 상황들에 선택적으로 다르게 반응하여 내부 기관들을 다양한 방법으로 활성화시킬 수 있다는 것을 알게 되었다. 예를 들어, 자율신경계 반응들(피부 온도, 심장박동)의 차이로 정서의 종류(화, 두려움, 역겨움, 슬픔, 행복, 놀람 등)를 어느 정도 구분할 수 있다.

그 시대에 정서경험에서 가장 중요하다고 생각했던 호르몬은 아드레날린이었다. 아드레날린은 자율신경계에 의해 조절되며, 상황적 차이에 상관없이 방출된다고 믿었다. 하지만 지금은 스테로이드 호르몬과 펩타이드 호르몬들도 정서적 각성상태 동안 방출된다는 것이 알려져 있고 이 호르몬들이 혈액을 통해서 뇌로 들어간다. 그러므로 뇌에서 각기 다른 정서 시스템의 활성화가 정서의 종류에 따라 다른 방식으로 호르몬 방출의 패턴을 통제할 가능성이 있다. 이어서 이런 상이한 호르몬 방출 패턴이 서로 다른 정서를 구분 짓는 상이한 형태의 화학적 피드백을 뇌에 제공할 수 있는 것이다.

하지만 이처럼 신체 내부 반응이 정서의 종류에 따라 독특하게 나타난다 하여도 어느 한 순간에 여러분이 경험하는 정서를 결정하는 요인이 되기에는 너무 느리다. 뇌에서 신체 내부의 장기까지 신호가 도달한 다음 장기들이 반응하고, 이런 반응에서 나타나는 신호가 뇌로 전달되기까지는 최소한 1초에서 2초가 필요하다. 어떤 시스템들에서는 이보다 느린 경우도 있다. 정확히 표현하면 신호의 전달이 느리다기보다는 장기들의 반응이 느리다. 이것은 움직임과 관련된 횡문근

(striated muscle)들과는 달리 장기들은 훨씬 느리게 반응하는 평활근(smooth muscle)으로 되어 있기 때문이다. 그리고 혈류를 통해 뇌로 전달되는 속도 자체가 느리고, 부신 스테로이드 호르몬의 경우 뇌에서 새로운 단백질의 제조를 필요로 하므로 몇 시간이 걸릴 수도 있다.

한편 정서적 상태는 역동적이기도 하다. 예를 들어, 두려움은 정서적 사건이 어떻게 진행되느냐에 따라 분노나 역겨움이나 안심으로 전환될 수 있고, 내부 장기로부터의 피드백이 이런 전환의 계기가 될 수 있다. 각성의 비특이성은 일단 개시된 감정에서 벗어나지 못하도록 계속해서 각성상태를 유지하도록 하겠지만, 내부 장기로부터의 피드백, 그중에서도 특히 호르몬에 의한 피드백은 뇌에서 다른 정서 시스템이 활성화되도록 함으로써 한 정서에서 다른 정서로의 전환을 촉진할 것이다.

그러므로 신체 내부 반응이 정서를 결정할 수 없다는 캐논의 추측은 맞았지만 그 이유는 그가 주장했던 대로 내부 반응의 구체성이 떨어져서라기보다는 반응시간이 느리기 때문이었다. 또한 제임스의 이론이 내부 장기 피드백뿐 아니라 행동 반응 피드백에 관한 부분을 포함하고 있다는 사실을 간과했다는 점에서 캐논의 비판은 부적절하다. 신체 반응 시스템은 정서적 경험에서 요구하는 속도와 구체성을 가지고 있다(신체를 움직이는 횡문근이 자극에 반응하고 이러한 반응에 대한 감각이 피질에 도달하는 데 걸리는 시간은 1초보다 훨씬 짧다). 톰킨스(Tomkins, S.)는 이 점에 기반하여 정서의 안면 피드백 이론을 내세웠고, 최근에 아이자드(Izard, C.)도 이것과 연관된 연구를 하고 있다.

신체 반응 피드백에 관한 오늘날 연구들은 대부분 안면 피드백에 집중되어 있는 반면, 다마지오(Damasio, A.)가 제안한 신체표지가설(somatic marker hypothesis)이라는 최근 이론은 신체 및 신체내부 시스템 모두에 의한 피드백을 감안하고 있다. 다마지오에 의하면 중대한 결정을 하는 행위에서나 정서적 경험에 있어서 중요한 작용을 하는 '육감' 의 밑바탕에 깔려 있는 것이 바로 이런 피드백이다.

지금까지 언급한 여러 가지 시스템들 간의 모든 상호작용이 함께 고려된다면, 가능한 정서특이적인 피드백 패턴의 수는 엄청날 것이다. 과학적으로 이런 피드백 패턴들이 존재함을 증명하는 데 필요한 작업의 양을 고려해 보면 실로 엄청난 일이다.

피드백의 존재 여부에 대한 실험이 척수부상을 입은 사람들을 중심으로 이뤄진 적이 있다. 척수를 부상당한 사람들은 몸에서 뇌로 들어가는 회로가 어느 정도 차단되어 있어, 피드백 이론을 실험하기에 매우 적합하였다. 초기 연구에서는 척수부상 환자들의 정서경험이 위축되었다고 보고되었다. 차기 연구들에서는 초기 연구들의 실험 절차에 결점이 있었다고 지적했고, 만약 이런 결점들을 보완했다면 정서경험의 종류나 정도에 차이가 없었을 것이다고 했다. 하지만 생리학적으로 볼 때, 척수를 다쳤다고 뇌와 몸 사이에 소통이 완전히 끊기는 것은 아니다. 예를 들어, 척수를 다쳤어도 내부 장기들에서 뇌로 많은 정보를 전달하는 미주신경은 온전하게 남아 있다. 뿐만 아니라 호르몬과 펩타이드를 통해 전달되는 정보 또한 척수부상 유무와 무관하다. 그리고 얼굴 표정과 관련된 신경들 또한 척수와 무관하다. 따라서 척수부상 환자들 중심으로 정서표현이 둔감해졌다거나 정서경험의 범위가 좁아졌다거나 하는 연구는 결국 아무것도 증명하지 못한 셈이다.

피드백의 역할에 관한 논의를 하나 더 짚고 넘어가 보자. 얼굴 표정이나 신체 근육 움직임 같은 신체 반응들이 감정을 느끼는 데 기여할 수 있을 만큼 충분히 빠르고 구체적이지만, 이들 역시 피드백으로 충분치 못하다는 주장이 있다. 서로 다른 정서(먹이를 찾기 위해 달리거나 혹은 위험에서 빠져 나오기 위해 달리거나)에 대해 같은 반응(달리는 반응)을 보일 수 있고 또 반대로 같은 정서(공포)에 대해서 정반대의 반응(도망을 가거나 혹은 그 자리에서 얼어붙어 버리거나)을 보일 수도 있는 것처럼, 신체 반응들이 항상 정서에 영향을 주지는 못한다는 의견이 제기되었다. 물론 이 지적은 어느 정도 일리가 있지만 신체 반응 피드백은 생물학적인 맥락에서 일어난다는 사실을 염두에 두어야 한다. 신체 반응 피드백이 뇌에 도달하면 처음에 그 반응을 생산했던 뇌 안의 시스템에 의해 기록된다. 비록 먹이를 찾는 경우나 위험으로부터 도망가는 경우 모두에서 똑같이 달리는 반응이 유발되겠지만 이때 발생하는 피드백은 뇌로 되돌아가서 둘 중 한 시스템만이 활성화되어 있음을 발견하게 될 것이다. 예를 들어, 위험으로부터 도망가는 경우 달리기에 대한 피드백이 뇌에 도달하면 먹이를 탐색하는 시스템은 활동하지 않는 데 반해 방어 시스템은 활성화되어 있다는 것을 발견하게 될 것이다. 이런 식으로 피드백은 뇌의 여러 시스템과의 상호작용을 통해 그 특이성을 갖게 된다.

제임스는 신체적인 반응이 없는 정서를 상상하기 힘들다고 했다. 다음과 같은 이유로 나는 제임스의 말에 동의한다. 첫째, 개인적 경험을 돌이켜 볼 때, 정서와 신체 반응은 너무도 밀접한 관계를 갖는다. 우리는 대부분의 정서를 몸으로 느낀다. '(긴장해서) 창자가 오그라든다' 든지 '(슬퍼서) 가슴이 아프다' 라는 표현이 생겨난 것만 보아도 우리가 정서를 얼마나 '신체적으로' 지각하는지 알 수 있다. 물론 개인적 경험은 무언가를 증명하기 위한 과학적 자료로는 적당하지 않지만(우리는 이미 내성법이 과학적 데이터를 얻기에는 위험한 방법임을 보았다) 하나의 출발점이 될 수는 있다. 둘째, 피드백을 부정하는 연구들의 증거가 충분하지 못하다. 척수 실험에서 나온 결론은 애매하기만 하다. 셋째, 정서반응이 일어나는 동안에는 수많은 피드백이 있고, 그중 꽤 많은 피드백이 주관적 경험에서 어떤 역할을 하기에 충분할 만큼 빠르고 구체적이다. 넷째, 에크만과 자이언스의 연구에 의하면 피드백의 효과는 정말로 존재한다. 예를 들어, 에크만은 피험자들에게 특정한 안면 근육들을 움직이게 했다. 피험자들은 몰랐지만 그 근육을 움직임으로써 얼굴에 여러 가지 종류의 감정표현을 나타내게 되어 있었다. 그러고 난 후에 피험자들에게 어떤 기분을 느끼는지 설문하였다. 그 결과 얼굴 근육에 의해 표현된 표정과 실제로 그들이 느끼는 감정 사이에 유의미한 연관성이 있다는 것이 밝혀졌다. 우울할 때 행복한 미소를 지으려고 노력하는 것이 그리 나쁜 생각만은 아닌 것이다.

많은 연구 결과에도 불구하고 피드백에 대해서 아직도 결론을 내리지 못하고 있는 것은 놀랍다. 하지만 나는 개인적으로 피드백의 역할이 중요하다는 주장을 선호한다. 정서는 환경이 요구하는 바와 신체 반응을 일치하도록 하기 위한 방편으로 진화해 왔다는 것이다. 그렇다면 피와 땀으로 이루어진 완전한 정서경험이 신체 반응과 따로 떨어져서 존재할 수 있다는 주장은 설득력이 없다.

하지만 설득력 있는 한 가지 경우가 있다. 다마지오가 내세운 '착각' 회로가 그것이다. 어떤 상황들에서는 신체적 피드백의 느낌이 어떨지를 상상해 보는 것이 가능한데 이런 '착각' 피드백이 작업기억에서 인지적으로 표상화되면 감정과 판단에 영향을 줄 수 있다. 3장에서 발린스의 연구를 논의할 때 이런 일이 일어날 수 있는 가능성을 제시했다. 발린스는 피험자들에게 그림을 보여 주면서 그들 자신의 심장박동 속도에 대한 거짓 피드백을 줬다. 나중에 피험자들에게 그림에 대한 선호도를 물어보았을 때 그들은 그들이 받은 거짓 피드백에 의거하여 심장박동수가 높게 나타났던 그림을 좋아한다고 평정하였다. 하지만 이런 상황이 가능한 이유는 뇌가 이미 무수히 많은 진짜 피드백을 받아서 피드백이 어떻게 느껴지고 작동하는지를 상상할 수 있기 때문이다. 따라서 발린스의 실험은 정서적 느낌에 있어서 신체상태의 역할을 부정한다기보다는 오히려 강조하는 증거로 볼 수 있다.

느낌: 그 최소한의 기본 요소들

지금까지 정서적 반응을 의식적인 정서경험으로 연결시키는 데 필요한 모든 요소들을 살펴보았다. 먼저 전문화된 정서 시스템은 감각 입력을 받아들여 행동 반응, 자율신경계 반응 및 호르몬 반응을 생산해 낸다. 피질의 감각버퍼는 방금 들어온 자극에 관한 정보를 저장하는 일을 담당한다. 그리고 작업기억의 집행기능은 단기버퍼를 감독하고, 장기기억에서 정보를 얻고, 장기기억에서 얻어진 정보를 바탕으로 단기기억에 저장되어 있는 내용을 해석한다. 여기에 덧붙여 피질의 각성이 있다. 그리고 마지막으로 신체 근육 반응과 장기 반응에서 뇌로 전달되는 신체 피드백이 있다. 이 모든 시스템이 함께 기능할 때 의식적인 정서경험이 탄생한다. 이들 중 한두 개의 요소가 빠지더라도 정서경험이 일어나는 경우가 있으나 이는 어느 요소가 빠지는가에 따라 다르다. 공포라는 정서를 예로 들어 정서경험의 어떤 요소들이 어느 정도로 필수적인가를 구분해 보도록 하자.

- 의식적인 공포 감정을 가지기 위해서는 정서경험에 관여하는 여러 측면들이 작업기억에서 표상되는 것이 필수적이다. 작업기억은 모든 주관적인 경험의 첫 번째 필수요소이며, 특히 정서적인

경험에서는 없어서는 안 되는 중요한 요소이다.

- 완전한 공포 감정을 가지기 위해서는 편도체의 활성화가 필수적이다. 공포를 일으키는 자극은 존재하지만 편도체가 활성화되지 않을 경우(편도체가 손상된다든지 해서), 인지기능을 사용하여 현재 처해 있는 상황이 '공포스럽다' 라고 결론 내릴 수는 있겠지만 실제 공포감을 느끼지는 못한다. 작업기억으로 보내는 편도체 입력 없이, 편도체에 의해 유발되는 각성 없이, 편도체가 내보내는 신체 반응 및 여기에서 비롯되는 피드백 없이는 공포를 느낄 수 없다. 위에서 언급한 '착각' 피드백과 같은 인지적인 기능이 부분적으로는 대체해 줄 수 있지만 완전한 정서경험은 불가능하다.
- 지속되는 공포 감정의 유지를 위해서는 각성 시스템이 필요하다. 각성 시스템은 정서적인 상황에 집중을 할 수 있도록 의식적 주의를 계속적으로 붙잡아 두는 역할을 한다. 그렇지 않다면 정서 상태는 금방 지나가 버리고 말 것이다. 새로운 자극은 어떤 것이든지 각성을 불러일으킬 수 있지만, 이때의 각성은 일시적으로 일어나는 것이지 지속적인 것은 아니다. 정서반응과 의식적인 공포 감정의 유지를 위해서는 편도체에 의해 유발된 각성 시스템이 필요하다. 편도체에 의해 유발된 각성은 피질만 각성시키는 것이 아니라 편도체 자신도 각성시킴으로써 각성 시스템의 활성화를 유지하는 정서적 각성의 악순환을 가동하게 된다.
- 지속적인 공포 감정의 유지를 위해서는 신체로부터의 피드백, 혹은 피드백을 대체할 만한 장기기억에서 비롯되는 '착각' 피드백이라도 필요하다. 하지만 결국 '착각' 피드백도 실제 피드백에 대한 경험으로부터 학습되는 것일 수밖에 없다. 신체는 정서적 경험에 필수적이다. 신체는 현재 경험하고 있는 정서적인 사건이 어떤 특정한 방식으로 느껴지기 위해 필요한 감각 정보를 제공하거나 혹은 적어도 과거의 경험으로부터 그런 감각들에 대한 기억을 형

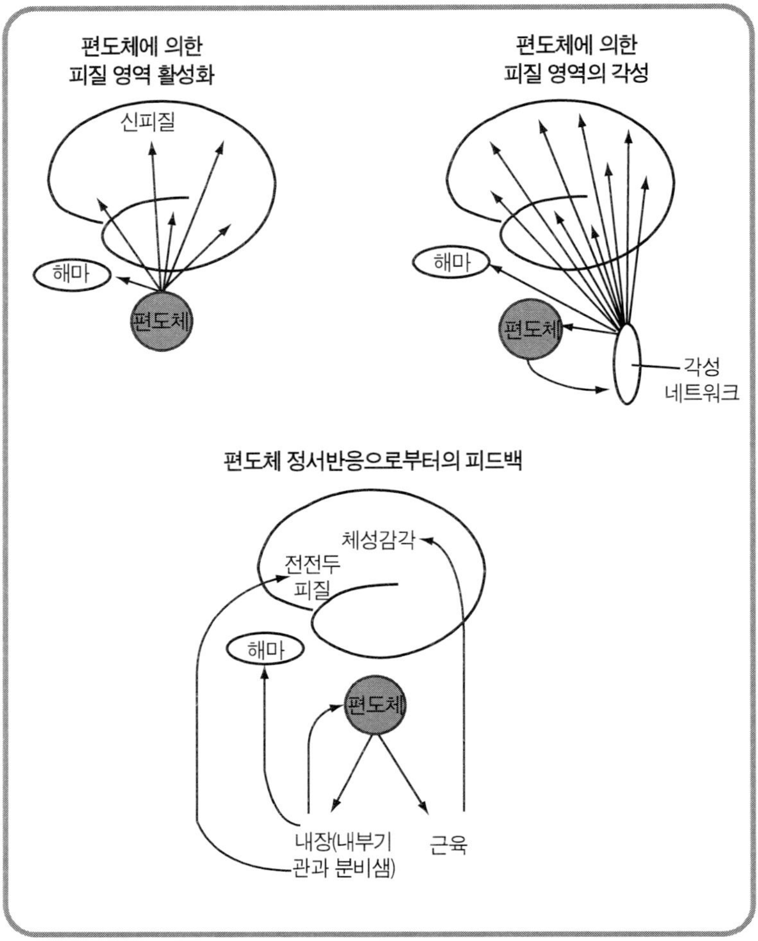

[그림 9-7] 의식적인 정서적 경험에 필요한 신경학적인 요소들

의식적인 정서적 경험들은 여러 가지 요소들로 만들어진다. 여기서 제시된 것들은 편도체에서 피질 영역들(감각과 고차원 사고를 담당하는 구역들)로 투사하는 직접적인 출력정보, 편도체에서 무차별적인 각성 시스템에 이르는 출력정보, 각성 시스템에서 전뇌(피질과 피질하 지역들)의 여러 지역들로 전달되는 정보, 그리고 정서의 신체적인 표현들로부터 편도체와 피질 지역으로 가는 피드백이다. 또한 편도체가 이들 신체적 표현들(내부 장기 및 근육을 통한)을 통제하기도 한다는 점에 주목하라.

성하여 현재에 제공하기 때문이다.

- 편도체에서 피질로 직접적인 연결 없이도 어느 정도 정서적 느낌을 경험할 수 있을 것이다. 어떤 종류의 전문화된 정서 시스템이 활성화되었는지를 작업기억에 알려 주는 것이 편도체 통로이지만 이 정보는 간접적으로도 얻어질 수 있다. 어쨌거나 이러한 직접적인 입력정보 없이 경험하는 정서는 질적으로 무언가 다르게 느껴질 것이다.
- 자극에 대한 의식적인 인식 없이도 정서적 경험을 할 수 있다. 즉, 자극이 단기 피질 버퍼에 표상되지 않거나 작업기억에 머물지 않는 경우에도 가능하다. 3장에서 보았듯이 인식되지 않은 자극이나, 혹은 그 존재 자체는 인식되었으나 중요성은 인식되지 않은 자극이라 하여도 정서적 행동이나 내부 장기의 반응을 유발할 수 있다. 이런 경우에 작업기억의 내용이 각성과 피드백으로 인해 확대되어, 각성과 신체적 느낌을 작업기억 내에 있는 자극의 탓으로 돌리게 된다. 하지만 사실 작업기억에 있는 자극이 편도체를 가동시킨 것은 아니기 때문에 상황은 잘못 분석된 것이다(샥터와 싱어의 실험에서 인위적 방법으로 각성된 피험자가 주변 환경 때문에 자신이 각성되었다고 주장한 것을 떠올려 보라). 그리고 마침 그때 작업기억에 특별히 저장된 것이 없다면, 그 느낌은 이해할 수 없는 것이 되어 버린다. 무의식적인 자극으로 인해 정서가 유발된다면, 나중에 의식적으로 돌이켜 본다 해도 그때 도대체 내가 왜 그런 경험을 했는지 설명할 수 없는 것이 당연하다. 인지평가 이론의 중심가정이 표방하는 바와는 달리, 정서의 중심부는 내성법적으로 접근할 수 있는 의식적인 표상이 아니다. 물론 무언가를 느낀다는 것에는 의식적인 내용도 있지만, 이런 내용들을 만들어 낸 처리과정에까지 의식적으로 다가갈 수는 없다는 의미이다. 설사 의식적으로 다가갈 수 있다 하더라도, 의식적인 내용이

정서적 반응을 불러일으킨 것으로 결론나지는 않을 것이다. 정서적 반응과 의식적 내용 모두 무의식적으로 작동하는 전문화된 정서 시스템의 산물이기 때문이다.

생각과 느낌의 차이

의식적인 정서적 느낌과 의식적인 생각은 어떻게 보면 매우 흡사하다. 일단 둘 모두 무의식에서 비상징적으로 작동하는 과정들이 작업기억 내에서 (의식적인) 상징으로 표상화되는 작업을 포함한다. 느낌과 생각 간의 차이는 의식적인 작업을 수행하는 시스템이 아니라 다음의 두 가지 요인에 달려 있다. 첫째, 정서적 느낌과 생각은 각각 다른 비상징적 시스템에 의해 생성된다. 둘째, 정서적 느낌은 생각보다 더 많은 뇌 시스템들을 요구한다.

우리가 정서적 사건에 사로잡히게 되는 경우는 뭔가 중요한 일이, 때로는 생명을 위협할 만큼 중요한 일이 일어나고 있을 때이다. 따라서 뇌의 모든 자원이 그 문제에 동원된다. 정서는 뇌에서 온갖 활동들을 생성해서 한 가지 목표에 집중시킨다. 정서반응을 활성화시키지 않는 한 생각 자체만으로는 뇌를 이 정도로 활용하지 못한다. 우린 가끔씩 책을 읽거나 밥을 먹으면서 공상에 빠지기도 한다. 하지만 위험이나 정서적으로 도전적인 상황에 직면하면 이렇게 허비할 시간도 없고 뇌의 자원 역시 낭비해서는 안 된다. 자신의 모든 것이 정서 안으로 흡수된다. 쉬어러(Scherer, K.)가 말했듯, 정서는 뇌 활동의 동원령을 선포하여 일제히 총공격을 감행하도록 한다.

물고기도 정서가 있나요?

철학의 과제 중 '타자의 정신'의 문제라는 것이 있다. 이것은 내가 아닌 다른 사람이나 동물 혹은 사물이 의식을 가지고 있다는 것을 증명하기 어려움 혹은 불가능함을 의미한다. 이것은 동물과 사람 모두에 적용되는 문제이지만 그래도 동물의 경우보다는 사람의 마음에 관련된 경우가 좀 더 쉬울 것은 분명하다. 우리가 얼마나 (철학적으로) 엄격하게 기준을 두느냐에 따라서 달라질 수 있긴 하지만 대부분의 경우 우리는 서로의 정신적 경험을 언어로써 공유할 수 있으므로, 다른 이들도 자신처럼 여러 가지 정서적 느낌이나 기타 다른 의식의 상태를 가지고 있다고 결론지을 수 있다. 자연 언어의 특혜란 바로 이런 것이다. 물론 이것으로 다른 사람도 의식을 가졌다고 완전히 결론내릴 수는 없지만 그렇다는 전제하에 남들과 소통하고 사는 것이 현실적으로는 훨씬 유용한 전략일 것이다. 다행히도 우리에겐 다른 사람도 의식을 가졌다는 믿음을 뒷받침해 줄 단서가 한 가지 더 있다. 타인의 뇌는 나의 뇌와 해부학적으로 비슷하므로(질환으로 뇌 이상이 발생한 경우를 제외하면) 뇌에서 비롯되는 일반적인 기능은 모든 사람에게서 비슷하리라는 가정을 할 수 있다. 내가 의식을 가지고 있다면 나와 비슷한 뇌를 가진 타인도 역시 의식을 소유하고 있으리라 생각할 수 있다. 이런 시각은 비교적 많이 연구된 감각이나 기억과 같은 주제에서 이미 입증되었으므로 의식에도 적용할 만하다.

하지만 동물의 심리에 관한 문제는 다르다. 우리가 동물들과 하는 의사소통은 전혀 불가능하거나 혹은 약간 가능한 정도라고 해야 할 것이다. 인간과 다른 동물의 뇌가 해부학적으로 많은 유사성을 가지고 있다는 것이 사실이지만(그리고 그 덕에 우리가 뇌 연구에서 동물을 사용하기는 하지만), 중요한 차이도 존재한다. 인간의 뇌는 특히 신피질의 경우, 몸에 비해서 상당히 큰 편이다. 이 한 가지 사실만으로도 우리는 동물에서 의식의 존재유무를 판단하는 데 매우 조심스러워 해야 한다. 그 밖에 다른 사실들도 고려되어야 한다. 첫째, 인간의 피질 중 가장 많이 커진 부분은 전전두피질이다. 전전두피질은 의식을 결정하는 작업기억의 보금자리로, 영장류를 제외한 대부분의 동물들은 이 부위를 가지고 있지 않다. 그리고 이중에서도 고등 영장류만이 자아에 대한 인식이 가능하기 때문에 거울에 비친 자신의 모습을 인식할 수 있다는 사실이 밝혀진 바 있다. 둘째, 인간만이 자연 언어를 가지고 있다. 뇌에서 언어를 생성하는 시스템에 대한 이해가 아직 많이 부족하긴 하지만, 진화과정에서 언어능력을 갖도록 뇌 안에 특정한 변화가 일어난 것만은 사실이다. 따라서 이러한 언어능력이 인간의 의식을 이해하는 데 중요한 열쇠 역할을 한다는 주장이 많은 것은 당연한 일이다.[7] 이처럼 인간의 뇌와 동물의 뇌가 많이 다르다는 사실 때문에 인간 이외의 동물에서 의식이 존재한다고 추정하는 일은 매우 조심해야 한다. 우리가 어느 정도 확신을 가지고 이야기할 수 있는 결론은 다른 사람이 의식을 가지고 있다고 해서 동물에까지 확장하는 것은 무리가 따른다는 것이다.

동물의 의식에 관한 내 생각은 이렇다. 의식은 포유류에서 피질이 팽창하면서 생겨났다. 의식은 어느 한 순간에 많은 정보를 통합하는 능력을 전제로 한다. 예를 들어, 어떤 자극이 어떻게 생겼는지, 그 자극 혹은 그와 비슷한 자극과 관련된 과거 경험은 무엇인지, 경험의 주체인 자아에 대한 인식이 있는지 등을 모두 연결할 수 있어야 한다. 그럴 수 없다면 의식은 가능하지 않다. 의식을 이렇게 정의한다면, 일단 인간에게는 의식이 확실히 존재한다고 볼 수 있다. 동물의 경우 작업기억에 필요한, 비슷한 육체적 하드웨어가 있다면 그 가능성이 존재한다고 볼 수 있다. 그렇다면 영장류와 같은 포유류에게도 의식이 존재할 수 있다. 하지만 인간에게 있어서 자연 언어라는 능력은 다른 동물들과 큰 차이를 야기한다. 인간은 언어로 경험을 분류하고 명명하며 이렇게 저장된 정보를 언어적으로 인출한다. 따라서 이런 능력을 가지고 있지 않은 의식은 인간의 것과 매우 다를 것으로 예상된다.

결론적으로 이렇다. 인간 의식은 인간 뇌의 구조에서 비롯된다. 다른 동물들도 뇌의 특성에 따라 나름대로의 의식이 있을 수 있다. 또 어떤 동물들은 의식이 없을 수도 있는데 그 이유 역시 그 동물들의 뇌가 가진 특성에 의해 설명할 수 있을 것이다. 한편으로는 생각하고 판단하는 능력이 의식에 필수적인 요소는 아니다. 어떤 동물은 지금 무엇을 하고 있는지 또 왜 하고 있는지를 의식적으로 자각하지 못한 상태에서도 무수히 많은 문제들을 풀어낼 수 있다. 분명히 의식은 사고 기능을 한 단계 높은 차원으로 끌어 올렸지만, 모든 사고가 다 의식적인 사고는 아니다.

정서적 느낌이 생겨나는 것은 우리가 의식적으로 뇌의 정서 체계가 활성화되는 것을 알아차릴 때이다. 어떤 동물이든 의식이 있다면 느낌도 있다고 본다. 하지만 자신을 둘러싼 세상을 언어적으로 기술할 수 있는 뇌, 언어를 사용하여 자신의 경험을 분류할 수 있는 뇌가 느끼는 감정과 그렇지 못한 뇌가 느끼는 감정은 다를 것이다. 공포, 불안, 겁에 질림, 염려 등의 정서를 언어 없이 분류하는 것은 불가능하다. 역으로 이러한 단어들에 걸맞는 뇌 상태와 신체 반응을 만들어 내는 정서 시스템이 존재하지 않았다면 그 단어들 또한 있을 수 없었을 것이다. 정서는 언어적으로 구분되는 의식적인 느낌에서 진화된 것이 아니라 뇌의 상태와 신체 반응으로부터 비롯되었다. 뇌의 상태와 신체 반응이야말로 정서의 본질이고 의식적인 느낌은 정서의 액세서리에 불과한 것이다.

케세라 세라[8)]

우리는 어디로 진화하고 있는가? 우리가 궁금해 하든 하지 않든 일어날 일들은 일어나겠지만 몇 가지 예측은 해볼 수 있다. 그렇다고 진화가 미래를 염두에 두고 진행되는 것은 아니다. 진화는 과거를 기반으로 이루어질 뿐이다. 하지만 우리는 항상 진화하고 있고, 우리와 관련 있는 다른 종들의 뇌에서 일어나는 진화가 어떤 방식으로 진행되는지를 살펴봄으로써 우리 뇌에서 어떠한 변화들이 일어날 것인지를 예측해 볼 수 있다.

지금으로서는 피질이 편도체에 끼치는 영향보다 편도체가 피질에 끼치는 영향이 더 크다. 그 차이로 인해 정서적 각성은 생각을 지배하고 조정한다. 이것은 모든 포유류에게 공통적으로 나타나는 현상이다. 생각에 의해 정서를 유발하는 것은 간단하지만(편도체를 활성화함으로써), 반대로(편도체를 비활성화시킴으로써) 진행 중인 정서과정을 중단하는 것은 어렵다. 자신에게 긴장하지 마라 혹은 우울해 하지 마라라고 얘기하는 것이 효과가 없는 이유는 이 때문이다.

동시에 피질에서 편도체로 가는 경로는 그 어떤 포유류보다도 영장류에게 많은 것이 사실이다. 이런 경로가 많아진다면 피질은 점점 더 편도체에 대한 통제권을 강화할 수 있을 것이고, 미래의 인간은 감정을 점점 더 잘 제어할 수 있게 될 것이다.

또 다른 가능성도 있다. 편도체와 피질 사이의 연결이 늘어나면 편도체에서 피질로 가는 신경섬유와 피질에서 편도체로 가는 신경섬유, 둘 다 증가하게 될 것이다. 이 두 종류의 경로가 서로 균형을 이룰 때 정서와 사고 간의 끝없는 투쟁이 마침내 결론에 이를 수 있다. 어느 한쪽이 다른 쪽을 지배하는 것이 아니라 이성과 열정 간에 조화로운 결합에 의해서 궁극적인 해결을 추구할 수 있는 것이다. 피질과 편도체 사이의 증가된 연결성으로 인해 인지와 정서라는 인간 정신의 필수적인 두 기능들은 마침내 손을 잡게 될지도 모르겠다.

오스카 와일드는 언젠가 "인류는 한 번도 그들이 어디로 가는지 알고 있었던 적이 없지만 결국은 그 덕분에 길을 찾을 수 있게 되었다."라고 말했다. 하지만 우리의 정서가 다음 순간에, 다음 날에, 혹은 다음 해에, 어떻게 우리를 변화시킬 것인지, 또 왜 그렇게 변화시키는지를 알 수 있다면 얼마나 멋진 일이겠는가? 인지회로와 정서회로 간의 연결을 증가시키는 진화적 추세에 비추어 볼 때, 우리의 뇌가 가고 있는 길이 아마도 그 방향이 아닐까 생각한다.

CHAPTER 9 | 주

1) 감정(feeling)이야말로 우리가 정서를 경험하고 있다는 사실을 알게 해 주는, 정서를 경험하는 사람의 입장에서는 가장 뚜렷한 징조이다. 모든 감정이 다 정서는 아니지만, 모든 의식적인 정서경험은 감정을 유발한다. 이 점은 다마지오(1994)에 의해 잘 설명되고 있다.
2) 이 문장은 사실 해답이라기보다는 더 많은 질문의 시작일 뿐인데, 특히 의식적인 정서경험이 뇌에서 어떻게 생겨나는지의 문제는 해결해 주지 못한다. 하지만 두 가지 긍정적인 측면이 있는데 첫째, 이런 식으로 정서경험을 구체적으로 개념화할 수 있고 둘째, 우리가 지각이나 기억 같은 과정들에 비해 특별히 정서경험에 대한 이해가

부족한 것도 아니라는 사실이다. 두 번째가 특히 중요한데, 이는 행동주의 이후 최초로 정서를 마음의 다른 기능들과 동격에 놓을 수 있는 근거를 제시한다는 점에서 그러하다.

3) 감각 시스템에 전문화된 단기버퍼가 존재하고 전전두피질에 범용의 작업기억 메커니즘이 있다는 설명은 너무 단순화된 경향이 있다. 전전두피질에도 어느 정도까지는 특수 목적으로 전문화된 작업기억을 담당하는 영역들이 있다는 증거가 있기 때문이다. 그러나 분명한 것은 전전두피질의 여러 영역에 분포하는 많은 세포들은 범용의 작업기억 기능에 걸맞는 활동 패턴을 보인다는 사실이다.

4) 하지만 누군가 이전에 토끼와 연관된 고통스러운 경험이 있었다면 물론 토끼 역시도 편도체와 편도체 출력을 활성화시키는 유발자극으로 작용할 수 있을 것이다.

5) 피질로 입력된 감각자극은 뇌간으로 보내져서 거기서 각성 시스템을 활성화시키고 이 활성화가 다시 피질로 전달된다.

6) 수십개 정도의 아미노산 체인으로 이루어진 화합물이다.

7) 언어와 의식의 관계는 복잡하고 일치된 의견이 없는 문제이다. 어떤 이들은 모든 사고(의식적 사고를 포함한)가 언어적인 명제의 형태로 이루어진다고 제안하는 반면 어떤 이들은 그림이나 시각자극 같은 비명제적 형태로 이루어진다고 본다. 언어가 의식에 필수적인 선행조건은 아니지만 최소한 인간만이 가지는 독특한 의식을 가지게 하는 원인을 제공해 주리라는 것이 내 생각이다. 이 말은 실제로 언어를 말하고 이해하는 행위가 가능해야만 의식을 가질 수 있다는 의미가 아니다. 청각 장애자나 벙어리도 우리 못지않게 의식적이다. 그들도 언어를 사용할 수 있는 인지적 능력을 잠재적으로 가지고 있지만 그 능력을 이용해서 언어를 말하고 이해하는 행위를 할 수 없을 뿐이다.

8) 1950년대 유행했던 미국의 여가수 도리스 데이의 유명한 노래 제목이다. Que Sera Sera는 스페인어로 "어떤 일이 생길까?" 라는 뜻이다. 가사는 대략 다음과 같다. 내가 어렸을 때 엄마에게 늘 물어보곤 했지요. 내가 커서 무엇이 될까요? 내가 크면 예쁠까요? 내가

자라면 부자가 될까요? 엄마는 이렇게 대답하곤 하셨죠. 케세라 세라. 일어날 일들은 일어날 거야. 미래는 우리가 볼 수 있는 게 아니란다. 케세라 세라. 일어날 일들은 일어나게 되어 있단다. … 역주

참고문헌

Abelson, R. P. (1963). Computer simulation of "hot" cognition. In *Computer simulation of personality,* S. S. Tomkins and S. Messick, eds. (New York: Wiley).

Ackerman, S., and Sachar, E. (1974). The lactate theory of anxiety: A review and reevaluation. *Psychosomatic Medicine 36,* 69–81.

Adelman, P. K., and Zajonc, R. B. (1989). Facial efference and the experience of emotion. *Annual Review of Psychology 40,* 249–80.

Adolphs, R., Tranel, D., Damasio, H., and Damasio, A. R. (1995). Fear and the human amygdala. *Journal of Neuroscience 15,* 5879–91.

Aggleton, J. P. (1992). *The amygdala: Neurobiological aspects of emotion, memory, and mental dysfunction* (New York: Wiley–Liss).

Aggleton, J. P., and Mishkin, M. (1986). The amygdala: Sensory gateway to the emotions. In *Emotion: Theory, research and experience* (Vol. 3), R. Plutchik and H. Kellerman, eds. (Orlando: Academic Press), pp. 281–99.

Allman, J., and Brothers, L. (1994). Faces, fear and the amygdala. *Nature 372,* 613–14.

Amaral, D. G. (1987). Memory: Anatomical organization of candidate brain regions. In *Handbook of Physiology. Section 1: The Nervous System. Vol. 5: Higher Functions of the Brain,* F. Plum, ed. (Bethesda, MD: American Physiological Society), pp. 211–94.

Amaral, D. G., Price, J. L., Pitkänen, A., and Carmichael, S. T. (1992). Anatomical organization of the primate amygdaloid complex. In *The amygdala: Neurobiological aspects of emotion, memory, and mental dysfunction,* J. P. Aggleton, ed. (New York: Wiley–Liss), pp. 1–66.

Anderson, J. R. (1990). *Cognitive psychology and its implications,* 3rd edition (New York: Freeman).

Archer, J. (1979). Behavioral aspects of fear. In *Fear in animals and man,* W. Sluckin, ed. (New York: Van Nostrand Reinhold).

Aristotle (1941). In *The basic works of Aristotle,* R. McKeon, ed. (New York: Random House).

Armony, J. L., Servan–Schreiber, D., Cohen, J. D., and LeDoux, J. E. (1995). An anatomically constrained neural network model of fear conditioning. *Behavioral Neuroscience 109,* 246–57.

Arnold, M. B. (1960). *Emotion and personality* (New York: Columbia University Press).

Averill, J. (1980). Emotion and anxiety: Sociocultural, biological, and psychological determinants. In *Explaining emotions,* A. O. Rorty, ed. (Berkeley: University of California Press).

Ayala, E. J., and Valentine, J. W. (1979). *Evolving.* Benjamin Cummings.

Baars, B. J. (1988). *A cognitive theory of consciousness* (New York: Cambridge University Press).

Baddeley, A. (1982). *Your memory: A user' s guide* (New York: Macmillan).

Baddeley, A. (1992). Working memory. *Science 255,* 556–59.

Baddeley, A., and Hitch, G. J. (1974). Working memory. In *The psychology of learning and motivation,* vol. 8, G. Bower, ed. (New York: Academic Press).

Bandler, R., Carrive, P., and Zhang, S. P. (1991). Integration of somatic and autonomic reactions within the midbrain periaqueductal grey: Viscerotopic, somatotopic and functional organization. *Progress in Brain Research 87,* 269–305.

Bandura, A. (1969). *Principles of behavior modification* (New York: Holt).

Bangs, L. (1978). *Gig* (New York: Gig Enterprises).

Bannerman, D. M., Good, M. A., Butcher, S. P., Ramsay, M., and Morris, R. G. M. (1995). distinct components of spatial learning revealed by prior training and NMDA receptor blockade. *Nature 378,* 187–86.

Bard, P. (1929). The central representation of the sympathetic system: As indicated by certain physiological observations. *Archives of Neurology and Psychiatry 22,* 230–46.

Bargh, J. A. (1990). Auto–motives: Preconscious determinants of social interaction. In *Handbook of motivation and cognition,* T. Higgins and R. M. Sorrentino, eds., pp. 93–130 (New York: Guilford).

Bargh, J. A. (1992). Being unaware of the stimulus vs. unaware of its interpretation: Why subliminality per se does matter to social psychology. In *Perception without awareness,* R. Bornstein and T. Pittman, eds. (New York: Guilford)

Barnes, C. A. (1995). Involvement of LTP in memory: Are we "searching under the streetlight?" *Neuron 15,* 751–54.

Barnes, C. A., Erickson, C. A., Davis, S., and McNaughton, B. L. (1995). Hippocampal synaptic enhancement as a basis for learning and memory: A selected review of current evidence from behaving animals. In *Brain and memory: Modulation and mediation of neuroplasticity,* J. L. McGaugh, N. M. Weinberger, and G. Lynch, eds. (New York: Oxford University Press), pp. 259–76.

Bartlett, F. C. (1932). *Remembering* (Cambridge: Cambridge University Press).

Bechara, A., Tranel, D., Damasio, H., Adolphs, R., Rockland, C., and Damasio, A. R. (1995). Double dissociation of conditioning and declarative knowledge relative to the amygdala and hippocampus in humans. *Science 269,* 1115–18.

Beck, A. T., and Emery, G. (1985). *Anxiety disorders and phobias: A Cognitive perspective* (New York: Basic Books.).

Bekkers, J. M., and Stevens, C. F. (1989). NMDA and non–NMDA receptors are co–localized at individual excitatory synapses in cultured rat hippocampus. *Nature 341,* 230–33.

Benarroch, E. E., Granata, A. R., Ruggiero, D. A., Park, D. H., and Reis, D. J. (1986). Neurons of C1 area mediate cardiovascular responses initiated from ventral medullary surface. *American Physiological Society,* R932–R945.

Berger, T. W. (1984). Long–term potentiation of hippocampal synaptic transmission affects rate of behavioral learning. *Science 224,* 627–29.

Bermond, B., and Nieuwenhuyse, B., Fasotti, L. and Schuerman, J. (1995). Spinal cord lesions, peripheral feedback, and intensities of emotional feeling. *Cognition and Emotions, 5,* 201–20.

Blanchard, C., Spencer, R. L., Weiss, S. M., Blanchard, R., McEwen, B. S., and Sakai, R. (1995). Visible burrow system as a model of chronic social stress. *Behavioral Neuroendocrinology 20,* 117–39.

Blanchard, D. C., and Blanchard, R. J. (1972). Innate and conditioned reactions to threat in rats with amygdaloid lesions. *Journal of Comparative Physiological Psychology 81,* 281–90.

Blanchard, D. C., and Blanchard, R. J. (1988). Ethoexperimental approaches to the biology of emotion. *Annual Review of Psychology 39,* 43–68.

Blanchard, D. C., and Blanchard, R. J. (1989). Experimental animal models of aggression: what do they say about human behaviour? In *Human aggression: Naturalistic approaches,* J. Archer and K. Browne, eds. (New York: Routledge), pp.94–121.

Blanchard, R. J., and Blanchard, D. C. (1989). Antipredator defensive behaviors in a visible burrow system. *Journal of Comparative Psychology 103,* 70–82.

Blanchard, R. J., Blanchard, D. C., and Fial, R. A. (1970). Hippocampal lesions in rats and their effect on activity, avoidance, and aggression, and aggression. *Journal of Comparative Physiological Psychology 71(1),* 92–102.

Blanchard, R. J., Weiss, S., Agullana, R., Flores, T., and Blancard, D. C. (1991). Antipredator ultrasounds: Sex differences and drug effects. *Neuroscience Abstracts 17.*

Blanchard, R. J., Yudko, E. B., Rodgers, R. J., and Blanchard, D. C. (1993). Defense system psychopharmacology: An ethological approach to the pharmacology of fear and anxiety. *Behavioural Brain Research 58,* 155–66.

Bliss, T. V. P., and Collingridge, G. L. (1993). A synaptic model of memory: Long–term potentiation in the hippocampus. *Nature 361,* 31–39.

Bliss, T. V. P., and Lomo, T. (1973). Long–lasting potentiation of synaptic transmission in the dentate area of the anaesthetized rabbit following stimulation of the perforant path. *Journal of Physiology 232,* 331–56.

Block, N. (1995). On a confusion about a function of consciousness. *Behavioral and Brain Sciences 18,* 227–87.

Bogen, J. E., and Vogel, P. J. (1962). Cerebral commissurotomy: A case report. *Bulletin of the Los Angeles Neurological Society 27,* 169.

Bolles, R. C., and Fanselow, M. S. (1980). A perceptual–defensive–recuperative model of fear and pain. *Behavioral and Brain Sciences 3,* 291–323.

Bordi, F., and LeDoux, J. (1992). Sensory tuning beyond the sensory system: an initial analysis of auditory properties of neurons in the lateral amygdaloid nucleus and overlying areas of the striatum. *Journal of Neuroscience 12(7),* 2493–2503.

Bordi, F., and LeDoux, J. E. (1994a). Response properties of single units in areas of rat auditory thalamus that project to the amygdala. I: Acoustic discharge patterns and frequency receptive fields. *Experimental Brain Research 98,* 261–74.

Bordi, F., and LeDoux, J. E. (1994b). Response properties of single units in areas of rat auditory thalamus that project to the amygdala. II: Cells receiving convergent auditory and somatosensory inputs and cells antidromically activated by amygdala stimulation. *Experimental Brain Research 98,* 257–86.

Broing, E. G. (1950). *A history of experimental psychology* (New York: Appleton–Century–Crofts).

Bornstein, R. F. (1992). Subliminal mere exposure effects. In *Pereeption without awareness: Cognitive, clinical, and social perspectives.* R. F. Bornstein and T. S. Pittman, eds. (New York: Guilford), pp. 191–210.

Bourtchouladze, R., Frengeulli, B., Blendy, J., Cioffi, D., Schutz, G., and Silva, A. J. (1994). Deficient long–term memory in mice with a targeted mutation of the cAMP–responsive element binding protein. *Cell 79,* 59–68.

Bouton, M. E. (1994). Conditioning, remembering, and forgetting. *Journal of Experimental Psychology: Animal Behavior Processes 20,* 219–31.

Bouton, M. E., and Peck, C. A. (1989). context effects on conditioning, extinction, and reinstatement in an appetitive conditioning preparation. *Animal Learning and Behavior 17,* 188–98.

Bouton, M. E., and Swartzentruber, D. (1991). Sources of relapse after extinction in Pavlovianand instrumental learning. *Clinical Psychology Review 11,* 123–40.

Bower, G. (1992). How might emotions affect learning? In *Handbook of emotion and memory: Research and theory,* S.–A. Christianson, ed. (Hillsdale, NJ: Erlbaum).

Bowers, K. S. (1984). On being unconsciously influenced and informed. In *The unconscious reconsidered,* K. S. Bowers and D. Meichenbaum, eds. (New York: Wiley) 227–72.

Bowers, K. S., and Meichenbaum, D. (1984). *The unconscious reconsidered* (New York: Wiley).

Bowlby, J. (1969). *Attachment and Loss: Vol. 1, Attachment* (New York: Basic Books).

Bremner, J. D., Randall, T., Scott, T. M., Brunen, R. A., Seibyl, J. P., Southwick, S. M., Delaney, R. C., McCarthy, G., Charney, D. S., and Innis, R. B. (1995). MRI–based measurement of hippocampal volume in patients with combat–related PTSD. *American Journal of Psychiatry 152,* 973–81.

Bremner, J. D., Scott, T. M., Delaney, R. C., Southwick, S. M., Mason, J. W., Johnson, C. R., Innis, R. B., McCarthy, G., and Charney, D. S. (1993). Deficits in short–term memory in posttraumatic stress disorder. *American Journal of Psychiatry 150,* 1015–19.

Broca, P. (1978). Anatomie comparée des circonvolutions cérérales. Le grand lobe limbique et al scissure limbique dans le série des mammiféres. *Revue Anthropologique, Ser. 21 21,* 385–498.

Brodal, A. (1982). *Neurological anatomy* (New York: Oxford University Press).

Brown, J. S., Kalish, H. I., and Farber, I. E. (1951). Conditioned fear as revealed by magnitude of startle response to an auditory stimulus. *Journal of Experimental Psychology 41,* 317–28.

Brown, R., and Kulik, J. (1977). Flashbulb memories. *Cognition 5,* 73–99.

Brown, T. H., Chapman, P. F., Kairiss, E. W., and Keenan, C. L. (1988). Long–term synaptic potentiation. *Science 242,* 724–28.

Brown, T. H., Ganong, A. H., Kairiss, E. W., Keenan, C. L., and Kelso, S. R. (1989). Long–term potentiation in two synaptic systems of the hippocampal brain slice. In *Neural models of plasticity,* J. H. Byrne and W. O. Berry, eds. (San Diego: Academic Press), pp. 266–306.

Bruner, J. (1992). Another look at New Look 1. *American Psychologist 47,* 780–83.

Bruner, J. S., and Postman, L. (1947). Emotional selectivity in perception and reaction. *Journal of Personality 16,* 60–77.

Cacioppo, J. T., Klein, D. J., Berntson, G. G., and Hatfield, E. (1993). The psychophysiology of emotion. In *Handbook of emotions,* M. Lewis and J. M. Haviland, eds. (New York: Guilford), pp. 119–42.

Cahill, L., Prins, B., Weber, M., and McGaugh, J. L. (1994). Beta–adrenergic activation and memory for emotional events. *Nature 371,* 702–4.

Campbell, B. A., and Jaynes, J. (1966). Reinstatement. *Psychological Review 73,* 478–80.

Campeau, S. and Davis, M. (1995). Involvement of subcortical and cortical afferents to the lateral nucleus of the amygdala in fear conditioning measured with fear–potentiated startle in rats trained concurrently with auditory and visual conditioned stimuli. *Journal of Neuroscience 15,* 2312–27.

Campeau, S., Liang, K. C., and Davis, M. (1990). Long–term retention of fear–potentiated startle following a short training session. *Animal Learning and Behavior 18(4),* 462–68.

Cannon, W. B. (1929). *Bodily changes in pain, hunger, fear, and rage,* vol. 2 (New York: Appleton).

Carew, T. J., Hawkins, R. D., and Kandel, E. R. (1983). Differential classical conditioning of a defensive withdrawal reflex in Aplysia californica. *Science 219,* 397–400.

Cechetto, D. F., and Calaresu, F. R. (1984). Units in the amygdala responding to activation of carotid baro– and chemoreceptors. *American Journal of Physiology 246,* R832–R836.

Chalmers, D. (1996). The conscious Mind (New York: Oxford).

Chapman, P. F., Kairiss, E. W., Keenan, C. L., and Brown, T. H. (1990). Long–term synaptic potentiation in the amygdala. *Synapse 6,* 271–278.

Charney, D. S., Deutch, A. V., Krystal, J. H., Southwick, A. M., and Davis, M. (1993). Psychobiologic mechanisms of posttraumatic stress disorder. *Archives of General Psychiatry 50,* 295–305.

Christianson, S.–A. (1989). Flashbulb memories: Special, but not so special. *Memory and Cognition 17,* 435–43.

Christianson, S.–A. (1992a). Eyewitness memory for stressful events: Methodological quandaries and ethical dilemmas. In *Handbook of emotion and memory: Research and theory,* S.-A. Christianson, ed. (Hillsdale, NJ: Erlbaum).

Christianson, S.-A. (1992b). Remembering emotional events: Potential mechanisms. In *Handbook of emotion and memory: Research and theory,* S.-A. Christianson, ed. (Hillsdale, NJ: Erlbaum).

Churchland, P. (1984). *Matter and consciousness* (Cambridge: MIT Press).

Churchland, P. (1988). Reduction and the neurobiological basis of consciousness. In *Consciousness in contemporary science,* A. Marcel and E. Bisiach, eds. (Oxford: Clarendon Press).

Churchland, P. S., and Sejnowski, T. J. (1990). In *Neural connections, mental computation,* L. Nadel, L. Cooper, P. Culicover, and M. Harnish, eds. (Cambridge: MIT Press).

Claparede, E. (1911). Recognition and "me-ness." In *Organization and pathology of thought* (1951), D. Rapaport, ed. (New York: Columbia University Press), pp. 58-75.

Clugnet, M. C., and LeDoux, J. E. (1990). Synaptic plasticity in fear conditioning circuits: Induction of LTP in the lateral nucleus of the amygdala by stimulation of the medial geniculate body. *Journal of Neuroscience 10,* 2818-24.

Cohen, D. H. (1980). The functional neuroanatomy of a conditioned response. In *Neural mechanisms of goal-directed behavior and learning,* R. F. Thompson, L. H. Hicks, and B. Shvyrkov, eds. (New York: Academic Press), pp. 283-302.

Cohen, N. J. (1980). *Neuropsychological evidence for a distinction between procedural and declarative knowledge in human memory and amnesia* (San Diego: University of California Press).

Cohen, N. J., and Corkin, S. (1981). The amnestic patient H. M.: Learning and retention of cognitive skills. *Society for Neuroscience Abstracts 7,* 517-18.

Cohen, N. J., and Eichenbaum, H. (1993). *Memory, amnesia, and the hippocampal system* (Cambridge: MIT Press).

Cohen, N. J., and Squire, L. (1980). Preserved learning and retention of pattern-analyzing skill in amnesia: Dissociation of knowing how and knowing that. *Science 210,* 207-9.

Collingridge, G. L., and Lester, R. A. J. (1989). Excitatory amino acid receptors in the vertebrate central nervous system. *Pharmacological Reviews 40,* 143–210.

Corbetta, M., Miezin, F. M., Dobmeyer, S., Shulman, G. L., and Petersen, S. E. (1991). Selective and divided attention during visual discriminations of shape, color, and speed: Functional anatomy by positron emission tomography. *Journal of Neuroscience 11,* 2383–2402.

Corkin, S. (1968). Acquisition of motor skill after bilateral medial temporal lobe excision. *Neuropsychologia 6,* 255–65.

Corodimas, K. P. and LeDoux, J. E. (1995). Disruptive effects of posttraining perihinal cortex lesions on conditioned fear: Contributions of contextual cues. *Behavioral Neuroscience 109,* 613–19.

Corodimas, K. P., LeDoux, J. E., Gold, P. W., and Schulkin, J. (1994). Corticosterone potentiation of learned fear. *Annals of the New York Academy of Sciences 746,* 392–93.

Coss, R. G., and Perkel, D. H. (1985). The function of dendritic spines: A review of theoretical issues. *Behavioral and Neural Biology 44,* 151–85.

Cotman, C. W., Monaghan, D. T., and Ganong, A. H. (1988). Excitatory amino acid neurotransmission: NMDA receptors and Hebb–type synaptic plasticity. *Annual Review of Neuroscience 11,* 61–80.

Crick, F. (1994). *The Astonishing Hypothesis* (New York: Scribners).

Crick, F., and Koch, C. (1990). Toward a neurobiological theory of consciousness. *The Neurosciences 2,* 263–75.

Crockett, D. (1845). *A narrative of the life of David Crockett* (New York: Nafis & Cornish).

Dali, S. (1976). *The secret life of Salvador Dali* (London: Vision Press).

Damasio, A. (1994). *Descarte's error: Emotion, reason, and the human brain* (New York: Grosset/Putnam).

Darwin, C. (1859). *The origin of species by menas of natural selection; Or, the preservation of favored races in the struggle for life* (New York: Collier).

Darwin, C. (1872). *The expression of the emotions in man and animals* (Chicago: University of Chicago Press, 1965).

Davidson, R. (1992). Emotion and affective style: Hemispheric substrates. *Psychological*

Science 3, 39–43.

Davis, M. (1992a). The role of amygdala in conditioned fear. In *The amygdala: Neurobiological aspects of emotion, memory, and mental dysfunction,* J. P. Aggleton, ed. (New York: Wiley–Liss), pp. 255–306.

Davis, M. (1992b). The role of the amygdala in fear–potentiated startle; Implications for animal models of anxiety. *Trends in Pharmacological Science 13,* 35–41.

Davis, M., Hitchcock, J. M., and Rosen, J. B. (1987). Anxiety and the amygdala: pharmacological and anatomical analysis of the fear–potentiated startle paradigm. In *The psychology of learning and motivation,* Vol. 21, G. H. Bower, ed. (San Diego: Academic Press), pp. 263–305.

Davitz, H. J. (1969). *The language of emotion* (London: Academic Press).

Dawkins, R. (1982). *The extended phenotype: The gene as the unit of selection* (San Francisco: Freeman).

DeLeon, M. J., George, A. E., Stylopoulos, L. A., Smith, G., and Miller, D. C. (1989). Early marker for Alzheimer' s disease: The atrophic hippocampus. *Lancet* September 16, 672–73.

Dennett, D. C. (1991). *Consciousness explained* (Boston: Little, Brown).

Dennett, D. C., and Kinsbourne, M. (1992). Time and the observer: The where and when of consciousness in the brain. *Behavioral and Brain Sciences, 15,* 183–247.

Descartes, R. (1958). *Philosophical writings,* N. K. Smith, ed. (New York: Modern Library).

Desimone, R., Miller, E. K., Chelazzi, L., and Lueschow, A. (1995). Multiple memory systems in the visual cortex. In *The cognitive neurosciences,* M. S. Gazzaniga, ed. (Cambridge: MIT Press), pp. 475–86.

de Sousa, R. (1980). The rationality of emotions. In *Explaining emotions,* A. O. Rorty, ed. (Berkeley: University of California Press).

D' Esposito, M., Detre, J., Alsop, D., Shin, R., Atlas, S., and Grossman, M. (1995). The neural basis of the central executive system of working memory. *Nature 378,* 279–81.

Diagnostic and statistical manual of mental disorders (1994), 4th edition (Washington, D.C.: American Psychiatric Association).

Diamond, D. M. and Rose, G. M. (1993). Psychological stress interferes with working, but not reference, spatial memory. *Society for Neuroscience Abstracts 19,* 366.

Diamond, D. M., Fleshner, M. and Rose, G. M. (1994). Psychological stress repeatedly blocks hippocampal primed burst potentiation in behaving rats. *Behavioural Brain Research 62,* 1–9.

Diamond, D. M., Branch, B. J., Rose, G. M., and Tocco, G. (1994). Stress effects on memory and AMPA receptors are abolished by adrenalectomy. *Society for Neurosciences Abstracts 20,* 1215.

Diamond, D. M., and Rose, G. (1994). Stress impairs LTP and hippocampal-dependent memory. *Annals of the New York Academy of Sciences 746,* 411–14.

Dickinson, E. (1955). The brain (#632). In T. H. Johnson (ed.) *The Poems of Emily Dickinson* (Cambridge, MA: Belknap).

Diorio, D., Viau, V., and Meaney, M. J. (1993). The role of the medial prefrontal cortex (cingulate gyrus) in the regulation of hypothalamic-pituitary-adrenal responses to stress. *Journal of Neuroscience 13,* 3839–47.

Dixon, N. F. (1971). *Subliminal perception: The nature of controversy* (London: McGraw-Hill).

Dixon, N. F. (1981). *Preconscious processing* (New York: Wiley).

Doi, T. (1973). *The anatomy of dependence* (Tokyo: Kodansha International).

Dollard, J. C., and Miller, N. E. (1950). *Personality and psychotherapy* (New York: McGraw-Hill).

Dostoyevsky, F. (1864). *Notes from the underground* (New York: Dell).

Downer, J. D. C. (1961). Changes in visual gnostic function and emotional behavior following unilateral temporal lobe damage in the "split-brain" monkey. *Nature 191,* 50–51.

Dreiser, T. (1900). *Sister Carrie* (New York: Doubleday).

Dudai, Y. (1995). On the relevance of long-term potentiation to learning and memory. In J. L. McGaugh, N. M. Weinberger, and G. Lynch, ed. *Brain and memory: Modulation and mediation of neuroplasticity.* (New York: Oxford University Press).

Duffy, E. (1941). An explanation of "emotional" phenomena without the use of the concept "emotion." *Journal of General Psychology 25,* 283–93.

Dyer, M. G. (1987). Emotions and their computations: Three computer models. *Cognition and*

Emotion 1, 323–47.

Eagly, A., and Chaiken, S. (1993). *The psychology of attitudes* (Fort Worth: Harcourt Brace Jovanovich).

Ebbesson, S. O. E. (1980). The parcellation theory and its relation to interspecific variability in brain organization, evolutionary and ontogenetic development, and neural plasticity. *Cell and Tissue Research 213,* 179–212.

Eccles, J. C. (1990). A unitary hypothesis of mind–brain interaction in the cerebral cortex. *Proceedings of the Royal Society of London 240,* 433–51.

Edelman, G. (1989). *The Remembered Present: A Biological Theory of Consciousness* (New York: Basic Books).

Edmunds, M. (1974). *Defence in animals: A survey of anti–predator defences* (New York: Longman).

Ehlers, A., and Margraf, J. (1987). Anxiety induced by false heart rate feedback in patients with panic disorder. *Behaviour Research and Therapy 26,* 1–11.

Eibl–Eibesfeldt, I., and Sutterlin, C. (1990). Fear, defence and aggression in animals and man: Some ethological perspectives. In *Fear and defense,* P. F. Brain, S. Parmigiani, R. Blanchard, and D. Mainardi, eds. (London: Harwood), pp. 381–408.

Eichenbaum, H., and Otto, T. (1992). The hippocampus: What does it do? *Behavioral and Neural Biology 57,* 2–36.

Eichenbaum, H., Otto, T., and Cohen, N. J. (1994). Two functional components of the hippocampal memory system. *Behavioral and Brain Sciences 17,* 449–518.

Ekman, P. (1980). Biological and cultural contributions to body and facial movement in the expression of emotions. In *Explaining emotions,* A. O. Rorty, ed. (Berkeley: University of California Press).

Ekman, P. (1984). Expression and nature of emotion. In *Approaches to emotion,* K. Scherer and P. Ekman, eds. (Hillsdale, NJ: Erlbaum), pp. 319–43.

Ekman, P. (1992a). An argument for basic emotions. *Cognition and Emotion 6,* 169–200.

Ekman, P. (1992b). Facial expressions of emotion: New findings, new questions. *Psychological Science 3,* 34–38.

Ekman, P. (1993). Facial expression and emotion. *American Psychologist 48.*

Ekman, P., Levenson, R. W., and Friesen, W. V. (1983). Autonomic nervous system activity distinguishes among emotions. *Science 221,* 1208–10.

Epstein, S. (1972). The nature of anxiety with emphasis upon its relationship to expectancy. In *Anxiety: Current trends in theory and research,* C. D. Speilberger, ed. (New York: Academic Press).

Erdelyi, M. H. (1974). A new look at the new look: Perceptual defense and vigilance. *Psychological Review 81,* 1–25.

Erdelyi, M. H. (1984). The recovery of unconscious (inaccessible) memories: Laboratory studies of hypermnesia. In *The psychology of learning and motivation: Advances in research and theory,* G. Bower, ed. (New York: Academic Press), pp. 95–127.

Erdelyi, M. (1985). *Psychoanalysis: Freud's cognitive psychology* (New York: Freeman).

Erdelyi, M. H. (1992). Psychodynamics and the unconscious. *American Psychologist 47,* 784–87.

Ericcson, K. A., and Simon, H. (1984). *Protocol analysis: Verbal reports as data* (Cambridge: MIT Press).

Eriksen, C. W. (1960). Discrimination and learning without awareness: A methodological survey and evaluation. *Psychological Review 67,* 279–300.

Everitt, B. J. and Robbins, T. W. (1942). Amygdala–ventral striatal interactions and reward related processes. In J. Aggleton (ed.) *The Amygdala: Neurobiological Aspects of Emotion, Memory and Mental Dysfunction* (New York: Wiley–Liss).

Eysenck, H. J. (1979). The conditioning model of neurosis. *Behavioral and Brain Sciences 2,* 155–99.

Eysenck, H. J., and Rachman, S. (1965). *The causes and cures of neuroses* (San Diego: Knapp).

Falls, W. A., Miserendino, M. J. D., and Davis, M. (1992). Extinction of fear–potentiated startle: Blockade by infusion of an NMDA antagonist into the amygdala. *Journal of Neuroscience 12(3),* 854–63.

Fanselow, M. S. (1994). Neural organization of the defensive behavior system responsible for fear. *Psychonomic Bulletin and Review 1,* 429–38.

Fanselow, M. S., and Kim, J. J. (1994). Acquisition of contextual Pavlovian fear conditioning is blocked by application of an NMDA receptor antagonist DL-2-amino-5-phosphonovaleric acid to the basolateral amygdala. *Behavioral Neuroscience 108,* 210-12.

Fehr, F. S., and Russell, J. A. (1984). concept of emotion viewed from a prototype perspective. *Journal of Experimental Psychology, General 113,* 464-86.

Finlay, B., and Darlington, R. (1995). Linked regularities in the development and evolution of mammalian brains. *Science,* 1578-84.

Flew, A. (1964). *Body, mind and death* (New York: Macmillan).

Fodor, J. (1975). *The language of thought* (Cambridge: Harvard University Press).

Fodor, J. (1983). *The modularity of mind* (Cambridge: MIT Press).

Frank, R. H. (1988). *Passions within reason: The strategic role of the emotions* (New York: Norton).

Freeman, W. J. (1994). Role of chaotic dynamics in neural plasticity. *Progress in Brain Research 102,* 319-33.

Freud, S. (1909). The analysis of a phobia in a five-year-old boy. In *Collected papers* (London: Hogarth).

Freud, S. (1925). The unconscious. In *Collected papers* (London: Hogarth).

Freud, S. (1966). *Introductory lectures on psychoanalysis,* Standard Edition, J. Strachey, ed. (New York: Norton).

Frey, U., Huang, Y.-Y., and Kandel, E. R. (1993). Effects of cAMP simulate a late stage of LTP in hippocampal CA1 neurons. *Science 260,* 1661-64.

Frijda, N. (1986). *The emotions* (Cambridge: Cambridge University Press).

Frijda, N. H. (1993). The place of appraisal in emotion. *Cognition and Emotion 7,* 357-88.

Frijda, N., and Swagerman, J. (1987). Can computers feel? Theory and design of an emotional system. *Cognition and Emotion 1,* 235-57.

Fuster, J. M. (1989). *The prefrontal cortex* (New York: Raven).

Gaffan, D. (1974). Recognition impaired and association intact in the memory of monkeys after transection of the fornix. *Journal of Comparative and Physiological Psychology*

86, 1100–1109.

Gaffan, D. (1992). Amygdala and the memory of reward. In *The amygdala: Neurobiological aspects of emotion, memory, and mental dysfunction,* J. P. Aggleton, ed. (New York: Wiley–Liss), pp. 471–83.

Gaffan, D., Murray, E. A., and Fabre–Thorpe, M. (1993). Interaction of the amygdala with the frontal lobe in reward memory. *European Journal of Neuroscience 5,* 968–75.

Gainotti, G. (1972). Emotional behavior and hemispheric side of the lesion. *Cortex 8,* 41–55.

Galaburda, A. M., Corsiglia, J., Rosen, G. D., and Sherman, G. F. (1987). Planum temporale asymmetry, reappraisal since Geschwind and Levitsky. *Neuropsychologia 25,* 853–68.

Gallagher, M., and Holland, P. (1994). The amygdala complex. Proceedings of the National Academy of Sciences, U.S.A. 91, 11, 771–75.

Gallistel, R. (1980). *The organization of action: A new synthesis* (Hillsdale, NJ: Erlbaum).

Gallup, G. (1991). Toward a comparative psychology of self–awareness: Species limitations and cognitive consequences. In *The self: Interdisciplinary approaches,* J. Strauss and G. R. Goethals, eds. (New York: Springer)

Gardner, H. (1987). *The mind's new science: A history of the cognitive revolution* (New York: Basic Books).

Gazzaniga, M. S. (1970). *The bisected brain* (New York: Appleton–Century–Crofts).

Gazzaniga, M. S. (1972). One brain–two minds. *American Scientist 60,* 311–17.

Gazzaniga, M. S. (1985). *The social brain* (New York: Basic Books).

Gazzaniga, M. S. (1988). Brain modularity: Towards a philosophy of conscious experience. In *Consciousness in contemporary science* A. J. Marcel and E. Bisiach, eds. (Oxford: Clarendon Press).

Gazzaniga, M. S. (1992). *Nature's mind* (New York: Basic Books).

Gazzaniga, M. S., Bogen, J. E., and Sperry, R. W. (1962). Some functional effects of sectioning the cerebral commissures in man. *Proceedings of the National Academy of Sciences USA 48,* 1765–69.

Gazzaniga, M. S., Bogen, J. E., and Sperry, R. W. (1965). Cerebral commissurotomy in man: Minor hemisphere dominance for certain visuo–spatial functions. *Journal of*

Neurosurgery 23, 394–99.

Gazzaniga, M. S., and LeDoux, J. E. (1978). *The Integrated Mind* (New York: Plenum).

Geertz, H. (1959). The vocabulary of emotion. *Psychiatry 22,* 225–37.

Geschwind, N. (1965). The disconnexion syndromes in animals and man. I. *Brain 88,* 237–94.

Geschwind, N., and Levitsky, W. (1968). Human brain: Left–right asymmetries in temporal speech region. *Science 161,* 186–87.

Gleitman, H., and Holmes, P. A. (1967). Retention of incompletely learned CER in rats. *Psychonomic Science 7,* 19–20.

Gloor, P., Olivier, A., and Quesney, L. F. (1981). The role of the amygdala in the expression of psychic phenomena in temporal lobe seizures. In *The amygdaloid complex,* Y. Ben–Ari, ed. (New York: Elsevier/North–Holland Biomedical Press), pp. 489–98.

Gluck, M. A., and Myers, C. E. (1995). Representation and association in memory: A neurocomputational view of hippocampal function. *Current Directions in Psychological Science 4,* 23–29.

Gold, P. E. (1992). Modulation of memory processing: enhancement of memory in rodents and humans. In L. R. Squire and N. Butters *Neuropsychology of Memory* (New York: Guilford), 402–14.

Goldman, A. I. (1993). The psychology of folk psychology. *Behavioral and Brain Sciences 16,* 15–28.

Goldman–Rakic, P. S. (1988). Topography of cognition: Parallel distributed networks in primate association cortex. *Annual Review of Neuroscience 11,* 137–56.

Goldman–Rakic, P. S. (1987). Circuitry of primate prefrontal cortex and regulation of behavior by representational memory. In *Handbook of physiology. Section 1: The nervous system. Vol. 5: Higher Functions of the Brain,* F. Plum, ed. (Bethesda, MD: American Physiological Society, pp. 373–417.

Goldman–Rakic, P. S. (1993). Working memory and the mind. In *Mind and brain: Readings from Scientific American magazine,* W. H. Freeman, ed. (New York: Freeman), pp. 66–77.

Goleman, D. (1995). *Emotional intelligence* (New York: Bantam).

Gould, J. L. (1982). *Ethology: The mechanisms and evolution of behavior* (New York: Norton).

Gould, S. J. (1977). *Ever since Darwin: Reflections in natural history* (New York: Norton).

Graff, P., Squire, L. R., and Mandler, G. (1984). The information that amnesic patients do not forget. *Journal of Experimental Psychology: Learning, Memory and Cognition 10,* 16–178.

Grasby, P. M., Firth, C. D., Friston, K. J., Bench, C., Frackowiak, R. S. J., and Dolan, R. J. (1993). Functional mapping of brain areas implicated in auditory-verbal memory function. *Brain 116,* 1–20.

Gray, J. A. (1982). *The neuropsychology of anxiety* (New York: Oxford University Press).

Gray, J. A. (1987). *The psychology of fear and stress,* Vol. 2 (New York: Cambridge University Press).

Gray, T. S., Piechowski, R. A., Yracheta, J. M., Rittenhouse, P. A., Betha, C. L., and van der Kar, L. D. (1993). Ibotenci acid lesions in the bed nucleus of the stria terminalis attenuate conditioned stress induced increases in prolactin, ACTH, and corticosterone. *Neuroendocrinology 57,* 517–24.

Greenberg, N., Scott, M., and Crews, D. (1984). Role of the amygdala in the reproductive and aggressive behavior of the lizard. *Physiology and Behavior 32,* 147–51.

Greenwald, A. G. (1992). New look 3: Unconscious cognition reclaimed. *American Psychologist 47,* 766–79.

Grey Walter, W. (1953). *The living brain* (New York: Norton).

Grossberg, S. (1982). A psychophysiological theory of reinforcement, drive, motivation and attention. *Journal of Theoretical Biology 1,* 286–369.

Guare, J. (1990). *Six degrees of separation* (New York: Random House).

Halgren, E. (1992). Emotional neurophysiology of the amygdala within the context of human cognition. In *The amygdala: Neurobiological aspects of emotion, memory, and mental dysfunction,* J. Aggleton, ed. (New York: Wiley-Liss), pp. 191–228.

Hall, C. S., and Lindzey, G. (1957). *Theories of personality* (New York: Wiley).

Hamann, S. B., Stefanacci, L., Squire, L., Adolphs, R., Tranel, D., Damasio, H., Damasio, A.

(1996) Recognizing facial emotion. *Nature 379,* 497.

Harnad, S. (1982). Consciousness: An afterthought. *Cognition and Brain Theory 5,* 29–47.

Harr R. (1986). *The social construction of emotions* (New York; Blackwell).

Head, H. (1921). Release function in the nervous system. *Proceedings of the Royal Society of London: biology 92B,* 184–87.

Hebb, D. O. (1946). Emotion in man and animal: An analysis of the intuitive processes of recognition. *Psychological Review 53,* 88–106.

Hebb, D. O. (1949). *The organization of behavior* (New York: Wiley).

Heelas, P. (1986). Emotion talk across cultures. In *The social construction of emotions,* R. Harr ed. (New York: Blackwell).

Heidegger, M. (1927). *Being and time* (New York: SUNY Press).

Heilman, K. and Satz, P., eds. (1983). *Neuropsychology of Human Emotion.* (New York: Guilford Press).

Helmstetter, F. (1992). The amygdala is essential for the expression of conditioned hypoalgesia. *Behavioral Neuroscience 106,* 518–28.

Herrick, C. J. (1933). The functions of the olfactory parts of the cerebral cortex. *Proceedings of the National Academy of Sciences USA 19,* 7–14.

Hilgard, E. R. (1980). The trilogy of mind: Cognition, affection, and conation. *Journal of the History of the Behavioral Sciences 16,* 107–17.

Hilton, S. M. (1979). The defense reaction as a paradigm for cardiovascular control. In *Integrative functions of the autonomnic nervous system,* C. M. Brooks, K. Koizuni, and A. Sato, eds. (Tokyo: University of Tokyo Press), pp. 443–49.

Hirst, W. (1994). Cognitive aspects of consciousness. In *The cognitive neurosciences,* M. S. Gazzaniga, ed. (Cambridge: MIT Press).

Hirst, W., Spelke, E. S., Reaves, C. C., Charack, G., and Neisser, U. (1980). Dividing attention without alternation or automaticity. *Journal of Experimental Psychology, General 109,* 98–117.

Hobson, J. A., and Steriade, M. (1986). Neuronal basis of behavioral state control. In Handbook of Psychology. Section 1: The Nervous System. Vol. 4: *Intrinsic Regulatory*

Systems of the Brain. V. B. Mountcastle, ed. (Behtesda, MD: American Physiological Society), pp. 701–823.

Hodes, R. L., Cook, E. W., and Lang, P. J. (1985). Individual differences in autonomic response: Conditioned association or conditioned fear? *Psychophysiology 22*, 545–60.

Hohmann, G. W. (1966). Some effects of spinal cord lesions on experienced emotional feelings. *Psychophysiology 3*.

Horel, J. A., Keating, E. G., and Misantone, L. J. (1975). Partial Klüver–Bucy syndrome produced by destroying temporal neocortex or amygdala. *Brain Research 94*, 347–59.

Hugdahl, K. (1995). Psychophysiology: The Mind–body Perspective (Cambridge; Harvard University Press).

Hull, C. L. (1943). *Principles of behavior* (New York: Appleton–Century–Crofts).

Humphrey, N. (1992). *A history of the mind* (New York: Simon & Schuster).

Ionescu, M. D., and Erdelyi, M. H. (1992). The direct recovery of subliminal stimuli. In *Perception without awareness: Cognitive, clinical, and social perspectives*, R. F. Bornstein and T. S. Pittman, eds. (New York: Guilford), pp. 143–69.

Isaacson, R. L. (1982). The limbic system (New York: Plenum).

Iversen, S. (1976). Do temporal lobe lesions produce amnesia in animals? *International Review of Neurobiology 19*, 1–49.

Izard, C. E. (1971). *The face of emotion* (New York: Appleton–Century–Crofts).

Izard, C. E. (1977). *Human emotions* (New York: Plenum).

Izard, C. E. (1992a). Basic emotions, relations among emotions, and emotion–cognition relations. *Psychological Review 99*, 561–65.

Izard, C. E. (1992b). Four systems for emotion activation: Cognitive and noncognitive. *Psychological Review 100*, 68–90.

Jackendoff, R. (1987). *Consciousness and the computational mind* (Cambridge: Bradford Books, MIT Press).

Jacobs, W. J., and Nadel, L. (1985). Stress–induced recovery of fears and phobias. *Psychological Review 92*, 512–31.

Jacobsen, C. F., and Nissen, H. W. (1937). Studies of cerebral function in primates: IV. The effects of frontal lobe lesions on the delayed alternation habit in monkeys. *Journal of Comparative and Physiological Psychology 23,* 101–12.

Jacobsen, L., and Sapolsky, R. (1991). The role of the hippocampus in feedback regulation of the hypothalamic–pituitary–adrenocortical axis. *Endocrine Review 12(2),* 118–34.

Jacoby, L. L., Toth, J. P., Lindsay, D. S., and Debner, J. A. (1992). Lectures for a layperson: Methods for revealing unconscious processes. In *Perception without awareness: Cognitive, clinical, and social perspectives,* R. F. Bornstein and T. S. Pittman, eds. (New York: Guilford), pp. 81–120.

James, W. (1884). What is an emotion? *Mind 9,* 188–205.

James, W. (1890). *Principles of psychology* (New York: Holt).

Jarrell, T. W., Gentile, C. G., Romanski, L. M., McCabe, P. M., and Schneiderman, N. (1987). Involvement of cortical and thalamic auditory regions in retention of differential bradycardia conditioning to acoustic conditioned stimuli in rabbits. *Brain Research 412,* 285–94.

Jaynes, J. (1976). *The origin of consciousness in the breakdown of the bicameral mind* (Boston: Houghton Mifflin).

Jerison, H. (1973). *Evolution of brain and intelligence* (New York: Academic Press).

John, E. R. (1972). Switchboard versus statistical theories of learning. *Science 177,* 850–64.

Johnson–Laird, P. N. (1988). *The computer and the mind: An introduction to cognitive science* (Cambridge: Harvard University Press).

Johnson–Laird, P. N., and Oatley, K. (1992). Basic emotions, rationality, and folk theory. *Cognition and Emotion 6,* 201–23.

Jones, B., and Mishkin, M. (1972). Limbic lesions and the problem of stimulus–reinforcement associations. *Experimental Neurology 36,* 362–77.

Jonides, J., Smith, E. E., Keoppe, R. A., Awh, E., Minoshima, S., and Mintun, M. A. (1993). Spatial working memory humans as revealed by PET. *Nature 363,* 623–25.

Kaada, B. R. (1960). Cingulate, posterior orbital, anterior insular and temporal pole cortex. In *Handbook of physiology. Section 1. Vol. 2: Neurophysiology,* J. Field, H. J. Magoun and V. E. Hall, eds. (Washington, D.C.: American Physiological Society), pp. 1345–72.

Kaada, B. R. (1967). Brain mechanisms related to aggressive behavior. In *Aggression and defense—Neural mechanisms and social patterns,* C. Clemente and D. B. Lindsley, eds. (Berkeley: University of California Press), pp. 95–133.

Kagan, J. and Snidman, N. (1991). Infant predictors of inhibited and uninhibited profiles. *Psychological Science 2,* 40–43.

Kahneman, D., Slovic, P., and Tversky, A. (1982) *Judgement under uncertainty: Heuristics and biases* (Cambridge: Cambridge University Press).

Kandel, E., and Schwartz, J. (1982). Molecular biology of an elementary form of learning: Modulation of transmitter release by cAMP. *Science 218,* 433–43.

Kandel, E. R. (1989). Genes, nerve cells, and the remembrance of things past. *Journal of Neuropsychiatry,* 103–25.

Kapp, B. S., Whalen, P. J., Supple, W. F., and Pascoe, J. P. (1992). Amygdala contributions to conditioned arousal and sensory information processing. In *The amygdala: Neurobiological aspects of emotion, memory, and mental dysfunction,* J. P. Aggleton, ed. (New York: Wiley–Liss).

Kapp, B. S., Frysinger, R. C., Gallagher, M., and Haselton, J. (1979). Amygdala central nucleus lesions: Effects on heart rate conditioning in the rabbit. *Physiology and Behavior 23,* 1109–17.

Kapp, B. S., Pascoe, J. P., and Bixler, M. A. (1984). The amygdala: A neuroanatomical systems approach to its contributions to aversive conditioning. In *Neuropsychology of memory,* N. Buttlers and L. R. Squire, eds. (New York: Guilford), pp. 473–88.

Kapp, B. S., Wilson, A., Pascoe, J., Supple, W., and Whalen, P. J. (1990). A neuroanatomical systems analysis of conditioned bradycardia in the rabbit. In *Learning and computational neuroscience: Foundations of adaptive networks.,* M. Gabriel and J. Moore, eds. (Cambridge: MIT Press), pp. 53–90.

Karten, H. J., and Shimizu, T. (1991). Are visual hierarchies in the brains of the beholders? constancy and variability in the visual system of birds and mammals. In *The changing visual system,* P. Bagnoli and W. Hodos, eds. (New York: Plenum), pp. 51–59.

Keating, G. E., Kormann, L. A., and Horel, J. A. (1970). the behavioral effects of stimulating and ablating the reptilian amygdala (Caiman sklerops). *Physiology and Behavior 5,* 55–59.

Kelley, G. A. (1963). Discussion: Aldous, the personable computer. In *Computer simulation of personality: Frontier of psychological theory,* S. S. Tomkins and S. Messick, eds. (New York: Wiley).

Kierkegaard, S. (1844). *The concept of dread* (Princeton: Princeton University Press).

Kihlstrom, J. F. (1984). Conscious, subconscious, unconscious: A cognitive perspective. In *The unconscious reconsidered,* K. S. Bowers and D. Meichenbaum, eds. (New York: Wiley), pp. 149–211.

Kihlstrom, J. F. (1987). The cognitive unconscious. *Science 237,* 1445–52.

Kihlstrom, J. F., Barnhardt, T. M., and Tataryn, D. J. (1992a). Implicit perception. In *Perception without awareness: Cognitive, clinical, and social perspectives,* R. F. Bornstein and T. S. Pittman, eds. (New York: Guilford), pp. 17–54.

Kihlstrom, J. F., Barnhardt, T. M., and Tatryn, D. J. (1992b). The psychological unconscious: Found, lost, regained. *American Psychologist 47,* 788–91.

Kim, J. J., and Fanselow, M. S. (1992). Modality–specific retrograde amnesia of fear. *Science 256,* 675–77.

Kinsbourne, M. (1988). Integrated field theory of consciousness. In *Consciousness in contemporary science,* A. Marcel and E. Bisiach, eds. (Oxford: Oxford University Press).

Klein, D. (1981). Anxiety reconceptualized. In *New research and changing concepts,* D. Klein and J. Rabkin, eds. (New York: Raven).

Klein, D. F. (1993). False suffocation alarms, spontaneous panics, and related conditions: An integrative hypothesis. *Archives of General Psychiatry 50,* 306–17.

Kleinginna, P. R., and Kleinginna, A. M. (1985). Cognition and affect: A reply to Lazarus and Zajonc. *American Psychologist 40,* 470–71.

Klüver, H., and Bucy, P. C. (1939). Preliminary analysis of functions of the temporal lobes in monkeys. *Archives of Neurology and Psychiatry 42,* 979–1000.

Klüver, H., and Bucy, P. C. (1937). "Psychic blindness" and other symptoms following bilateral temporal lobectomy in rhesus monkeys. *American Journal of Physiology 119,*

352–53.

Koa, E. B., and Kozak, E. J. (1986). Emotional processing of fear: Exposure to corrective information. *Psychological Bulletin 99,* 20–35.

Koch, C., Zador, A., and Brown, T. H. (1992). Dendritic spines: Convergence of theory and experiment. *Science 256,* 973–74.

Kolb, L. C. (1987). A neuropsychological hypothesis explaining posttraumatic stress disorders. *American Journal of Psychiatry 144,* 989–995.

Kosslyn, S. M. (1980). *Image and mind* (Cambridge: Harvard University Press).

Kosslyn, S. M. (1983). *Ghosts in the mind's machine* (New York: Norton).

Kosslyn, S. M., and Koenig, O. (1992). *Wet mind: The new cognitive neuroscience* (New York: Macmillan).

Kotter, R., and Meyer, N. (1992). The limbic system: a review of its empirical foundation. *Behavioural Brain Research 52,* 105–27.

Kramer, P. (1993). *Listening to Prozac* (New York: Viking).

Krebs, J. R. (1990). Food–storage birds: Adaptive specialization in brain and behavior? *Philosophical Transactions of the Royal Society, London, Series B: Biological Sciences 329,* 153–60.

Kubie, J., and Ranck, J. (1983). Sensory–behavioral correlates of individual hippocampal neurons in three situations: Space and context. In *The neurobiology of the hippocampus,* W. Seifert, ed. (New York: Academic Press).

Kubie, J. L., Muller, R. U., and Bostock, E. (1990). Spatial firing properties of hippocampal theta cells. *Journal of Neuroscience 10(4),* 1110–23.

LaBar, K. S., LeDoux, J. E., Spencer, D. D., and Phelps, E. A. (1995). Impaired fear conditioning following unilateral temporal lobectomy in humans. *Journal of Neuroscience 15,* 6846–55.

Lader, M., and Marks, I. (1973). *Clinical anxiety* (London: Heinemann).

Lang, P. (1979). A bioinformational theory of emotional imagery. *Psychophysiology 16,* 495–512.

Lang, P. (1993). The network model of emotion: Motivational concerns. In *Advances in social cognition,* R. S. Wyer and T. K. Srull, eds. (Hillsdale, NJ: Erlbaum), pp. 109–33.

Laroche, S., Doyere, V., Redini–Del Negro, C., and Burette, F. (1995). Neural mechanisms of associative memory: Role of long–term potentiation. In *Brain and memory: Modulation and mediation of neuroplasticity,* J. L. McGaugh, N. M. Weinberger, and G. Lynch, eds. (New York: Oxford University Press). pp. 277–302.

Lashley, K. S. (1950a). In search of the engram. *Symposia of the Society for Experimental Biology IV,* 454–82.

Lashley, K. (1950b). the problem of serial order in behavior. In *Cerebral mechanisms in behavior,* L. A. Jeffers, ed. (New York: Wiley).

Lazarus, R. S. (1966). Psychological stress and the coping process (New York: McGraw Hill).

Lazarus, R. S. (1984). On the primacy of cognition. *American Psychologist, 39,* 124–29.

Lazarus, R. S. (1991). Cognition and motivation in emotion. *American Psychologist 46(4),* 352–67.

Lazarus, R., and McCleary, R. (1951). Autonomic discrimination without awareness: A study of subception. *Psychological Review 58,* 113–22.

LeDoux, J. E. (1985). Brain, mind, and language. In *Brain and mind,* D. A. Oakley, ed. (London: Methuen).

LeDoux, J. E. (1987). Emotion. In *Handbook of Physiology. Section 1: The Nervous System. Vol. 5; Higher Functions of the Brain,* F. Plum, ed. (Bethesda, MD: American Physiological Society), pp. 419–60.

LeDoux, J. E. (1989). Cognitive–emotional interactions in the brain. *Cognition and Emotion 3,* 267–289.

LeDoux, J. E. (1991). Emotion and the limbic system concept. *Concepts in Neuroscience 2,* 169–99.

LeDoux, J. E. (1993). Emotional memory systems in the brain. *Behavioural Brain Research 58,* 69–79.

LeDoux, J. E. (1994). Emotion, memory and the brain. *Scientific American 270,* 32–39.

LeDoux, J. E. (1995). Emotion: Clues from the brain. *Annual Review of Psychology 46,* 209–35.

LeDoux, J. E., Cicchetti, P., Xagoraris, A., and Romanski, L. M. (1990). the lateral amygdaloid nucleus: Sensory interface of the amygdala in fear conditioning. *Journal of Neuroscience 10,* 1062–69.

LeDoux, J. E., Farb, C. F., and Ruggiero, D. A. (1990). Topographic organization of neurons in the acoustic thalamus that project to the amygdala. *Journal of Neuroscience 10,* 1043–54.

LeDoux, J. E., Iwata, J., Cicchetti, P., and Reis, D. J. (1988). Different projections of the central amygdaloid nucleus mediate autonomic and behavioral correlates of conditioned fear. *Journal of Neuroscience 8,* 2517–29.

LeDoux, J. E., Romanski, L. M., and Xagoraris, A. E. (1989). Indelibility of subcortical emotional memories. *Journal of Cognitive Neuroscience 1,* 238–43.

LeDoux, J. E., Sakaguchi, A., Iwata, J., and Reis, D. J. (1986). Interruption of projections from the medial geniculate body to an archi–neostriatal field disrupts the classical conditioning of emotional responses to acoustic stimuli in the rat. *Neuroscience 17,* 615–27.

LeDoux, J. E., Sakaguchie, A., and Reis, D. J. (1984). Subcortical efferent projections of the medial geniculate nucleus mediate emotional responses conditioned by acoustic stimuli. *Journal of Neuroscience 4(3),* 683–98.

Leonardo da Vinci (1939). *The notebooks of Leonardo da Vinci.* (New York; Reynal & Hitchcock).

Levenson, R. W. (1992). Autonomic nervous system differences among emotions. *Psychological Science 3,* 23–27.

Leventhal, H., and Scherer, K. (1987). The relationship of emotion to cognition: A functional approach to a semantic controversy. *Cognition and Emotion 1,* 3–28.

Lindsley, D. B. (1951). Emotions. In *Handbook of Experimental Psychology,* S. S. Stevens, ed. (New York: Wiley), pp. 473–516.

Lisman, J. (1995). What does the nucleus know about memories? *Journal of NIH Research 7,* 43–46.

Loftus, E. (1993). the reality of repressed memories. *American Psychologist 48,* 518–37.

Loftus, E. F., Donders, K., Hoffman, H. G., and Schooler, J. W. (1989). Creating new memories that are quickly accessed and confidently held. *Memory and Cognition 17,* 607–16.

Loftus, E. F., and Hoffman, H. G. (1989). Misinformation and memory: The creation of new memories. *Journal of Experimental Psychology: General 118,* 100–104.

Loftus, E. F., and Klinger, M. R. (1992). Is the unconscious smart or dumb? *American Psychologist 47,* 761–65.

Luine, V. N. (1994). Steroid hormone influences on spatial memory. *Annals of the New York Academy of Sciences 743,* 201–11.

Luria, A. (1966). Higher cortical functions in man (New York: Basic Books).

Lynch, G. (1986). *Synapses, circuits, and the beginnings of memory* (Cambridge: MIT Press).

MacLean, P. D. (1949). Psychosomatic disease and the "visceral brain": recent developments bearing on the Papez theory of emotion. *Psychosomatic Medicine 11,* 338–53.

MacLean, P. D. (1952). Some psychiatric implication of physiological studies on frontotemporal portion of limbic system (visceral brain). *Electroencephalography and Clinical Neurophysiology 4,* 407–18.

MacLean, P. D. (1970). The triune brain, emotion and scientific bias. In *The neurosciences: Second study program,* F. O. Schmitt, ed. (New York: Rockefeller University Press), pp. 336–49.

MacLean, P. D. (1990). *The triune brain in evolution: Role in paleocerebral functions* (New York: Plenum).

Madison, D. V., Malenka, R. C., and Nicoll, R. A. (1991). Mechanisms underlying long–term potentiation of synaptic transmission. *Annual Review of Neuroscience 14,* 379–97.

Makino, S., Gold, P. W., and Schulkin, J. (1994). Corticosterone effects on corticotropin–releasing hormone mRNA in the central nucleus of the amygdala and the parvocellular region of the paraventricular nucleus of the hypothalamus. *Brain Research, 640,* 105–12.

Mancia, G., and Zanchetti, A. (1981). Hypothalamic control of autonomic functions. In *Handbook of the hypothalamus Vol. 3: Behavioral studies of the hypothalamus,* P. J. Morgane and J. Panksepp, eds. (New York: Marcel Dekker), pp. 147–202.

Manderscheid, R. W., and Sonnenschein, M. A. (1994). *Mental health, United States 1994* (Rockville, MD: U. S. Department of Public Health and Human Services).

Mandler, G. (1975). *Mind and emotion* (New York: Wiley).

Mandler, G. (1988). Memory: Conscious and unconscious. In *Memory: Interdisciplinary approaches,* P. R. Solomon, G. R. Goethals, C. M. Kelly, and B. R. Stephens, eds. (New York: Springer).

Mandler, G. (1992). Memory, arousal, and mood. In *Handbook of emotion and memory: Research and theory,* S.-A. Christianson, ed. (Hillsdale, NJ: Erlbaum).

Marcel, A. J., and Bisiach, E. (1988). *Consciousness in contemporary science* (Oxford: Clarendon Press).

Margraf, J., Ehlers, A., and Roth, W. T. (1986a). Biological models of panic disorder and agoraphobia—a review. *Behaviour Research and Therapy 24,* 553–67.

Margraf, J., Ehlers, A., and Roth, W. T. (1986b). sodium lactate infusions and panic attacks: A review and critique. *Psychosomatic Medicine 48,* 23–51.

Marks, I. (1987). *Fears, phobias, and rituals: Panic, anxiety and their disorders* (New York: Oxford University Press).

Marr, D. (1982). *Vision: A computational investigation into the human representation and processing of visual information* (San Francisco: Freeman).

Mason, J. W. (1968). A review of psychoendocrine research on the sympathetic-adrenal medullary system. *Psychosomatic Medicine 30,* 631–53.

Masson, J. M., and McCarthy, S. (1995). *When elephants weep: The emotional lives of animals* (New York: Delacorte).

Mayford, M., Able, T., and Kandel, E. R. (1995). Transgenic approaches to cognition. *Current Opinions in Neurobiology 5,* 141–48.

McAllister, W. R., and McAllister, D. E. (1971). Behavioral measurement of conditioned fear. In *Aversive conditioning and learning,* F. R. Brush, ed. (New York: Academic Press), pp. 105–79.

McCabe, P. M., Schneiderman, N., Jarrell, T. W., Gentile, C. G., Teich, A. H., Winters, R. W., and Liskowsky, D. R. (1992). Central pathways involved in differential classical conditioning of heart rate responses. In *Learning and memory: The behavioral and biological substrates,* I. Gormenzano, E. A., ed. (Hillsdale, NJ: Erlbaum), pp. 321–46.

McClelland, J. L., McNaughton, B. L., and O' Reilly, R. C. (1995). Why there are complementary learning systems in the hippocampus and neocortex: Insights from the successes and failures of connectionist models of learning and memory. *Psychological Review 102,* 419–57.

McCormick, D. A., and Bal, T. (1994). Sensory gating mechanisms of the thalamus. *Current Opinion in Neurobiology 4,* 550–56.

McDonald, K. A. (1995). Scientists rethink anthropomorphism. *The Chronicle of Higher Education,* February 24, 1995.

McEwen, B. S. (1992). Paradoxical effects of adrenal steroids on the brain: Protection versus degeneration. *Biological Psychiatry 31,* 177–99.

McEwen, B., and Sapolsky, R. (1995). Stress and cognitive functioning. *Current Opinion in Neurobiology 5,* 205–16.

McGaugh, J. L. (1990). Significance and remembrance: The role of neuromodulatory systems. *Psychological Science 1,* 15–25.

McGaugh, J. L., Cahill, L., Parent, M. B., Mesches, M. H., Coleman–Mesches, K., and Salinas, J. A. (1995). Involvement of the amygdala in the regulation of memory storage. In *Plasticity in the central nervous system: Learning and memory,* J. L. McGaugh, F. Bermudez–Rattoni, and R. A. Prado–Alcala, eds. (Hillsdale, NJ: Erlbaum).

McGaugh, J. L., Introini–Collison, I. B., Cahill, L. F., Castellano, C., Dalmaz, C., Parent, M. B., and Williams, C. L. (1993). Neuromodulatory systems and memory storage: Role of the amygdala. *Behavioural Brain Research 58,* 81–90.

McGinnies, E. (1949). Emotionality and perceptual defense. *Psychological Review 56,* 244–51.

McKittrick, C., Blanchard, C., Blanchard, R., McEwen, B. S., and Sakai, R. (1995). Serotonin receptor binding in a colony model of chronic social stress. *Biological Psychiatry 37,* 383–93.

McNally, R. J., Lasko, N. B., Macklin, M. L., and Pitman, R. K. (1995). Autobiographical memory disturbance in combat–related posttraumatic stress disorder. *Behavior*

Research and Therapy 33, 619–30.

McNaughton, B. L., and Barnes, C. A. (1990). From cooperative synaptic enhancement to associative memory: Bridging the abyss. *Seminars in the Neurosciences 2,* 403–16.

Melville, H. (1930). *Moby–Dick* (New York: Penguin).

Merikle, P. M. (1992). Perception without awareness. *American Psychologist 47,* 792–95.

Messick, S. (1963). Computer models and personality theory. In *Computer simulation of personality: Frontier of psychological theory,* S. S. Tomkins and S. Mesnick, eds. (New York: Wiley), 305–17.

Meunier, M., Bachevalier, J., Mishkin, M., and Murray, E. A. (1993). Effects on visual recognition of combined and separate ablations of the entorhinal and perirhinal cortex in rhesus monkeys. *Journal of Neuroscience 13,* 5418–32.

Miller, G. (1956). The magical number seven, plus or minus two: Some limits on our capacity for processing information. *Psychological Review 63,* 81–97.

Miller, G. A., and Gazzaniga, M. S. (1984). The cognitive sciences. In *Handbook of cognitive neuroscience,* M. S. Gazzaniga, ed. (New York: Plenum).

Miller, G. A., and Johnson–Laird, P. (1976). *Language and perception* (Cambridge: Cambridge University Press).

Miller, N. E. (1948). Studies of fear as an acquirable drive: I. Fear as motivation and fear reduction as reinforcement in the learning of new responses. *Journal of Experimental Psychology 38,* 89–101.

Milner, B. (1962). Les troubles de la mémoire accompagnant des lésions hippocampiques bilaterales. In *Physiologie de l' hippocampe,* P. Plassouant, ed. (Paris: Centre de la Recherche Scientifique).

Milner, B. (1964). Some effects of frontal lobectomy in man. In J. M. Warren and K. Akert, eds. *The Frontal Granular Cortex and Behavior.* (New York: McGraw–Hill), pp. 313–34.

Milner, B. (1965). Memory disturbances after bilateral hippocampal lesions in man. In *Cognitive processes and brain,* P. M. Milner and S. E. Glickman, eds. (Princeton: Van Nostrand).

Mineka, S., Davidson, M., Cook, M. and Keir, R. (1984). Observational conditioning of snake fear in rhesus monkeys. *Journal of Abnormal Psychology 93,* 355–72.

Minsky, M. (1985). *The society of mind* (New York: Touchstone Books/Simon & Schuster).

Miserendino, M. J. D., Sananes, C. B., Melia, K. R., and Davis, M. (1990). Blocking of acquisition but not expression of conditioned fear–potentiated startle by NMDA antagonists in the amygdala. *Nature 345,* 716–18.

Mishkin, M. (1978). Memory in monkeys severely impaired by combined but not separate removal amygdala and hippocampus. *Nature 273,* 297–98.

Mishkin, M. (1982). A memory system in the monkey. *Philosophical Transactions of the Royal Society, London, Series B: Biological Sciences. 298,* 85–95.

Mishkin, M., Malamut, B., and Bachevalier, J. (1984). Memories and habits: Two neural systems. In *The neurobiology of learning and memory,* J. L. McGaugh, G. Lynch, and N. M. Weinberger, eds. (New York: Guilford).

Moore, T. E. (1988). The case against subliminal manipulation. *Psychology and Marketing 5,* 297–316.

Morgan, M., and LeDoux, J. E. (1995). Differential contribution of dorsal and ventral medial prefrontal cortex to the acquisition and extinction of conditioned fear. *Behavioral Neuroscience 109,* 681–88.

Morgan, M. A., Romanski, L. M., and LeDoux, J. E. (1993). Extinction of emotional learning: Contribution of medial prefrontal cortex. *Neuroscience Letters 163,* 109–13.

Morris, R. G. M. (1984). Development of a water–maze procedure for studying spatial learning in the rat. *Journal of Neuroscience Methods 11,* 47–60.

Morris, R. G. M., Anderson, E., Lynch, G. S., and Baudry, M. (1986). Selective impairment of learning and blockade of long–term potentiation by and N–methyl–D–asparate receptor antagonist, AP5. *Nature 319,* 774–76.

Morris, R. G. M., Garrard, P., Rawlins, J. N. P., and O' Keefe, J. (1982). Place navigation impaired in rats with hippocampal lesions. *Nature 273,* 297–98.

Morsbach, H., and Tyler, W. J. (1986). A Japanese emotion: Amae. In *The social construction of emotions,* R. Harr ed. (New York: Blackwell).

Moruzzi, G., and Magoun, H. W. (1949). Brain stem reticular formation and activation of the

EEG. *Electroencephalography and Clinical Neurophysiology 1,* 455–73.

Mowrer, O. H. (1939). A stimulus–response analysis of anxiety and its role as a reinforcing agent. *Psychological Review 46,* 553–65.

Muller, R., Ranck, J., and Taube, J. (1996). Head direction cells: Properties and functional significance. *Current Opinion in Neurobiology* (in press).

Murphy, S., and Zajonc, R. (1993). Affect, cognition, and awareness: Affective priming with suboptimal and optimal stimuli. *Journal of Personality and Social Psychology 64,* 723–39.

Murray, E. A. (1992). Medial temporal lobe structures contributing to recognition memory: The amygdaloid complex versus the rhinal cortex. In J. P. Aggleton, ed. *The Amygdala: Neurobiological Aspects of Emotion, Memory, and Mental Dysfunction.* (New York: Wiley–Liss, Inc.).

Nabokov, V. (1966). Speak, memory: An autobiography revisited (New York: Putnam).

Nadel, L., and Willner, J. (1980). Context and conditioning: A place for space. *Physiological Psychology 8,* 218–28.

Nagel, T. (1974). What is it like to be a bat? *Philosophical Review 83,* 4435–50.

Nagy, J., Zambo, K., and Decsi, L. (1979). Anti–anxiety action of diazepam after intraamygdaloid application in the rat. *Neuropharmacology 18,* 573–76.

Nauta, W. J. H. (1971). The problem of the frontal lobe: A reinterpretation. *Journal of Psychiatric Research 8,* 167–87.

Nauta, W. J. H., and Karten, H. J. (1970). A general profile of the vertebrate brain, with sidelights on the ancestry of cerebral cortex. In *The neurosciences: Second study program,* F. O. Schmitt, ed. (New York: Rockefeller University Press), pp. 7–26.

Neisser, U. (1976). *Cognition and reality* (San Francisco: Freeman).

Neisser, U. (1967). *Cognitive psychology* (New York: Appleton–Century–Crofts).

Neisser, U., and Harsch, N. (1992). Phantom flashbulbs: False recollections of hearing the news about *Challenger.* In *Affect and accuracy in recall: Studies of "flashbulb" memories,* E. Winograd and U. Neisser, eds. (New York: Cambridge University Press).

Newcomer, J. W., Craft, S., Hershey, T., Askins, K., and Bardgett, M. E. (1994).

Glucocorticoid–induced impairment in declarative memory performance in adult humans. *Journal of Neuroscience 14,* 2047–53.

Newell, A. (1980). Physical symbol systems. *Cognition 4,* 135–43.

Newell, A., Rosenbloom, P. S., and Laird, J. E. (1989). Symbolic architecture for cognition. In *Foundations of cognitive science,* M. Posner, ed. (Cambridge: MIT Press).

Newell, A., and Simon, H. (1972). *Human problem solving* (Boston: Little, Brown).

Newman, P. L. (1960). "Wild man" behavior in a New Guinea highlands community. *American Anthropologist 66,* 1–19.

Nicoll, R. A., and Malenka, R. C. (1995). Contrasting properties of two forms of long–term potentiation in the hippocampus. *Nature 377,* 115–18.

Nisbett, R. E., and Wilson, T. D. (1977). Telling more than we can know: Verbal reports on mental processes. *Psychological Review 84,* 231–59.

Norman, D. A., and Shallice, T. (1980). Attention to action: Willed and automatic control of behavior. In *Consciousness and self–regulation,* R. J. Davidson, G. E. Schwartz, and D. Shapiro, eds. (New York: Plenum).

Northcutt, R. G., and Kaas, J. H. (1995). The emergence and evolution of mammalian neocortex. *Trends in Neuroscience 18,* 373–79.

Nottebohm, F., Kasparian, S., and Pandazis, C. (1981). Brain space for a learned task. *Brain Research 213,* 99–109.

Oatley, K., and Duncan, F. (1994). The experience of emotions in everyday life. *Cognition and Emotion 8,* 369–81.

Öhman, A. (1992). Fear and anxiety as emotional phenomena: Clinical phenomenological, evolutionary perspectives, and information–processing mechanisms. In *Handbook of the emotions,* M. Lewis and J. M. Haviland, eds. (New York: Guilford), pp. 511–36.

O' Keefe, J. (1976). Place units in the hippocampus of the freely moving rat. *Experimental Neurology 51,* 78–109.

O' Keefe, J. (1993). Hippocampus, theta, and spatial memory. *Current Opinion in Neurobiology 3,* 917–24.

O' Keefe, J., and Nadel, L. (1978). *The hippocampus as a cognitive map* (Oxford: Clarendon

Press).

Olton, D., Becker, J. T., and Handleman, G. E. (1979). Hippocampus, space and memory. *Behavioral and Brain Sciences 2,* 313–65.

Ono, T., and Nishijo, H. (1992). Neurophysiological basis of the Kl er–Bucy syndrome: Responses of monkey amygdaloid neurons to biologically significant objects. In *The amygdala: Neurobiological aspects of emotion, memory, and mental dysfunction,* J. P. Aggleton, ed. (New York: Wiley–Liss), pp. 167–90.

Ortony, A., and Turner, T. J. (1990). What' s basic about basic emotions? *Psychological Review 97,* 315–31.

Packard, V. (1957). *The hidden persuaders* (New York: D. M. McKay).

Panksepp, J. (1982). Toward a general psychological theory of emotions. *Behavioral and Brain Sciences 5,* 407–67.

Papez, J. W. (1937). A proposed mechanism of emotion. *Archives of Neurology and Psychiatry 79,* 217–24.

Parasuramna, R., and Martin, A. (1994). Cognition in Alzheimer' s disease. *Current Opinion in Neurobiology 4,* 237–44.

Pavlides, C., Watanabe, Y., and McEwen, B S. (1993). Effects of glucocorticoids on hippocampal long–term potentiation. *Hippocampus 3,* 183–192.

Pavlov, I. P. (1927). *Conditional reflexes* (New York: Dover).

Peffiefer, J. (1955). *The human brain* (New York: Harper & Row).

Penrose, R. (1989). *The emperor' s new mind: Concerning computers, minds, and the laws of physics* (New York: Penguin).

Peterson, E. (1980). Behavioral studies of telencephalic function in reptiles. In: Ebbesson S. O. E., ed. *Comparative Neurology of the Telencephalon* (New York: Plenum Press), pp. 343–88.

Petrides, M. (1994). Frontal lobes and behaviour. *Current Opinion in Neurobiology 4,* 207–11.

Petrides, M., Alivsatos, B., Meyer, E., and Evans, A. C. (1993) Functional activation of the human frontal cortex during the performance of verbal working memory tasks. *Proceedings of the National Academy of Sciences USA 90,* 878–82.

Phillips, A. (1993). *On kissing, tickling, and being bored: Psychoanalytic essays on the unexamined life* (Cambridge: Harvard University Press).

Phillips, R. G., and LeDoux, J. E. (1992). Differential contribution of amygdala and hippocampus to cued and contextual fear conditioning. *Behavioral Neuroscience 106,* 274–85.

Picton, T. W., and Stuss, D. T. (1994). Neurobiology of conscious experience. *Current Opinion in Neurobiology 4,* 256–65.

Pinker, S. (1994). *The language instinct: How the mind creates language* (New York: Morrow).

Pinker, S. (1995). Language is a human instinct. In *The third culture,* J. Brockman, ed. (New York: Simon & Schuster).

Pitkänen, A., Stefanacci, L., Farb, C. R., Go, C.–G., LeDoux, J. E., and Amaral, D. G. 91995). Intrinsic connections of the rat amygdaloid complex: Projections originating in the lateral nucleus. *Journal of Comparative Neurology 356,* 288–310.

Plum, F., and Volpe, B. T. (1987). Neuroscience and higher brain function: From myth to public responsibility. In *Handbook of physiology. Section 1: The nervous system, Vol. 5: Higher Functions of the Brain,* F. Plum, ed. (Bethesda, MD: American Physiological Society).

Plutchik, R. (1980). Emotion: A psychoevolutionary synthesis (New York: Harper & Row).

Plutchik, R. (1993). Emotions and their vicissitudes: Emotions and psychopathology. In *Handbook of emotions,* M. Lewis and J. M. Haviland, eds. (New York: Guilford), pp. 53–65.

Posner, M. I. (1990). *Foundations of cognitive science* (Cambridge: MIT Press).

Posner, M. (1992). Attention as a cognitive and neural system. *Current Directions in Psychological Science, 1,* 11–14.

Posner, M., and Petersen, S. (1990). The attention system of the human brain. *Annual Review of Neuroscience 13,* 25–42.

Posner, M., and Snyder, C. (1975). Facilitation and inhibition in the processing of signals. In *Attention and performance V,* P. Rabbitt and S. Domic, eds. (London: Academic Press).

Povinelli, D. J., and Preuss, T. M. (1995). Theory of mind: Evolutionary history of a cognitive specialization. *Trends in Neuroscience 18,* 418–24.

Powell, D. A., and Levine–Bryce, D. (1989). A comparison of two model systems of associative learning: Heart rate and eyeblink conditioning in the rabbit. *Psychophysiology 25,* 672–82.

Preuss, T. M. (1995). Do rats have prefrontal cortex? The Rose–Woolsey–Akert program reconsidered. *Journal of Cognitive Neuroscience 7,* 1–24.

Price, J. L., Russchen, F. T., and Amaral, D. G. (1987). The limbic region. II: The amygdaloid complex. In *Handbook of Chemical Neuroanatomy. Vol. 5: Integrated Systems of the CNS, Part 1,* A. Bjorklund, T. Hokfelt, and L. W. Swanson, eds. (Amsterdam: Elsevier), pp. 279–388.

Purves, D., White, L. E., and Andrews, T. J. (1994). Manual asymmetry and handedness. *Proceedings of the National Academy of Sciences USA 91,* 5030–32.

Putnam, H. (1960). Minds and machines. In *Dimensions of mind,* S. Hook, ed. (New York: Collier).

Pylyshyn, Z. (1984). *Computation and cognition: Toward a foundation for cognitive science* (Cambridge, MA: Bradford Books, MIT Press).

Quirk, G. J., Repa, J. C., and LeDoux, J. E. (1995). Fear conditioning enhances auditory short–latency responses of single units in the lateral nucleus of the amygdala: Simultaneous multichannel recordings in freely behaving rats. *Neuron 15,* 1029–39.

Reep, R. (1984). Relationship between prefrontal and limbic cortex: A comparative anatomical review. *Brain, Behavior and Evolution 25,* 5–80.

Reid, W. H. (1989). *The treatment of psychiatric disorders: Revised for the DSM–III–R* (New York: Brunner/Mazel).

Rogan, M. T., and LeDoux, J. E. (1995). LTP is accompanied by commensurate enhancement of auditory–evoked responses in a fear conditioning circuit. *Neuron 15,* 127–36.

Rolls, E. T. (1985). Connections, functions and dysfunctions of limbic structures, the prefrontal cortex, and hypothalamus. In *The scientific basis of clinical neurology,* M. Swash and C. Kennard, eds. (London: Churchill Livingstone), pp. 201–13.

Rolls, E. T. (1992a). Neurophysiological mechanisms underlying face processing within and beyond the temporal cortical visual areas. *Philosophical Transactions of the Royal Society, London, Series B, Biological Sciences 335,* 11–21.

Rolls, E. T. (1992b). Neurophysiological and functions of the primate amygdala. In *The amygdala: Neurobiological aspects of emotion, memory, and mental dysfunction,* J. P. Aggleton, ed. (New York: Wiley–Liss), pp. 143–65.

Rose, S. P. R. (1995). Glycoproteins and memory formation. *Behavioural Brain Research 66,* 73–78.

Rorty, A. O. (1980). Explaining emotions. In *Explaining emotions,* A. O. Rorty, ed. (Berkeley: University of California Press).

Rorty, R. (1979). *Philosophy and the mirror of nature* (Princeton: Princeton University Press).

Rosenzweig, M. (1996). Aspects of the search for neural mechanisms of memory. *Annual Review of Psychology 47,* 1–32.

Rudy, J. W., and Morledge, P. (1994). Ontogeny of contextual fear conditioning in rats: Implications for consolidation, infantile amnesia, and hippocampal system function. *Behavioral Neuroscience 108,* 227–34.

Rudy, J. W., and Sutherland, R. J. (1992). Configural and elemental associations and the memory coherence problem. *Journal of Cognitive Neuroscience 4(3),* 208–16.

Ruggiero, D. A., Gomez, R. E., Cravo, S. L., Mtui, E., Anwar, M., and Reis, D. J. (1991). The rostral ventrolateral medulla: Anatomical substrates of cardiopulmonary integration. In *Cardiorespiratory and motor coordination,* H.–P. Koepchen and T. Huopaniemi, eds. (New York: Springer), pp. 89–102.

Rumelhart, D. E. and McClelland, J. E. (1988). *Parallel Distributed Processing: Explorations in the Microstructure of Cognition.* (Cambridge: Bradford Books, MIT Press).

Russell, B. (1905). On denoting. *Mind 14,* 479–93.

Ryle, G. (1949). *The concept of mind* (New York: Barnes & Noble).

Sapolsky, R. M. (1990). stress in the wild. *Scientific American 262,* 116–23.

Sarter, M. F., and Markowitsch, H. J. (1985). Involvement of the amygdala in learning and memory: A critical review, with emphasis on anatomical relations. *Behavioral*

Neuroscience 99, 342–80.

Sartre, J.–P. (1943). *Being and nothingness* (New York: Philosophical Library).

Saucier, D., and Cain, D. P. (1995). Spatial learning without NMDA receptor–dependent long–term potentiation. *Nature 378,* 186–89.

Savander, V., Go, C. G., LeDoux, J. E., and Pitkänen, A. (1995). Intrinsic connections of the rat amygdaloid complex: Projections originating in the basal nucleus. *Journal of Comparative Neurology 361,* 345–68.

Schachter, S., and Singer, J. E. (1962). Cognitive, social, and physiological determinants of emotional state. *Psychological Review 69,* 379–99.

Schacter, D. L., and Graf, P. (1986). Effects of elaborative processing on implicit and explicit memory for new associations. *Journal of Experimental Psychology: Learning, Memory, and Cognition 12(3),* 432–44.

Scherer, K. R. (1984). On the nature and function of emotion: A component process approach. In *Approaches to emotion,* K. R. Scherer and P. Ekman, eds. (Hillsdale, NJ: Erlbaum), pp. 293–317.

Scherer, K. R. (1988). Criteria for emotion–antecedent appraisal: A review, In *Cognitive perspectives on emotion and motivation,* V. Hamilton, G. H. Bower, and N. H. Frijda, eds. (Norwell, MA: Kluwer Academic Publishers), pp. 89–126.

Scherer, K. R. (1993a). Neuroscience projections to current debates in emotion psychology. *Cognition and Emotion 7,* 1–41.

Scherer, K. R. (1993b). Studying the emotion–antecedent appraisal process: An expert system approach. *Cognition and Emotion 7,* 325–55.

Schneiderman, N., Francis, J., Sampson, L. D., and Schwaber, J. S. (1974). CNS integration of learned cardiovascular behavior. In *Limbic and autonomic nervous system research,* L. V. DiCara, ed. (New York: Plenum), pp. 277–309.

Schwartz, B. E., Halgren, E., Fuster, J. M., Simpkins, E., Gee, M., and Mandelkern, M. (1995). Cortical metabolic activation in humans during a visual memory task. *Cerebral Cortex 5.*

Scoville, W. B., and Milner, B. (1957). Loss of recent memory after bilateral hippocampal lesions. *Journal of Neurology and Psychiatry 20,* 11–21.

Searle, J. (1984). *Minds, brains, science* (Cambridge: Harvard University Press).

Searle, J. (1992). *The rediscovery of the mind* (Cambridge: MIT Press).

Selden, N. R. W., Everitt, B. J., Jarrard, L. E., and Robbins, T. W. (1991). Complementary roles for the amygdala and hippocampus in aversive conditioning to explicit and contextual cues. *Neuroscience 42(2),* 335–50.

Seligman, M. E. P. (1971). Phobias and Preparedness. *Behavior Therapy 2,* 307–20.

Sengelaub, D. R. (1989). Cell generation, migration, death and growth in neural systems mediating social behavior. In *Advances in Comparative and Environmental Physiology 3: Molecular and Cellular Basis of Social Behavior in Vertebrates,* J. Balthazart, ed. (New York: Springer), pp. 239–67.

Servatius, R. J., and Shors, T. J. (1994). Exposure to inescapable stress persistently facilitates associative and nonassociative learning in rats. *Behavioral Neuroscience 108,* 1101–06.

Shalev, A. Y., Rogel–Fuchs, Y., and Pitman, R. K. (1992). Conditioned fear and psychological trauma. *Biological Psychiatry 31,* 863–65.

Shallice, T. (1988). Information processing models of consciousness. In *Consciousness in contemporary science,* A. Marcel and E. Bisiach, eds. (Oxford: Clarendon Press).

Shattuck, R. (1980). *The forbidden experiment* (New York: Farrar, Straus & Giroux).

Shepherd, G. (1983). *Neurobiology* (New York: Oxford University Press).

Sherry, D. F., Jacobs, L. F., and Gaulin, S. J. C. (1992). Spatial memory and adaptive specialization of the hippocampus. *Trends in Neuroscience 15,* 298–303.

Shevrin, H. (1992). Subliminal perception, memory, and consciousness: Cognitive and dynamic perspectives. In *Perception without awareness: Cognitive, clinical, and social perspectives,* R. F. Bornstein and T. S. Pittman, eds. (New York: Guilford), pp. 123–42.

Shevrin, H., Williams, W. J., Marshall, R. E., Hertel, R. K., Bond, J. A., and Brakel, L. A. (1992). Event–related potential indicators of the dynamic unconscious. *Consciousness and Cognition 1,* 340–66.

Shiffrin, M., and Schneider, W. (1977). Controlled and automatic human information processing: II. Perceptual learning, automatic attending, and a general theory. *Psychological Review 84,* 127–90.

Shimamura, A. (1995). Memory and frontal lobe function. In *The cognitive neurosciences,* M. S. Gazzaniga, ed. (Cambridge: MIT Press).

Shors, T. J., Foy, M. R., Levine, S., and Thompson, R. F. (1990). Unpredictable and uncontrollable stress impairs neuronal plasticity in the rat hippocampus. *Brain Research Bulletin 24,* 663–67.

Sibley, C. G., and Ahlquist, J. E. (1984). The phylogeny of the hominoid primates, as indicated by DNA–DNA hybridization. *Journal of Molecular Evolution 20,* 2–15.

Simon, H. A. (1967). Motivational and emotional controls of cognition. *Psychological Review 74,* 29–39.

Simpson, G. G. (1953). *The major features of evolution* (New York: Columbia University Press).

Simpson, G. G. (1967). *The meaning of evolution,* revised edition (New Heaven: Yale University Press).

Skelton, R. W., Scarth, A. S., Wilkie, D. M., Miller, J. J., and Philips, G. (1987). Long–term increases in dentate granule cell responsivity accompany operant conditioning. *Journal of Neuroscience 7,* 3081–3087.

Skinner, B. F. (1938). *The behavior of organisms: An experimental analysis* (New York: Appleton–Century–Crofts).

Sloman, A. (1987). Motives, mechanisms and emotions. *Cognition and Emotion.* 1:217–33.

Sloman, A., and Croucher, M. (1981). Why robots will have emotions. In *Seventh Proceedings of the International Joint Conference on Artificial Intelligence* (Vancouver, British Columbia), pp. 197–202.

Smith, C. A., and Ellsworth, P. C. (1985). Patterns of cognitive appraisal in emotion. *Journal of Personality and Social Psychology 56,* 339–53.

Smith, C. A., and Lazarus, R. S. (1990). Emotion and adaptation. In *Handbook of personality: Theory and research,* L. A. Pervin, ed. (New York: Guilford), pp. 609–37.

Smith, J. M. (1958). *The theory of evolution* (Middlesex, England Penguin).

Smith, O. A., Astley, C. A., Devito, J. L., Stein, J. M., and Walsh, R. E. (1980). Functional analysis of hypothalamic control of the cardiovascular responses accompanying emotional behavior. *Federation Proceedings 39(8),* 2487–94.

Smolensky, P. (1990). Connectionist modeling: Neural computation/mental connections. In *Neural connections, mental computation,* L. Nadel, L. Cooper, P. Culicover, and M. Harnish, eds. (Cambridge: MIT Press).

Solomon, R. C. (1993). The philosophy of emotions. In *Handbook of emotions,* M. Lewis and J. Haviland, eds. (New York: Guilford).

Sperry, R. W. (1969). A modified concept of consciousness. *Psychological Review 76,* 532–36.

Spinoza, B. (1955). *Works of Spinoza* (New York: Dover).

Squire, L. (1987). *Memory and the brain* (New York: Oxford University Press).

Squire, L. R., and Cohen, N. J. (1984). Human memory and amnesia. In *Neurobiology of learning and memory,* G. Lynch, J. L. McGaugh, and N. M. Weinberger, eds. (New York: Guilford).

Squire, L. R., Cohen, N. J., and Nadel, L. (1984). The medial temporal region and memory consolidation: A new hypothesis. In *Memory consolidation,* H. Eingartner and E. Parker, eds. (Hillsdale, NJ: Erlbaum).

Squire, L. R., and Davis, H. P. (1975). Cerebral protein synthesis inhibition and discrimination training: Effects of extent and duration of inhibition. *Behavioral Biology 13,* 49–57.

Squire, L. R., Knowlton, B., and Musen, G. (1993). The structure and organization of memory. *Annual Review of Psychology, 44,* 453–95.

Staübli, U. V. (1995). Parallel properties of long-term potentiation and memory. In *Brain and memory: Modulation and mediation of neuroplasticity,* J. L. McGaugh, N. M. Weinberger, and G. Lynch, eds. (New York: Oxford University Press), pp. 303–18.

Steinmetz, J. E., and Thompson, R. F. (1991). Brain substrates of aversive classical conditioning. In *Neurobiology of learning, emotion and affect,* J. I. Madden, ed. (New York: Raven), pp. 97–120.

Stuss, D. T. (1991). Self, awareness, and the frontal lobes: A neuropsychological perspective. In *The self: Interdisciplinary approaches,* J. Strauss and G. R. Goethals, eds. (New York: Springer).

Sutherland, R. J., and Rudy, J. W. (1989). Configural association theory: The role of the hippocampal formation in learning, memory, and amnesia. *Psychobiology 17,* 129–44.

Swanson, L. W. (1983). The hippocampus and the concept of the limbic system. In *Neurobiology of the hippocampus,* W. Seifert, ed. (London: Academic Press), pp. 3−19.

Swanson, L. W., and Simmons, D. M. (1989). Differential steroid hormone and neural influences on peptide mRNA levels in CRH cells of the paraventricular nucleus: A hybridization histochemical study in the rat. *Journal of Comparative Neurology 285,* 413−35.

Swartz, B. E., Halgren, E., Fuster, J. M., Simpkins, E., Gee, M., and Mandelkern, M. (1995). Cortical metabolic activation in humans during a visual memory task. *Cerebral Cortex 5,* 205−14.

Tarr, R. S. (1977). Role of the amygdala in the intraspecies aggressive behavior of the iguanid lizard. *Physiology and Behavior 18,* 1153−58.

Teyler, T. J., and DiScenna, P. (1986). The hippocampal memory indexing theory. *Behavioral Neuroscience 100,* 147−54.

Thorndike, E. L. (1913). *The psychology of learning* (New York: Teachers College Press).

Thorpe, S. J., Rolls, E. T., and Maddison, S. (1983). The orbitofrontal cortex: Neuronal activity in the behaving monkey. *Experimental Brain Research 49,* 93−115.

Tolman, E. C. (1932). *Purposive behavior* (New York: Appleton−Century−Crofts).

Tomkins, S. S. (1962). Affect, imagery, consciousness (New York: Springer).

Tooby, J., and Cosmides, L. (1990). The past explains the present: Emotional adaptations and the structure of ancestral environments. *Ethological Sociobiology 11,* 375−424.

Tully, T. (1991). Genetic dissection of learning and memory in drosophila melanogaster. In *Neurobiology of learning, emotion and affect,* J. I. Madden, ed. (New York: Raven), pp. 29−66.

Tulving, E. (1983). *Elements of episodic memory* (New York: Oxford University Press).

Twain, M. (1962). *Letters from the earth: "From an unfinished burlesque of books on etiqeutte." Part 1, "At the funeral,"* B. DeVoto, ed. (New York: Harper and Row).

Ullman, S. (1984). Early processing of visual information. In *Handbook of cognitive neuroscience,* M. S. Gazzaniga, ed. (New York: Plenum).

Ungerleider, L. G., and Haxby, J. (1994). What and where in the human brain. *Current*

Opinion in Neurobiology 4, 157–65.

Ungerleider, L. G., and Mishkin, M. (1982). Two cortical visual systems. In *Analysis of visual behavior,* D. J. Ingle, M. A. Goodale, and R. J. W. Mansfield, eds. (Cambridge: MIT Press), pp. 549–86.

Uno, H., Ross, T., Else, J., Suleman, M., and Sapolsky, R. (1989). Hippocampal damage associated with prolonged and fatal stress in primates. *Journal of Neuroscience 9,* 1705–11.

Uylings, H. B. M., and van Eden, C. G. (1990). Qualitative and quantitative comparison of the prefrontal cortex in rat and in primates, including humans. *Progress in Brain Research 85,* 31–62.

Valins, S. (1966). Cognitive effects of false heart–rate feedback. *Journal of Personality and Social Psychology 4,* 400–408.

van de Kar, L. D., Piechowski, R. A., Rittenhouse, P. A., and Gray, T. S. (1991). Amygdaloid lesions: Differential effect on conditioned stress and immobilization–induced increases in corticosterone and renin secretion. *Neuroendocrinology 54,* 89–95.

Van Essen, D. C. (1985). Functional organization of primate visual cortex. In *Cerebral cortex,* A. Peters and E. G. Jones, eds. (New York: Plenum), pp. 259–328.

Van Hoesen, G. W. (1982). The parahippocampal gyrus: New observations regarding its cortical connections in the monkey. *Trends in Neuroscience 5,* 345–50.

Velams, M. (1991). Is human information processing conscious? *Behavioral and Brain Sciences 14,* 651–726.

von Eckardt, B. (1993). *What is cognitive science?* (Cambridge: MIT Press).

von Uexkull, J. (1934). A stroll through the world of animals and man. In *Instinctive behavior: The development of a modern concept,* C. H. Chiller, ed. (London: Methuen).

Walter, W. G. (1953). *The living brain* (New York: Norton).

Warrington, E., and Weiskrantz, L. (1973). The effect of prior learning on subsequent retention in amnesic patients. *Neuropsychologia 20,* 233–48.

Watkins, L. R., and Mayer, D. J. (1982). Organization of endogenous opiate and nonopiate pain control systems. *Science 216,* 1185–92.

Waston, J. B. (1929). *Behaviorism* (New York: Norton).

Waston, J. B., and Rayner, R. (1920). Conditioned emotional reactions. *Journal of Experimental Psychology 3,* 1–14.

Weinberger, N. M. (1995). Retuning the brain by fear conditioning. In *The cognitive neurosciences,* M. S. Gazzaniga, ed. (Cambridge: MIT Press), pp. 1071–90.

Weiskrantz, L. (1956). Behavioral changes associated with ablation of the amygdaloid complex in monkeys. *Journal of Comparative Physiological Psychology 49,* 381–91.

Weiskrantz, L. (1988). Some contributions of neuropsychology of vision and memory to the problem of consciousness. In *Consciousness in contemporary science,* A. Marcel and E. Bisiach, eds. (Oxford: Clarendon Press).

Weiskrantz, L., and Warrington, E. (1979). Conditioning in amnesic patients. *Neuropsychologia 17,* 187–94.

Weisz, D. J., Harden, D. G., and Xiang, Z. (1992). Effects of amygdala lesions on reflex facilitation and conditioned response acquisition during nictitating membrane response conditioning in rabbit. *Behavioral Neuroscience 106,* 262–73.

Wierzbicka, A. (1994). Emotion, language and cultural scripts. In S. Kitayama and H. R. Marcus, *Emotion and Culture* (Washington: American Psychological Association).

Wilcock, J., and Broadhurst, P. L. (1967). Strain differences in emotionality: Open–field and conditioned avoidance behavior in the rat. *Journal of Comparative Physiological Psychology 63,* 335–38.

Wilde, O. (1909). Gilbert. *Intentions* (New York: Lamb Publishing).

Williams, T. (1964). *The milk train doesn' t stop here anymore* (Norfolk, CT: New Directions).

Wilson, D., Reeves, A., Gazzaniga, M. S., and Culver, C. (1977). Cerebral commissurotomy for the control of intractable epilepsy. *Neurology 27,* 708–15.

Wilson, F. A. W., O Scalaidhe, S. P., and Goldman–Rakic, P. S. (1993). Dissociation of object and spatial processing domains in primate prefrontal cortex. *Science 260,* 1955–58.

Wilson, M. A., and McNaughton, B. L. (1994). Reactivation of hippocampal ensemble memories during sleep. *Science 265,* 676–79.

Wilson, J. R. (1968). *The mind* (New York: Time–Life Books, Life Science Library).

Wolitsky, D. L., and Wachtel, P. L. (1973). *Personality and perception*. In B. B. Wolman (ed.) *Handbook of General Psychology* (Englewood, NJ: Prentice–Hall), pp. 826–57.

Wolkowitz, O., Reuss, V., and Weingartner, H. (1990). Cognitive effects of corticosteroids. *American Journal of Psychiatry 147,* 1297–1303.

Wolpe, J. (1988). Panic disorder: A product of classical conditioning. *Behavior Research and Therapy 26,* 441–50.

Wolpe, J., and Rachman, S. (1960). Psychoanalytic evidence: A critique of Freud' s case of Little Hans. *Journal of Nervous and Mental Disease 130,* 198–220.

Yin, J. C. P., Wallach, J. S., Del Vecchio, M., Wilder, E. L., Zhou, H., Quinn, W. G., and Tully, T. (1994). Induction of a dominant–negative CREB transgene specifically blocks long–term memory in drosophila. *Cell 79,* 49–58.

Young, A. W., Aggleton, J. P., Hellawell, D. J., Johnson, M., Broks, P., and Hanley, J. R. (1995). Face processing impairments after amygdalotomy. *Brain 118,* 15–24.

Zajonc, R. (1980). Feeling and thinking: Preferences need no inferences. *American Psychologist 35,* 151–75.

Zajonc, R. B. (1984). On the primacy of affect. *American Psychologist 39,* 117–23.

Zola–Morgan, S., and Squire, L. R. (1993). Neuroanatomy of memory. *Annual Review of Neuroscience 16,* 547–63.

Zola–Morgan, S., Squire, L. R., Alvarez–Royo, P., and Clower, R. P. (1991). Independence of memory functions and emotional behavior: separate contributions of the hippocampal formation and the amygdala. *Hippocampus 1,* 207–20.

Zola–Morgan, S., Squire, L. R., and Amaral, D. G. (1986). Human amnesia and the medial temporal region: Enduring memory impairment following a bilateral lesion limited to field CA1 of the hippocampus. *Journal of Neuroscience 6(10),* 2950–67.

Zola–Morgan, S., Squire, L. R., and Amaral, D. G. (1989). Lesions of the amygdala that spare adjacent cortical regions do not impair memory or exacerbate the impairment following lesions of the hippocampal formation. *Journal of Neuroscience 9,* 1922–36.

Zuckerman, M. (1991). *Psychobioloty of personality* (Cambridge: Cambridge University Press).

찾아보기

••• 인명

• • • 내용

• • • 역자후기

예일대학교에서 포스트닥으로 있을 때 지도교수였던 탐 브라운 교수가 한 번은 이런 이야기를 한 적이 있었다. “준식, 여긴 진짜 좋은 애들이 와. 솔직히 말해서 내가 할 일은 말이야. 뭐 특별히 가르치는 게 아니라 그냥 이 좋은 애들 망치지만 않으면 되는 거라구…”

몇 년의 세월이 흐른 지금 브라운 박사가 했던 말과 똑같은 고백을 할 수 있는 위치에 있게 된 내 행운에 감사한다. 번역에 참여해서 도와준 좋은 학생들—강희, 용상, 민희, 성빈, 건호, 준철, 종문, 규용, 호진, 준하, 정범—에게 감사의 말을 전하고 싶다.

나의 뉴욕대학 시절의 스승이자 이 책의 저자인 조셉 르두 박사께 감사를 드린다. 이미 6개 국어로 번역된 책인데 이번이 7번째가 될 것이다. 미국에 있는 동안 몇 명의 지도교수를 모셨지만 루드 박사는 정말 여러 가지 면에서 불가사의한 사람이다. 한 예로 내가 지금 이메일을 보내면 미국과 한국의 시차에 상관없이 그리고 휴가 중이든 여행 중이든 상관없이 5분 후면 답장이 날아온다. 개인적으로 그에게 슬픈 일이 한 번 있었는데 그와 그의 가족에게 앞으론 좋은 일만 계속되기를 바란다.

정서에 관한 뇌 이론을 이처럼 쉽고 매력적인 표현들로 정리한 책은 흔치 않을 것이다. 여기에는 물타기 하지 않은 보석 같은 과학적 사실들과 그 보석들을 하나의 끈으로 엮어 낸 저자의 독창적인 이론이 반짝거린다. 내 번역이 그 일부라도 제대로 전달하였기를 바란다.

2006년 7월 안암에서

최 준 식

◆ 저자소개

조셉 르두(Joseph LeDoux)는 뉴욕대학 신경과학센터의 헨리 루시 모세스(Henry and Lucy Moses) 석좌교수로 재직 중이다. 미국 국립보건원에서 수여하는 Merit award 와 과학자상을 수상하였으며 30여 명의 연구진을 이끌고 인간과 동물의 정서 메커니즘에 관한 연구를 수행하고 있다. 백여 편의 논문과 『Synaptic self』등의 저서가 있다.

◆ 역자소개

최준식은 매사추세츠 주립대학에서 행동신경과학으로 학위를 취득하고 예일대학과 뉴욕대학에서 박사 후 연구원으로 연구를 수행하였다. 현재 고려대학교 심리학과에서 조교수로 재직 중이며 공포 학습의 뇌 기제를 밝히기 위해 '겁먹은 쥐들'의 반응을 살펴보는 작업에 열중하고 있다.

뇌가 들려주는 신비로운 정서이야기
느끼는 뇌
THE EMOTIONAL BRAIN

2006년 7월 24일 1판 1쇄 발행
2025년 8월 25일 1판 13쇄 발행

지은이 • Joseph LeDoux
옮긴이 • 최 준 식
펴낸이 • 김 진 환
펴낸곳 • (주) 학지사
04031 서울특별시 마포구 양화로 15길 20 마인드월드빌딩 5층
대표전화 • 02) 330-5114 팩스 • 02) 324-2345
등록번호 • 제313-2006-000265호
홈페이지 • http://www.hakjisa.co.kr
인스타그램 • https://www.instagram.com/hakjisabook

ISBN 978-89-5891-315-0 93180

정가 15,000원

역자와의 협약으로 인지는 생략합니다.
파본은 구입처에서 교환하여 드립니다.

이 책을 무단으로 전재하거나 복제할 경우 저작권법에 따라 처벌을 받게 됩니다.

출판미디어기업 **학지사**

간호보건의학출판 **학지사메디컬** www.hakjisamd.co.kr
심리검사연구소 **인싸이트** www.inpsyt.co.kr
학술논문서비스 **뉴논문** www.newnonmun.com
원격교육연수원 **카운피아** www.counpia.com
대학교재전자책플랫폼 **캠퍼스북** www.campusbook.co.kr